选矿手册

第八卷

第三分册

《选矿手册》编辑委员会

北 京
冶 金 工 业 出 版 社
2007

图书在版编目(CIP)数据

选矿手册.第8卷.第3分册/《选矿手册》编辑委员会编.—北京:冶金工业出版社,1990.11(2007.5重印)
ISBN 978-7-5024-0638-7

Ⅰ.选…　Ⅱ.选…　Ⅲ.选矿-手册　Ⅳ.TD9-62

中国版本图书馆 CIP 数据核字(2000)第36802号

出 版 人　曹胜利(北京沙滩嵩祝院北巷39号,邮编100009)
北京百善印刷厂印刷;冶金工业出版社发行;各地新华书店经销
1990年11月第1版,2007年5月第4次印刷
850mm×1168mm; 1/32; 13.5印张; 348千字; 8001～11000册
42.00元
冶金工业出版社发行部　电话:(010)64044283　传真:(010)64027893
冶金书店　地址:北京东四西大街46号(100711)　电话:(010)65289081
(本社图书如有印装质量问题,本社发行部负责退换)

本分册主编、副主编

第三十三篇　第一章铍锂矿选矿

主编： 程德明

副主编： 马天民　王纲乾

第二章　钽铌矿选矿

主编： 程德明

副主编： 刘锦棠　王纲乾

主编： 程德明

副主编： 刘承宗　王纲乾

第三章　钛、锆矿选矿

第三十三篇　第四章稀土矿选矿

主编： 夏宗光　罗家珂

第三十三篇　第五章金银矿选矿

主编：王　岚　罗中兴

副主编：谢长春

第三十三篇　第六章铂族金属元素选矿

主编：田广荣　蒋鹤麟

第三十三篇　第七章铀矿选矿

主编：汪淑慧

副主编：何宪成

本分册序

为了提高我国在选矿科研、设计、生产方面的水平和总结经验，推动选矿事业的进一步发展，中国金属学会选矿学术委员会于1983年8月决定组织编写我国第一部选矿专业大型工具书——《选矿手册》，由选矿学术委员会组成《选矿手册》编辑委员会主持编写工作，并成立了相应的编写组。参加撰写工作的有国内具有几十年教学、科研、设计、生产经验的专家、教授、高级工程师、工程师几百人。在整个编写过程中，实行了三级审稿规定，严格贯彻“主编责任制”和“编辑委员会最终审定制”。

《选矿手册》共分八卷、三十七篇，按十四个分册陆续出版。全书出版字数约为450万字。考虑到选煤另有专著，本《手册》不包括煤的洗选。《选矿手册》的内容有：总论、选矿前准备、选矿方法及选矿药剂、产品处理及辅助作业、取样、试验技术与选矿过程检测、数模和工艺过程控制、选矿厂设计、选矿实践等。

《选矿手册》是一部供初、中级以上选矿工作者及有关人员使用的工具书。编入了较成熟的选矿理论、方法、工艺、药剂、设备和生产实践，内容丰富、实用性强。编写时，参阅了国内外上万篇文献，收集了上千个厂、矿的生产实践资料，理论与实践兼备，以实践为主，选材以国内为主，同时辅以典型的国外资料，体现了近代选矿科学技术水平。是一部具有中国特色的《选矿手册》。

第八卷为选矿实践，内容包括：第三十二篇有色金属选矿实践；第三十三篇稀、贵金属矿选矿；第三十四篇黑色金属及辅助材料；第三十五篇二次资源的利用；第三十六篇化工原料矿物选矿；第三十七篇建材非金属矿选矿。本分册是属此卷第三十三篇稀、贵金属矿选矿。内容有：铍锂矿选矿、钽铌矿选矿、钛、锆矿选矿、稀土矿选矿、金银矿选矿、铂族金属元素选矿和铀矿选矿等。

书中系统地介绍了国内外铍锂矿选矿实践9例，钽铌矿选矿实践10例、钛锆矿选矿实践14例、稀土矿选矿实践8例、金和银矿的选矿实践19例、铂族金属矿选矿实践10例、铀矿选矿实践4例，并附表列出了国内外有关选矿厂的工艺流程及技术经济指标，插图140幅。

本分册最后由杨忠威作了整理。

本分册编写过程中，得到了有关科研、设计院所、大专院校、特别是生产厂矿的大力支持和帮助，在此一并表示衷心的感谢！

编　者

1989年元月2日

第八卷　第三分册目录

33　稀、贵金属矿选矿

Volume 8 ——Part 3

Contents

33 Processing of Rare and Precious Metals Ores

33 稀、贵金属矿选矿

33.1 铍锂矿选矿

33.1.1 铍矿石选矿

33.1.1.1 绪论

A 铍的性质及用途

铍是一种钢灰色稀有金属，密度1.84克/厘米^3，属轻金属类。1798年法国人福克兰首先在绿柱石中发现了铍，1928年制得金属铍，大约在70年后工业上开始生产金属铍。

铍合金、氧化铍和金属铍具有许多优良性质，因而在国民经济许多重要部门中得到广泛应用。铍铜合金具有硬度大、强度高和导热性能好等优点，是电子、电器和汽车工业的重要材料；氧化铍的导热性能好、导电性差，适于制作散热器和电绝缘体而用在微信息处理机、雷达和晶体管器件的制造上；金属铍具有熔点高（1284℃）、密度小、比强度高、常温下不易氧化、膨胀系数小、形变稳定性好、中子吸收截面小……等优点，大量用作航空、航天工业的结构材料、反应堆防护材料和制备中子源。但由于铍性脆、有毒，至今则多以合金应用。铍的这些用途，尤其是它在航天和核能工业上的重要作用，已使其成为一种引人注目的“空间金属”。

B 铍的主要矿物及矿床类型

铍在地壳中的含量为1.3×10^{-6}，铍矿储量较丰富的国家有：巴西、印度、苏联、美国和中国。

自然界的含铍矿物有四十多种，但迄今在工业上用以生产铍及其化合物的，则主要有两种，即羟硅铍石和绿柱石。常见的重要铍矿物列于表33.1.1。

绿柱石：属硅酸盐矿物，其晶形为六方柱状，颜色为绿色、淡黄色、淡蓝色或粉红色等，条痕为白色，无磁性。纯绿柱石

表 33.1.1 铍的重要矿物

名 称	化学组成	理论品位 %BeO	密 度 g/cm³	硬 度
绿柱石 (beryl)	$Be_3Al_2(SiO_3)_6$	14.1	2.6～2.8	7.5～8
金绿宝石 (chrysoberyl)	$BeAlO_4$	19.8	3～3.8	8.5
日光榴石 (helvite)	(Be、Mn、Fe) $Si_2O_{12}S$	13.6	3.2～3.4	6～6.5
羟硅铍石 (bertrandite)	$Be_4Si_2O_9H_2$	42.0	2.6	6.5～7
硅铍石 (phenacite)	Be_2SiO_4	45.4	3	7.5～8

BeO理论含量为14.1%，但常在10～14%之间，这是因为绿柱石中常含少量Na_2O、K_2O、Li_2O和其他杂质之故。绿柱石主要产于伟晶岩中，曾发现的最大晶体长为5米，重量近16吨。

金绿宝石：斜方晶系，常为板状、柱状，颜色为绿色或黄绿色，其理论品位为19.8%BeO，但常因含有氧化铁、氧化锰等杂质使其实际品位稍低，如香花岭一矿带的金绿宝石含BeO为18.63%。

日光榴石：等轴晶系，颜色为褐色、黄色、绿色。日光榴石中的Mn常被Fe和Zn取代，构成日光榴石类质同象系列，其通式为$Me_8(BeSiO_4)_6S_2$(Me——Mn，日光榴石；Me——Fe，铍榴石；Me——Zn，锌日光榴石)，含铁高时，具弱磁性。日光榴石含BeO12.5～13.6%，多产于矽卡岩中。

羟硅铍石：斜方晶系，常为薄板状、片状，性脆，颜色为浅黄、白色或无色。产于花岗伟晶岩和气成热液矿床中。

硅铍石：三方晶系，常为针状、柱状、粒晶状，无色、粉红和黄色，性脆，常含MgO、CaO、Al_2O_3和Na_2O等杂质。花岗伟晶岩和气成热液矿床中均可见到。

铍矿床分为两大类型：一是花岗伟晶岩矿床，另一类为气成热液矿床。当前工业上用以提取铍及其化合物的两种主要矿物：原料是羟硅铍石和绿柱石。前者多从气成热液型矿床中开采；后者则主要采自花岗伟晶岩矿床。

C 铍精矿的生产情况和质量要求

在60年代末美国开采羟硅铍石矿之前，绿柱石是工业上炼铍的唯一原料，据美国矿山局统计，生产绿柱石的主要国家是巴西、印度和苏联，它们的产量占世界总产量的70%上下，这一时期世界绿柱石精矿的产量如下：

年份，年	1964	1965	1966	1967	1968	1969	1970
产量，吨	4460	5555	4127	4937	6549	8014	7436

美国布拉什·韦尔曼（Brush Wellman）公司是资本主义国家中唯一的铍矿石冶炼厂家。世界所产绿柱石大部分销往美国。从1969年起，美国开采犹他州羟硅铍石矿，使世界铍原料的结构发生变化，羟硅铍石成为铍工业的首要原料，美国也迅速成为铍原料的首要生产国，十多年来，其羟硅铍石的产量（折合成11% BeO计）约占世界铍精矿总产量的60～70%。由于美国开发自己的铍原料而大幅度地减少了绿柱石精矿的进口，从而使一些传统的生产铍精矿的矿山纷纷减产或倒闭。近年来，美国从战略角度考虑，为保护其有限的羟硅铍石资源，又逐渐扩大了绿柱石的进口，绿柱石的生产有所回升。1979～1984年期间，平均输入美国的绿柱石精矿为1800吨/年左右，主要来自中国、巴西、卢旺达和南非。美国矿山局发布的绿柱石精矿逐年进口量统计数如下：

年份，年	1969	1975	1976	1977	1978	1979	1980
数量，吨	6422	1479	1058	746	1031	1037	1703
年份，年	1981	1982	1983	1984			
数量，吨	2138	2652	2194	1332			

美国羟硅铍石矿是不经选矿直接冶炼的，而绿柱石矿则需先

经选矿富集才能冶炼。苏联、美国和我国冶炼厂对绿柱石精矿提出的要求各不相同：

在苏联，绿柱石精矿分为两级：一级要求精矿品位≥10% BeO，二级要求精矿品位≥8%BeO。

在资本主义国家，绿柱石主要销往美国，要求手选绿柱石精矿一般含BeO达11%。但据报导，近年来布拉什·韦尔曼公司研究出一种工艺可以成功地处理含7%BeO的绿柱石精矿，因而美国对绿柱石精矿的质量要求将会相应地降低。

我国最近对原有的绿柱石精矿质量标准进行了修订，新的绿柱石精矿质量标准列于表33.1.2。

表 33.1.2　中国绿柱石精矿质量标准

类别	品级	BeO%（不小于）	杂质含量（不大于），%			
			Fe_2O_3	Ca	F	Li_2O
块状	一	11	3.00	0.47	0.40	1.00
	二	10	3.50	0.50	0.50	1.20
粉状	一	9	4.00	0.53	1.00	1.50
	二	8	5.00	0.59	1.20	1.80
	三	7	6.00	0.65	1.50	2.00

注：1．块状粒度不得大于100mm；

2．粉状粒度不得小于65%－200网目。

33.1.1.2　绿柱石的选矿方法

A　手选法

手选是根据绿柱石与伴生脉石矿物间在外观特征（颜色、光泽、晶形）上的差异进行人工拣选得出绿柱石精矿的一种选别方法。手选常在慢速运动的皮带上进行。选别的矿石粒度通常大于10～25毫米，其粒度下限的确定，主要取决于经济效果。为了提高手选效率，矿石在手选前常需预先筛分，必要时还需洗矿，且工作区应有良好的照明。

手选法在国内外绿柱石精矿的生产中一直占有很重要的地

位，是生产绿柱石精矿的主要方法。解放初，我国新疆、湖南、江西和广东等省区开始用手选法从伟晶岩或石英脉矿中生产绿柱石精矿，1959年仅新疆、湖南两省区手选生产出的绿柱石精矿就达2800吨。1962年世界绿柱石精矿总产量为7400吨，手选精矿占91%。应该看到手选劳动强度大，生产效率低，选别指标差，资源浪费大，它正逐渐地为其他机械选矿方法所取代。然而伟晶岩中绿柱石晶体粗大、易选，手选仍不失为生产绿柱石精矿的重要方法之一。

图33.1.1是绿柱石手选的原则流程。

B 浮选法

浮选是选别低品位、细嵌布绿柱石矿的重要方法，国内外选矿工作者对此进行了广泛深入的研究，提出了拉姆法（Lamb）、拉比德西蒂法（Rabid City）、朗克法（Runke）、卡尔冈法（Calgon）、艾格列斯法(Eigeles)等许多浮选绿柱石的方法。实践说明：无论使用阳离子捕收剂还是阴离子捕收剂都能使绿柱石浮游，但如果没有选择性的调整剂相配合，都不能实现绿柱石与伴生脉石的有效分离。因此绿柱石浮选前必须添加调整剂预先处理。根据预先处理时介质的酸碱度，人们把绿柱石的浮选流程划分为两类：一类为酸法流程，另一类为碱法流程。

酸法浮选流程

酸法流程是预先用氟氢酸（或氟化钠和硫酸）处理矿浆，活化绿柱石，然后加捕收剂和起泡剂浮选绿柱石。根据绿柱石在流程中选出的顺序，酸法流程又可细分为酸法混合浮选流程和酸法优先浮选流程两种。前者如丹佛（Denver）公司推荐的流程（图33.1.2)：先在酸性介质中用胺类醋酸盐和起泡剂浮出云母，再加氟氢酸活化长石和绿柱石，用阳离子捕收剂混合浮选长石-绿柱石，混合精矿经洗矿（加次氯酸钙）、脱药后，用石油磺酸盐浮选绿柱石。丹佛公司处理含BeO0.95%的原矿获得了含BeO 8.61%的绿柱石精矿，回收率87.8%。酸法优先浮选流程则是用硫酸调浆，加阳离子捕收剂浮出云母，其后洗矿、浓缩，再加氟

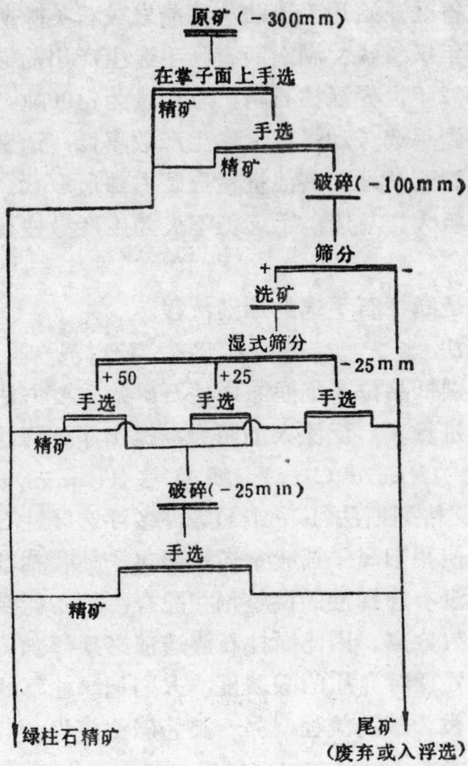

图 33.1.1　绿柱石手选原则流程

氢酸处理，在苏打介质中用脂肪酸类捕收剂浮选绿柱石。美国某矿床的矿石含BeO0.14%，磨到-0.85毫米，脱泥后加硫酸和阳离子捕收剂浮出云母，然后往浮选尾矿中添加氟氢酸以活化绿柱石，在苏打介质中加油酸和中性油浮选绿柱石。浮选所得绿柱石精矿经磁选除去磁性矿物，最后得到含BeO8%以上的绿柱石精矿，回收率69%，同时还分别选出了纯度为93～98%的云母、长石和石英产品，原则流程示于图33.1.3。

需要指出的是上述浮选方法得到的绿柱石精矿品位不太高，

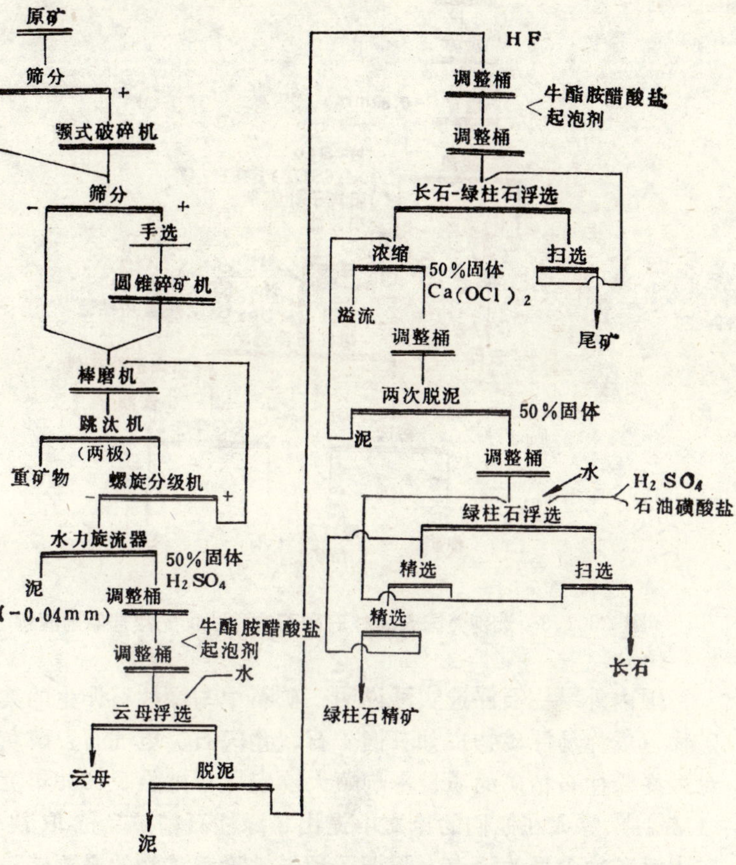

图 33.1.2 丹佛公司推荐的酸法混合浮选流程

常需用磁选、加温浮选或其他方法精选。

当矿石中含有硫化物时，可用黄药将其首先浮出。如萤石较多，可在云母浮选后用少量水玻璃和阴离子捕收剂将它浮出。

如矿石中含有较多强烈风化的长石，通常采用优先浮选可获得较好的结果。

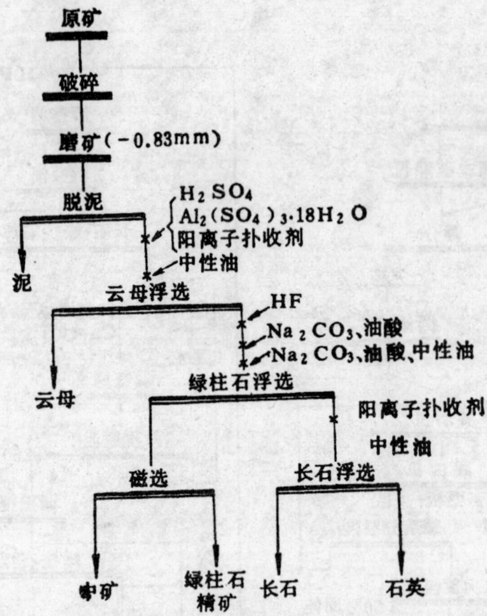

图 33.1.3　选别美国某绿柱石矿石的酸法优先浮选原则流程

国内外绿柱石浮选实践说明：矿石中与绿柱石伴生的某些重矿物（或称易浮矿物）如石榴子石、角闪石、电气石、磷灰石等对最终绿柱石精矿的质量影响颇大，应尽早排除。1963年莫伊尔（Moir）等人在他们的论文中提出了绿柱石精矿品位取决于原矿中重矿物含量的论点，强调了预先排除重矿物的必要性，并制定出先选重矿物的酸法绿柱石优先浮选流程。莫伊尔等人用品位为0.2%BeO的原矿成功地完成了连续试验，获得了品位为10.9%BeO的绿柱石精矿，回收率高于75%，连续试验流程示于图33.1.4。

碱法浮选流程

碱法浮选流程就是矿石在磨矿或浮选前用碱处理并洗矿、脱泥，然后加入脂肪酸类捕收剂和起泡剂浮选绿柱石。拉姆制定出

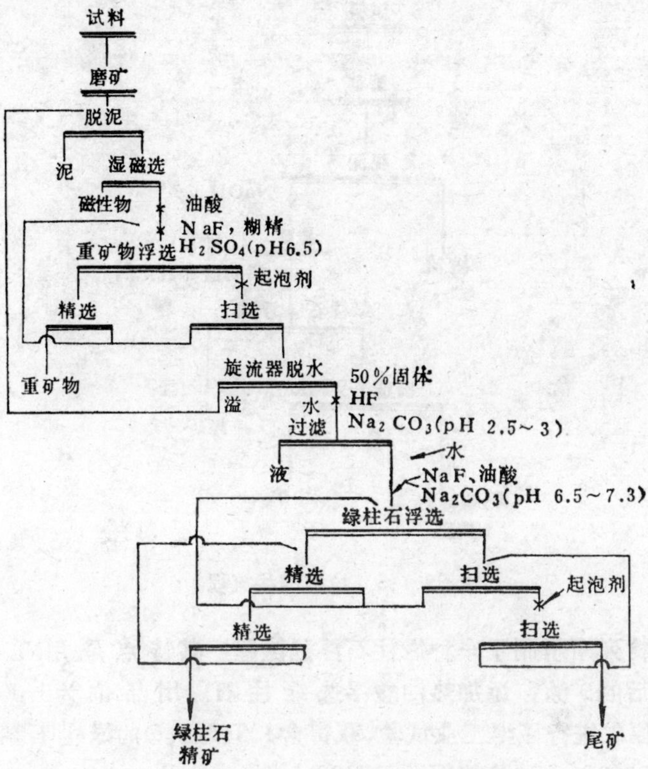

图 33.1.4 莫伊尔连续试验流程

碱法流程并对一伟晶岩绿柱石矿进行了试验，从含有1.3%BeO的原矿中选出了品位为12.2%BeO的绿柱石精矿，回收率74.7%，原则流程示于图33.1.5。

我国选矿工作者早在1960年就开展了绿柱石碱法浮选流程的研究，采用$NaOH-Na_2S-Na_2CO_3$或$NaOH-Na_2CO_3$调浆后直接浮选绿柱石的不脱泥、不洗矿的碱法正浮选简易流程，取得工业试验的成功。该工艺的突出优点是革除了国外绿柱石浮选前矿浆必须脱泥和洗矿的复杂工序。新疆可可托海选矿厂铍系列的生产流程就是我国研制成功的这种碱法流程，其细节将在实例中叙述。

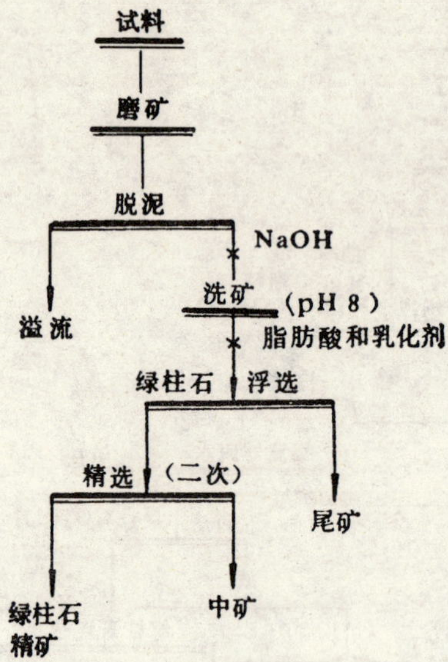

图 33.1.5　拉姆碱法流程

艾格列斯研制了一种绿柱石浮选流程，其特点是用Na_2S处理脱泥后的矿浆，添加热油酸浮选绿柱石。用品位为0.091% BeO的原矿进行了半工业试验，获得含4.34%BeO的绿柱石精矿，回收率81.2%，试验流程示于图33.1.6。

C　其他选矿方法

放射性选矿法

放射性选矿也是选别绿柱石的一种方法，该法是基于绿柱石受γ-射线照射后，呈现诱发的放射性，计数器将其记录并操纵执行机构，将绿柱石矿块收集到精矿槽内。1958年美国加利福尼亚州的一选厂曾用此法代替手选以生产绿柱石精矿，该厂规模为100吨/日。

粒浮选矿法

粒浮又称枱浮或浮游重选，它是根据矿物表面物理化学性质上的不同，依靠表面张力的作用使疏水性矿物表面聚集许多小气

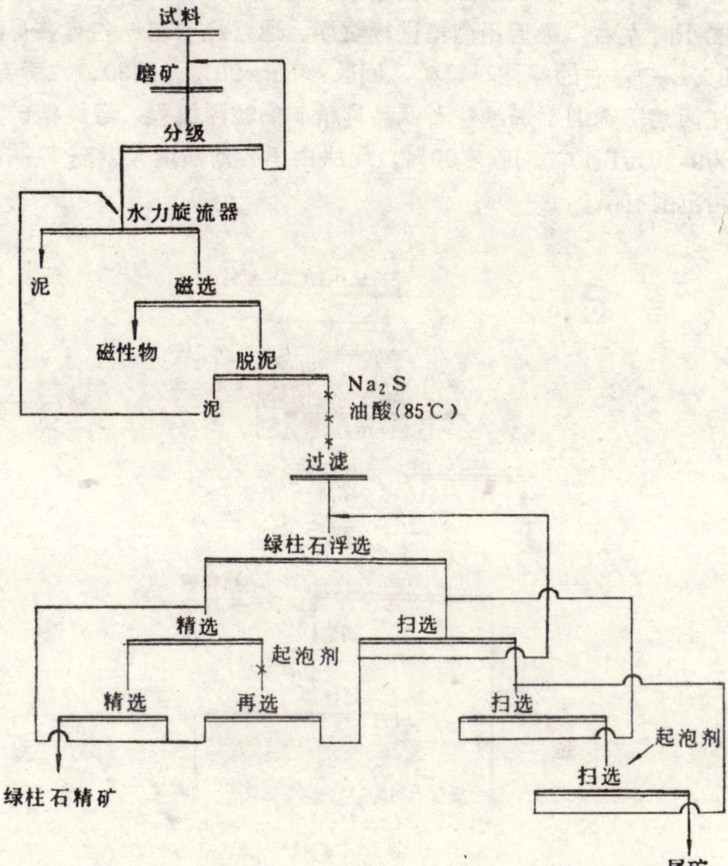

图 33.1.6 艾格列斯试验流程

泡结成团粒而浮于水面，亲水性矿物则沉于水底并按重选原理分选。粒浮在我国钨锡选厂中应用较广，其主要设备为粒浮摇床或溜槽。

粒浮法在选别绿柱石矿石中也获得应用，50年代起我国江西画眉坳、荡坪、盘古山钨矿曾开展过试验并用于选别手选获得的低品位绿柱石精矿。其一般过程是：将手选低品位精矿闭路破碎到

2毫米以下，脱泥后加入油酸钠、煤油等捕收剂调浆，然后静置二小时左右，最后用溜槽进行粒浮。通常经一粗一扫可获得品位9%BeO左右的绿柱石精矿，回收率85～90%。图33.1.7所示为江西某厂选别手选绿柱石低品位精矿的粒浮流程，最终精矿品位为9.28%BeO，回收率90%。此法由于劳动强度大、药耗高，应用范围有限。

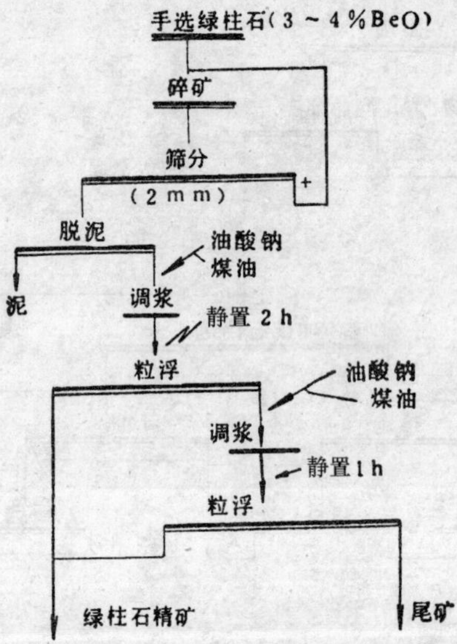

图 33.1.7　粒浮选矿流程

磁选法

磁选是从绿柱石精矿中除去磁性杂质以提高精矿品位的一种辅助方法。如前所述，由于某些与绿柱石伴生的矿物如石榴子石、电气石、角闪石和黑云母，它们的浮游性与绿柱石相近，某些浮选工艺常常不能使它们与绿柱石达到有效分离，然而这些矿物具有弱磁性，可用磁选将它们从绿柱石精矿中选出，从而达到提高绿柱石精矿质量的目的。

选择性磨矿法

此法是根据绿柱石具有较高的硬度（7.5～8），当它与较软的脉石矿物（如云母片岩、滑石）在一起时，利用它们之间硬度的明显差异，采用选择性磨矿使易碎的脉石矿物磨细，而绿柱石仍保持较粗粒度，然后借助筛分可达到初步分离。其流程如图33.1.8所示。

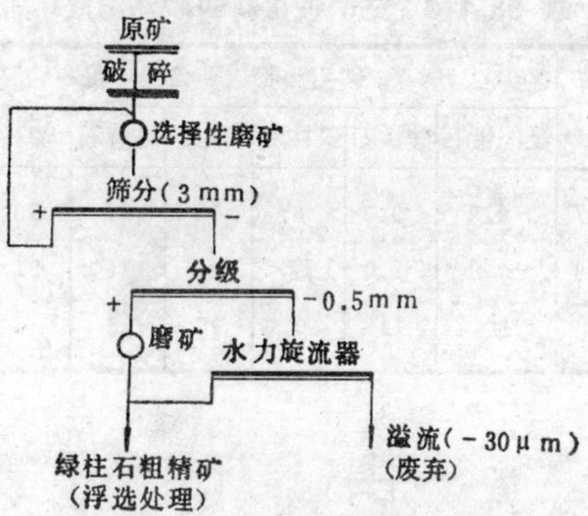

图 33.1.8　选择性磨矿原则流程

此外，许多选矿工作者还进行了大量的绿柱石选矿方面的其他研究工作，例如曾用粒度0.4～1.6毫米的绿柱石矿进行了静电选矿试验：先后用氢氧化钠、氟氢酸和脂肪酸处理矿石，然后进行低温焙烧，最后进行静电选矿粗选和精选，结果从含有0.46% BeO的给矿中选出了品位为11.4% BeO的绿柱石精矿，回收率88%。关于这类小型试验的资料很多，此处不一一赘述。

33.1.1.3　羟硅铍石和硅铍石的处理方法

除绿柱石外，选矿工作者对羟硅铍石、硅铍石、金绿宝石、日光榴石和香花石等铍矿物也不同程度地开展了选矿及其他处理方法的研究，其中对羟硅铍石、硅铍石和金绿宝石研究得较多。

1959年美国内华达州发现一铅银矿中含有丰富的羟硅铍石和硅铍石矿物，随后进行了小型试验和连续试验。1964年R.汉芬斯撰文介绍了连续试验情况：采用三个品位不同的试料进行试验，试料中主要脉石矿物为石英、方解石、云母和长石，含BeO 0.47～4.7%，各试料的组成如表33.1.3所示。

用堆积矿（2）进行的连续试验获得了品位为21%BeO的铍精矿，回收率78.3%。试验流程和指标分别示于图33.1.9和表33.1.4。

表 33.1.3　三个铍试料的矿物组成

试料	品位	矿物含量，%							
	%BeO	羟硅铍石	硅铍石	绿柱石	石英	方解石	萤石	长石	云母
堆积矿（1）	0.47	0.9	0.3	0	18	40	16	7	13
堆积矿（2）	0.78	0.8	1.0	痕	25	15	21	10	20
高品位矿	4.7	痕	11	0	35	5	5	1	35

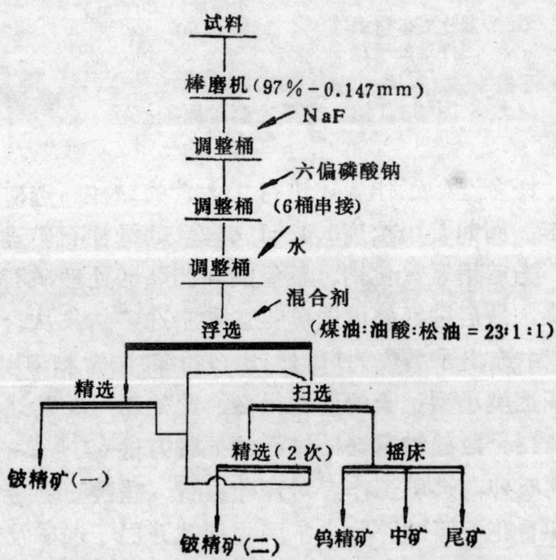

图 33.1.9　连续试验（23kg/h）工艺流程

与堆积矿（2）不同，堆积矿（1）中含有1%黄铁矿，所

表 33.1.4 堆积矿（2）的连续试验指标

产品名称	产率	品位，%		回收率，%	
	%	BeO	WO_3	BeO	WO_3
铍精矿	2.84	21.00	0.29	78.3	8.2
铍精矿（一）	1.66	24.8	0.24	54.1	4.0
铍精矿（二）	1.18	15.6	0.36	24.2	4.2
钨精矿	0.08		33.70		26.9
中矿	0.18		1.70		3.1
尾矿	96.90	0.17	0.064	21.7	61.8
给矿	100.00	0.76	0.10	100.0	100.0

以在流程前部加黄药先将黄铁矿浮出，然后再选铍。试验结果获得了品位为12.2%BeO的铍精矿，回收率75%。

高品位试料连续试验的重点是要产出高质量精矿，经试验获得的铍精矿品位为25%BeO，回收率85.5%。

试验指出：（1）六偏磷酸钠的搅拌时间以20～30分钟为宜，时间过长虽能提高回收率，但精矿品位下降；（2）使用六个小容积的调整桶串联比使用单个大容积桶的效果好；（3）NaF和六偏磷酸钠混合使用比单独使用能更好地抑制方解石和萤石；（4）硅铍石比羟硅铍石易浮，20～74微米粒级的铍矿物比其他粒级铍矿物易浮（见表33.1.5）。

表 33.1.5 浮选给矿和尾矿中铍矿物的分布

粒级 μm	给矿				尾矿			
	产率 %	品位 %BeO	分布率，%		产率 %	品位 %BeO	分布率，%	
			羟硅铍石	硅铍石			羟硅铍石	硅铍石
+208	1.6	0.78	20	80	0.5	0.62	50	50
208～147	1.3	0.78	30	70	1.3	0.48	30	70
147～104	3.2	0.74	30	70	3.4	0.36	30	70
104～74	6.4	0.86	30	70	6.5	0.32	70	30
74～20	53.7	0.84	60	40	53.6	0.06	100	0
−20	34.8	0.50			34.7	0.12		
合计	100.0	0.70	55	45	100.0	0.13	70	30

美国于60年代末于工业上开始采用萃取工艺直接从羟硅铍石矿石中提取铍化物之前，“铍资源公司”曾用正浮选工艺处理羟硅铍石粘土矿以生产低品位羟硅铍石精矿，然后用化学工艺提取铍化物，该浮选厂的规模为250吨/日，该厂细磨原矿经浮选选出云母和长石后，在特制的能产生微泡的浮选机中浮选羟硅铍石，获得的铍精矿品位不高，含BeO3～7%，回收率85%。

美国犹他州斯彼尔山羟硅铍石资源非常丰富，原矿含BeO 0.5～1.5%，由于羟硅铍石结晶极细，难于用机械选矿方法有效富集。矿山局研究人员经多年努力成功地研制出从原矿直接提取铍化物的“液-液萃取工艺”并用于工业生产，该工艺的成功，结束了绿柱石作为唯一铍原料的时代，同时使羟硅铍石一跃而成为主要的铍原料。液-液萃取工艺的主要过程是：

（1）矿粉与10%浓度的硫酸混合并搅拌之，pH值维持在0.5～1.5，羟硅铍石溶解成硫酸铍盐，经过滤，丢弃绝大部分尾矿（即硅石泥）。

（2）含铍滤液用萃取剂P204萃取，Be转入有机相中，随后用NaOH进行反萃取，铍离子与碱液作用形成铍化物。在此过程中铝亦进入反萃液中。

（3）将反萃液加热煮沸，铍盐水解成$Be(OH)_2$沉淀，铝盐不能水解，从而达到Be与Al的分离。如果必要，水解后的$Be(OH)_2$在1100℃条件下煅烧2～3小时，可获得纯度在99%左右的氧化铍。

在加拿大，近年来美国海伍德资源公司（Highwood Resources Ltd.）正积极开发托尔湖（Thor Lake）硅铍石资源。该矿位于加拿大西北地区耶洛奈夫的东南部，矿区面积为7284公顷（18000英亩），分四个区。1983～1984年在第二区的钻探工作已初步探明品位1.4%BeO的矿石量49700吨和品位0.66%BeO的矿石130万吨。该矿除铍外，还含有稀土、钇、铀、钍、铌和钽等重要组分。对该矿进行的工艺试验已表明可获得品位近20%BeO的铍精矿，回收率80～85%。该矿正积极地进行连续试验、公路建设和进一步勘探工作，它将很快成为布拉什·维尔曼公司另一个稳定的铍原料基地。

33.1.1.4 金绿宝石的选冶联合法

金绿宝石是一种含铍较高的重要铍矿物，国外研究甚少，迄今未见开发利用。

在我国，金绿宝石矿是仅次于绿柱石的重要铍矿资源，湖南一金绿宝石矿不仅品位高，而且储量大，是我国潜在的重要铍原料基地。该矿分为尖晶石含铍条纹岩、尖晶石含铍大理岩和电气石尖晶石含铍条纹岩等类型。其特点是金绿宝石与萤石、方解石和尖晶石致密共生，嵌布很细，选矿很难分离。在50～60年代末，我国对该矿进行了选矿和选-冶联合流程研究工作：用阳离子捕收剂或阴离子捕收剂浮选金绿宝石；用浮选—酸浸—浮选、浮选—焙烧—浮选处理金绿宝石矿等。这一时期，苏联选矿研究设计院也对该矿进行了重选—浮选（部分加温）试验研究。这些研究工作都取得了一定成果，为该资源的开发利用做出了贡献。但是这些试验或是得不出能够满足冶炼要求的商品铍精矿或是虽能处理富矿（1%BeO），获得品位达11%BeO以上的铍精矿，但回收率极低（21%）。

针对上述情况，70年代初，我国选矿工作者从选冶结合的角度考虑，又开展了大量的试验研究工作，取得了突破性进展。

前已述及，该矿的特点是金绿宝石与萤石、方解石、尖晶石等矿物致密共生，嵌布很细，难于用单一选矿方法实现有效分离；但是，在铍精矿冶炼时却又常常需要添加大量的助熔剂——萤石。因而选矿工作者提出了先用浮选产出一种含有适量萤石和方解石的低品位、高回收率的铍精矿，然后再用适当冶炼方法处理这种铍精矿的研究方案。通过多年努力，终于完成了用“浮选—浸出—溶剂萃取法”从金绿宝石矿石中提取氧化铍的实验室试验。后经扩大试验验证，肯定了该工艺的可靠性和合理性。

该工艺的主要过程是：原矿先经细磨，浮选出硫化物和部分方解石，然后在水玻璃和氟硅酸钠等调整剂作用下，加脂肪酸皂作

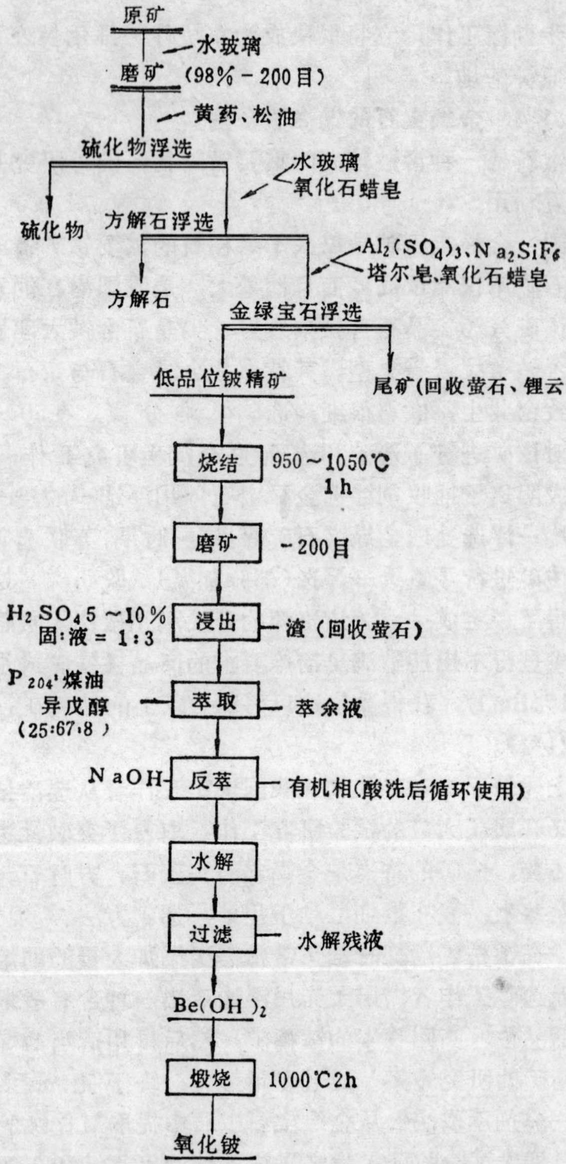

图 33.1.10　金绿宝石矿选矿—浸出—溶剂萃取试验原则流程

捕收剂浮选金绿宝石，最后从浮铍尾矿中选出萤石。由于要求铍精矿泡沫产品中含有一定量的萤石和方解石，铍精矿的品位可适当降低，因而铍浮选的作业回收率就大为提高了。将这种铍精矿进行焙烧—浸出—萃取，最后获得氢氧化铍或氧化铍产品。试验的原矿品位为0.4%BeO，获得的氧化铍产品纯度在97%以上，选矿回收率高于80%，对原矿的选冶总回收率为60%。试料的矿物组成及试验原则流程分别示于表33.1.6和图33.1.10。

表 33.1.6 试料的矿物组成

矿物名称	金绿宝石	硅铍石	萤石	云母	方解石	电气石 角闪石	氟硼镁石	硫化物
含量，%	2.08	0.05	34.82	20.39	30.91	7.65	3.19	0.93

33.1.1.5 铍矿选矿厂实例

A 可可托海选矿厂（铍系列）

可可托海选矿厂位于新疆维吾尔族自治区境内。1976年建成投产，设计规模为750吨/日，分三个系列分别处理不同的伟晶岩锂铍钽铌矿，其中一号系列选别高铍低锂矿，设计能力400吨/日，1977年正式投产。

该厂处理的伟晶岩矿石含铍锂钽铌等多种稀有金属矿物。有用矿物为锂辉石、绿柱石、钽铌铁矿和细晶石等；主要脉石矿物为长石、石英、云母，此外尚有少量石榴子石、角闪石、磷灰石和电气石等。一号系列处理的矿石含铍较高，但通常不超过0.1% BeO。

该厂破碎工段采用两段一闭路流程将原矿破碎到－20毫米，然后经棒磨机粗磨后入旋转螺旋溜槽，选出钽铌粗精矿送精选车间处理，螺旋溜槽尾矿经球磨机和水力旋流器闭路磨到70%－0.1毫米，然后浮选绿柱石。该厂设计时采用“三碱两皂一油”不脱泥碱法流程浮选绿柱石，即用Na_2CO_3、NaOH和Na_2S作调整剂，氧化石蜡皂、环烷酸皂和柴油为捕收剂组成的药方，先浮出易浮矿

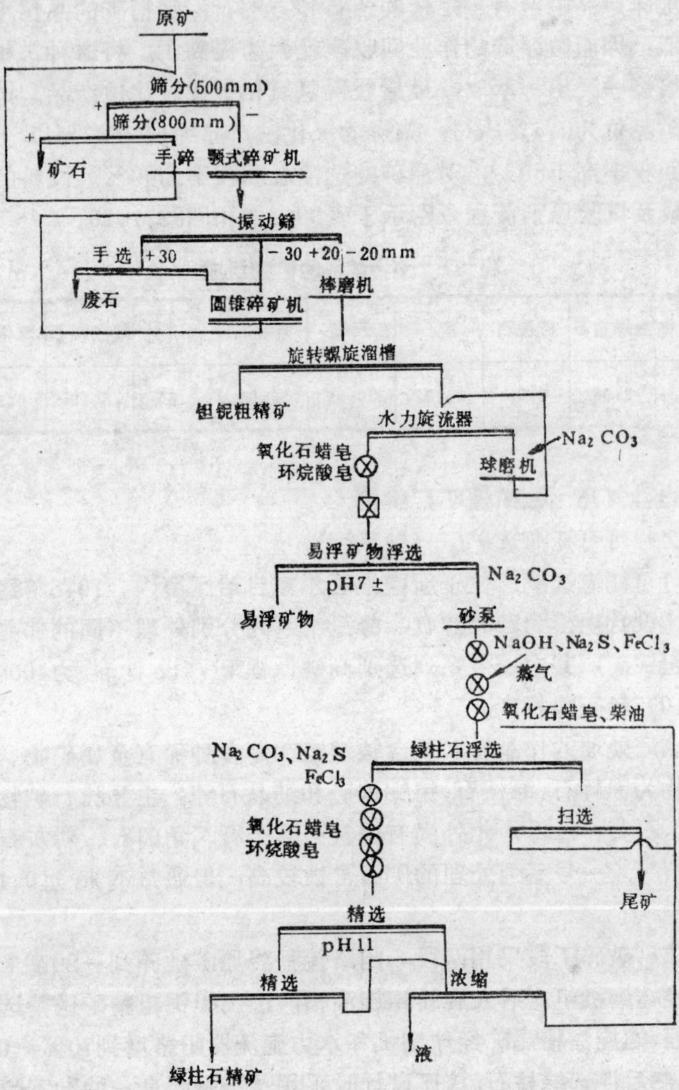

图 33.1.11　可可托海选厂一号系列生产流程

物（石榴子石、角闪石、磷灰石……）然后进行绿柱石浮选和精选，产出绿柱石最终精矿。绿柱石浮选尾矿经NaOH活化并搅拌之后，加脂肪酸皂浮选锂辉石（目前暂未选锂）。近年来，生产流程和药方稍有变更，精选次数减少，1983年生产流程示于图33.1.11。

1983年一号系列处理矿石的原矿品位～0.1%BeO，绿柱石精矿品位为7.35%BeO，回收率59.86%，处理一吨原矿的平均药耗6.4公斤。

B 国外铍选矿厂

国外提取铍及其化合物的主要原料是羟硅铍石，其次是绿柱石。

第一种原料羟硅铍石，在美国是采用萃取法直接从其原矿提取铍化物，故无选矿厂。

第二种铍原料绿柱石，在国外长期以来主要靠手选在生产长石和石英时作副产品产出。近有文献报导，当今绿柱石精矿的主要生产国苏联和巴西实现了绿柱石的工业浮选，但有关选厂的规模、流程等细节较少提及。

硅铍石可能很快会成为提取铍及其化合物的第三种工业矿物原料，加拿大西北地区托尔湖具有较丰富的硅铍石资源，初步试验已获高品位硅铍石精矿，回收率较高，目前正进行建厂筹备工作。

33.1.2 锂矿石选矿

33.1.2.1 绪论

A 锂的性质和用途

锂是一种稀有元素，属轻金属类，1817年瑞典人阿尔费特逊在透锂长石中首先发现锂，1855年制出金属锂，到本世纪40年代才开始工业规模生产锂。

锂的主要性质有：密度小，仅0.53克/厘米^3，是最轻的金属；熔点低（179℃）；金属锂很软，韧性大，延展性好；锂有锂^{6}(Li^{6})和锂^{7}(Li^{7})两种稳定同位素；锂的化学活性好。

锂精矿、锂化物和金属锂具有许多优良性质，在许多部门获得广泛应用。铝电解槽中加入少量锂盐，能大大改善电解质的物理化学性能；锂精矿或锂化物在制造玻璃时有较大的助熔作用；陶瓷中加入少量锂化物可降低陶瓷—搪瓷制品的烧结温度；加入少量锂化物可使润滑剂的热稳定性、机械稳定性和化学稳定性得到改善，因此锂精矿或锂化物大量用于炼铝、玻璃、陶瓷工业和润滑剂的生产中。

锂和锂化物可作为高能燃料，氘化锂^{6}和氚化锂^{6}是氢弹的重要原料，它们在核能和宇航方面起着重要作用。此外锂及其化合物还用于合成橡胶、合金、高能电池、空调、医药、焊接等方面。科学家们预言：在未来能源（蓄电池和核聚变）方面锂将发挥引人注目的作用。

B 锂的主要矿物及矿床类型

锂在地壳中的含量为21×10^{-6}，锂储量较丰富的国家是智利、美国、扎伊尔和中国。

迄今科学家们发现含锂矿物有150多种，目前工业上用作锂原料的是锂辉石、锂云母、锂磷铝石、铁锂云母和透锂长石等，它们的化学组成列于表33.1.7。

锂辉石

单斜晶系、常呈柱状、板状和针状晶体。颜色为白、灰、浅绿、玫瑰等色，无磁性，纯锂辉石Li_2O理论含量为8.1%，常因含Rb_2O（0～3%）、Cs_2O(0～1%)、钠和钾等元素，实际含Li_2O4.5～8%。锂辉石有两种晶型：α和β型，将天然锂辉石在1100℃焙烧时，它从α型转变为β型，并具热裂性质。锂辉石在伟晶岩和气成热液矿床中均可见到。

锂云母

锂云母常为鳞片状和叶片状集合体，颜色为玫瑰色、紫色、浅紫色、灰黄色，有时为无色，无磁性。在锂云母中常含1～3% Rb_2O和0～1.5%Cs_2O，实际含Li_2O1.2～5.9%，花岗伟晶岩、

表 33.1.7 锂的工业矿物

矿物名称	化学组成	密度 g/cm^3	硬度	理论品位 $\%Li_2O$
锂辉石 (spodumene)	$LiAl(SiO_3)_2$	3.1～3.2	6～7	8.1
锂云母 (lepidolite)	$(LiK)_2Al_2(SiO_3)_3(F,OH)_2$	2.8～3.3	2.5～4	5.9
铁锂云母 (zinnwaldite)	$(LiNaK)_2Al_3FeSi_{15}O_{16}(F,OH)_2$	3	3	4.13
锂磷铝石 (amblygonite)	$LiAl(F, OH)PO_4$	3.1	6	10.1
透锂长石 (petalite)	$LiAl(Si_2O_5)_2$	2.5	6～6.5	4.89

花岗岩和石英脉中均可见到。

铁锂云母

铁锂云母常呈鳞片状产出，颜色为灰色、褐色、暗绿色、暗紫色，含FeO12.5%左右，具有弱磁性。产于云英岩和高温石英脉中，有时在花岗岩和花岗伟晶岩中也可见到。

锂磷铝石

锂磷铝石常为不规则块状和近等轴状，颜色为灰色、黄白、绿白等，实际含Li_2O8～9.5%，是含锂最高的工业矿物，产于花岗伟晶岩中，有时也见于云英岩和高温石英脉中。

透锂长石

透锂长石常呈块状、板状和针状，颜色为白色、灰色，偶见粉红色、绿色，一般产于伟晶岩中。

锂矿床可分为三大类：花岗伟晶岩矿床、气成热液矿床和盐湖卤水沉积矿床。目前世界锂原料主要来自花岗伟晶岩和卤水沉积矿床。前者如美国北卡罗莱纳州金丝山和加拿大伯尼克湖矿床，后者如美国加利福尼亚州西尔斯湖、内华达州银峰、智利北部的阿塔卡玛，这些都是世界有名的锂矿床。

此外，科学家们已证实海水中含锂丰富，它是潜在的巨大锂资源。

C　锂精矿的生产情况和质量要求

锂原料分为两类：一类为矿物原料即各种锂精矿，另一类为盐湖卤水。

国外生产的锂精矿有锂辉石、锂云母、铁锂云母、锂磷铝石和透锂长石。但最主要的是锂辉石。除锂辉石的精矿主要作为提取锂化物的原料外，其他精矿多直接作为玻璃、陶瓷等工业原料。国内目前虽然生产锂辉石和锂云母两种精矿，但从资源储量和开采条件来看，锂云母比锂辉石优越得多，锂云母的生产会较快增长。

世界生产锂精矿的主要国家是美国、巴西、澳大利亚、津巴布韦、苏联和中国。

美国是锂精矿和锂化物最大的生产国，同时又是世界上锂的最大消费国。美国锂公司和福特矿产公司是资本主义世界最大的生产锂精矿和锂化物的厂家。近几年资本主义世界锂化物（以Li_2CO_3计）的年产量为2.5～3万吨左右，其中绝大部分由上述两公司生产。美国锂公司和福特矿产公司生产锂化物的原料，主要靠其本身在北卡罗莱纳州金丝山建立的世界上最大的锂辉石选矿厂，该选矿厂年产锂辉石精矿约30万吨左右。此外它们还处理内华达州银峰和智利阿塔卡玛盐湖卤水。

美国锂辉石精矿分为三级：化学级、陶瓷级和低铁级。表33.1.8为美国福特矿产公司生产的锂辉石精矿的化学组成。

表33.1.9为我国最近修订的锂辉石精矿质量标准，表33.1.10为锂云母精矿质量标准。

从表33.1.8和33.1.9可看出，对化工用锂辉石精矿中的铁含量限制不严，允许含量较高，但对陶瓷和低铁级锂精矿则要求较严格地控制铁含量。尤其是低铁级精矿不仅Fe_2O_3含量要限制在很低的范围内，同时对－200目细泥含量的要求也较严，因此在

表 33.1.8 福特矿产公司锂辉石质量，%

级别	Li_2O	Fe_2O_3	Na_2O	K_2O	Al_2O_3	SiO_2
化学级	6	2.2	0.8	1.0	25.7	63.5
陶瓷级	6.88	0.9	0.32	0.6	26.15	63.7
低铁级	6.83	0.1	0.35	0.14	26.25	64.8

表 33.1.9 锂辉石精矿质量标准

类 别	品级	Li_2O% 不小于	杂质含量(不大于)，%				说 明
			Fe_2O_3	MnO	K_2O+Na_2O	P_2O_5	
低铁锂精矿	一	7	0.15	0.1	1.5	1.3	块矿不大于100mm，粉矿－200目粒级不大于35%
	二	6.5	0.20	0.15	1.8	1.3	
	三	6	0.25	0.2	2.0	1.3	
陶瓷用锂精矿	一	7	0.5	0.2	1.5	1.3	块矿不大于100mm，粉矿－200目粒级不大于60%
	二	6.5	0.7	0.25	1.8	1.3	
	三	6	0.9	0.30	2.0	1.3	
化工用锂精矿	一	6.5	2.5	0.3	1.5	1.3	块矿不大于100 mm，粉矿－200目粒级不大于60%
	二	6.0	2.8	0.4	1.8	1.3	
	三	5.5	3.0	0.5	2.0	1.3	

表 33.1.10 锂云母精矿质量标准（GB3201—82）

锂盐用 品 级	主成分（不小于），%	
	$Li_2O+Rb_2O+Cs_2O$	Li_2O
特级	6	4.7
一级	5	4.0

玻璃、陶瓷用 品级	主成分（不小于），%			杂质（不大于），%	
	$Li_2O+Rb_2O+Cs_2O$	Li_2O	K_2O+Na_2O	Fe_2O_3	Al_2O_3
一级	5	4	8	0.4	26
二级	4	3	7	0.5	28
三级	3	2	6	0.6	28

美国，无论是正浮选或反浮选生产的锂辉石精矿往往都需要经过筛分、磁选、铁矿物浮选或焙烧等工序进一步处理，以保证精矿在粒度或铁含量方面达到陶瓷级和低铁级锂精矿的质量要求。

33.1.2.2　锂辉石的选矿方法

A 手选法

手选法是基于锂矿物与脉石矿物在颜色和外观上的差异而达到分选目的的一种选别方法。其选别粒度一般为10～25毫米，选别粒度下限的确定，取决于经济效益。手选是锂矿生产史上最早使用的选矿方法，美国早在1906年就采用此法从南达科塔州布莱克山地区伟晶岩矿床中生产锂辉石精矿。除锂辉石外，手选还用于生产锂云母、透锂长石、锂磷铝石等锂精矿。

美国南达科塔州布莱克山地区是美国最早开采的锂矿区，曾采用手选法从伟晶岩矿石中选出锂辉石精矿，有时还附带回收一些长石和重金属矿物。布莱克山地区一矿床含Li_2O1.5～1.7%，矿石主要由锂辉石、石英、微斜长石、钠长石、白云母、磷灰石和电气石组成。1948年采用手选法选出产率为10.5%的锂辉石精矿，品位为4.8%Li_2O，回收率30～40%，由于经济效益低，1949年该厂改革了工艺，3.3～38毫米粒级改用重介质选矿，38～300毫米粒级矿石仍用手选以剔除废石。

我国50年代在新疆一矿和三矿一直用手选法生产锂辉石精矿，原矿含1.5～1.8%Li_2O，手选精矿品位5～6%Li_2O，回收率20～30%。

手选法由于劳动强度大、生产率低、选矿指标差、资源浪费大，已普遍为浮选或其他方法所取代，但在劳动力便宜的地区，手选仍不失为一种从粗嵌布锂矿中生产锂精矿的重要方法。

图33.1.12所示为花岗伟晶岩锂矿手选原则流程。

B 浮选法

锂辉石的浮选有两种不同的流程：一是正浮选，二是反浮选。

正浮选流程即优先浮选锂辉石的流程，其实质是：磨细矿石

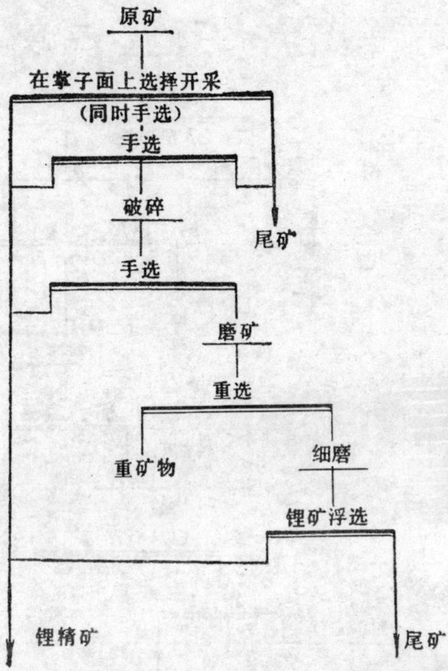

图 33.1.12 花岗伟晶岩锂矿手选原则流程

在氢氧化钠或碳酸钠形成的碱性介质中，高浓度、强搅拌并多次洗矿脱泥后，添加脂肪酸或其皂类作捕收剂直接浮选锂辉石。

苏联选矿研究设计院曾对扎维琴矿床进行过选矿研究，该矿为伟晶岩矿床，试样采自粗晶带，局部风化，锂辉石晶粒以10～15毫米为多。该院制定的建议流程为正浮选流程，如图33.1.13所示，按此流程处理该矿可获得品位大于5%Li_2O的锂辉石精矿，回收率70～75%。

早在1960年，在对新疆伟晶岩锂辉石矿进行选矿研究时，我国选矿工作者就首先发明和制定出不脱泥、不洗矿的碱法正浮选简化流程。如图33.1.14所示。该工艺于1961年用于生产，工业生产指标为：给矿含1.3～2%Li_2O，锂辉石精矿品位为4～5%Li_2O，回收率85～90%。

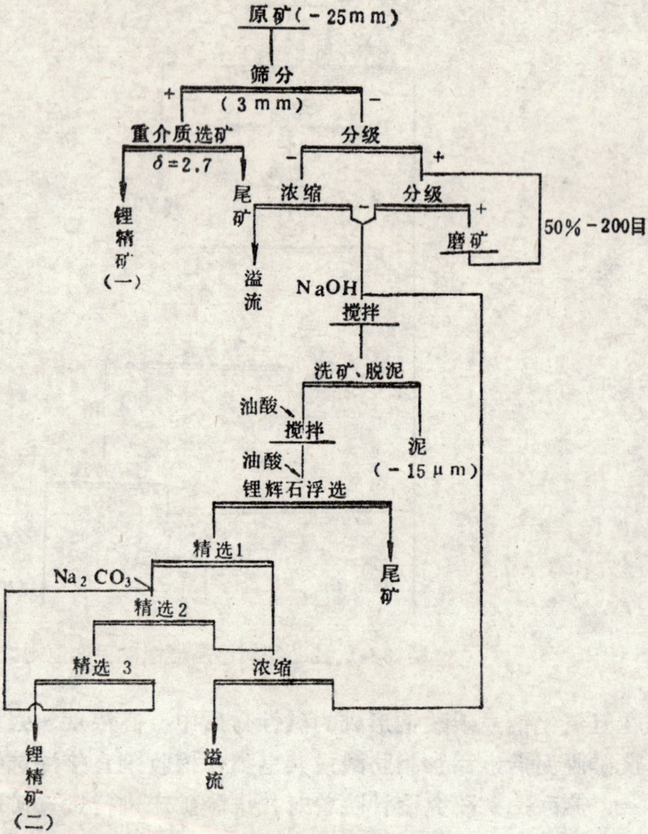

图 33.1.13　苏联处理扎维琴矿建议流程

反浮选流程就是在石灰调节的碱性介质中以糊精、淀粉一类调整剂抑制锂辉石，用阳离子捕收剂将硅酸盐类脉石矿物作泡沫浮出，槽内产品即为锂辉石精矿，图33.1.15所示为丹佛公司推荐的反浮选流程。

50和60年代，美国多采用反浮选流程，目前美国和我国锂辉石浮选厂均采用正浮选流程。

锂辉石与绿柱石分离

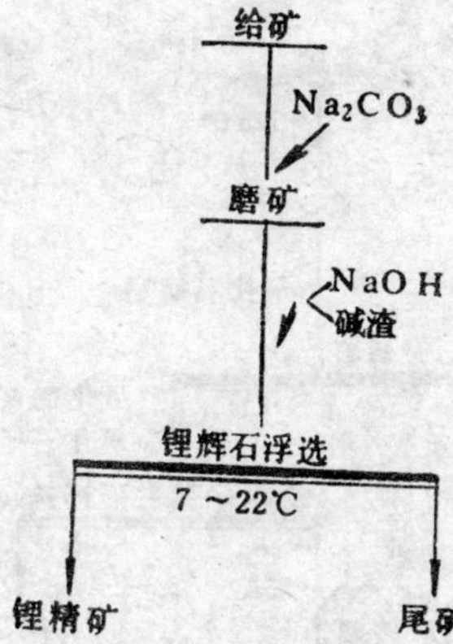

图 33.1.14 锂辉石碱法正浮选简化流程

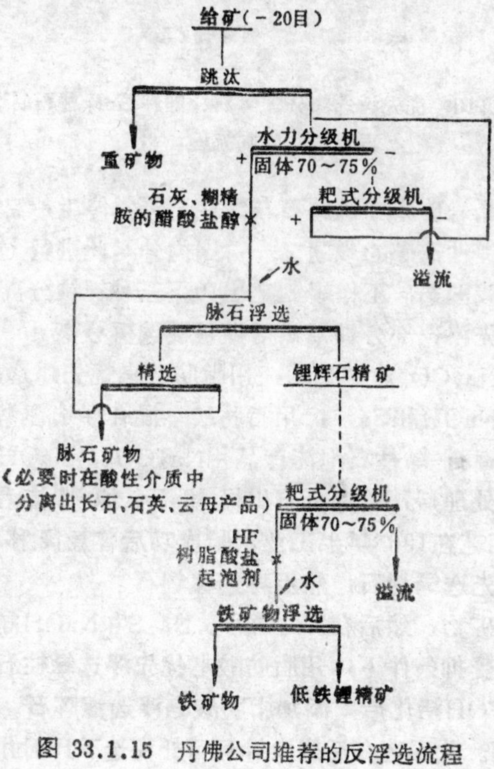

图 33.1.15 丹佛公司推荐的反浮选流程

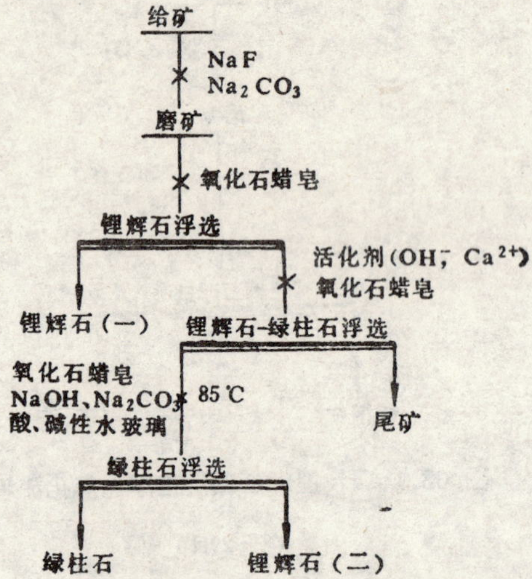

图 33.1.16　优先浮选部分锂辉石、锂辉石-绿柱石混选再分离的原则流程

在花岗伟晶岩矿床中锂辉石与绿柱石经常伴生，它们的分离曾一度被视作锂铍选矿的难题之一，国内外对此进行过广泛研究，60年代初我国选矿工作者制定出如下三种锂铍分离流程：

（1）优先浮选部分锂，然后锂铍混选再分离

用NaF、Na_2CO_3作调整剂，用脂肪酸皂优先浮选部分锂辉石，然后添加NaOH和Ca^{2+}，用脂肪酸皂混合浮选锂辉石-绿柱石，最后将锂辉石-绿柱石泡沫产品用Na_2CO_3、NaOH和酸、碱性水玻璃加温处理后，浮选分离出绿柱石，原则流程示于图33.1.16。该工艺在1965年半工业试验成功后曾直接移交生产。

（2）优先选绿柱石，然后再选锂辉石

先选易浮矿物，然后在Na_2CO_3、Na_2S和NaOH高碱介质中使锂辉石处于受抑条件下，用脂肪酸皂优先浮选绿柱石。绿柱石浮选尾矿经NaOH活化后，添加脂肪酸皂浮选锂辉石。原则流程示于图33.1.17。此工艺在后来设计可可托海选矿厂时用作一号系

列生产流程。

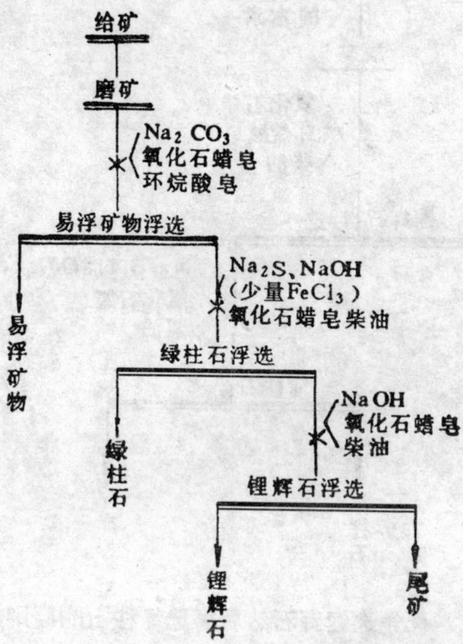

图 33.1.17 优先选绿柱石，然后再选锂辉石的原则流程

（3）优先选锂辉石，然后再选绿柱石

在Na_2CO_3碱木素（用碱溶解木素磺酸盐）长时间作用的低碱介质中，绿柱石和脉石矿物受到抑制，用氧化石蜡皂、环烷酸皂和柴油浮选锂辉石。此后加NaOH、Na_2S和$FeCl_3$活化绿柱石并抑制脉石矿物，用氧化石蜡皂和柴油浮选绿柱石。原则流程示于图33.1.18。此工艺在后来设计可可托海选矿厂时用作二号系列生产流程。

60年代初制定的上述三种流程用可可托海伟晶岩锂铍矿进行了半工业试验，试验都获得了成功，结果示于表33.1.11。

1959年J.S.布朗宁(Browning)和他的同事们用金丝山选矿厂选出锂精矿和云母后的尾矿进行了锂辉石与绿柱石分离的半工业试验以回收绿柱石。试验给矿含0.068%BeO、0.44%Li_2O、

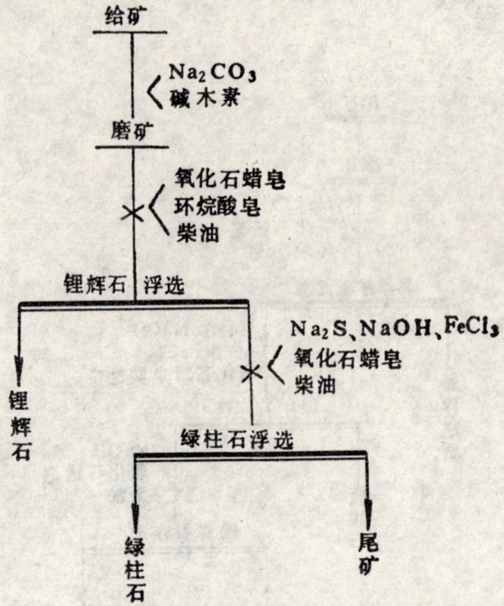

图 33.1.18　优先选锂辉石然后再选绿柱石的原则流程

表 33.1.11　三种锂铍分离流程半工业试验结果

流程	原矿品位，%		铍精矿，%		锂精矿，%	
	BeO	Li_2O	品位 BeO	回收率	品位 Li_2O	回收率
优先浮选部分锂辉石，然后锂辉石—绿柱石混选再分离	0.045	0.99	9.62	54.5	5.84	84.4
优先浮选绿柱石，然后再选锂辉石	0.054	0.895	8.82	60.2	6.01	84.6
优先浮选锂辉石，然后浮选绿柱石	0.0457	1.097	8.44	49.9	5.67	84.6

矿物组成为，%：

绿柱石	锂辉石	云母	长石	石英	其他
0.6	5.1	1.8	50.9	41.5	0.1

试验规模为1.5吨/时，采用碱性介质-脂肪酸浮选工艺和酸

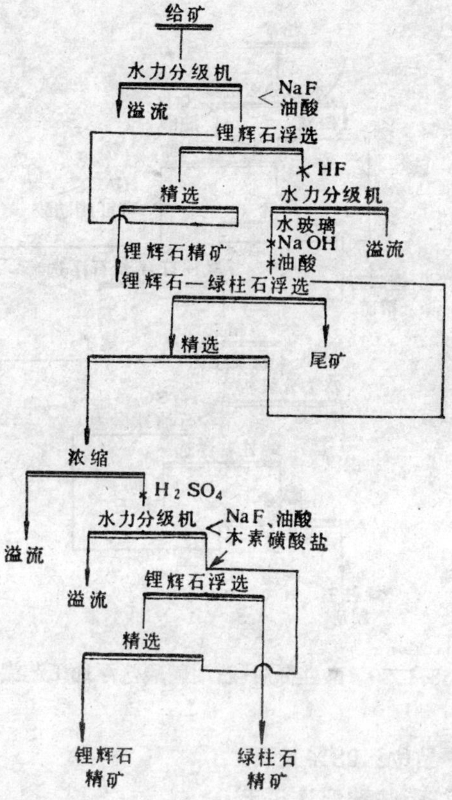

图 33.1.19　碱性介质-脂肪酸浮选工艺流程

性介质-石油磺酸盐浮选工艺，后一工艺获得了较好指标。该工艺是脱泥后浮选锂辉石，然后进行绿柱石-长石的混合浮选与分离，结果获得了绿柱石、锂辉石和长石三种产品。处理一吨给矿的药耗为2千克。半工业试验流程如图33.1.19和33.1.20所示，试验指标如下：

酸性介质-石油磺酸盐浮选工艺：

绿柱石精矿品位：6.4%BeO　　回收率76.8%

锂辉石精矿品位：5.9%Li_2O　　回收率49%

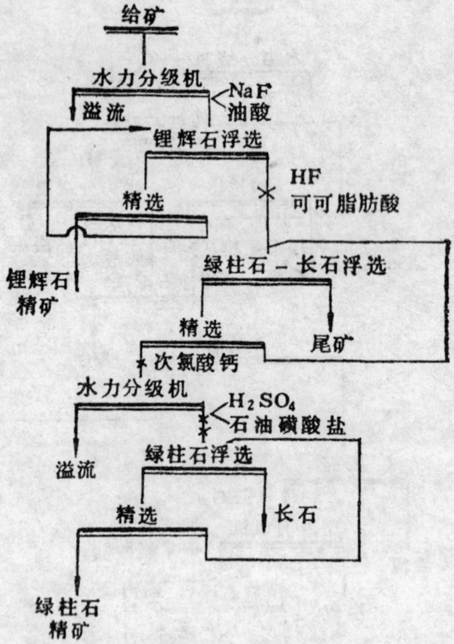

图 33.1.20　酸性介质-石油磺酸盐浮选工艺流程

长石精矿品位：98%长石

碱性介质-脂肪酸浮选工艺：

绿柱石精矿品位：4.12%BeO　　回收率71.1%

锂辉石精矿品位：5.97%Li_2O　　回收率70.1%

C　锂辉石的其他选矿法

手选和浮选是选别锂辉石的主要方法，其他方法如热裂法、磁选法、重选法在锂辉石精矿生产中起着辅助的和次要的作用。

热裂选矿法

热裂选矿法是选别锂辉石矿的一种方法。该法是基于天然锂辉石在1100℃左右焙烧时，其晶体从α型转变为β型，同时体积膨胀，易碎成粉末，从而可用选择性磨矿和筛分达到锂辉石与脉石矿物间的分离。此法在加拿大选厂、中国、苏联试验室内应用过。我国选矿工作者曾用含1.58%Li_2O的原矿进行试验，先在1050℃温度下焙烧一小时，冷却后置于橡皮球磨机中进行选择性磨矿，最后用150网目筛子筛分，结果获得的筛下精矿品位为4.9%Li_2O，回收率74%。加拿大的一选厂曾用热裂法选别锂辉石矿，该厂原矿品位1.85%Li_2O，获得的锂辉石精矿品位为4.39%Li_2O，回收率85%，该厂生产流程示于图33.1.21。

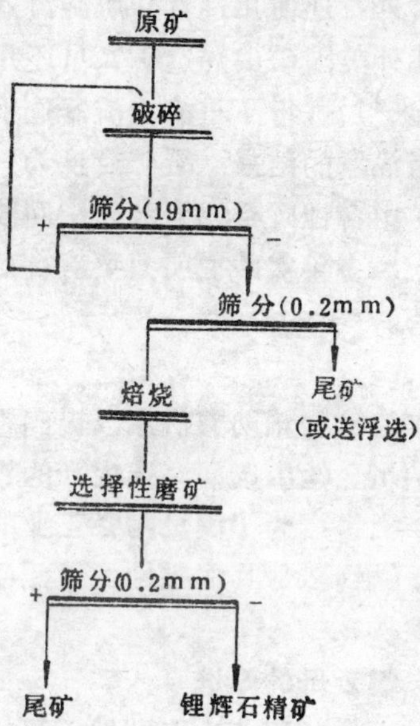

图 33.1.21 加拿大某选厂热裂选矿流程

应用热裂选矿法必须注意两点：

1. 控制焙烧温度在1100℃上下，温度过高时，矿石中存在的云母会烧结；温度过低时，锂辉石从α向β型的转变不完全。

2. 矿石中不能含有大量的、焙烧时易熔融的矿物或具有热裂特性的其他矿物，否则达不到分离锂辉石的目的。

重介质选矿法

由于锂辉石与伴生脉石矿物在密度上的差别不大，采用通常的跳汰、螺旋选矿和摇床选矿等重选方法是不适于锂辉石矿的选别的。但重介质选矿或重液选矿却是锂辉石矿的一种有效的选别方法。在美国南达科塔州和北卡罗莱纳州锂矿生产中都先后采用过重介质选矿法。在南达科塔州一选厂以－200网目硅铁为加重剂制备出密度为2.7克/厘米^{3}的介质，使用重介质圆锥选矿机选别该厂3.3～3.8毫米锂辉石矿，结果生产出的锂辉石精矿品位达到5.31%Li_2O，作业回收率78%。在北卡罗莱纳州金丝山矿除重介质圆锥选矿机外，还使用过重介质旋流器选别粒度范围更细的锂辉石矿石。此外美国矿山局选矿人员还用四溴乙烷作重液（密度2.9529克/厘米^3）进行了重液旋流器选别锂辉石矿的连续试验，取得了相当满意的结果，给矿粒度为－35网目，含锂辉石20%，所得精矿中含锂辉石92～95%，回收率86～89%，重液回收率在95%以上，多年实践说明只要有良好防护，四溴乙烷是可以大规模使用的。

磁选法

磁选通常作为一种辅助方法用以提高锂辉石的精矿质量。如美国北卡罗莱纳州金丝山选厂浮选生产的锂辉石精矿含铁高，只能作化工级精矿出售，为了满足陶瓷工业的要求，该厂采用磁选除铁。此外由于铁锂云母具弱磁性，可用磁选作为生产铁锂云母精矿的主要方法。

33.1.2.3　锂云母的浮选

和锂辉石矿一样，工业上选别锂云母的主要方法是手选和浮选，且手选只限于选别结晶粗大的锂云母矿，对于细粒嵌布的锂云母矿，国内外均采用浮选法。

锂云母常呈鳞片状或叶片状集合体，浮游性好，实践中常用阳离子捕收剂进行锂云母正浮选。

我国宜春选厂锂云母选矿车间就是使用混合胺作为捕收剂优先浮选锂云母的正浮选流程，该矿锂云母储量很丰富，且含有较高的铷和铯，因此它是我国重要的锂铷铯原料基地。

33.1.2.4　含锂卤水的化学选矿及选冶联合法

盐湖沉积锂矿床是锂的重要来源，在美国、智利、苏联、玻利维亚和我国，这类资源十分丰富。从沉积锂矿床中提取锂化物采用的是化学法或化学—浮选联合法。

早在1936年美国就采用化学—浮选联合工艺从西尔斯湖卤水中生产锂盐。西尔斯湖位于美国加利福尼亚州境内，其卤水含钾、钠、硼和锂等多种有价元素，锂是作为副产品回收的。该工艺的主要过程为：将卤水抽到预热器中加热到50℃，然后送到具有强循环和对流运动的蒸煮器中，蒸煮器的温度为：一室50℃、二室85℃、三室120℃。经蒸煮由卤水中结晶出KCl、Na_2CO_3、Na_2SO_4和Li_2NaPO_4，接着进行水力分级，KCl结晶粗大，进入底流，$Na_2CO_3 \cdot Na_2SO_4$和Li_2NaPO_4呈悬浮状进到溢流，经浓缩、过滤进入滤饼中。此后将滤饼调成浓浆，用脂肪酸处理后加入热碱溶解，结果$Na_2CO_3 \cdot Na_2SO_4$大部分溶解，而Li_2NaPO_4晶体表面因脂肪酸皂覆盖而不溶，往矿浆中加入起泡剂并通入空气，在浮选机中将Li_2NaPO_4作泡沫刮出，尾矿进一步处理以回收苏打。泡沫精矿给到沉淀槽中并加热到60℃，再一次溶解$Na_2CO_3 \cdot Na_2SO_4$，最后进行过滤、烘干，得到含Li_2O20～22%的锂精矿，回收率90%。

另外一种工艺就是化学法，即将卤水在晒场上蒸发，钠盐和钾盐沉淀析出，氯化锂浓度提高到6%左右，然后将其送入工厂，用苏打灰法将氯化锂转变成碳酸锂固体产品。

33.1.2.5 锂矿选矿厂实例

A 可可托海选矿厂（锂系列）

可可托海选矿厂（请参看33.1.1.5）二号系列（锂系列）处理该矿高锂低铍伟晶岩矿石，设计能力250吨/日，原矿经破碎、磨矿后用旋转螺旋溜槽选出钽铌粗精矿，此粗精矿送精选车间精选产出商品钽铌精矿，旋转螺旋溜槽之尾矿给到水力旋流器和球磨机组成的闭路磨矿系统，在球磨机中加入Na_2CO_3、NaOH，旋流器溢流给到另一旋流器中，后者底流和溢流在不同尺寸和转速的调整桶中搅拌后，合并并经圆形和方形调整桶搅拌调浆，最后进行锂辉石粗选、精选和扫选，产出锂辉石精矿。1983年生产平均指标为：原矿品位1.32%Li_2O，精矿品位为5.97%Li_2O，回收率86.5%，平均药耗5.5千克/吨，生产流程如图33.1.22。

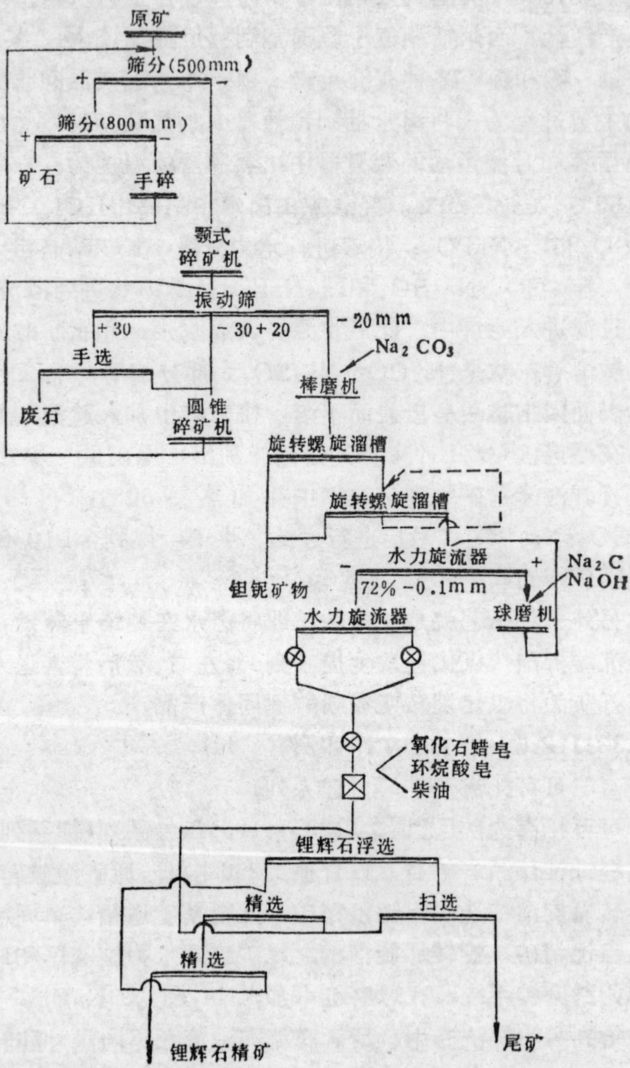

图 33.1.22　可可托海选矿厂二号系列生产流程

原设计流程是在锂辉石浮选后用Na_2S、NaOH和氧化石蜡皂等药剂浮选绿柱石，但投产以来锂系列仅回收锂辉石，而绿柱石没有回收。

B 布莱克山选矿厂

美国南达科塔州布莱克山（Black Hill）地区，于本世纪初开始开采锂辉石矿，在很长时间里是美国重要的锂原料基地。该区属大型伟晶岩矿床，其锂辉石嵌布粗，1906年开始手选提供锂辉石精矿，后来逐渐采用重选、浮选工艺。

在布莱克山的选矿厂中，有一个处理风化的锂辉石矿石选矿厂，采用油酸作捕收剂进行优先浮选，流程包括破碎、磨矿、脱泥擦洗和锂辉石浮选，调整剂一部分加入棒磨机，一部分加入脱泥后的搅拌槽，操作上强调高浓度下加NaOH擦洗，建厂初期流程如图33.1.23所示，总药耗稍高于2千克/吨，处理不同类型矿石的指标列于表33.1.12。

生产中发现很难获得含Li_2O高于6%的浮选精矿，一般精矿品位仅4.5～5.0%Li_2O，尾矿中锂的损失随矿石风化程度的强弱而增减。

C 金丝山选矿厂

金丝山(Kings Mountain)矿区位于美国北卡罗莱纳州境内，是世界最大的锂辉石产地。该矿区伟晶岩矿典型组成为，%：

锂辉石	长石	石英	白云母 角闪石	其他矿物
19～22	28～33	25～35	5～15	少量

其中含Li_2O为1.5%左右，BeO0.04%以上。该区选矿厂采用过不同的流程，50年代采用重介质选矿和反浮选，随后又进行变革，70年代以来，该矿区选矿厂逐渐采用正浮选流程。

（1）金丝山反浮选流程

金丝山选矿厂的反浮选流程是在石灰造成的碱性介质中添加糊精或淀粉抑制锂辉石，用阳离子捕收剂浮出硅酸盐类脉石矿物，槽内产品即为锂辉石精矿，可作化工级产品出售。为降低锂

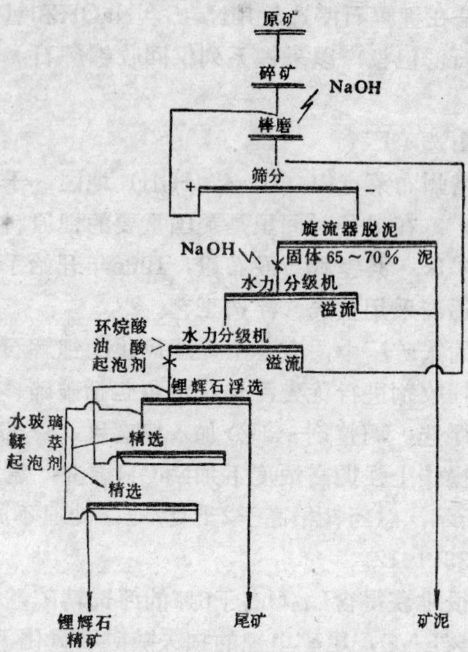

图 33.1.23 布莱克山某锂辉石选矿厂生产流程

表 33.1.12 布莱克山一选厂生产初期指标

矿石类型	产品名称	产率，%	品位，%	回收率，%
局部风化矿石	精矿	15.9	4.92	65.3
	矿泥	31.8	0.68	17.2
	尾矿	52.3	0.46	19.3
	原矿	100.0	1.26	100.0
强烈风化矿石	精矿	13.1	5.13	57.1
	矿泥	38.3	0.75	24.1
	尾矿	48.6	0.46	18.8
	原矿	100.0	1.21	100.0
新鲜矿（风化小）	精矿	14.2	3.94	66.4
	矿泥	20.4	0.53	12.6
	尾矿	65.5	0.27	21.0
	原矿	100.0	0.82	100.0

精矿中的铁含量，上述精矿需进一步精选，为此添加氟氢酸、树脂酸盐和起泡剂浮选铁矿物，这样获得的锂精矿可作陶瓷工业的原料出售。而脉石矿物浮选获得的泡沫精矿可进一步进行分离浮选而得出云母精矿、长石精矿和石英精矿。50年代金丝山选矿厂采用的反浮选流程示于图33.1.24。当时原矿品位1.5%Li_2O左右，锂精矿含Li_2O高于6%，回收率70～75%，总药耗2.5～3公斤/吨，选厂规模为360吨/日。

（2）金丝山正浮选流程

1976年北卡罗莱纳州州立大学对金丝山锂辉石矿进行了正

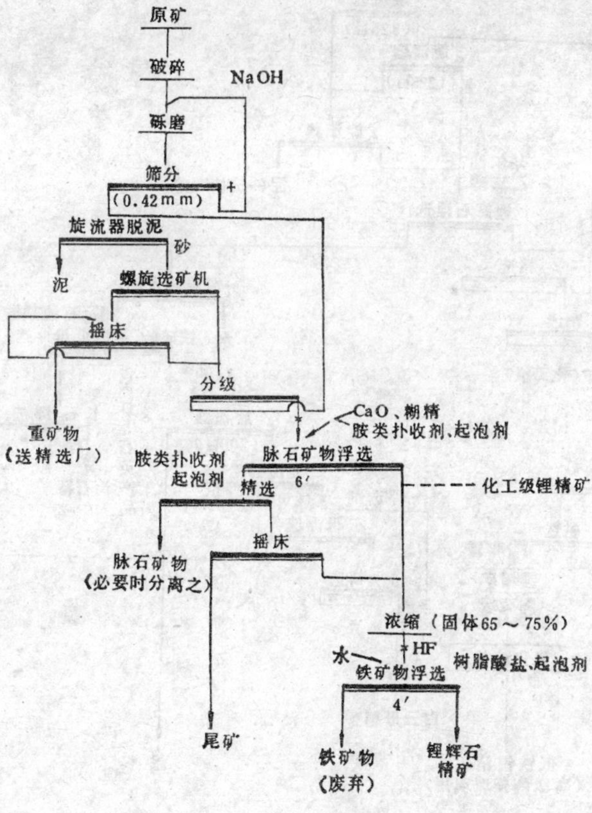

图 33.1.24 金丝山选厂锂辉石反浮选流程

浮选工艺的研究，通过半工业试验获得了满意指标：锂辉石精矿品位为6.3%Li_2O，作业回收率（不计矿泥）为94.5%，对原矿的回收率为88.4%。此后金丝山矿区美国锂公司和福特矿产公司的选矿厂都采用了这种流程。两选厂的处理能力分别为2400吨/日和2600吨/日，日产锂辉石精矿480吨和530吨，另产长石

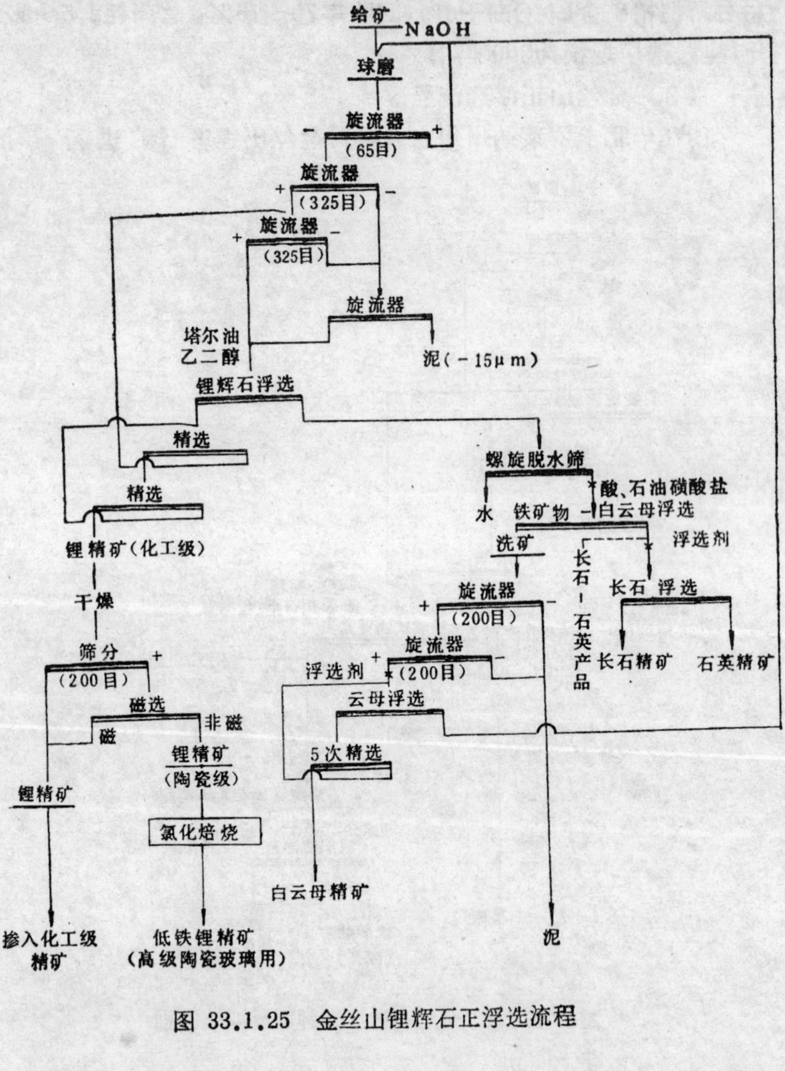

图 33.1.25　金丝山锂辉石正浮选流程

1300吨/日、石英750吨/日和云母100吨/日。选厂锂精矿品位为6.3%Li_2O，回收率75～78%，药耗稍多于1千克/吨，生产流程示于图33.1.25。

D 宜春锂云母选矿车间

宜春选矿厂位于江西省境内，是一个选别钽铌锂铷铯多种稀有金属矿物的选矿厂，锂云母选矿车间是该厂的一部分。该厂处理的原矿含有大约20%锂云母，其他有用矿物为富锰钽铌铁矿、钽锡矿、细晶石，主要脉石矿物为钠长石、石英和少量黄玉等矿物。

宜春选矿厂设计规模为1500吨/日，原矿经破碎、磨矿后入重选产出钽铌粗精矿，经精选获商品精矿。重选尾矿给入锂云母车间，该厂锂云母生产流程特别简单，往重选尾矿矿浆中加入混合胺直接浮选锂云母，泡沫产品即为锂云母精矿。该厂生产的锂云母精矿品位为4～4.7%Li_2O，回收率约80～85%，同时从锂云母精矿中回收了铷和铯，生产流程如图33.1.26所示。目前该车间正在扩建和改造。

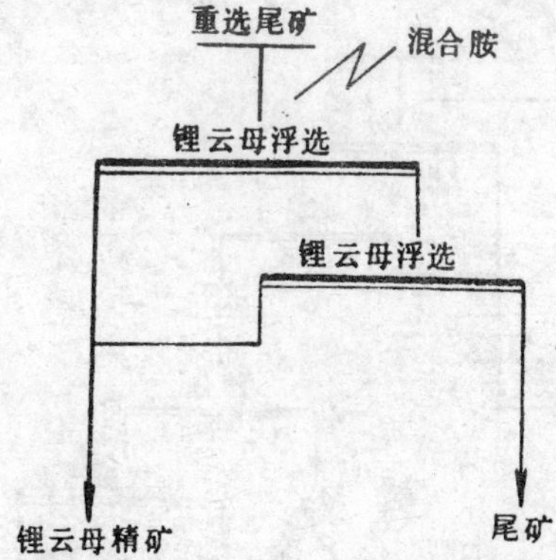

图 33.1.26 宜春锂云母车间浮选流程

E 铁锂云母选矿厂

40年代德国曾用磁选和浮选从某钨锡矿中生产铁锂云母精

矿。该矿20年代仅回收钨、锡矿物，而铁锂云母作尾矿废弃。由于市场需要，随后用磁选法从堆积尾矿中回收铁锂云母精矿，以后又建成铁锂云母选矿车间，1945年建成规模为600吨/日的选厂，分别采用磁选、磁选结合浮选两种流程生产铁锂云母精矿，精矿品位为95～97%铁锂云母，回收率50～70%。处理的原矿有两种类型，如表33.1.13所示，生产流程示于图33.1.27和33.1.28中。

表 33.1.13　两种矿石的矿物组成

石英型	矿物名称	石英	锂云母	萤石	黄玉	锡石	黑钨矿	
	含量，%	78	20	1.3	0.5	0.1	0.1	
云英岩型	矿物名称	云英岩、花岗岩 长石、斑岩		石英	铁锂云母	黑钨矿	锡石	其他
	含量，%	45		43	6	1	1	4

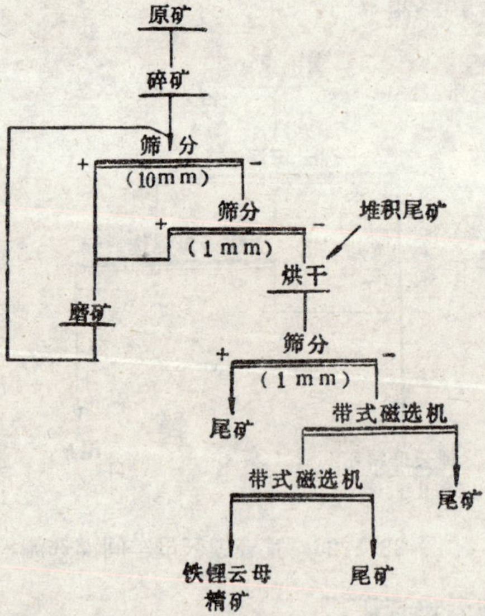

图 33.1.27　老厂铁锂云母选矿流程

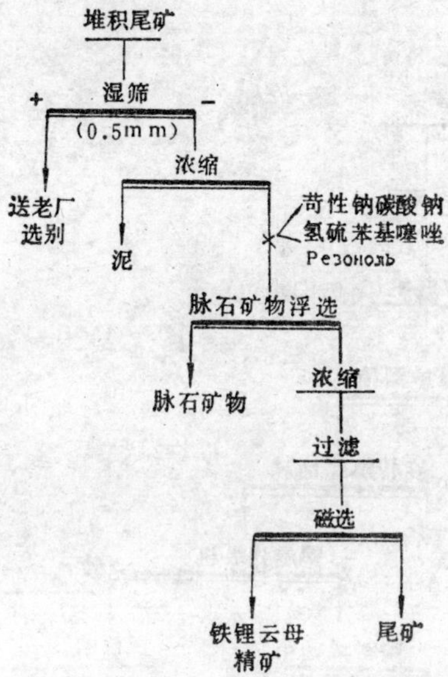

图 33.1.28 新厂铁锂云母选别流程

F 柯鲁木特选矿厂

柯鲁木特选矿厂位于新疆维吾尔族自治区阿勒泰境内。矿石性质和选矿流程与可可托海近似，选矿厂规模为200吨/日，1983年试生产成功，其指标为：原矿品位0.69%Li_2O，锂辉石精矿品位为5.19%Li_2O，回收率72%，总药耗3.7～4.2千克/吨，流程如图33.1.29所示。

G 格林布希斯选矿厂

格林布希斯（Greenbushes）选矿厂位于澳大利亚西澳邦伯里以东65公里，该矿床为一风化伟晶岩，曾以生产锡和钽铌矿而闻名。近年钻探确定锂辉石矿石储量为7000万吨，品位高达2.5%Li_2O，试生产采用三段浮选和强磁选相结合的浮选—磁选流程，已产出品位高于7%Li_2O的低铁锂辉石精矿，该厂年产锂精矿15000吨，于1984年1月投产。

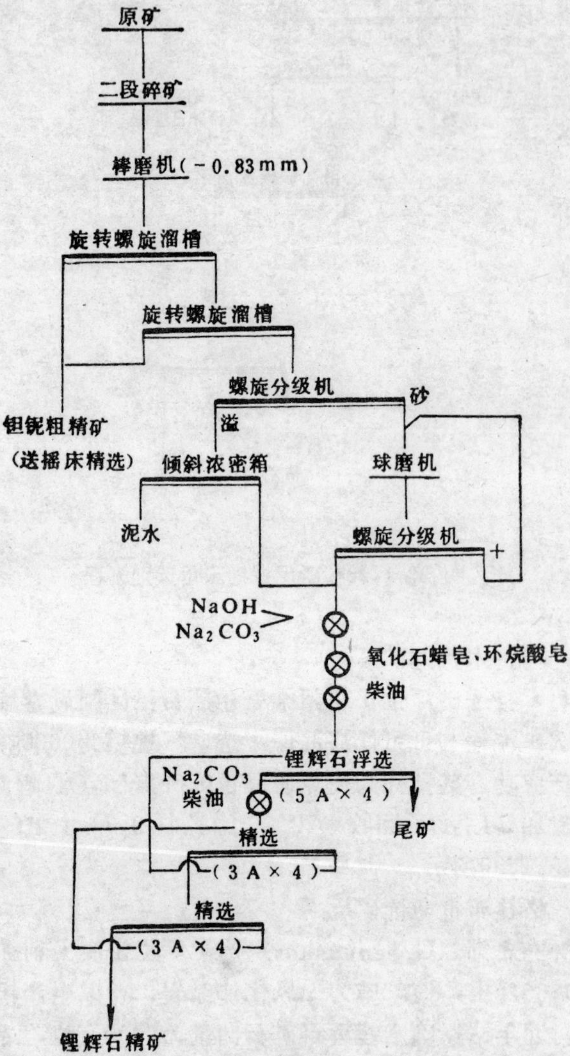

图 33.1.29　柯鲁木特选矿厂生产流程

参 考 文 献

[1] 陈德潜，稀有金属地质概况，地质出版社，1982年.

[2] 郭承基，稀有元素矿物化学，科学出版社，1963年.

[3] Joseph Roska Beryllium E/MJ 1984, №3.

[4] Joyce Griffiths Industrial Minerals 1985, №213.

[5] 崔广仁，稀有金属选矿，冶金出版社，1973年.

[6] Daman A.C. Madern Mineral Processing Flowsheet, 1971年.

[7] Manser R.M. Handbook of silicate Flotation, 1975年.

[8] С.И. Полькин флотаuия руд едких металлов и олова, 1960年.

[9] Фцшма М.А Практика обогащения руд Цветных и редких метллов Ⅸ 1963年.

[10] 富田坚二，非金属矿选矿，建工出版社，1974年.

[11] 林久 人等，国外稀有金属，1982年，№2.

[12] J.H. Alexaneler Lithium E/MJ, 1984年，№3.

[13] 姚万里，新疆矿冶，1985, №2.

[14] 吕永信，冶金技术，1963年，№5.

[15] J.S. Bsowning, 国外稀有金属，1982 №4—5.

[16] I.H Redeker, 国外稀有金属，1980年，№4.

[17] 国外稀有金属，1985年，№11.

33.2 钽铌矿选矿

33.2.1 绪　论

钽和铌属高熔点稀有金属，具有很多优良性能、是现代工业的重要原料。

铌发现于1801年，钽发现于1802年。地壳中含量（即钽和铌的原子克拉克值）：钽为2.1×10^{-4}，铌为2.4×10^{-3}。由于矿石品位低，组成复杂，提取困难，价格昂贵，故其生产和应用比一般金属较晚，到50年代才正式生产。我国在解放前钽、铌的生产还是一个空白点，中华人民共和国成立以后即开始着手进行钽铌资源勘探，1958年开展钽铌选矿研究，到60年代就正式生产，并逐步建立起一个从采矿、选矿、冶炼到加工的钽铌工业体系。为国防建设和尖端科学技术的发展作出了重大贡献。

第二次世界大战前，钽和铌的需求量仅在10吨以下，随着新技术的发展，钽和铌的需求量与日俱增。今后钽资源的开发将逐步由伟晶岩矿床转向气成热液矿床；铌资源的开发重点是碳酸岩黄绿石矿床和铌铁矿外生矿床。由于钽原矿品位逐年下降，生产成本上升，重力选矿仍将占主导地位；浮选是微细粒钽铌矿有前途的方法，选冶联合流程是综合回收最有前途的工艺。碳酸岩黄绿石的选别，浮选仍将是主要的选矿方法。

33.2.1.1　钽铌的性质和用途

钽和铌具有熔点高（钽为2996℃，铌为2468℃），延性好，蒸气压低，耐蚀性强和热导率大等优良特性。是电子、原子能、宇宙航行、钢铁、化工等工业的重要原料。

目前钽在电子工业方面主要用于制造电容器，在硬质合金方面主要用于制造切削工具和机械加工，在化工方面主要用于制造化工设备的内衬和耐强酸设备零件，在高温材料方面主要用作航空和宇航工业、原子能工业的某些高温（超过1000℃）部件材料，在医疗方面主要用作手术材料和医疗器械。

铌在钢铁工业方面主要用于制造各种合金钢、耐热合金、铌基合金和碳化铌等。在电子工业方面主要用作介电材料、压电材料和电容器。在超导材料方面主要用作加速器和核磁共振。在玻璃工业方面主要用作镧硼酸盐玻璃原料，此玻璃广泛用于照像机和透镜系统。

33.2.1.2 钽铌矿物

具有工业价值的钽和铌矿物主要有钽铁矿、铌铁矿、黄绿石（烧绿石）、褐钇铌矿、黑稀金矿、钛铌钙铈矿、等轴钽钙石、铀钽铌矿、细晶石、易解石等。它们的特性列于表33.2.1。

33.2.1.3 钽铌矿床和矿石类型

钽铌矿床　按其成因可分为岩浆矿床、伟晶矿床、汽成热液矿床、接触自变质矿床和外生矿床五大类（表33.2.2)。不同矿床类型的含矿岩体所形成的钽铌矿床规模大小差异较大。在伟晶岩矿床中，分异且受复杂交代的含钽铁矿、细晶石的花岗伟晶岩类型和在气成热液矿床中，花岗岩中含铌铁矿、钽铁矿、细晶石、钠长石化云英岩化交代带类型均是钽矿床的极重要工业类型。前者为钽、铌、铍、锂、铷、铯综合性矿床，经济价值很大，是目前钽原料的主要来源。

在汽成热液矿床中，与碱性-超基性杂岩有关的含黄绿石、铀钽铌矿碳酸岩，是铌矿床的极重要工业类型，为综合提取钽、铌、稀土、铀、磷的极有价值的矿床，是目前铌原料的主要来源。

在外生矿床中，含锡石铌铁矿-钽铁矿砂矿和在碳酸盐岩体边缘部分的残积砂矿两种类型是铌的极重要工业类型，是当前铌铁矿精矿的主要来源。

在岩浆矿床中，含铌铁矿黑云母花岗岩、含褐钇铌矿黑云母花岗岩和含黄绿石碱性花岗岩三种类型，是铌有潜在工业价值的类型。

钽铌矿石类型大概可分为钽铁矿-铌铁矿矿石；黄绿石矿石和其他含钽铌矿矿石三大类，如表33.2.3所示。

表 33.2.1 几种主要钽和铌矿物特性

矿物名称	颜色	分子式	含量，%			密度 g/cm^3	磁性	介电常数	溶解性
			Ta_2O_5	Nb_2O_5	TR_2O_3				
钽铁矿	黑色	$(Mn, Fe)(Ta, Nb)_2O_6$	41～48	2.0～4.0	—	6.7～8.3	弱	7～8	在HCl中不溶解，在H_2SO_4中加热时分解，在HF酸中分解慢
细晶石	淡黄或褐色	$(Na,Ca,Th,TR)_2(Ta,Nb,Ti)_2(O,OH,F)_7$	68.4～77	0～7.7	0.17～4.2	5.4～6.42	非	4.46～5.72	在HF酸中溶解，在煮沸H_2SO_4中溶解
铌铁石	黑色或淡褐黑色	$(Fe, Mn)(Nb, Ta)_2O_6$	1～40	2.35～77	—	5.3～6.6	弱	10～12	在HCl中不溶解，在H_2SO_4中加热时分解
褐钇铌石		$(Y,Er,Ce,U,Fe)(Nb,Ta,Ti)O_4$	17	47	50±	5.5～5.8	弱	4～4.96	在浓HCl，H_2SO_4，HNO_3中分解
易解石		$(Ce, Ca, Th, U)(Ti, Nb)_2O_6$	0～6.9	23.8～32.5	15.5～19.5	5.2	弱	3.5～5.7	在HF酸中溶解
黄绿石（烧绿石）		$(Na, Ca, Th, TR)_2(Nb, Ta, Ti)_2(O,OH,F)_7$	0～5.86	37.54～65.6	13.33	4.1～5.4	非	5～9.5	在HF酸中溶解，在煮沸H_2SO_4中溶解
黑稀金矿		$(Y,Ce,U,Ca,Th)(Ti,Nb,Ta)_2O_6$	0～47.31	3.83～47.43	16.36～31.45	4.5～5.9	弱	3.74～4.66	在热浓HCl、HF、HNO_3中慢慢溶解

续表 33.2.1

矿物名称	颜色	分子式	含量，%			密度	磁性	介电常数	溶解性
			Ta_2O_5	Nb_2O_5	TR_2O_3	g/cm³			
钛铌钽矿		$(Ti,Fe,Ta)O_2$	36.0	6.9	—	5.3～5.5	弱	—	在酸中不溶解
钛铁金红石		$(Ti,Fe,Nb)O_2$	0.39～14.9	0.9～42.66	—	4.6～5.14	弱	—	在酸中不溶解
锡锰钽矿		$(Ta,Nb,Sn,Mn,Fe)_{16}O_{32}$							
重钽铁矿		$(Fe,Ta)_2O_6$				7.3～7.8			
钡锡矿		Sn, Ta_2O_7							
水钡锶黄绿石（钡黄绿石）									
钛铌钙铈矿		$(Na,Ca,Sr,Ce)(Nb,Ti)O_3$	0.75	11.6	32.29～34.6 (Ce)	4.75～4.99	很弱	5～9.5	
铀钽铌矿		$(Na,Ca,Th,TR)_2(Nb,Ta,Ti)_2(O,OH,F)_7U,H_2O$	5.86	31.33	15.4UO_2 4.41UO_3	4.5		4.4～5.7	
等轴钽钙石		$(Na,Ca,Th,TR)_2(Nb,Ta,Ti)_2(O,OH,F)_7$		56.43	8.15(Ce_2O_3)	4.5		5～9.5	

表 33.2.2 铌钽矿床的成因类型及其工业评价

矿床类型		矿体形态的产状	围岩	钽铌矿物		共生矿物		工业评价	矿床实例
				主要的	次要的	主要矿物	伴生的稀有矿物		
岩浆矿床	含铌铁矿黑云母花岗岩	岩基岩株	前古生代的片麻岩和结晶片岩	铌铁矿	黑稀金矿	微斜长石、石英、黑云母、钠闪石	锡石、锆石、钍石、磷钇矿	有潜在工业价值的重要类型，是铌铁矿的来源	尼日利亚焦斯高
	含褐钇铌矿、黑云母花岗岩	岩基岩株	前泥盆纪变质岩系、泥盆纪砂岩、灰岩与中生代早期的花岗岩	褐钇铌矿	铌钽铁矿	钾长石、石英、钠长石、黑云母	钛铁矿、锆石、独居石、钍石、磷钇矿、磁铁矿	有潜在工业价值的铌和钇族稀土元素等的综合矿床，重要的褐钇铌矿砂矿来源	苏联中亚细亚，中国
	含黄绿石的碱性花岗岩	岩株	前古生代的片麻岩与结晶片岩	黄绿石	铌铁矿	电气石、钠长石、石英、萤石	黄玉、水晶石		尼日利亚
	含钛铌钙铈矿、霞石、正长石	具长状构造的深成岩体	磷霞岩、异性霞石、正长石、正霞正长石	钛铌钙铈矿	磷矽钛钠石、水矽钠钛石、钙钛矿	霞石、微斜长石、电气石、方钠石、钠沸石、磷灰石、榍石、磁铁矿	异性石	重要的工业类型。为提取铌、稀土和钛的综合矿床，储量规模极大，矿化均匀，但提取技术复杂，钛与铌分离困难	苏联科拉半岛
	含钙钛矿、碱性超基性岩	岩管	辉石岩、橄榄岩、霞石—辉石岩	钙钛矿	黄绿石	橄榄石、碱性辉石与角闪石	钛磁铁矿	尚无工业价值（铌作为伴生组分存在钙钛矿中）	苏联科拉半岛

续表 33.2.2

矿床类型		矿体形态的产状	围岩	钽铌矿物		共生矿物		工业评价	矿床实例
				主要的	次要的	主要矿物	伴生的稀有矿物		
伟晶岩矿床	未分异与未受交代的含铌铁矿花岗伟晶岩	脉状、板状、凸镜体状、平行脉状	花岗岩及其围岩	铌铁矿		微斜长石、石英、白云母、长石	曲晶石、绿柱石	规模很小	实例较多
	易于分异，但受交代的含钽—铌铁矿花岗伟晶岩	脉状、板状、凸镜体状、平行脉状	花岗岩及其围岩	钽铌铁矿		微斜长石、钠长石、石英、白云母	绿柱石	规模较小	实例较多
	分异而未受交代的含铌—钽铁矿花岗伟晶岩（即块体状与全分异白云母微斜长石伟晶岩）	同上	同上	铌钽铁矿（Nb＞Ta）Ta_2O_5＝10～25%		微斜长石、石英、白云母	绿柱石、锂辉石	规模较小	巴西
	分异且受复杂交代的含钽铁矿、细晶石、花岗伟晶岩①	脉状、扁豆体、圆球体	花岗岩的外接触带	铌铁矿、钽铁矿、锰铌铁矿、锰钽铁矿	细晶石、六方钽铝石、铋钽铁矿、锑钽铁矿、锡钽铁矿、钽锡矿	钠长石、石英、白云母、锰铝榴石、微斜长石、磷灰石、电气石（玫瑰色、浅蓝色）	绿柱石、锂云母、锂辉石、铯榴石、磷锂矿、锡石、磷铝矿、透锂长石、锂硅铁矿	钽矿床的极重要工业类型，为综合性Ta、Nb、Bi、Li、Cs、Sn矿床	苏联科拉半岛、苏联科尔浜山、南罗德西亚

续表 33.2.2

矿床类型		矿体形态的产状	围岩	钽铌矿物		共生矿物		工业评价	矿床实例
				主要的	次要的	主要矿物	伴生的稀有矿物		
伟晶岩矿床	含黄绿石或钛铁金红石的碱性伟晶岩		霞石正长岩类	黄绿石、钛铁金红石	铀钽铌矿	霞石、微斜长石、钠长石、黑云母	锆石、钛铁矿	规模很小，技术加工简便	苏联乌拉尔
汽成热液矿床	在花岗岩中含铌铁矿、钽铁矿、细晶石、钠长石化云英岩化交代带①	岩株之顶部	产于侏罗纪砂岩页岩及粉砂岩中的酸性超酸性花岗岩	细晶石钽铌铁矿	钛钽铌矿	钠长石、微斜长石、天河石、石英、斜长石、云母	黄玉、锡石、锆石、独居石、萤石、铀钽铌矿	钽矿床的重要工业类型	中国、苏联远东
	在花岗岩中含铌铁矿、黄绿石、钠长石化交代带		碱性花岗岩	铌铁矿、黄绿石		白云母、钠长石、微斜长石、石英	锆石（水锆石）磷钇矿	有价值的工业类型	苏联浜山
	在碱性正长石中含复稀金矿的钠长石交代带		碱性正长岩	复稀金矿、黑稀金矿					苏联图伐
	在碱性岩中含黄绿石的钠长石化交代带	常迁岩体的顶板部分	霞石正长岩	黄绿石					苏联乌克兰

续表 33.2.2

矿床类型		矿体形态的产状	围岩	钽铌矿物		共生矿物		工业评价	矿床实例
				主要的	次要的	主要矿物	伴生的稀有矿物		
汽成热液矿床	含铌铁矿石英脉或石英矿脉	脉状	花岗岩和围岩页岩接触带	铌铁矿		石英、白云母、长石	黑钨矿、锡石	有价值的工业类型，为铌铁矿砂矿的来源	中国 尼日利亚
	含铌铁矿的云英岩	脉状		铌铁矿		石英、白云母、长石	锡石、黑钨矿、辉钼矿		苏联
	含钛铁金红石和铌铁矿的长石、石英、赤铁矿脉	脉状		钛铁金红石、铌铁矿		长石、石英、赤铁矿			苏联
	含黄绿石、黑云母方解石脉	脉状		黄绿石					苏联乌拉尔中部
	与碱性-超基性杂岩有关的含黄绿石、铀钽铌矿、碳酸岩(按A.П.金兹堡碳酸岩同类；此类型应属高温气成热液亚类)②	常产于陆台边缘区域断裂带，岩体呈圆形、椭圆形并具同心圆状构造	霞石-辉石岩类	黄绿石、铀钽铌矿、等铀钽钙石、钛铌铁钙矿、细晶石	铌铁矿、(交代黄绿石)、钙钛矿	方解石(白云石、菱铁矿、磷灰石、阳起石、角闪石)金云母、硫化物	红锆石、锆石、铀方钍石、碳酸盐、氟碳钙铈矿等稀土碳酸盐	极重要铌矿床的工业类型。为综合提取Nb(Ta)、TR、U、P以及水泥原料的极有价值矿床，它是形成含黄绿石残积、淤积砂矿的来源	美国夏达河、瑞典、挪威、巴西、加拿大、非洲、苏联西伯利亚及科拉半岛、中国

续表 33.2.2

矿床类型		矿体形态的产状	围　岩	钽铌矿物		共生矿物		工业评价	矿床实例
				主要的	次要的	主要矿物	伴生的稀有矿物		
接触自变矿床	碱性岩与碳酸岩接触形成的含钙钛矿及黄绿石的钠长石化及霞石化带			黄绿石			含钙钛矿		加拿大魁北克
外生矿床	含锡石铌铁矿-钽铁矿砂矿	冲积砂矿、坡积砂矿、残积砂矿		铌铁矿 钽铁矿			钽镍矿、镁石、锆石、钛铁矿、独居石、钍石、磷钇矿、磁铁矿、黑钨矿	极重要的工业类型、为目前铌原料的主要来源	尼日利亚卡尔浜山、中国
	含褐钇铌矿砂矿	冲积砂矿、坡积砂矿、残积砂矿		褐钇铌矿	铌钽铁矿		同上	极重要的工业类型为目前铌和钇族稀土（锆）的主要来源	中　国
	铌钇矿砂矿			铌钇矿				不重要的工业类型	苏联、中国阿尔泰

续表 33.2.2

矿床类型		矿体形态的产状	围岩	钽铌矿物		共生矿物		工业评价	矿床实例
				主要的	次要的	主要矿物	伴生的稀有矿物		
外生矿床	黄绿石、锆石砂矿			黄绿石					
	含钛铁矿的铝土矿		霞石、正长石	钛铁矿	锐钛矿、金红石、钛铌钙、铈矿、黄绿石			工业价值尚不清楚	美国阿肯扎斯、匈牙利
	在碳酸岩岩体边缘部分的残积淤积砂矿②			黄绿石、铀钽铌矿	铌铁矿		斜锆石	极重要的工业类型、为目前铌原料的主要来源	同汽成热液矿床

①极重要的钽矿床类型；

②极重要的铌矿床类型。

表 33.2.3　钽铌矿石类型

矿石类型	主要钽-铌矿物	主要伴生矿物
一、钽铁矿-铌铁矿矿石		
1. 原生矿	钽铁矿、铌铁矿、细晶石、六方钽铝石、铀钽铌石等	长石、石英、锂辉石、绿柱石、锂云母、锡石、黑钨矿、磷铝石等
2. 砂矿	铌铁矿、钽铁矿	石英、石榴石、角闪石、磁铁矿、锡石、金红石、钛铁矿、锆石、独居石
二、黄绿石矿石		
1. 伟晶岩黄绿石矿石	黄绿石	霞石、钠长石、微斜长石、霓石、榍石、锆石、钛铁矿、绿泥石、黄铁矿、磁铁矿、方解石
2. 碳酸岩黄绿石矿石	黄绿石、钡黄绿石、铌铁矿	方解石、白云石、重晶石、磷钡铝石、钠钾长石、磷灰石、黑云母、黄铁矿、磁铁矿、针铁矿、褐铁矿、钛铁矿、独居石
三、其他含钽铌矿矿石		
1. 褐钇铌矿矿石	褐钇铌矿	石英、长石、独居石、锆石、钛铁矿、角闪石、榍石
2. 黑稀金矿矿石	黑稀金矿、铌铁矿	石英、长石、独居石、磁铁矿、钛铀矿、石榴石、尖晶石、锆石、磷钇矿、钛铁金红石
3. 钛铌钙铈矿矿石	钛铌钙铈矿	霞石、霓石、磷灰石
4. 等轴钽钙矿矿石	等轴钽钙矿	方解石、白云石、云母、磷灰石、锆石、重晶石、黄铁矿

33.2.1.4　钽铌原料的生产和供应情况

世界钽原料主要生产国是加拿大、巴西、澳大利亚和泰国。铌原料主要生产国是巴西、加拿大。钽、铌主要消费国是美国和日本。由于近几年来钽铌的主要市场——电子工业和钢铁工业的不景气，波及到钽铌原料的生产。如钽原料的生产（表33.2.4），从1981年至1985年5年间平均下降8%，使钽铌矿山生产受到了很大影响。

表 33.2.4 资本主义国家钽原料的生产和供应（氧化钽，t）

年份	生产			供应		
	从锡渣中回收的钽	精矿及其他	合计	从锡渣中回收的钽	精矿及其他	合计
1981年	557	420	977	463	335	798
1982年	549	311	860	435	200	635
1983年	581	167	748	294	143	436
1984年	458	231	690	460	170	630
1985年	468	147	633	135	171	108

33.2.1.5 钽铌精矿质量标准

钽和铌精矿质量尚无统一的标准，国外某些国家的钽铁矿和铌铁矿精矿化学组成如表33.2.5所示。

我国钽铌精矿质量1987年修订标准，如表33.2.6所示。

33.2.2 钽铌矿石选矿方法和工艺流程

33.2.2.1 钽铁矿-铌铁矿选矿

A 钽铁矿-铌铁矿选矿方法和工艺流程

钽铁矿-铌铁矿多为钽、铌、锡、钨、锂、铍等多金属矿石。具有原矿品位低、矿物组成复杂、矿物密度大、性脆易碎等特点。选矿方法主要是采用重选、磁选、电选、浮游重选、浮选和化学处理等方法。选矿工艺一般分为粗选和精选两个部分。

a 钽铁矿-铌铁矿粗选

钽铁矿-铌铁矿粗选主要是采用重选流程，但也有采用重选—浮选—重选；重选—浮选或重选—磁选—重选的。

重选流程 钽铌原生矿多采用阶段磨矿、多段重选。通常在磨矿回路中增设选别设备，以提早回收单体矿物。钽铌砂矿由于矿物单体解离比较好，一般不需要破碎和磨矿，入选前先进行筛选，除去块石和卵石，然后进行粗选。粗晶钽铁矿-铌铁矿采用跳汰机或螺旋选矿机（含旋转螺旋溜槽）粗选，粗选精矿采用摇床精选；细晶钽铁矿-铌铁矿采用螺旋溜槽或摇床粗选，粗选精

表 33.2.5 某些国家钽铁矿和铌铁矿精矿化学组成

国名	精矿名称	品位，%		杂质含量，%									
		Ta_2O_5	Nb_2O_5	Fe_2O_3	MnO	TiO_2	SnO_2	P	S	SiO_2	WO_3	C	Pb
加拿大	钽精矿	35～40											
	铌精矿	12.90	55.14	10.59	8.31	11.67	0.20						
	黄绿石精矿		54.0				0.05	0.1	0.1	0.05			
美国	钽精矿	53.28	29.18	6.11	10.40		0.13						
	铌精矿	18.20	54.09	11.21	7.07		0.10						
澳大利亚	钽精矿	68～69.63	12～15	1.6～2.09	14～17	0.25～0.4	0.48～0.9						
扎伊尔	钽精矿	31.10	35.00	21.55	2.95	6.40							
	钽精矿	46.4～47.8	27～29.5	13～15.7	3.5～4.0	0.28～0.37							
尼日利亚	铌精矿	5.64	57.49	19.14	2.44	6.81	6.17						
	铌精矿	12.38	50.64	14.00	7.15	9.18	2.70						
苏联	一级钽精矿	60～65	<10										
	二级钽精矿	>40											
	一级铌精矿		>60			2～5	2～5						
	二级铌精矿		>50			2～5	2～5						
	黄绿石精矿		>37			0.35		0.003	0.005	0.32		0.005	
巴西	黄绿石精矿		59～65					0.05～0.1	0.01～0.05	0.1～0.5			0.01～0.05

表 33.2.6 中国钽铌精矿质量标准

等级	级别	精矿名称	Ta_2O_5+Nb_2C_5，% 不小于	Ta_2O_5 % 不小于	杂质含量，%不大于			备 注
					TiO_2	SiO_2	WO_3	
一等品	一级	钽铌精矿	60	40	5	7	3	《钽铌精矿质量标准》1987年5月
	二级	钽铌精矿	55	38				
	三级	钽铌精矿	55	35				
二等品	一级	钽铌精矿	50	32	6	11	3.5	
	二级	钽铌精矿	45	29				
	三级	钽铌精矿	45	26				
三等品		钽铌精矿	40	22	7	15	4	
一等品		褐钇铌矿精矿	35		4	4	P 0.5	《钽铌精矿标准》1975年
二等品		褐钇铌矿精矿	30		5	6	P 0.5	

矿采用摇床精选；钽铌矿泥采用离心选矿机或多层翻床粗选，粗选精矿采用皮带溜槽或横流皮带溜槽结合矿泥摇床精选。此流程的特点是投资少、上马快、成本低、环境污染少。但对矿泥选别效率低。

重选—浮选—重选或重选—浮选流程 粗、细粒级物料采用重选，矿泥采用浮选。浮选前一般先用小直径旋流器或离心选矿机脱泥，然后用烷基磺化琥珀酸盐作捕收剂、硅酸钠和草酸作调整剂，在pH2～3的条件下进行浮选，浮选精矿用霍尔曼矿泥摇床—横流皮带溜槽精选；或用苯乙烯膦酸作捕收剂，氟硅酸钠、硝酸铅作调整剂，在pH6的条件下进行浮选，浮选精矿用振摆皮带溜槽或横流皮带溜槽精选，也可以用羟肟酸与变压器油(2：1)为捕收剂，氢氧化钠、硅酸钠为调整剂，在pH8～8.5的条件进行浮选，浮选精矿加羟肟酸和变压器油，用草酸作抑制剂，在pH2.5～3的条件下进行精选。按以上方法处理，均可获得钽铁矿或铌铁矿精矿。此流程的特点是选别指标高，但脱除的细泥中钽铌含量多接近于原矿品位、药剂消耗大，生产成本高。

重选—磁选—重选流程　粗粒级物料采用重选。细粒级和矿泥采用磁选—重选结合。此流程的特点是对细晶钽铁矿、铌铁矿选别效率高，但矿石中的钽铌矿物都必须具有弱磁性。

b　钽铁矿-铌铁矿粗精矿精选

钽铁矿-铌铁矿粗精矿一般组成复杂，分选困难，常常需要采用磁选、重选、浮游重选、浮选、电选、化学处理等方法中一至二种或多种方法组合。特别是钽铁矿、铌铁矿与某些难选矿物的分离，更需采用多种选别方法组合。如钽铁矿-铌铁矿与石榴石、电气石分离，通常采用磁选、电选或浮选。

磁选分离　它们的比磁化系数：钽铁矿为2.4×10^{-5}厘米^3/克，铌铁矿为2.5×10^{-5}厘米^3/克，褐钇铌矿为5.8×10^{-5}厘米^3/克，石榴石和电气石则随其铁的含量而变更，石榴石当Fe_2O_3含量由7%增到25%时，其比磁化系数则由11×10^{-6}厘米^3/克增加到124×10^{-6}厘米^3/克(增加11倍)，电气石当Fe_2O_3含量由0.3%增加到13.8%时，其比磁化系数则由1.1×10^{-6}厘米^3/克增加到30×10^{-6}厘米^3/克（增加30倍)。为了提高矿物在磁场中分离的选择性，一般先用酸（固：液＝1：5）作短时间（5～15分钟)处理，以清除矿物表面铁质，然后在不同强度的磁场中分离出石榴石和电气石，可获得钽铌精矿。

电选分离　先将物料进行窄级别筛分分级，然后分别加温，在复合电场中进行电选：大于0.2毫米粒级一般采用低电压(20～35千伏)、大极距（80～100毫米)、慢转速(低离心力）（辊筒或鼓转数为33～38转/分)。−0.2～＋0.08毫米粒级一般用高电压（35～45千伏)、小极距（50～80毫米)、快转速（高离心力)(辊筒转数为70～118转/分)。可将钽铁矿-铌铁矿与石榴石分离。

浮选分离　用十六烷基磺酸钠作捕收剂，氟化合物作调整剂，可将铌铁矿与石榴石分离。

钽铌铁矿与独居石分离　粗粒级通常采用电选；细粒级（−0.075毫米）用油酸或米糠油作捕收剂，碳酸钠(Na_2CO_3)作调整剂，硅酸纳（Na_2SiO_3)，硫化钠(Na_2S）作抑制剂

(Na_2SiO_3：Na_2S＝3：1)，在pH 9的条件下浮出独居石，可使铁钽矿（铌铁矿）与独居石分离。

细晶石与锡石分离 粗粒级通常采用静电选（电压16千伏）；细粒级先用2%的盐酸处理15分钟，然后用烷基硫酸钠（600克/吨）作捕收剂，用氟硅酸钠（Na_2SiF_6）作抑制剂，在pH2～2.3的条件下浮出锡石，可使细晶石与锡石分离。

钽铌铁矿与磁性锡石分离 粗粒级一般采用风力摇床分选；细粒级，中国广州有色金属研究院研究制定氧化焙烧（800～900℃）磁选新工艺，能很好地分离出钽铌铁矿、钽金红石和锡石。

钽铌铁矿与黑钨矿分离 通常采用水冶。首先将物料磨至－0.04毫米，加碳酸钠（Na_2CO_3）焙烧（800℃），或在常压下用浓碱煮，过滤后滤渣用HCl（5%）分解，可获得人造钽铌精矿。滤液为钨酸钠溶液，经过调酸（pH2～2.5），萃取、中和、结晶等工序，可获得氧化钨（WO_3）产品。

铌铁矿与锆英石分离 可采用磁选或浮选。浮选可用油酸钠作捕收剂，氯化铅、水玻璃或氯化铅、草酸作调整剂，能将铌铁矿与锆英石分离。

B 钽铁矿-铌铁矿选矿厂实例

a 钽铁矿-铌铁矿伟晶岩原生矿石的选别

新疆可可托海锂、铍、钽铌矿选矿厂

可可托海矿位于新疆维吾尔族自治区境内。系一花岗伟晶岩锂、铍、钽铌、铷铯多金属矿床。共有四条矿脉，其中以3号脉（目前开采矿脉）为最大。矿石含$(TaNb)_2O_5$0.015%（Ta：Nb＝1：1）、BeO0.093%、Li_2O1.29%。钽铌矿物主要是锰钽矿、钽铌锰矿、细晶石。铍矿物主要是绿柱石。锂矿物主要是锂辉石。脉石主要是石英、长石。矿物粒晶：钽铌矿物最大为1～2毫米，一般为0.3～0.08毫米。绿柱石一般在0.2毫米以上。锂辉石一般是0.2毫米。

选矿厂设计规模750吨/日。分三个系统：1号系统处理铍矿石，日处理矿石400吨。2号系统处理锂矿石，日处理矿石250吨。3号系统处理钽铌矿石，日处理矿石100吨。3号系统选矿流程如图33.2.1，采用两段磨矿的重—磁—浮流程。第一段棒磨，磨矿粒度－1毫米。第二段球磨，磨矿粒度－0.2毫米。磨矿产品用φ940毫米旋转螺旋溜槽（螺距500毫米，转速12～16转/分）粗选；旋转螺旋溜槽尾矿经过φ250毫米旋流器分级，旋流器溢流送2号系统浮锂。旋转螺旋溜槽精矿先经弱磁场磁选机除铁，然后分级摇床，摇床尾矿返回球磨机。摇床精矿给入双盘磁选机选出铁屑、钽铌精矿、钽铌中矿和非磁性物料（尾矿）四种产品。磁选钽铌中矿（钽铌-石榴石），采用浮游重选，分选出钽铌和石榴石，铁屑则需经过酸浸、过滤，滤渣即为钽铌精矿。选矿总指标：钽铌精矿品位$(TaNb)_2O_5$50～60%，回收率62%。

伯尼克湖钽矿选矿厂

伯尼克湖矿（Bernic Lake Mine）位于加拿大马尼托巴（Manitoba）省伯尼克湖。系一大型锂、铷、铯、钽、铍伟晶岩矿床。共有九条矿带，其中钽矿带两条，锂矿带一条，铯矿带一条，目前开采的是钽矿带。矿石品位含$Ta_2O_5$0.13%，矿石中钽矿物主要有锡锰钽矿、重钽铁矿、钽锆矿、钽锡矿、铌钽锑矿、细晶石。是目前世界钽原料的主要生产基地。

选矿厂规模830吨/日，采用三段闭路破碎，一段闭路磨矿的重选—浮选流程。原矿（330毫米），经颚式破碎机，标准圆锥破碎机，短头圆锥破碎机破碎至－9.5毫米，给入2.5毫米泰勒筛，筛上物料送入球磨机，球磨排矿与A.C.筛构成闭路。小于2.5毫米物料过210微米德里克（Derrick）三路给矿筛。大于210微米物料用7台φ600毫米双头螺旋选矿机粗选，一台螺旋选矿机精选。螺旋精矿用摇床精选，螺旋尾矿经300微米D.S.M筛，大于300微米物料返回球磨机。小于300微米物料送入φ150毫米二次脱泥旋流器。

小于210微米物料给入φ150毫米初次脱泥旋流器脱除20微米以下细泥，旋流器底流用戴斯特三层吊挂式矿砂摇床粗选，用精

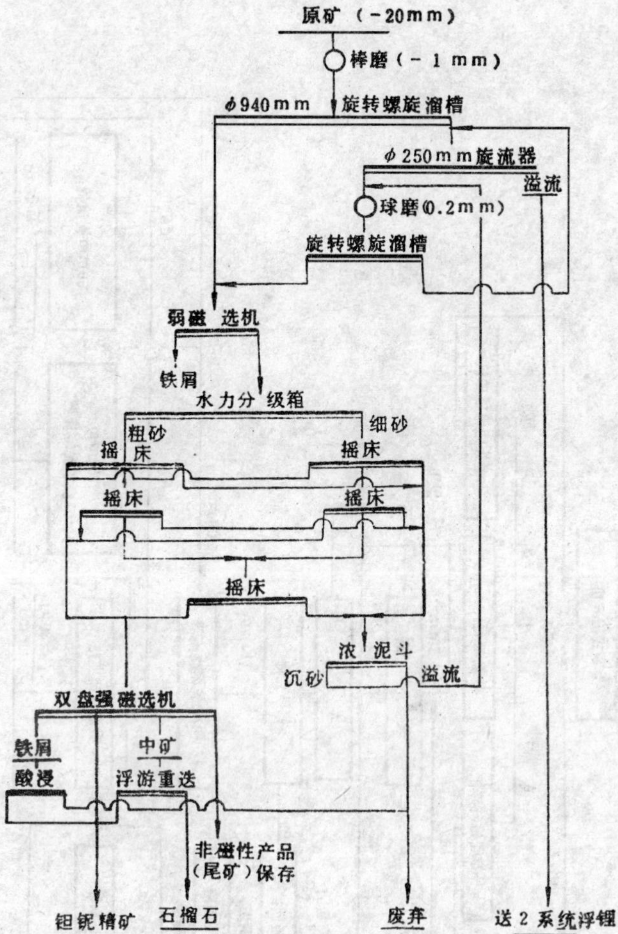

图 33.2.1 可可托海选矿厂3号脉钽铌选矿流程

选摇床精选，摇床中矿给入φ150毫米二次脱泥旋流器，旋流器溢流给入φ50毫米旋流器脱泥（−7微米），旋流器底流给到二次德里克筛、筛上物料（+40微米）送给扫选螺旋回路，筛下物料（−40微米）给入浓缩机，浓缩机沉砂用烷基磺化琥珀酸盐作捕收剂，硅酸钠和草酸作调整剂，在pH2～3的条件下浮选钽矿物，

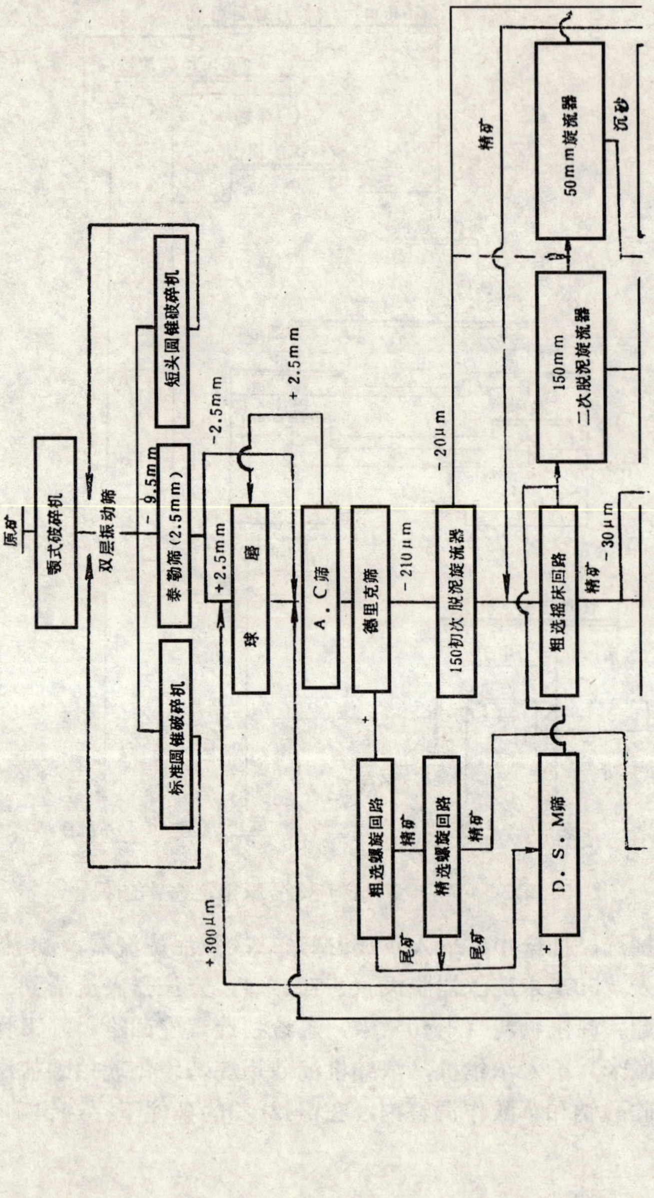
原矿
颚式破碎机
双层振动筛
短头圆锥破碎机
标准圆锥破碎机
-9.5mm
泰勒筛(2.5mm)
-2.5mm
+2.5mm
+2.5mm
球磨
A.C筛
德里克筛
-210μm
+
-20μm
150初次脱泥旋流器
粗选摇床回路
精矿
-30μm
150mm
二次脱泥旋流器
50mm旋流器
沉砂
精矿
粗选螺旋回路
精矿
尾矿
精选螺旋回路
精矿
尾矿
D.S.M筛
+
+300μm

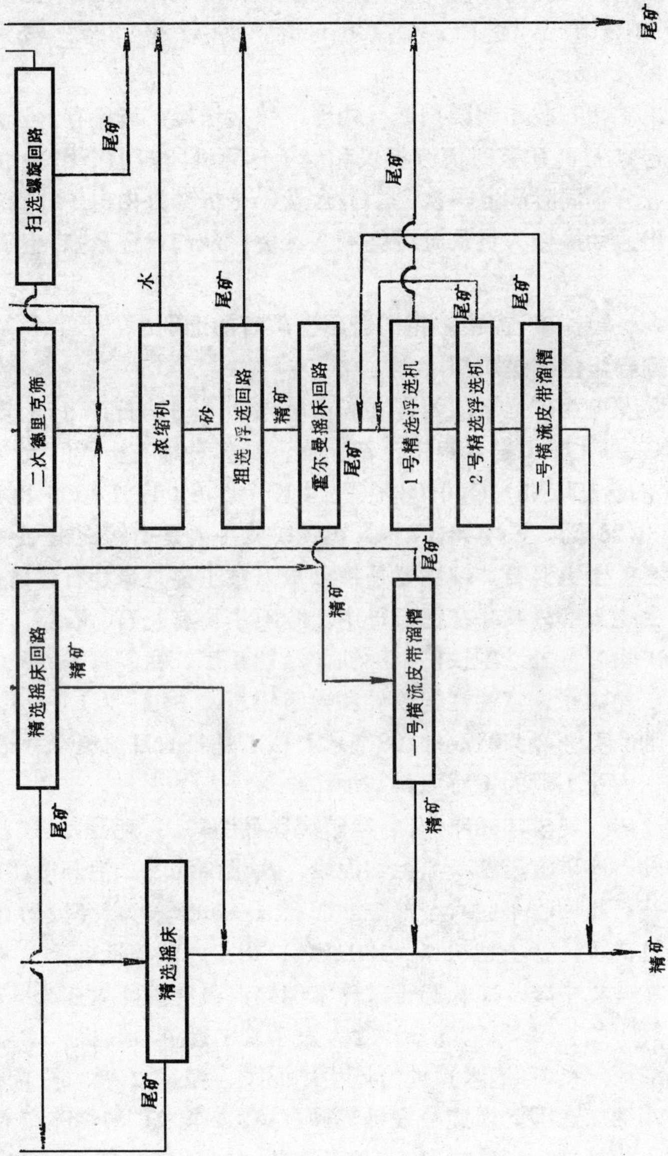

图 33.2.2 伯尼克湖钽矿选矿厂流程

浮选精矿用霍尔曼摇床——一号横流皮带溜槽精选，摇床尾矿经过二次浮选，浮选精矿用二号横流皮带溜槽选出钽精矿。生产指标，钽精矿品位（Ta_2O_5）38.55%，回收率73%。流程如图33.2.2所示。

尾矿用石灰和絮凝剂进行处理，然后送尾矿场堆存。选厂设有一台Mintek矿浆载流分析仪和电子计算机，对七个作业的尾矿每五分钟同时测定一次Ta_2O_5含量，分析结果由电子计算机打字报出通知操作人员及时调整工艺参数，从而保证最佳生产条件。

b　钽铁矿-铌铁矿花岗岩原生矿石的选别

宜春钽铌矿选矿厂

宜春钽铌矿位于江西省宜春市境内，系一钠长石化-云英岩化-锂云母化花岗岩含钽铌、锂、铷、铯多种稀有金属的大型矿床。矿石含$(TaNb)_2O_5$ 0.03%（Ta：Nb＝1.8：1）、Li_2O 0.861%，Rb_2O 0.284%，Cs_2O 0.07%。钽铌矿物主要是富锰铌钽铁矿、细晶石、含钽锡石。锂主要是锂云母，铍主要是绿柱石，磷铍钠石。铷铯大部分赋存在锂云母中。脉石主要有长石、石英。其他少量矿物有黄玉、磁铁矿、赤铁矿、钛铁矿、锰矿物和磷灰石等。矿物粒晶：富锰铌钽铁矿和含钽锡石，一般为0.3～0.1毫米，细晶石一般为0.2～0.08毫米。该矿是我国目前钽铌、锂和玻璃、陶瓷工业的重要原料基地。

选矿厂规模1500吨/日。选矿流程如图33.2.3所示。分洗矿破碎段，磨矿重选段，原生细泥段，次生细泥段，锂云母浮选车间，长石粉回收车间六个部分。矿石（－800毫米）经振动给矿筛洗机洗矿，筛上物料（＞130毫米）用颚式破碎机粗碎、标准圆锥破碎机中碎、短头圆锥破碎机细碎，最终破碎粒度为－25毫米。筛下物料（＜130毫米）给入振动筛和螺旋分级机。螺旋分级机溢流（＜0.2毫米）送给原生矿泥段，经过浓缩、脱泥、分级、用摇床选别。螺旋分级机沉砂（＞0.2毫米）与细碎产品一道送入棒磨机，磨矿粒度为－0.5毫米，与ZS直线筛构成闭路。

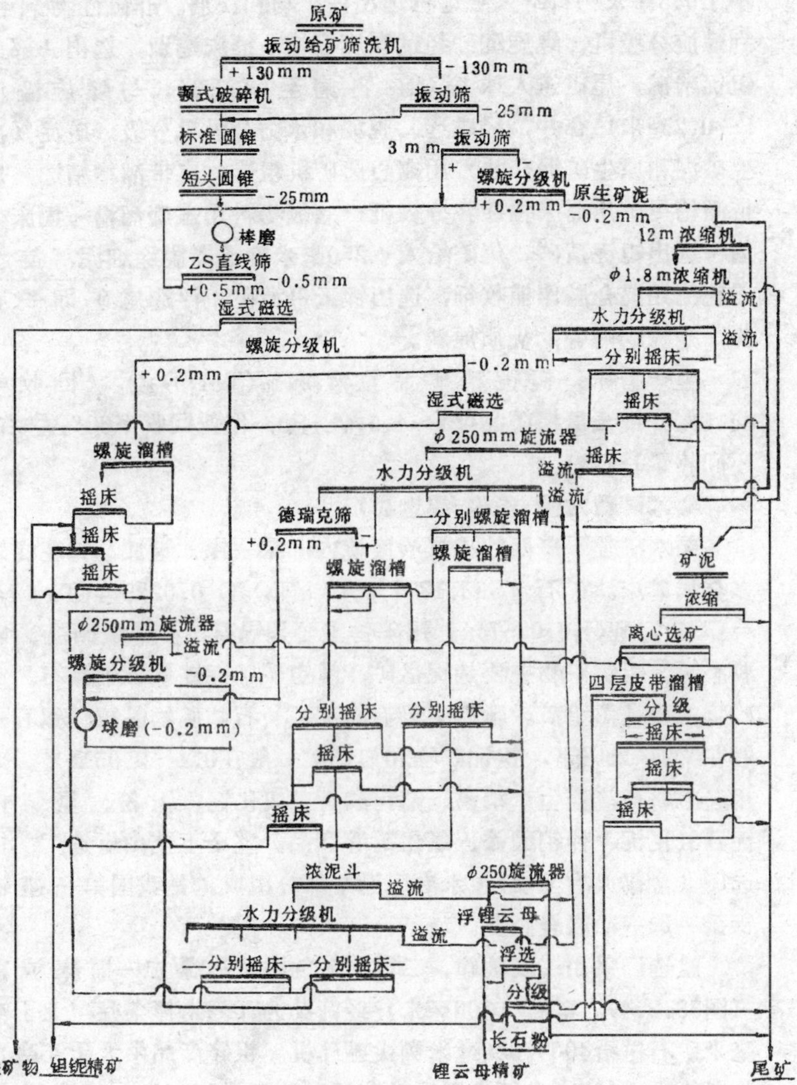

图 33.2.3 宜春钽铌矿选矿厂流程

小于0.5毫米物料给入磁选机选出铁矿物和铁屑。非磁性物料给到螺旋分级机，螺旋沉砂经过螺旋溜槽—摇床选别，选出一部分钽铌精矿。尾矿送入球磨机，再磨至0.2毫米，与螺旋溢流（-0.2毫米）合并，经磁选、脱泥和水力分级机分级，矿泥（次生矿泥和原生矿泥合并）用离心选矿机粗选，皮带溜槽精选，皮带溜槽尾矿用摇床扫选。分级机1～4级物料用螺旋溜槽—摇床分选、选出钽铌精矿。尾矿给入ϕ250毫米旋流器脱除细泥，旋流器底流用混合胺作捕收剂，选出锂云母精矿。浮选尾矿即长石粉，是玻璃陶瓷的优质原料。

生产指标：钽铌精矿品位44.91%$(TaNb)_2O_5$，回收率45.6%；锂云母精矿品位4～4.5%Li_2O，作业回收率60%左右，还回收了长石粉。

栗木矿新木锡-钽铌-钨选矿厂

栗木矿位于广西壮族自治区境内。系一锡、钽铌、钨花岗岩多金属矿床。矿石含Sn0.1377%，$(TaNb)_2O_5$0.0229%（Ta：Nb＝1：1），$WO_3$0.0257%。锡矿物主要是锡石，少量是黝锡矿和胶态锡。钽铌矿物主要是铌锰矿、锰钽矿、铌铁矿、细晶石。钨矿物主要是黑钨矿。脉石主要有石英、长石。矿物晶粒：锡石一般在0.2毫米以下，钽铌矿物和黑钨矿一般在0.1～0.05毫米。采用选冶联合流程生产精锡、氟钽酸钾、氧化钽、钽粉、氢氧化铌、氧化铌、仲钨酸铵、氧化钨等产品。整个工艺由粗选厂、精选厂（含锡火冶工段）、水冶厂三个部分组成。是我国第一座钽铌采—选—冶联合企业。

粗选厂采用二段破碎、二段磨矿的跳汰—螺旋—摇床流程（图33.2.4）。矿石（300毫米）经筛孔为70毫米棒条筛，大于70毫米矿石送给400×600毫米颚式破碎机。粗碎产品中大于25毫米物料给入ϕ900毫米标准圆锥破碎机破碎至-25毫米，经过双层振动筛筛分，大于3毫米物料给入2100×3000毫米棒磨机，磨矿粒度0.3毫米，棒磨机与弧形筛、螺旋分级机构成闭路。小于0.3毫米物料给入梯形跳汰机，跳汰精矿用螺旋溜槽—摇床选出部分

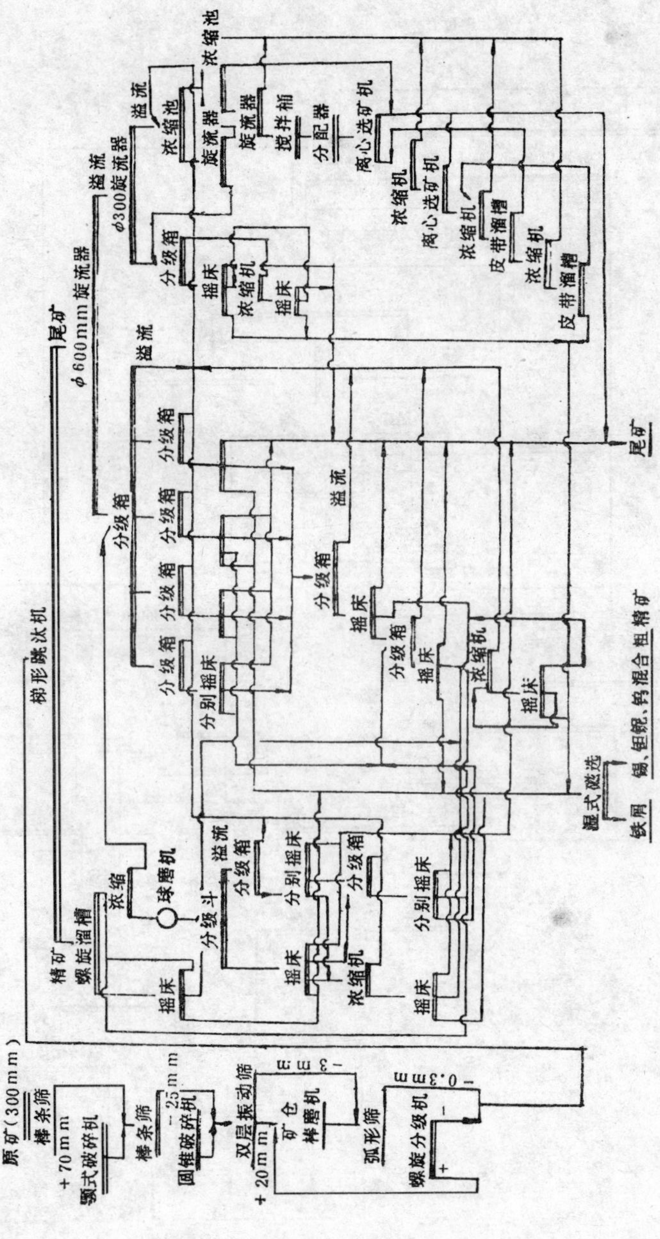

图 33.2.4 栗木矿新木粗选厂流程

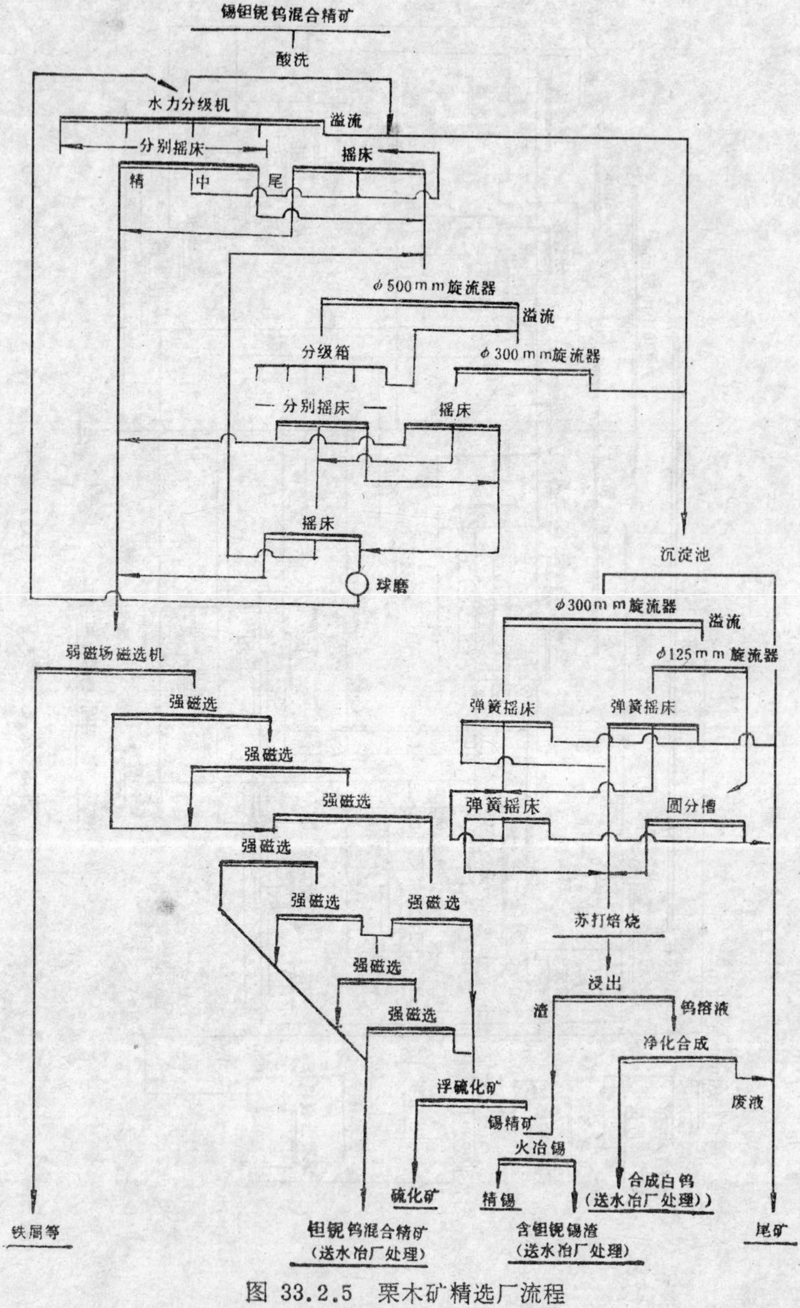

图 33.2.5 栗木矿精选厂流程

粗精矿，尾矿给入球磨机，再磨至0.15毫米。经分级斗分级，分级斗溢流（-0.15毫米）采用分级摇床。分级斗沉砂（+0.15毫米）先用摇床选出部份精矿，丢弃部份尾矿，然后将摇床中矿返回磨矿回路，做到了“早收早丢”，避免了过磨碎。跳汰尾矿经过ϕ500毫米、ϕ300毫米、ϕ125毫米和ϕ75毫米旋流器分级、脱泥，旋流器沉砂用摇床选别，旋流器溢流用离心选矿机粗选、皮带溜槽精选，获得的锡—钽铌—钨总粗精矿含Sn12.54%，$(TaNb)_2O_5$1.641%，$WO_3$31.139%，粗选回收率：Sn52～53%，$(TaNb)_2O_5$41～42%，$WO_3$64～65%，送精选厂进一步处理。尾矿为玻璃、陶瓷原料。

精选厂（含锡火冶工段）　采用选冶联合流程(图33.2.5)。来自粗选厂的锡-钽铌-钨混合粗精矿先用7%盐酸在温度80℃的条件下搅拌煮洗，然后经过水力分级机分级、水力旋流器脱泥和摇床选别等作业。摇床精矿先用弱磁场磁选机除去铁矿物，然后用干式强磁选机分选出磁性和非磁性两组矿物。磁性矿物组为钽铌铁矿-黑钨矿（即钽铌-钨混合精矿）送水冶厂处理。非磁性矿物组为锡石-硫化矿物，再经浮游重选脱除硫化矿，所得锡精矿送火冶工段炼成精锡。锡渣中尚含$(TaNb)_2O_5$ 10～12%，送给水冶厂处理。流程中产生的细泥，集中给入沉淀池，再经ϕ300毫米和ϕ125毫米旋流器分级，旋流器底流用弹簧摇床选别。旋流器溢流用圆分槽选别。选出的细泥精矿经过苏打焙烧、浸出，浸出渣送火冶厂处理，获得精锡和钽铌锡渣。浸出的钨溶液经净化合成得合成白钨，与含钽铌锡渣一并送水冶厂处理。精选指标：精锡含Sn99.8%，回收率76～85%；锡渣含$(TaNb)_2O_5$ 10～12%。钽铌-黑钨混合精矿含：$(TaNb)_2O_5$ 17%、WO_3 37%、Sn6%，回收率：$(TaNb)_2O_5$87%，$WO_3$90%。

水冶厂　采用碳酸钠焙烧、氢氟酸分解、仲辛醇萃取工艺（图33.2.6)。整个工艺由富集段，钽铌萃取分离段，钨锡综合回收段三个部份组成。首先将钽铌-黑钨混合精矿和含钽铌锡渣送给富集段经过配料（精矿:纯碱:炭粉=1:0.4:0.06；锡渣:纯

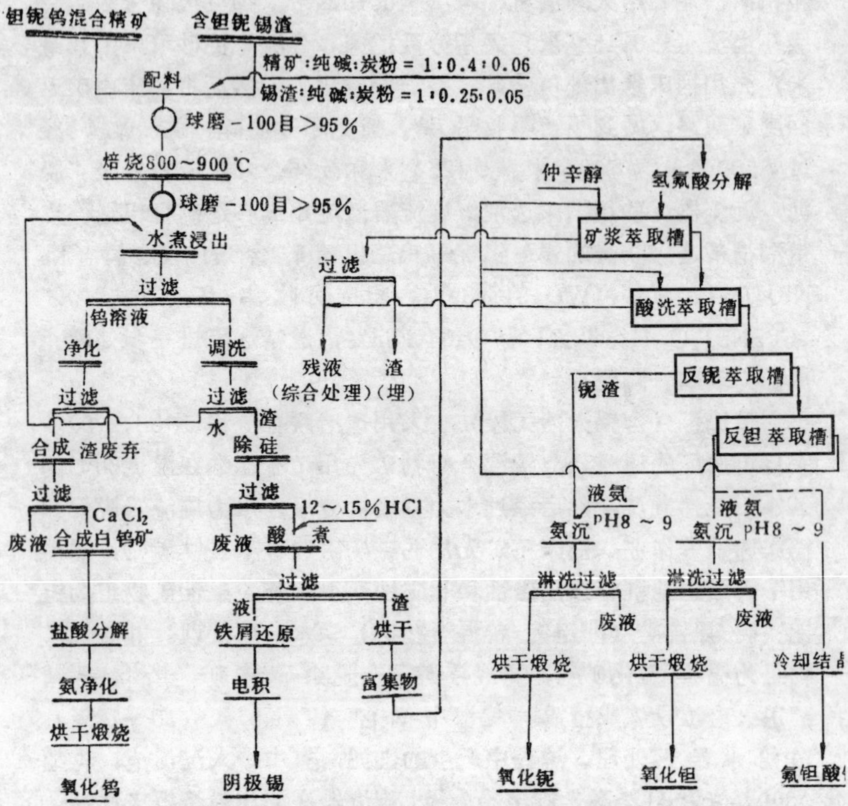

图 33.2.6　栗木矿水冶厂流程

碱:炭粉＝1:0.25:0.05），磨矿〔(－0.15毫米)＞95％〕，焙烧（800～900℃），磨矿，水煮浸出，过滤等工序。含钨溶液送钨锡综合回收段用镁盐净化法脱除磷、砷、硅，然后加氯化钙（$CaCl_2$）合成白钨矿，再用盐酸分解，氨净化，生产工业级氧化钨。滤渣用稀酸脱硅、盐酸煮、过滤等工序，其滤液经铁屑还原、电积，在阴极产生含Sn 75～85％的电积锡。渣即人造钽铌精矿、送萃取分离段用氢氟酸分解，仲辛醇萃取，钽铌进入有机相，加反铌剂2N H_2SO_4反萃取铌溶液，再加反钽剂纯水萃取

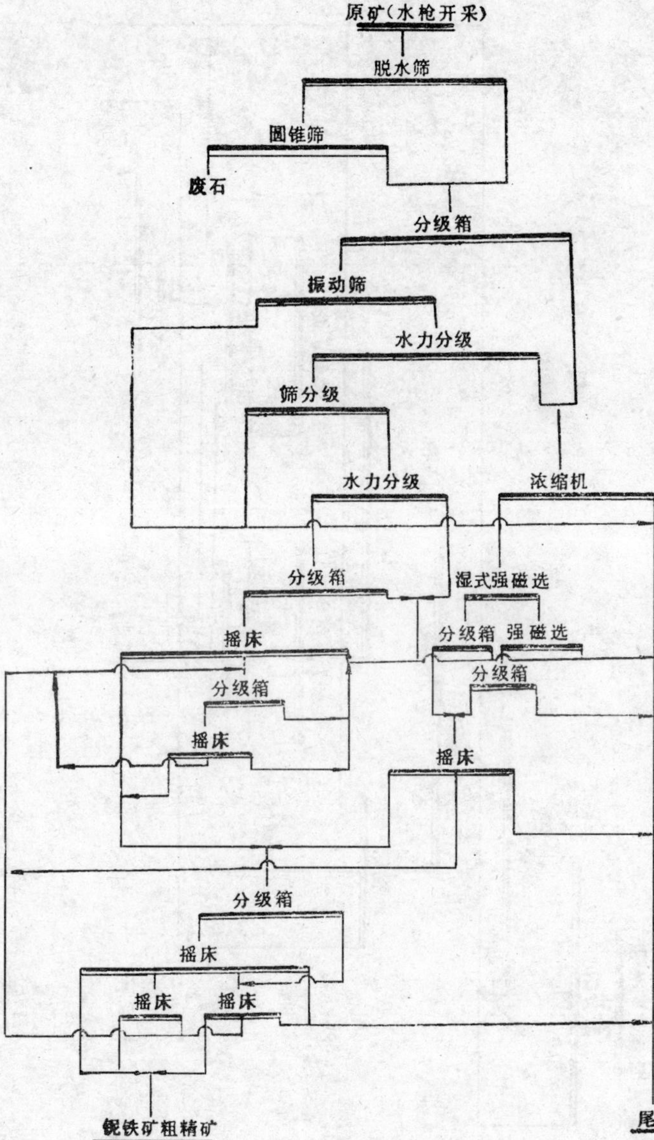

图 33.2.7 泰美钽铌矿粗选厂流程

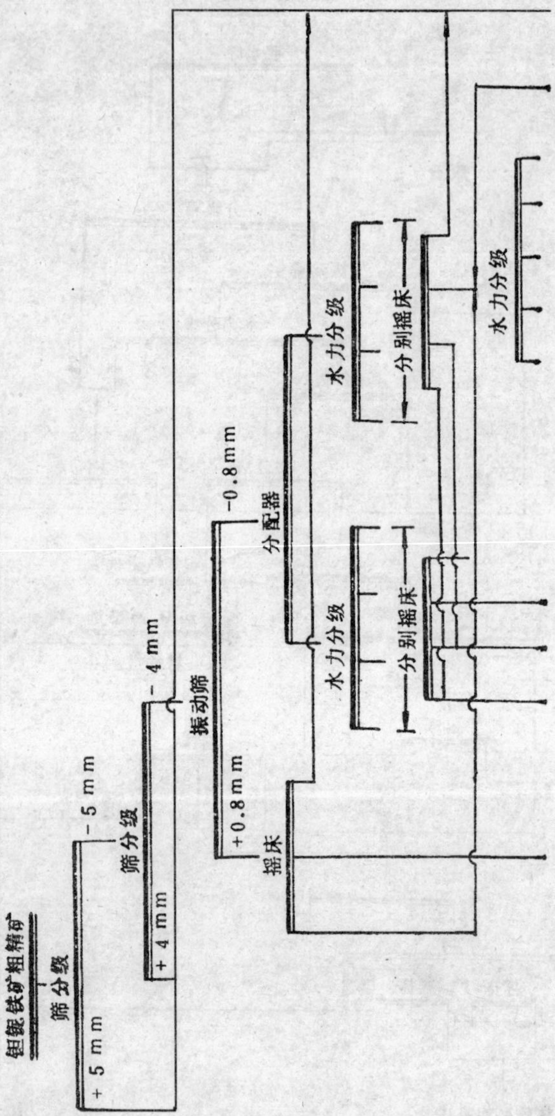

钽铌铁矿粗精矿
筛分级
+5mm
-5mm
筛分级
+4mm
-4mm
振动筛
+0.8mm
-0.8mm
摇床
分配器
水力分级
水力分级
分别摇床
分别摇床
水力分级

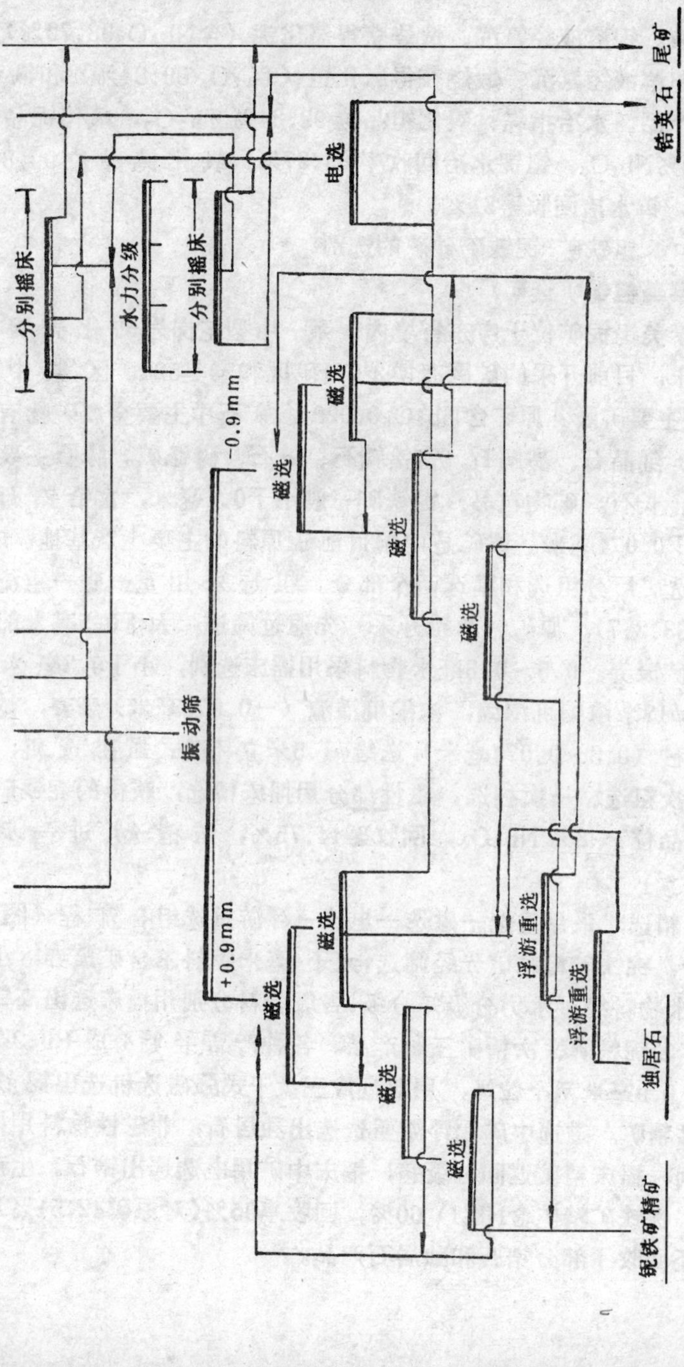

图 33·2·8 泰美钽铌矿精选厂流程

钽溶液。铌溶液经氨沉、煅烧获得氧化铌（含$Nb_2O_5$98.72%）产品；钽溶液经氨沉、煅烧获得氧化钽（Ta_2O_5 99.84%）和氟钽酸钾产品。水冶指标：氧化钽品位99.84% Ta_2O_5，氧化铌品位98.72%Nb_2O_5，钽铌水冶回收率85.97%；氧化钨品位99.8% WO_3，钨水冶回收率81%。

c　钽铁矿-铌铁矿砂矿的选别

泰美钽铌矿选矿厂

泰美钽铌矿位于广东省境内。系一中型花岗岩风化壳铌铁矿矿床。目前开采的矿区有博罗521矿区和泰美524矿区，其中以521为主要矿区。原矿含$Nb_2O_5$0.029%。矿石中主要金属矿物有铌铁矿、细晶石、易解石、富铪锆石、钍石、磷钇矿。脉石主要有石英、长石。矿物粒晶：铌铁矿一般小于0.1毫米，富铪锆石一般小于0.074毫米。该矿是中国目前铌原料的主要生产基地。

选矿厂分粗选和精选两个部分。粗选采用重一磁一重流程（图33.2.7）。原矿（水枪开采）先通过筛选，大于0.5毫米部分不含矿废弃。0.5～0.3毫米物料采用摇床选别，小于0.3毫米物料经ϕ12米浓缩机浓缩，浓缩机溢流（-0.075毫米）废弃，浓缩机沉砂（0.3～0.074毫米）送给ϕ1.5米立环湿式强磁选机，经过一次粗选、一次扫选，磁性部分用摇床精选，获得的铌铁矿粗精矿品位7～8% Nb_2O_5，回收率44.75%，送精选厂进一步处理。

精选　采用重选一磁选一电选一浮游重选组合流程（图33.2.8）。铌铁矿粗精矿先经筛选，大于4毫米物料不含矿废弃，小于4毫米物料经过水力分级箱分级，各级物料分别用摇床选出高锡铌精矿、铌精矿、次精矿三种产品。各种产品经筛分成+0.9毫米和-0.9毫米两个粒级，用双盘或三盘干式强磁选机选出铌铁矿商品精矿。磁选中矿用浮游重选选出独居石，非磁性物料用摇床选别，摇床精矿返回分级箱，摇床中矿用电选选出锆石。生产指标：铌铁矿精矿含$Nb_2O_5$60%，回收率95%（对原矿42.51%），同时还回收了部分锆石和独居石产品。

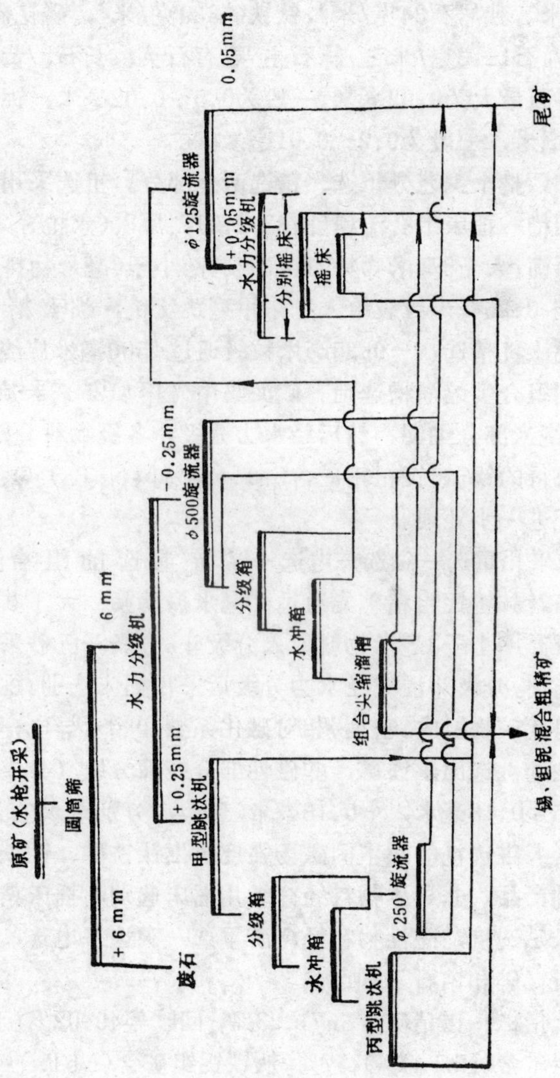

图 33.2.9 坂潭砂锡-钽铌矿粗选厂流程

坂潭砂锡-钽铌矿选矿厂

坂潭砂锡-钽铌矿位于广东省境内。系一河流冲积锡、钽铌多金属矿床。原矿含锡石479克/米^3，铌铁矿34克/米^3，钛铌铁矿69.8克/米^3，独居石34克/米^3，钛铁矿839克/米^3，磷钇矿18.3克/米^3，曲晶石11.3克/米^3。脉石主要有石英、长石、黄玉。矿物晶粒：锡石最大为0.92毫米，一般为0.5～0.02毫米，铌钽矿物最大为0.4毫米，一般为0.2～0.01毫米。

选矿厂整个工艺分粗选、精选两个部分。粗选采用跳汰—组合尖缩溜槽—摇床组合流程(图33.2.9)。原矿(水枪开采)给到6毫米圆筒筛，大于6毫米物料不含矿废弃，小于6毫米物料经过水力分级，6～0.25毫米粒级给入广东甲型跳汰机，跳汰精矿给入广东丙型跳汰机精选。-0.25毫米粒级通过ϕ500毫米旋流器，旋流器底流用组合尖缩溜槽选别。矿泥集中先用ϕ125毫米旋流器脱除0.051毫米部分细泥，然后经水力分级，各级物料分别用摇床选别。获得的锡-钽铌粗精矿含Sn1.433%，$(NbTa)_2O_5$0.38%，送精选厂进一步处理。

精选采用重选—磁选—电选—浮游重选的组合流程（图33.2.10)。锡-钽铌粗精矿先通过3毫米振动筛：大于3毫米物料不含矿废弃；小于3毫米物料给入分级斗。分级斗沉砂采用跳汰机—摇床选别；分级斗溢流经水力分级后采用摇床选别。跳汰和摇床精矿根据其矿物组成、密度、相对磁化系数和相对导电率的差异，首先用磁选机选出磁铁矿，非磁性部分经筛分级（分成+0.25毫米，0.25～0.18毫米，-0.18毫米三级），分别给入电选机。导体物料给入磁选机，用不同磁场强度选出钛铁矿、铌铁矿和钛铌钽矿三种产品。非导体物料经分级用摇床选别，摇床精矿、中矿分别给入磁选机，磁性物料经浮游重选—磁选—电选，分选出独居石、磷钇矿和锆石三种产品。

生产指标：锡精矿含Sn71.23%，回收率49.02%(对原矿)，铌铁矿精矿含$(NbTa)_2O_5$57%，钛铁铌钽矿含$(NbTa)_2O_5$27%，还回收了钛铁矿，独居石，磷钇矿和锆石四种产品。

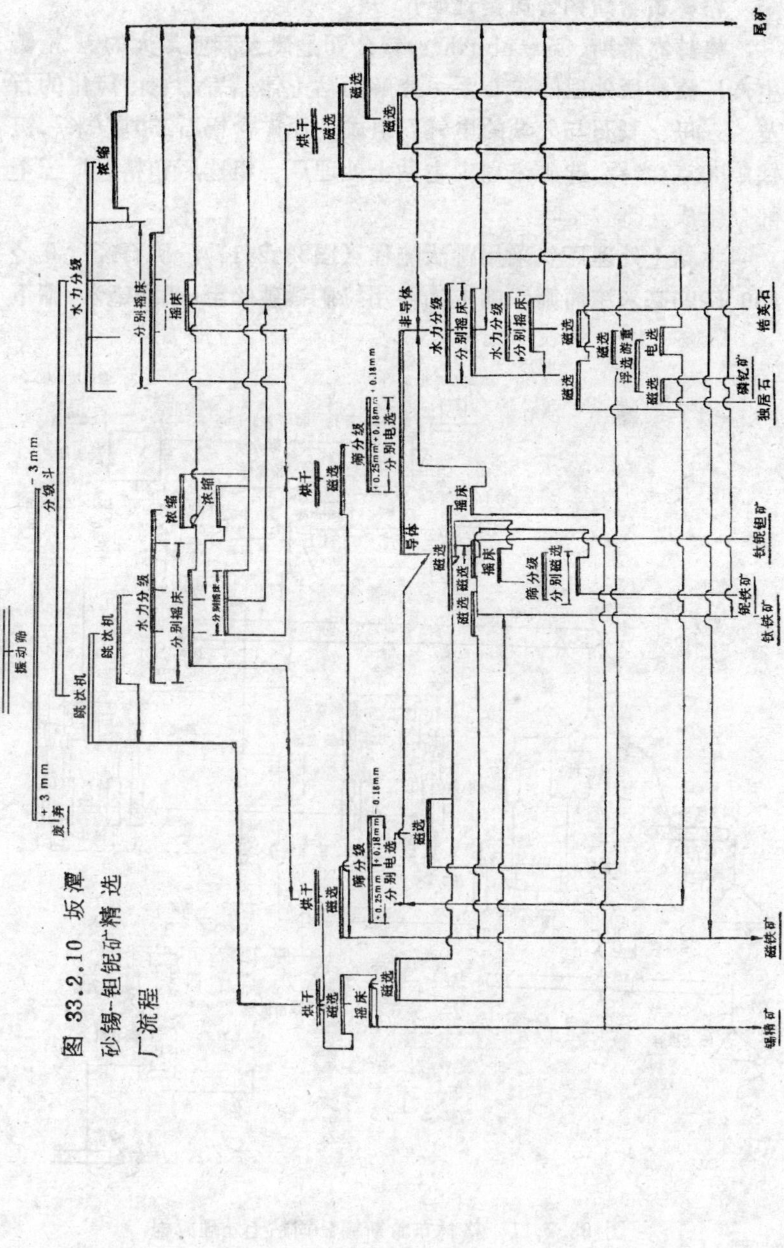

图 33.2.10 坂潭砂锡-钽铌矿精选厂流程

格林布希斯锡公司钽选矿厂

格林布希斯(Greenbushes)锡公司是澳大利亚最大的钽 精矿生产厂家。所处理的矿石系一分解的粘土伟晶岩，它由风化的石英、云母、长石与大量的电气石组成。原矿含锡石250克/米^3，钽铁矿60克/米^3，选矿流程由主粘土处理厂、粗选厂和精选厂三个部分组成。

主粘土处理厂　采用跳汰流程（图33.2.11），矿石经过孔径100×225毫米滚筒筛，筛上物料用捣矿锤破碎至−300毫米，筛下

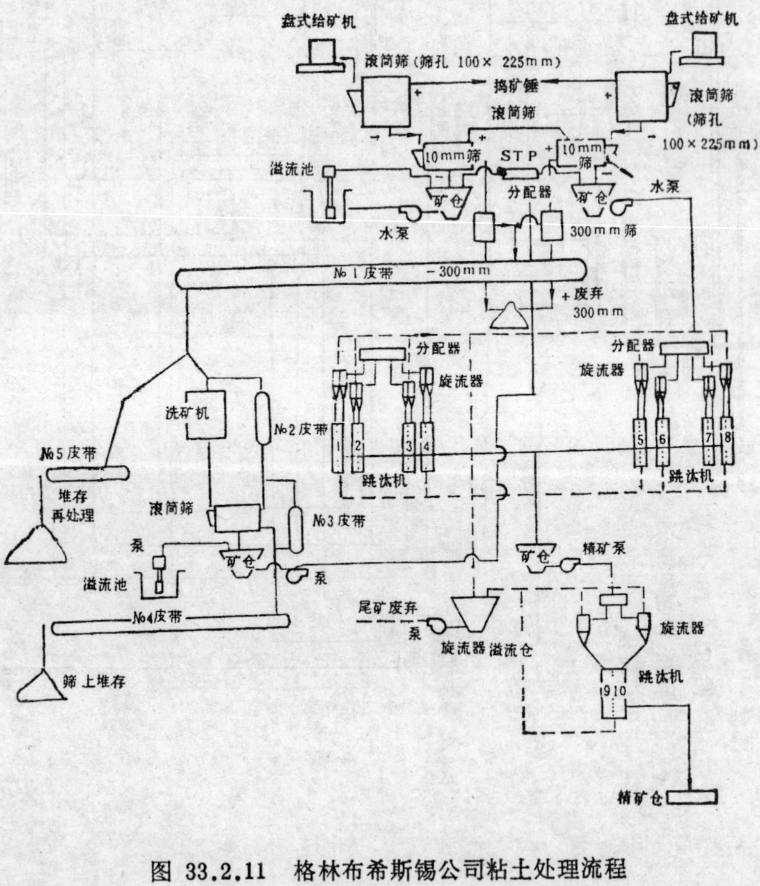

图 33.2.11　格林布希斯锡公司粘土处理流程

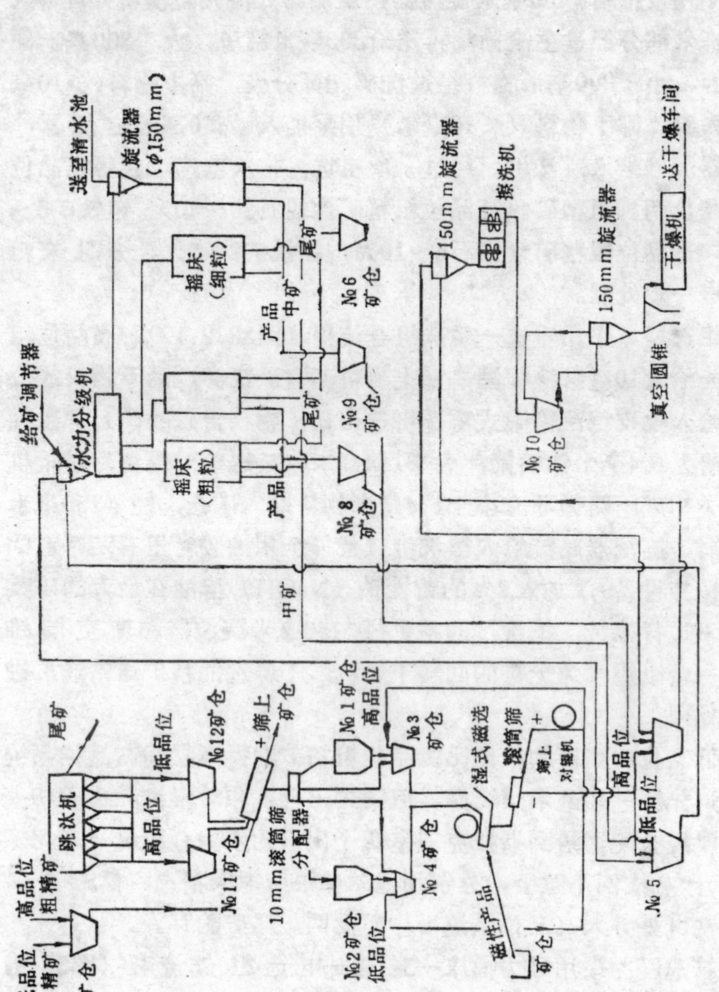

图 33.2.12 格林布希斯锡公司粗选厂流程

物料给入孔径10毫米滚筒筛，小于10毫米部分送给主跳汰机的给矿仓，用泵抽给ϕ450毫米旋流器，旋流器底流用跳汰机处理。大于10毫米部分经过主滚筒筛再送给300毫米筛子，大于300毫米硬岩废弃，小于300毫米物料经过洗矿和筛分级，筛上物料(>10毫米）丢弃，筛下物料（<10毫米）用泵抽入ϕ450毫米旋流器，旋流器沉砂给入跳汰机，经过一次粗选，一次精选，获得高品位和低品位两种粗精矿。高品位粗精矿含锡石30～40%,钽铁矿5～10%；低品位粗精矿含锡石5～10%，钽铁矿2～5%，分别送粗选厂进一步处理。

粗选厂　采用重选一磁选组合流程（图33.2.12)，高品位粗精矿先给入10毫米滚筒筛，筛上物料不含矿废弃，筛下物料经分配器给入拉皮德滚筒湿式磁选机选出铁矿物（含磁铁矿），非磁性部分给入1.4毫米滚筒筛，大于1.4毫米物料送给对辊机，对辊机与筛子构成闭路循环。小于1.4毫米物料给入矿仓，经ϕ150毫米旋流器，旋流器底流给入擦洗机（是一个用橡胶衬里有两个室的机械搅拌设备)，加入2%的苛性钠（NaOH）溶液在最大的矿浆浓度下进行擦洗，擦洗过的精矿经ϕ150毫米旋流器和真空圆锥给入一台以煤气为燃料的回转干燥机，干燥过的精矿送精选厂进一步处理。

低品位粗精矿的粒度比高品位粗精矿细得多，同高品位系统一样，先经过10毫米滚筒筛、滚筒式磁选机和对辊机，小于10毫米物料经分配器给到斯托克三室四个出口的水力分级机（不用擦洗机)，分成四个粒级，分别用威尔弗莱型摇床精选，摇床精矿在擦洗机处并入高品位系统，中矿返回，尾矿贮存。

精选厂　采用风力摇床一磁选一电选组合流程（图33.2.13)。粗精矿首先采用干式分级，分级是用两台四层卡森(Kason)筛，筛网尺寸为0.8、0.4、0.2、0.18、0.16、0.14、0.12毫米，筛分成八个粒级。大于0.8毫米物料，约占总重量20%，给入基普凯利风力摇床，摇床精矿直接给入拉皮德三盘磁选机．在第一盘选出钛铁矿，第二盘、第三盘选出钽铁矿。钽铁矿产品含：

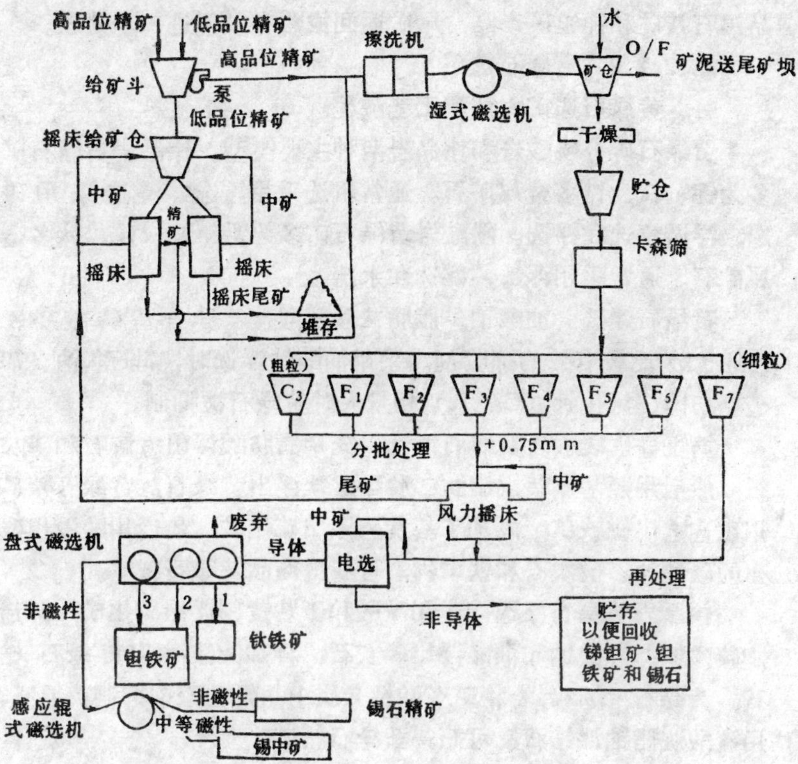

图 33.2.13　格林布希斯锡公司精选厂流程

Ta_2O_5 42%，Nb_2O_5 28%，Sn3～5%，Sb 0.5～1%。

0.8～0.4毫米物料给入基普凯利风力摇床除掉硅石、电气石、钛铁矿和锆石。摇床尾矿返回精选厂处理，摇床精矿给入高压辊式电选机，电压为18千伏，分成非导体和导体两部分，非导体部份含锑钽矿、锆石、钽铁矿和锡石贮存以便再处理。导体部份用拉皮德磁选机选出钛铁矿和钽铁矿精矿。非磁选产品再用感应辊式磁选机分选出锡石精矿。

小于0.35毫米细粒部分物料则单独送到一台奥利弗风力摇床选别，然后经高压辊式电选机，随后用拉皮德盘式磁选机选出商品锡石精矿和锑钽矿产品，尾矿返回或贮存以便进一步处理。

33.2.2.2　黄绿石选矿

A　黄绿石选矿方法和工艺流程

黄绿石矿分碳酸岩和伟晶岩两种主要类型。伟晶岩黄绿石矿多为铌、钛、锆多金属矿石。通常粗选采用重选；精选采用磁选、浮游重选和浮选。碳酸岩黄绿石矿多为铅、锌、硫、钛多金属矿石。通常采用浮选、磁选和水冶。

黄绿石浮选　油酸钠、脂肪二胺醋酸盐、异辛基磷酸钠、ИМ-11为比较有效的捕收剂。采用油酸钠浮选时，硅酸钠（70毫克/升）、氯化钙（$CaCl_2$）用量大时黄绿石被抑制。

据报导，碳酸岩黄绿石浮选，先用脂肪酸浮出方解石和磷灰石，然后用羟基氮萘或脂肪二胺醋酸盐浮出黄绿石，黄绿石精矿用磁选选出磁铁矿，或加丁基黄药浮出硫化矿，最后用酸浸出残余的碳酸盐、磷灰石和铁矿物，可获得商品黄绿石精矿。

伟晶岩黄绿石浮选，先用硫酸和丁基黄药浮出硫化矿，然后加碳酸钠、硅酸钠和油酸浮出磷灰石，再加油酸浮出黄绿石-锆石。黄绿石-锆石混合精矿在酸性介质中用氟硅酸钠抑制黄绿石，用硫酸烷脂钠浮锆石，可获得黄绿石精矿。

B　黄绿石选矿厂实例

尼奥贝克黄绿石选矿厂

尼奥贝克（Niobec）公司所属圣·霍诺雷铌矿位于加拿大魁北克省希库提米市东北11公里的圣·霍诺雷村。系一碳酸盐铌矿床。矿石含铌（Nb_2O_5）0.58～0.66%。铌矿物主要是黄绿石、铌铁矿，粒晶小于0.2毫米。脉石矿物主要是方解石、白云母。该矿是世界铌原料主要生产基地之一。

选矿厂规模2085吨/日。采用两段磨矿的浮选流程（图33.2.14），整个工艺分脱泥，碳酸盐浮选，再脱泥，磁选，黄绿石浮选，黄铁矿浮选，黄绿石精矿浸出脱磷和浸出渣浮硫八个部分。

矿石先经艾利斯·查默斯（A.C.)圆锥破碎机破碎至－20毫米，经哈丁2.4×3.75米棒磨机磨至0.4毫米，给入第一个DSM弧形筛（筛孔0.4毫米），筛下物料给入第二个DSM弧形筛（0.2毫米），第一个和第二个筛的筛上物料经螺旋分级机送入3.2×3.8米球磨机，磨矿粒度95％－0.2毫米，与DSM弧形筛构成闭路。第二个DSM弧形筛筛下物料（－0.2毫米）送入一组ϕ254毫米克雷布斯旋流器，给矿浓度18％，压力为1.2～1.3公斤/厘米^2。旋流器溢流给入另一组ϕ102毫米克雷布斯旋流器（压力为1.8公斤/厘米^2)，脱除－10微米细泥。两段旋流器均采用返回溢流循环的办法保持给矿的稳定。旋流器底流（浓度约55％)，＋40微米物料送粗级别碳酸盐浮选回路处理。－40～＋10微米物料送细级别碳酸盐浮选回路处理。

碳酸盐浮选　用乳化脂肪酸作捕收剂，硅酸钠作黄绿石的抑制剂和软化剂，在自然pH约8的条件下浮出25～30％的碳酸盐，其中损失的黄绿石占总量2～5％。两个碳酸盐浮选段的尾矿经ϕ254毫米和ϕ100毫米两组旋流器脱除次生的－10微米细泥，并用优质饮用水代替硬水，使总的盐含量大大降低。旋流器沉砂经过两个串联的鼓形埃利兹（Eriez）磁选机选出磁铁矿。非磁性物料送黄绿石浮选段处理。

黄绿石浮选　非磁性物料用草酸、氟硅酸及乳化的脂肪二胺醋酸盐，在pH6.8～7.5的条件下浮选黄绿石。黄绿石粗精矿经过五次精选，添加草酸和氟硅酸调整矿浆pH值，一次至五次精选的pH依次为：5.5，4.5，3.5，3.0，2.7。每次精选富集比平均为1.9倍。获得精矿含Nb_2O_5 45～50％，还含有部份黄铁矿、碳酸盐、磷灰石等矿物，作业回收率一般为80％，需进行脱硫，脱磷后才能得到商品黄绿石精矿。

黄铁矿浮选　黄绿石浮选回路的泡沫产品加NaOH调整矿浆pH到11，加木薯淀粉抑制黄绿石，加戊基黄酸钾浮选黄铁矿，经过一次粗选，二次精选，可将95％的黄铁矿浮出。槽内产品（黄绿石精矿含硫小于0.1％）送浸出作业进一步处理。

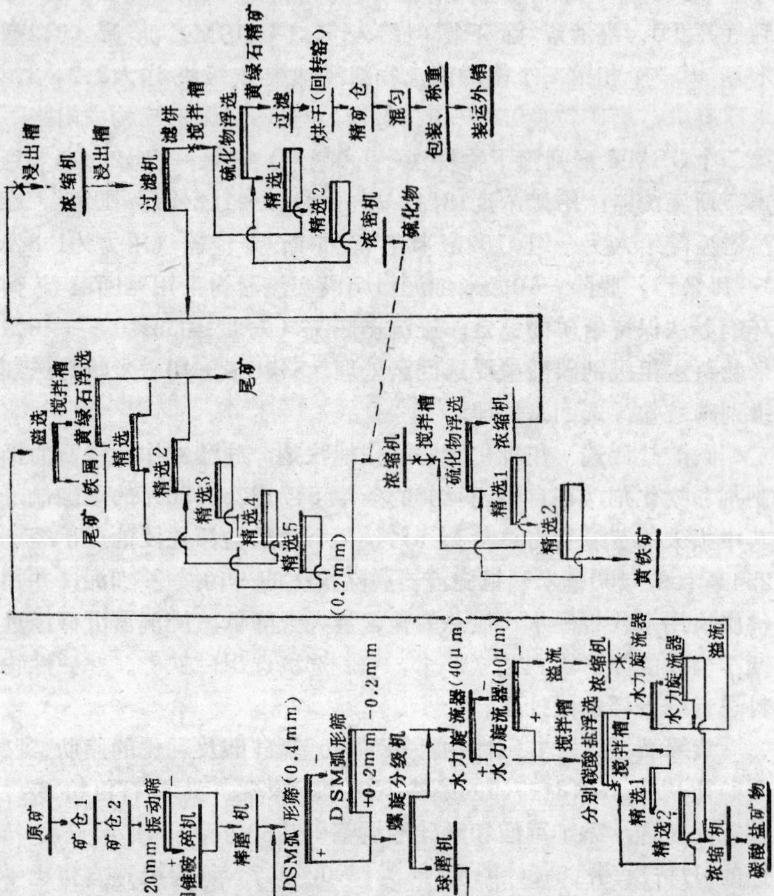

图 33.2.14 尼奥贝克黄绿石选矿厂流程

浸出 黄铁矿浮选槽内产品给入3.657米浓缩机浓缩，浓缩机沉砂（浓度55%）送入1524×2438毫米浸出槽，加HCl(1.816千克/吨）进行浸出，使部份磷灰石溶解。浸出渣送入另一浓缩机脱除溶液，并加少量新鲜水洗涤。沉砂给到第二浸出作业的浸出槽内，加227克/吨HCl、pH0.5，经过两次连续浸出，可使磷的含量降到0.1%以下。浸出渣送第二段黄铁矿浮选工序。

浸出渣浮硫 浸出渣给入过滤机，滤饼送入搅拌槽调浆，加$CuSO_4$活化少量剩余的硫化物，加NaOH调整pH至10.5，加黄药（PAX）浮出硫化物。槽内产品（黄绿石最终精矿）含Nb_2O_5 60～62%、S 0.1%、$P_2O_5$0.07%、SiO_2 2.02%。此工艺处理碳酸盐黄绿石矿石是很有效的，已获得美国专利。

阿拉克萨水钡锶黄绿石矿选矿厂

阿拉克萨铌矿位于巴西阿拉沙（Araxa）市南米纳斯吉拉斯（Minas Gerais）境内。系一碳酸盐岩复合矿床。矿石主要由针铁矿、褐铁矿、磁铁矿、重晶石、独居石、钛铁矿、磷钡铝石、石英和水钡锶黄绿石（即钡黄绿石、含Nb_2O_5 63.42%、Ta_2O_5 0.15%、BaO 16.51%）等矿物组成。原矿含Nb_2O_5 2.5～3%、$Re_2O_3$4.44%、$ThO_2$0.13%、$TiO_2$3.6%、$ZrO_2$0.2%。水钡锶黄绿石晶粒较细，一般不超过1毫米。该矿铌（Nb_2O_5）的储量占世界铌资源量的70%以上，是世界最大的铌资源基地。目前边界品位（Nb_2O_5）控制在2%左右。正在开采的是铌富集矿体，位于该结构的中心部分，由碳酸盐基岩深度风化和强烈的残余富集而成。选矿厂给矿品位（Nb_2O_5）为3%，采用选一冶联合联程，产出氧化铌和铌铁。整个工艺为选矿、浸出和铌冶炼三部份组成。

选矿 选矿厂规模为3500吨/日，年产黄绿石精矿42000吨。选矿设备流程如图33.2.15所示。矿石先经过50毫米的2.1×4.2米Faco（A.C.)型振动筛，筛上物料（大于50毫米，其产率不到给矿的10%）给到黑增曼（Hazemag）冲击式破碎机，破碎到－50毫米，与振动筛筛下物料（小于50毫米）合并给入球磨机，

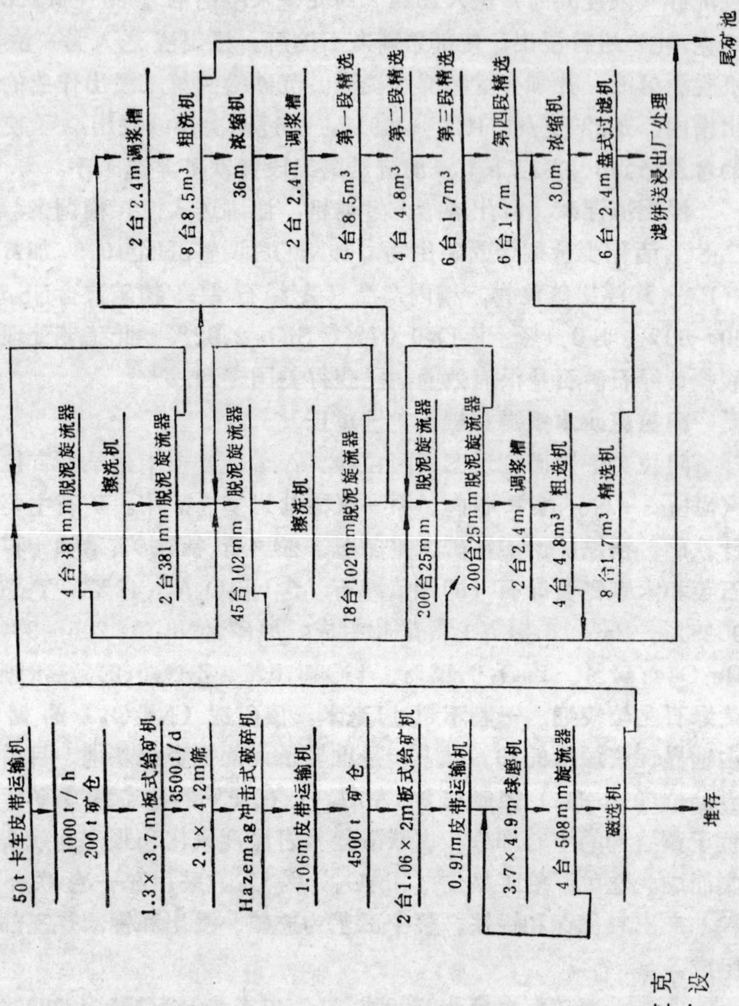

图 33.2.15　阿拉克萨钡黄绿石选矿厂设备流程

磨到95％－150目（0.104毫米），球磨机与ϕ508毫米旋流器构成闭路。旋流器溢流用双筒弱磁选机选出磁铁矿。非磁性产品送入脱泥工段。由于矿泥对黄绿石浮选影响较大，而大部份铌又是富集于37～5微米粒级中，因此有效地脱除－5微米细泥对浮选作业是十分重要的。故采用三段旋流器脱泥，每一脱泥段都带有再脱泥作业。第一段脱泥用一组ϕ381毫米旋流器，旋流器底流给入擦洗机经过擦洗后用另一组ϕ381毫米旋流器再脱一次泥。再脱泥的旋流器溢流返回到第一段旋流器。第一组ϕ381毫米旋流器溢流给入另一组ϕ102毫米旋流器进行第二段脱泥，第二段脱泥和第一段脱泥一样经过擦洗和再脱泥。ϕ381毫米再脱泥旋流器底流和ϕ102毫米旋流器底流就是主浮选回路粗选槽的给矿。ϕ102毫米旋流器溢流送入第三段旋流器（ϕ25毫米）进行脱泥和再脱泥，但不需再经过擦洗，ϕ25毫米旋流器底流即是细粒浮选回路粗选槽的给矿。

黄绿石浮选用胺类阳离子捕收剂，一种润湿剂和氟硅酸钠调浆15分钟，氟硅酸钠作黄绿石活化剂，加入盐酸控制pH2.5～3.5，对主浮选回路粗选槽给矿进行一次粗选，四次精选。对细粒浮选粗选槽给矿进行一次粗选，一次精选。获得浮选总精矿含Nb_2O_5 55～60％，P 0.3～0.8％，S 0.02～0.2％，Pb 0.1～0.2％，Fe_2O_3 2～8％，SiO_2 0.1～0.5％，ThO_2 2～3％，U_3O_8 0.05～0.1％，BaO15～18％，CaO 0～0.2％，选矿回收率约70％。由于磷、硫、铅含量较高，需送浸出厂进一步处理。

浸出　浸出厂采用添加氯化钙高温焙烧使氯化铅挥发，钙取代水钡锶黄绿石晶格中的钡，生成氯化钡，然后用盐酸清洗以溶解磷和硫。浸出流程如图33.2.16。浮选精矿先经过过滤，滤饼与25％氯化钙、5％石灰混匀，在回转窑中以800～900℃温度进行焙烧。焙烧过的物料经冷却后，用5％的盐酸以50％的固体浓度进行浸出、过滤，这一步分两段进行。浸渣用水洗涤，浓度为50％，经过滤、干燥，获得的浸出精矿含Nb_2O_5 59～65％、P 0.05～0.1％、S 0.01～0.05％、Pb 0.01～0.05％、Fe_2O_3 2～

8%、$SiO_2$0.1～0.5%、$ThO_2$2～3%、$U_3O_8$0.05～0.1%、BaO 1～3%、CaO15～20%。

在焙烧中排出的$PbCl_2$和HCl，通过冷却塔、文丘里管和回收塔回收。捕集的全部气体粉尘送入一台13.72米浓缩机，浓缩机沉砂给入过滤机，滤饼返回到流程起点；而含有盐酸和氯化铅的溢流和浸出厂全部废水，经过石灰乳处理后送入尾矿池。

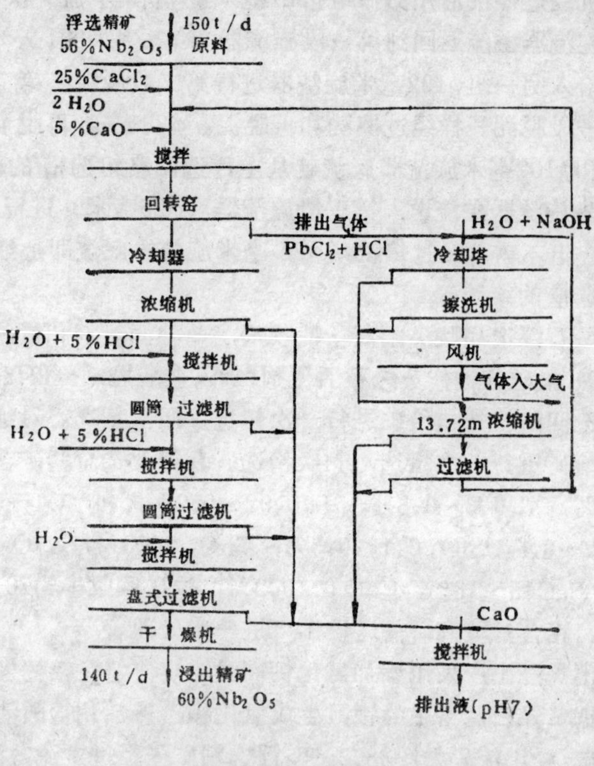

图 33.2.16　阿拉沙水钡锶黄绿石浸出厂流程

铌冶炼　铌冶炼分铌铁生产和氧化铌生产两部分。

铌铁生产：采用间歇铝热还原工艺。炉料配比按黄绿石浸出精矿占61.54%，氧化铁占13.68%、铝粉20.51%、萤石2.56%、石灰1.71%。每批炉料先在旋转混料器中混合90分钟，然后装入内衬镁砂的钢筒反应器中，反应器直径3.7米，高1.8米，放在圆型的凹坑上面，凹坑用石灰和萤石作内衬，预先在硅砂床中制备好。反应器外层底部用砂堤密封，反应物料装好后，上面放上氯酸钾和铝粉，用火点燃，反应自动进行15分钟，反应温度最高可达2400℃，反应完后冷却16小时，把渣除去，底部铌铁再冷却几小时后取出，在空气中放置12小时，然后用颚式破碎机破碎到小于100毫米，贮藏于1000千克钢容器中。还原后炉渣成分是：Al_2O_3 48%，CaO 25%、TiO_2 4%、BaO 2%、Re_2O_3 4%、Nb_2O_5痕量、ThO_2 2%、$U_3O_8$0.05%。

氧化铌的生产：1979年建成一座生产氧化铌的工厂，1981年该公司研究出一种方法（方法未见报导）建成一座生产光学和电子学用的高纯氧化铌工厂，1982年开始建设超纯晶体级氧化铌的试验厂，同时用工业氧化铌生产高纯铌铁和镍铌。

33.2.2.3 褐钇铌矿和黑稀金矿选矿

A 褐钇铌矿石和黑稀金矿石的选矿方法和工艺流程与钽铁矿-铌铁矿的选别相同，粗选采用重选，精选采用磁选、浮游重选、浮选、电选、重选和风选等方法组成。

B 选矿厂实例

里松褐钇铌矿选矿厂

里松褐钇铌矿位于广西省贺县东北部。系一含褐钇铌矿花岗岩风化壳矿床和冲积砂矿床。风化壳矿床按风化程度，自上而下可分为坡积层，全风化层，半风化层和微分化层。矿点多，且分散，已开采的矿区有回面肚和上皇两处，其中回面肚是主要矿区。矿石中有工业价值的矿物主要是褐钇铌矿，共生金属矿物有独居石、锆石、钛铁矿。脉石矿物主要有石英、长石。有用矿物粒晶一般在0.45～0.08毫米。原矿含$Nb_2O_5$0.01～0.013%、ZrO_2 0.024%、ThO_2 0.0086%，$\Sigma ER_2O_3$0.075%。铌赋存在褐钇铌矿中的占38.96%，分散在黑云母中的占51.8%，石英中占7.58%，该矿是我国主要的铌钇资源之一。1958年建矿，1959年建厂，1960年投入生产，是我国第一座铌钇生产矿山。选矿工艺由粗选厂和精选厂两个部分组成。

粗选　回面肚粗选厂采用一段磨矿的跳汰—摇床流程（图33.2.17）。原矿（水枪开采）先经水冲筛和振动筛分级，筛下物料（−2毫米）送入第一段梯形跳汰机粗选，跳汰精矿用摇床精选。跳汰和摇床尾矿经过螺旋分级机分级，大于0.4毫米物料与振动筛筛上物料（+2毫米）分别用磨矿机磨至0.4毫米，然后合并送入第二段梯形跳汰机选别，跳汰精矿用摇床精选，摇床精矿给入弱磁场磁选机选出铁矿物，非磁性产品即为褐钇铌粗精矿，送精选厂进一步处理。

精选厂　采用磁选—重选—浮游重选组合流程（图33.2.18）。粗精矿先经过烘干，然后给入单盘磁选机选出铁屑。非磁性部份送入三盘磁选机，利用各种矿物磁性的差异，严格控制操作参数，将矿物分成：钛铁矿-褐钇铌矿组；褐钇铌矿-独居石组；独居石-褐钇铌矿组和锆英石组四组物料。前三组物料，先经酸洗，然后采用摇床—磁选或磁选，选出的磁性物料用油酸、碳酸钠、硅酸钠浮出独居石，槽内产品即为褐钇铌精矿。后一组物料采用摇床—磁选—摇床分选出褐钇铌和锆石精矿。选矿总指标：褐钇铌精矿品位（Nb_2O_5）35.72%，精选回收率87.62%；独居石精矿品位（$TR_2O_3+ThO_2$）65.23%；锆英石精矿品位（ZrO_2）60.48%，同时还回收了钛铁矿。

洛曼铌矿选矿厂

洛曼（Lowman）选矿厂位于美国爱达荷州（Idaho）熊谷地区（Bear Valley）。矿石中主要铌矿物有黑稀金矿、铌铁矿。共生金属矿物有独居石、磁铁矿、钛铁矿等。粗选在采砂船上进行，采用跳汰机和摇床分选。选出的重砂含黑稀金矿610克/米^3，铌铁矿122克/米^3，独居石310克/米^3，还含有褐钇铌矿、磷钇矿、锆石等。其中磁铁矿、钛铁矿和石榴石占85%。送洛曼精选厂进一步处理。

精选厂规模150～200吨/日，采用磁选—电选—风力摇床—摇床重选的组合流程（图33.2.19）。根据重砂的矿物组成、密度和

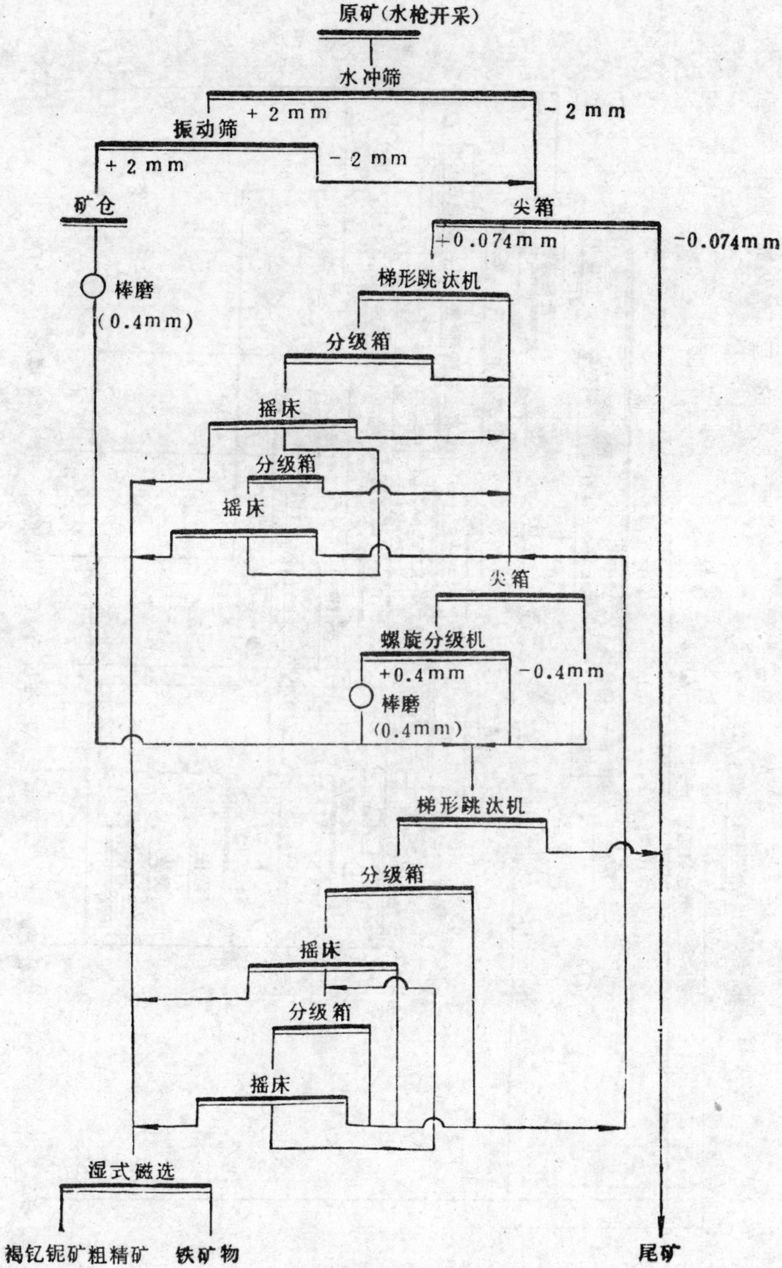

图 33.2.17 里松褐钇铌矿回面肚粗选厂流程

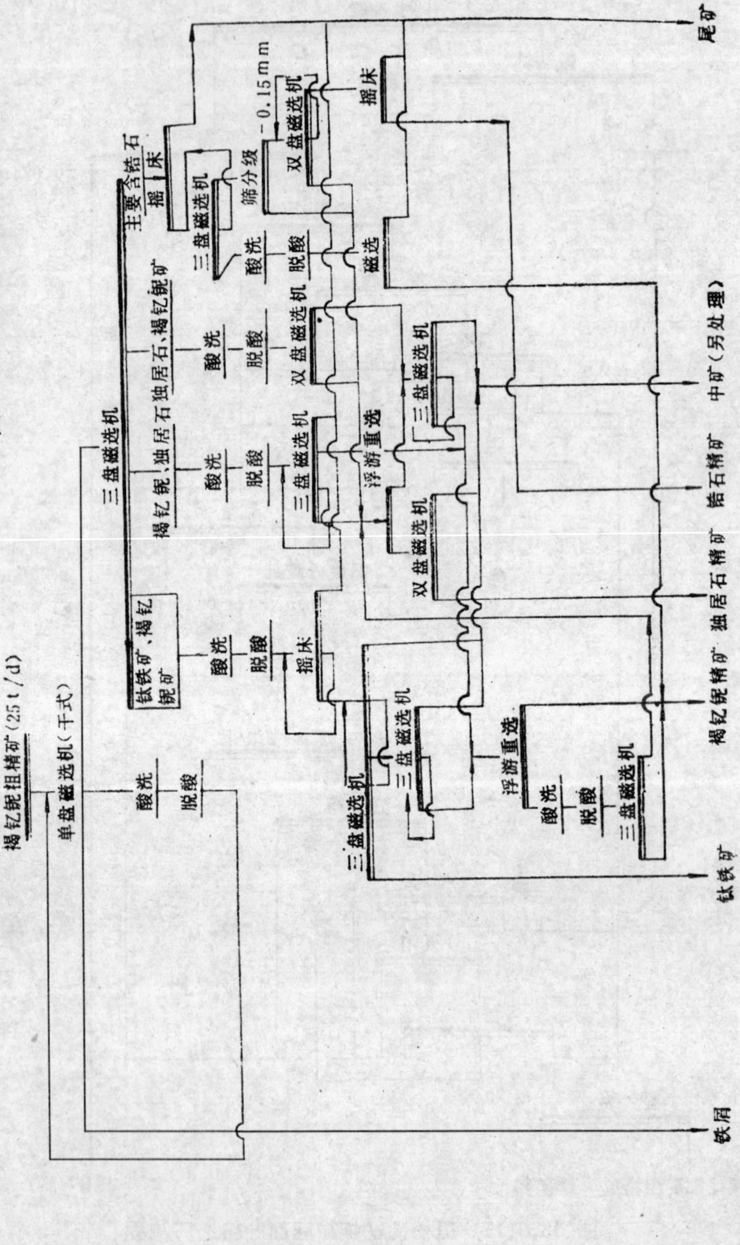

图 33.2.18　里松褐钇铌矿精选厂流程

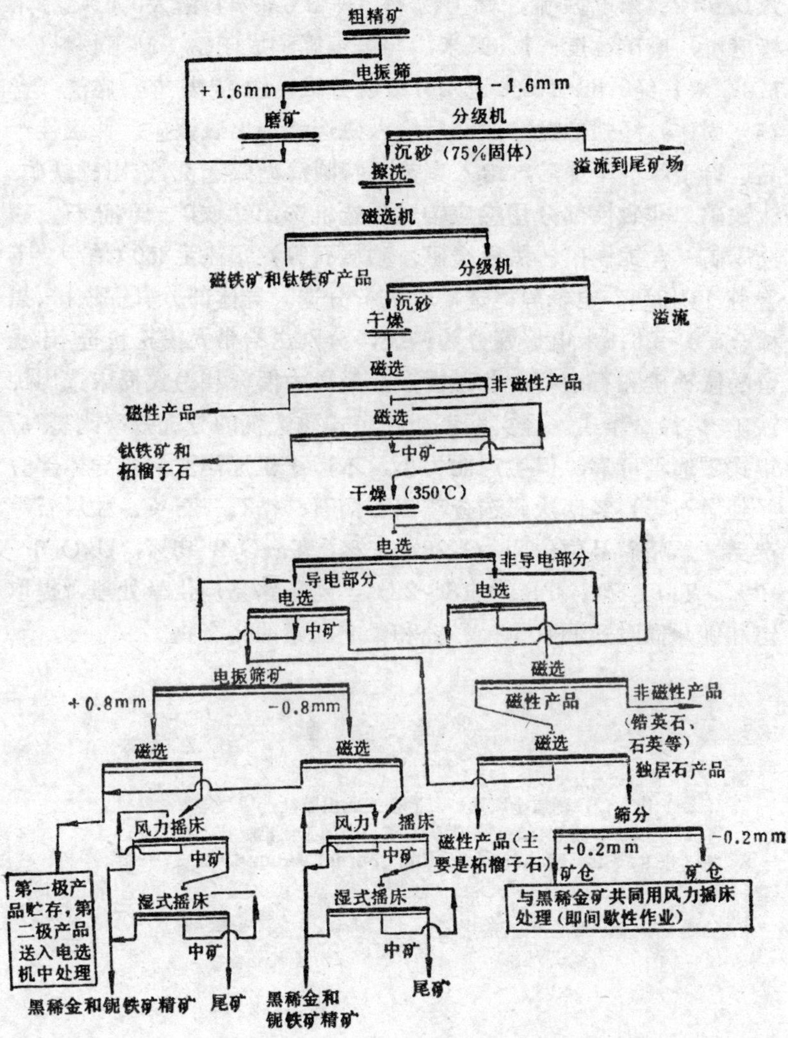

图 33.2.19 洛曼选矿厂工艺流程

相对磁化系数依次递减（磁铁矿→钛铁矿→石榴石→铌铁矿→黑稀金矿→独居石→尖晶石→锆石），及相对导电率依次递增（硅酸盐→磷酸盐→碳酸盐→氧化矿→硫化矿）的差异，首先将重砂给入1.2×2.4米电振筛，筛上物料（+1.6毫米）给入0.6×1.2米棒磨机，磨矿粒度－1.6毫米，与电振筛构成闭路。筛下物料（－1.6毫米）经0.6×4.6米道尔分级机分级，溢流废弃，底流（含75%固体）经强烈搅拌擦洗后给入磁选机选出磁铁矿。非磁性产品送给干燥机干燥后，给入克劳凯特圆筒型磁选机，选出磁铁矿-钛铁矿。非磁性部分用感应辊式磁选机选出钛铁矿-石榴石。磁选尾矿（含铌铁矿、黑稀金矿、独居石等）预热至350℃给入"卡普科HT46型"电晕静电选矿机进行分选。导体部分（铌铁矿、黑稀金矿）用0.8米电振筛分为两级，分别送给带式磁选机选出残留的钛铁矿和石榴石。非磁性产品经风力摇床和湿式摇床选出铌铁矿-黑稀金精矿。经实践证明，带式磁选机的分选效率比感应辊式磁选机可靠，但生产能力小，不适于粗选作业。非导体部分（独居石等）经两次磁选分离出石榴石、锆石－石英、独居石等产品。总精矿品位：Nb_2O_5 20～25%，Ta_2O_5 2～5%，U_3O_8 6～10%，ThO_2 1%，TR_2O_3 18～22%，送圣路易厂化学处理，提取钽和铌，同时还回收了铀、钍和稀土元素的化合物。

参 考 文 献

[1] 崔广仁，稀有金属选矿，冶金工业出版社，1975年.
[2] C. И. 波立金等，钽铌矿选矿，中国工业出版社，1965年.
[3] R. Biss. Candian Mining Journal, Auq. 1982, 17—25.

33.3 钛、锆矿选矿

33.3.1 绪 论

33.3.1.1 钛锆的性质和用途

钛和锆是现代工业的重要金属原料。

钛产品主要有金属钛（包括钛合金）及钛白（即二氧化钛）两种。

钛及其合金具有密度低、强度高、耐腐蚀、耐高温等优异性能及特殊功能，广泛应用于航空和航天、化工、冶金、发电、医疗、航海及海洋资源开发等领域；钛白则用于涂料、造纸、塑料、橡胶、油墨、化纤等工业部门。

锆（包括铪）具有良好的可塑性；抗蚀性能超过钛，在100℃以下能抵抗各种浓度盐酸、硝酸以及50%以下浓度硫酸的腐蚀。锆和铪还有特殊的核性能，耐辐照性很好。在高温下锆具有良好的吸气性。锆广泛用于原子能、电子、冶金、化工、医疗及制革等工业部门。

33.3.1.2 钛锆矿物

A 钛矿物

已发现二氧化钛含量大于1%的钛矿物有140多种，但从储量和品位来看，至今只有钛铁矿和金红石以及作为混合矿物的白钛石（钛铁矿风化产物），具有开采价值，锐钛矿（金红石的变体）、钙钛矿和榍石矿床只具有较小的经济价值。几种主要钛矿物见表33.3.1。

B 锆矿物

已发现含锆矿物有30多种，其中具有工业价值的主要有锆英石和斜锆矿两种。锆和铪由于化学性质、离子及原子半径非常相近，因此在自然界中锆与铪均呈共生状态存在。铪本身无独立矿物，均以类质同像赋存于变种锆英石中，含铪较高的变种锆英石矿物有：曲晶石、苗木石、水锆石等。主要锆、铪矿物见表33.3.2。

表 33.3.1 重要钛矿物表

矿 物	化学式	TiO_2 理论含量 %	密 度 g/cm^2	硬 度	颜 色
钛铁矿 (ilmenite)	$FeTiO_3$	52.66	4.5～5.6	5～6	铁黑至淡褐黑或钢灰色
金红石 (rutile)	TiO_2	100.00	4.5～5.2	6～6.5	淡红褐、血红、淡黄、淡蓝、紫、黑等色
锐钛矿 (octahedrite)	TiO_2	100.00	8.82～3.95	.5～6	黄褐、蓝、黑等色
板钛矿 (brookite)	TiO_2	100.00	8.78～4.08	.5～6	发褐、淡黄、淡红、淡红褐、铁黑等色
白钛矿 (leucosphenite)	$TiO_2 \cdot nH_2O$	～94	3.5～4.5	4～5.5	白、黄、褐等色
钙钛矿 (perovskite)	$CaTiO_3$	58.90	8.97～4.06	5.5	淡黄、淡红褐、灰黑等色
榍石 (titanite)	$CaTiSiO_5$	40.8	3.4～3.6	5～5.5	褐、灰、黄、绿、紫红及黑色等

33.3.1.3 钛锆矿床

A 钛矿床

具有工业价值的钛矿床可概括为岩浆钛铁矿床（脉矿）及钛砂矿床两大类。

岩浆钛铁矿床依其矿物种类又可分为磁铁钛铁矿及赤铁钛铁矿两种主要类型。岩浆矿床的成因与基性深成岩，特别是与辉长岩、苏长岩和斜长岩具有密切关系。在辉长岩中钛矿石主要以钛磁铁矿出现；在斜长岩中主要以赤铁钛铁矿出现。一部分钛磁铁矿中，磁铁矿含钒很高，称为钒钛磁铁矿，该类矿床是提取钒的主要来源。

钛砂矿床依矿物种类可分为金红石砂矿与钛铁矿砂矿两类。

表 33.3.2 锆铪矿物表

矿 物	化学式	ZrO_2 %	HfO_2 %	密度 g/cm^3	硬度	颜 色
斜锆矿 (baddeleyite)	ZrO_2	80～98	0.5～2	5.5～6	6～6.5	白、红、黄
锆英石 (zircon)	$ZrSiO_4$	61～67	1～1.8	4.2～4.9	7.5	无色、黄、绿、褐、黑等
钛锆钍矿 (zirkelite)	$(Ca,Fe)(Ti,Zr,Th)_2O_3$	52	1～2.7	4.7	5.5	黑色、深棕色
曲晶石 (cyrtolite)	变种锆石含TR、U、Th等	52.40	5.5～17	4.1	6	褐 色
水锆石 (malacone)	变种锆石含Al、Ta Nb、Th、U、H_2O	53.2～65.1	3.7～4.6	3.89～3.93	6	无 色
苗木石 (naegite)	变种锆石含TR、Ta、Nb、Th、U等	49.8	3.5～7	4.1	7.5	绿、褐色

依成因及生成过程又可分为：海滨砂矿、残积砂矿、坡积砂矿、洪积砂矿、冲积砂矿及冰积砂矿、风积砂矿等多种类型。此外在由原生矿到砂矿的形成过程中还存在有破碎带、风化壳等过渡类型矿床。在钛砂矿类型中，以海滨砂矿最具有工业价值。

在钛砂矿中除了含有钛铁矿、金红石等钛矿物以外，通常还伴生锆英石、独居石、磷钇矿、锡石及贵金属等有经济价值的矿物。

B 锆矿床

锆矿床也分为原生矿（脉矿）及砂矿两大类。

锆原生矿又可分为早期、晚期岩浆矿床及伟晶岩矿床类型。但至今为止经济价值甚微，产量极有限。

锆砂矿床类型基本上与钛砂矿床类型相同，在绝大多数情况下，砂矿床中钛、锆均互为伴生产出，形成除含钛、锆矿物以外还含有独居石、锡石、磷钇矿及贵金属的综合性矿床，仅在各种矿物含量上有所差异。

在锆矿床中，以砂矿床最具工业价值。资本主义国家中的锆英石有98％均为钛砂矿床的伴生产品，尤其是海滨砂矿更占主要地位。我国锆英石也全部产自砂矿床。

33.3.1.4 钛锆资源和产量

A 钛资源及产量

全世界已探明钛资源储量为7.1亿吨（按钛计、下同），其中钛铁矿储量为5.6亿吨，金红石储量为1.7亿吨，钛工业储量为2.7亿吨。世界钛资源按矿床类型及矿物种类的赋存状况见表33.3.3，国外钛资源储量见表33.3.4，产量见表33.3.5。

表 33.3.3 钛资源赋存状况表

矿物别	储量，%	砂矿床，%	脉矿床，%
钛铁矿	92.8	41.4	58.6
金红石	7.2	100	—
合计	100.0	45.6	54.4

B 锆资源及产量

世界锆储量主要赋存于海滨砂矿矿床中，只有少部分赋存于残积砂矿和原生矿中，工业价值不大。锆资源中主要矿物是锆英石及斜锆矿，它们多与钛铁矿、独居石、金红石、磷钇矿、锡石等矿物共生，呈综合性砂矿床产出。澳大利亚锆资源及产量均居首位，其次为美国、南非等国，国外锆资源见表33.3.6、产量见表33.3.7。

33.3.1.5 钛锆精矿质量标准

钛锆精矿质量因资源而异，尚无国际通用标准，故各生产国所属公司或厂家均根据其资源特点及用户要求制定各自标准。我国钛精矿国家标准见表33.3.8，锆精矿标准见表33.3.9。

33.3.1.6 钛锆矿的选矿方法

钛锆矿的选矿所采用的选矿方法及工艺流程取决于矿床类型、矿石性质及矿物组成等因素。鉴于钛原生矿（脉矿）矿石性质比较相近，目的矿物种类比较简单，所采用的选矿方法及工艺流程共性较强；而钛砂矿和锆砂矿矿床中的钛、锆矿物多与独居

表 33.3.4 1980年国外钛矿储量，万t钛（括号内为所占%）

洲别	国别	钛铁矿			金红石		
		储量	资源	合计	储量	资源	合计
北美	加拿大	4459(22%)	3367	7826(14%)	—	18.2	18.2
	哥斯达黎加	—	91	91	—	—	—
	美国	1547(7.7%)	7189	8736(16%)	91	692	783(5%)
	墨西哥	—	—	—	—	264	264
	合计	6006	10647	16653	91	974	1065
南美	阿根廷	—	91	91	—	—	—
	巴西	91	182	273	5460(74%)	3640	9100(59%)
	乌拉圭	—	182	182	—	<5	<5
	合计	91	455	546	5460	3640	9100
欧洲	芬兰	273	91	364	—	—	—
	挪威	3640(18%)	455	4095(7.5%)	—	—	—
	苏联	364(1.8%)	1456	1820	146	136.0	282
	意大利	—	—	—	246(3.3%)	409.5	655
	合计	4277	2002	6279	392	546	938
非洲	莫桑比克	—	1183	1183	—	109	109
	塞内加尔	—	182	182	—	9.1	9.1
	南非	3003(15%)	10647	13650(25%)	291	27.3	318.3
	坦桑尼亚	—	364	364	—	—	—

续表 33.3.4

洲别	国别	钛铁矿 储量	钛铁矿 资源	钛铁矿 合计	金红石 储量	金红石 资源	金红石 合计
非洲	埃及	91	819	910	—	—	—
	上沃尔特	—	364	364	—	—	—
	塞拉利昂	—	—	—	164	1456	1620(10.6%)
	纳米比亚	—	—	—	—	<5	<5
	合计[①]	3094	13650	16744	455	1601	2056
亚洲	印度	4550(22.7%)	7280	11830(21.7%)	455(6.1%)	1092	1547(10%)
	印度尼西亚	—	91	91	—	—	—
	马来西亚	—	91	91	—	—	—
	斯里兰卡	91	91	182	18	9.1	27.1
	合计[①]	4641	7644	12285	473	1101	1574
大洋洲	澳大利亚	1638(8.1%)	819	2457(4.5%)	546(7.4%)	145.6	692(4.5%)
	新西兰	—	637	637	—	—	—
	合计	1638	1456	3094	546	145.6	692
世界合计		19747	35854	55601	7417	8008	15425
钛铁矿和金红石总储量		储量 27164		资源量 43862		资源总量71026	
钛铁矿和金红石总储量（按TiO_2计）		储量 45364		资源量 73250		资源总量118613	

① 合计中包括其他地区的91万t储量。

表 33.3.5 世界钛精矿产量表，万tTiO_2计

国别	金红石		钛铁矿		合计	
	产量	%	产量	%	产量	%
加拿大	—	—	33.39	13.19	33.39	11.35
美国	—	—	34.95	13.80	34.95	11.89
巴西	0.0125	0.03	0.76	0.30	0.77	0.26
南非	3.8810	9.50	31.50	12.44	35.38	12.03
塞拉利昂	5.1840	12.69	—	—	5.18	1.76
芬兰	—	—	5.85	2.31	5.85	1.99
挪威	—	—	36.89	14,57	36.89	12.54
印度	0.8710	2.13	8.42	3.32	9.29	3.16
斯里兰卡	1.3300	3.26	3.71	1.46	5.04	1.71
马来西亚	—	—	10.26	4.05	10.26	3.49
澳大利亚	26.7085	65.36	65.43	25.84	92.14	31.33
其他	2.873	7.03	22.08	8.72	24.95	8.49
世界合计	40.86	100.00	253.24	100.00	294.09	100.00

表 33.3.6 世界各国锆英石资源即，kt锆

国名	储量	其他资源	总计
美国	3628	2721	6349
加拿大	—	907	907
巴西	907	227	1134
苏联	2721	1814	4535
马尔加什	91	91	182
南非	5442	2721	8163
塞拉利昂	454	1361	1815
印度	3628	1814	5442
马来西亚和泰国	91	91	182
斯里兰卡	907	454	1361
澳大利亚	7256	2721	9977
总计	25125	14922	40047

表 33.3.7 世界主要锆英石生产国产量表，t

国　　别	1979	1980	1981	1982
澳大利亚	447000	459000	420000	420000
南　非	86000	103000	110000	130000
美　国	80000	80000	90000	90000
其　他	8000	8000	10000	10000
合　计	621000	650000	630000	650000

表 33.3.8 中国钛精矿国家标准

类别	用　途	级　别		化学成份，%					粒　度 mm
				TiO_2	杂质含量				
					P	S	CaO+MgO	Fe_2O_3	
砂矿钛铁矿精矿	人造金红石 钛铁合金 高钛渣	一级品①	一类	52	0.030	—	0.5	—	—
			二类	50	0.025	—	0.5	—	
		二级品		50	0.030	—	0.5	—	
		三级品		49	0.040	—	0.6	—	
		四级品		49	0.050	—	0.6	—	
		五级品		48	0.070	—	1.0	—	
	钛白等用	一级品②	一类	50	0.020	—	—	10	
			二类	50	0.020	—	—	13	
		二级品	一类	49	0.020	—	—	10	
			二类	49	0.025	—	—	13	
天然金红石精矿	电焊条 钛金属及化合物	一级品		93	0.020	0.02	—	0.5	砂矿
		二级品		90	0.030	0.03	—	0.8	−0.18 100%
		三级品		87	0.040	0.04	—	1.0	脉矿
		四级品		85	0.050	0.05		1.2	−0.25 100%

① TiO_2＞57%，CaO+MgO＜0.6%，P＜0.045%作为一级品；

② TiO_2＞52%，Fe_2O_3＜10%，P＜0.025%作为一级品。

石、磷钇矿、锡石及贵金属等共生，呈综合性砂矿床产出，所以，钛、锆砂矿的选矿从粗选至精选多纳入共同的选矿工艺流程中进行。基此在本节中对钛、锆矿的选矿分为钛原生矿（脉矿）选矿及钛、锆砂矿选矿两部分叙述。

表 33.3.9 中国锆英石精矿国家标准

级别	化学成份，%						粒度
	$(Zr,Hf)O_2$	杂质含量					mm
		TiO_2	P_2O_5	Fe_2O_3	Al_2O_3	SiO_2	
特级品	65.50	0.3	0.20	0.10	0.8	34	−0.4
一级品	65.00	0.5	0.25	0.25	0.8	34	−0.4
二级品	65.00	1.0	0.35	0.30	0.8	34	−0.4
三级品	63.00	2.5	0.50	0.50	1.0	33	−0.4
四级品	60.00	3.5	0.80	0.80	1.2	32	−0.4
五级品	55.00	8.0	1.50	1.50	1.5	31	−0.4

A 钛原生矿（脉矿）的选矿

目前工业上利用的钛原生矿（脉矿）均系含钛的复合铁矿。为利用其中的钛资源，依矿石性质而异，整个选矿过程可分预选、选铁及选钛三个阶段。其中选钛部分又可分为粗选及精选两个阶段进行。

a 预选

有的钛脉矿矿石，在破碎到一定程度的粗粒状态下即有相当数量的脉石达到基本单体解离，这些粗粒单体脉石可采用预选作业将其丢弃，达到增加选厂处理能力及提高入选品位的目的。预选作业可依据矿石性质在磨矿作业前的粗、中、细碎作业的适宜阶段进行。预选常用方法为磁选及重选两种。

b 选铁

含钛复合铁矿，目前工业上利用的主要目的是获得供炼铁用的铁精矿；对于含钒高的矿石则是获得供炼铁及提钒的钒铁精矿。选铁采用简单有效的磁选法进行。入选矿石经破碎（或先经预选）及磨矿，使其达到可选的单体解离度后，采用鼓式、带式弱磁场湿式磁选机选出铁精矿或钒铁精矿，磁选尾矿即为综合回收钛的原料。

有的矿石铁、钛矿物嵌布致密，采用单一选矿方法难以获得单独的精矿，则只经重选丢弃尾矿，将所获得的铁、钛混合精矿，直接进行焙烧及熔炼，生产出高纯生铁及钛渣产品。

c 选钛

钛脉矿中钛的回收是在选出铁精矿后的磁选尾矿中进行。选钛采用的方法有重选、磁选、电选及浮选法，依矿石性质而异，采用适宜的选矿方法组成不同的工艺流程进行选别。目前工业上所采用的选矿工艺流程有以下几种类型：

重选—电选工艺流程

重选—电选工艺流程特点是采用重选法粗选，电选法精选。重选采用的设备主要是螺旋选矿机（包括螺旋溜槽），其次为摇床。采用圆锥选矿机重选，目前已进行到工业试验阶段，但至今尚未正式用于生产。在重选粗选阶段目的是丢弃低密度脉石，获得供电选用的粗精矿。

电选采用的设备为辊式电选机，其目的是将重选粗精矿进一步富集，使产品达到最终精矿标准。对于含硫矿石，在粗、精选工艺之间通常采用浮选法作为脱除硫化矿的辅助工艺。

重选—磁选—浮选工艺流程

重选—磁选—浮选工艺流程特点是对进入钛选别的原矿，首先分级，粗粒级采用重选粗选，磁选精选，细粒级采用浮选。重选采用摇床，磁选采用干式磁选机进行。浮选给矿粒度一般为−0.074毫米，所用浮选剂有硫酸、氟化钠、油酸、柴油及松油等。

单一浮选工艺流程

单一浮选法是选别细粒嵌布钛脉矿比较有效的选矿方法。单一浮选工艺简单，操作管理方便，但由于药剂消耗会增加成本，同时存在尾矿排放所带来的环境保护问题，所以目前工业应用尚不广泛。

钛浮选采用的浮选剂有硫酸、塔尔油、柴油及乳化剂Etoxolp-19等。为提高浮选效果，对入选矿与浮选剂在浮选前进行高浓度长时间搅拌具有一定作用。

B 钛锆砂矿的选矿

钛锆砂矿主要矿床类型为海滨砂矿，其次为内陆砂矿。钛锆砂矿是原生矿在自然条件下经风化、破碎、富集生成。具有易采、易选、生产成本低，产品质量好及伴生矿物种类多，综合回收价值大等优点，是比较理想的矿产资源之一。钛锆砂矿是目前世界上钛铁矿、金红石、锆英石及独居石等矿产品的主要来源。

钛、锆砂矿除少数矿体上部有覆盖层需经剥离外，一般不需剥离即可采用干采或船采机械进行开采。干采机械有：推土机、铲运机、装载机及斗轮挖掘机等；船采所用采船有链斗式、搅吸式及斗轮式三种。采出矿石经皮带运输机或砂泵管道输送至粗选厂。

钛、锆砂矿选厂分粗选及精选两个阶段进行。

a 粗选

送至粗选厂的矿石，首先经过除渣、筛分、分级、脱泥及浓缩等必要的准备作业，然后给入粗选流程进行选别。

粗选的目的是将入选矿石按矿物密度不同进行分离，丢弃低密度脉石矿物尾矿，获得重矿物含量达90%左右的重矿物混合精矿，作为精选厂给料。

粗选厂一般与采矿作业纳为一体，组成采选厂。为适应砂矿床特征，一般粗选厂均建为移动式，移动方式有水上浮船及陆地轨道、履带、托板及定期拆迁等方式。

钛、锆砂矿粗选一般选用处理量大，回收率高又便于移动式选厂应用的设备，较普遍的是圆锥选矿机及螺旋选矿机，少量采用摇床。上述设备有单一使用的，也有配合使用的：单一圆锥选矿机主要用于规模大或原矿中重矿物含量高的粗选厂；多数厂采用以圆锥选矿机粗选，螺旋选矿机再精选；一些规模较小的选矿厂，往往采用单一的螺旋选矿机粗选。

b 精选

钛、锆砂矿多系含有几种有价矿物的综合性矿床，精选的目的是将粗精矿中有回收价值的矿物进行有效的分离及提纯，达到各自的精矿质量要求，使之成为商品精矿。

精选厂一般建成固定式。粗精矿采用汽车、火车或管道输送等方式运输到精选厂处理。精选作业分为湿式及干式两个阶段，以干法作业为主。根据粗精矿的性质，在精选工艺的前段通常采用部分湿法作业。有时在精选过程中还存在干法、湿法交替的过程，不过从能源消耗及简化工艺流程角度考虑，在可能条件下力争减少这一过程。

精选厂的湿法作业种类有：采用摇床或螺旋选矿机重选，进一步丢弃残存在粗精矿中的密度小的脉石矿物，对于含盐份的粗精矿，同时具有清洗盐份的作用；采用湿式磁选法预先选出部分易选钛精矿，减少干选入选矿量；在粗精矿中加入氢氧化钠、盐酸、稀氢氟酸、焦亚硫酸氢钠等某种药剂进行高浓度搅拌，达到清除矿物表面污染，提高精选效果的目的；采用浮选法进行锆英石、独居石产品的精选。

干式精选是按产品中各矿物间的磁性、导电性、密度等差异进行分选。依粗精矿组成及性质而异，干选工艺流程的结构变化较大。对于矿物组成比较复杂，综合回收矿物种类较多的粗精矿的干选，流程比较复杂，作业较多，流程结构变化也较大；对于矿物组成简单的粗精矿，干选流程则很简单。

磁选是采用不同类型及场强的磁选机，对比磁化系数不同的矿物间的分选，常用的磁选设备有：盘式（单盘、双盘、三盘）、交叉带式、辊式、对极式等磁选机，在干选流程中通常是首先采用弱磁选分选出强磁性矿物——磁铁矿，然后采用中磁场选出大部分磁性较强又比较易选的钛铁矿产品。强磁选则用于部分磁性较弱的钛铁矿及独居石与非磁性矿物锆英石、金红石、白钛石等的分离。

电选是利用粗精矿中矿物间导电性的差异进行分选。所用电选机有辊式、板式、筛板式三种。电选在粗精矿干选流程中常用于导体与非导体矿物间的分组；金红石与锆英石的分离；难选钛铁矿及锆英石、独居石等矿物的精选。

在生产实践中，有时采取变化磁场及电场强度等操作条件，使电、磁选作业交替进行，以增进分选效果。

在干式精选工艺过程中经磁选或电选的某些矿物由于电、磁性相近，得到同步富集，当这些被分离矿物间存在可选密度差的情况下，通常采用重选法再进行分选。为了减少干湿交替的工艺过程，这些产物的重选分离则采用干式重选—风力摇床进行。锆英石、独居石、蚀变钛铁矿最终产品精选，很多情况下均采用风力摇床精选进行再富集。

33.3.2 钛原生矿选矿厂实例

33.3.2.1 攀枝花选钛厂

A 概况

我国攀西地区是一个钒钛磁铁矿矿产资源集中地，该区钛资源储量居世界首位，占我国钛资源总储量的95.8%。矿山一期已投产的是兰尖矿，该矿于1966年开始筹建，1970年投产。采矿为露天开采，选矿采用磁选法选出铁精矿，作为攀枝花钢铁公司炼铁及提钒原料，选矿厂尾矿（磁尾），即为选钛给矿。为充分合理的利用攀枝花钛资源，自1977年以来，全国各有关单位，从选钛、钛富料、钛白到海绵钛等各项工艺技术开展了大量科研工作，并取得了很大成绩，为攀枝花钛的综合利用奠定了基础。在选钛方面，于1979年建成了带有试验厂性质的选钛厂，给综合利用攀枝花钛资源创造了条件，也为将来大型选钛厂的建设打下了技术基础。现有选钛厂仅对部分磁选尾矿进行钛的综合回收，随着钛工业的发展，攀枝花将成为我国钛原料的主要生产基地。

B 矿石性质

攀枝花选钛厂给矿系攀枝花矿山公司密地选矿厂1～4系列的磁选尾矿，一般含$TiO_2$8%左右，含泥量较高，−0.045毫米粒级含量达34～39%。钛铁矿嵌布粒度一般在0.4毫米以下，+0.4毫米TiO_2品位不高，可作尾矿丢弃。给矿中主要有价矿物为钛铁矿，其次为钛磁铁矿及少量磁黄铁矿等硫化物；脉石矿物以辉石为主，其次为斜长石等。选钛厂给矿主要化学成分、粒度组成及主要矿物含量和性质分别见表33.3.10、表33.3.11、表33.3.

12。

表 33.3.10　磁选尾矿主要化学成分

成　分	TFe	TiO_2	Co	Cu	Ni	MnO
含量，%	13.82	8.63	0.016	0.019	0.010	0.187
成　分	SiO_2	Al_2O_3	P	S	CaO	MgO
含量，%	34.40	11.06	0.034	0.609	11.21	7.66

C　选矿工艺流程及技术指标

攀枝花选钛厂目前生产上采用的是重选粗选、电选精选的工艺流程。流程见图33.3.1。

密地选厂磁选尾矿自流到选钛厂，首先进入隔渣筛分脱泥作业，筛分粒度为0.4毫米，筛上产品含TiO_2仅为 2.35～3.80%，作尾矿丢弃。筛下产品入ϕ9米浓缩机脱泥，浓缩机溢流作尾矿丢弃，底流进入水力分级机，分成0.4～0.1毫米、0.1～0.04毫米、−0.04毫米三个级别。一级入螺旋选矿机粗选，二级入螺旋溜槽选别，分级溢流（−0.04毫米）作尾矿丢弃。经粗选丢尾后的一级及二级精矿合并，再经浮选脱硫、磁选除铁后，进行过滤干燥，然后再采用风力分级分成0.4～0.1毫米及 0.1～0.04 毫米两个级别分别进行电选，获得成品钛精矿，电选尾矿作最终尾矿丢弃。技术指标见表33.3.13。

33.3.2.2　奥坦马基选矿厂（芬兰）

奥坦马基（Otanmaki）选矿厂位于芬兰中部，于1954 年建成投产，处理奥坦马基矿床的钒钛磁铁矿。1968年起该厂并入芬兰最大的劳塔鲁基钢铁公司。多年来奥坦马基一直是芬兰最大的钛矿山，1972年底确定的钒钛磁铁矿储量接近2000万吨。整个矿山包括地下采矿（内有一段破碎洞室）；附有干式磁选作业的破碎车间；选矿车间以及装有烧结设备的提钒车间四个部分。

表 33.3.11 磁选尾矿粒度组成表，%

取样日期	1980.11.22			1981.11.30			1983.12.23			1984.7.5		
粒级，mm	γ	β_{TiO_2}	ε	γ	β_{TiO_2}	ε	γ	β_{TiO_2}	ε	γ	β_{TiO_2}	ε
+0.63	4.60	2.48	1.32	3.03	1.92	0.74	2.56	2.34	0.70	3.43	1.92	0.68
−0.63+0.4	7.38	4.63	3.94	6.36	2.56	2.07	6.71	2.83	2.22	7.26	2.72	2.04
−0.4+0.315	4.60	4.63	2.46	4.54	4.39	2.53	4.97	4.01	2.33	4.33	3.84	1.72
−0.315+0.25	5.35	5.67	3.50	4.94	6.23	3.91	5.44	5.66	3.61	5.14	4.56	2.42
−0.25+0.154	10.37	9.43	11.28	13.52	7.19	12.35	14.49	8.30	14.03	14.62	8.63	13.03
−0.154+0.1	11.76	11.35	15.40	14.03	9.91	17.66	12.04	10.38	14.63	8.97	15.34	14.21
−0.1+0.071	4.49	10.39	5.38	5.85	10.07	7.48	8.21	10.88	10.46	5.95	10.39	17.12
−0.071+0.045	15.72	9.67	17.35	9.89	9.99	12.55	11.39	11.15	14.87	11.39	10.07	11.85
−0.045	35.73	9.51	39.19	34.84	8.47	40.71	34.19	9.27	37.10	38.91	9.19	36.93
合　计	100.00	8.67	100.00	100.00	7.87	100.00	100.00	8.54	100.00	100.00	9.68	100.00

表 33.3.12 磁选尾矿中主要矿物含量及性质

项　目	钛铁矿	硫化物	钛磁铁矿	钛辉石等	斜长石矿
相对含量，%	11.4～15.3	1.5～2.1	4.3～5.4	45.6～50.3	30.4～33.3
单体解离度，%	84.2～87.0	80.5～84.7	52.6～60.1	89.4～91.4	87.3～92.7
密度，t/m^3	4.49～4.71	4.58～4.70	4.74～4.81	3.1～3.3	2.65～2.67
硬度，kg/mm^2	713～752	295～426	752～795	933～1018	762～894
比磁化系数，cm^3/g	240×10^{-6}	4100×10^{-6}	—	100×10^{-6}	14×10^{-6}
比电阻，$\Omega\cdot cm$	1.75×10^{5}	1.25×10^{4}	1.38×10^{6}	3.13×10^{13}	$>10^{14}$

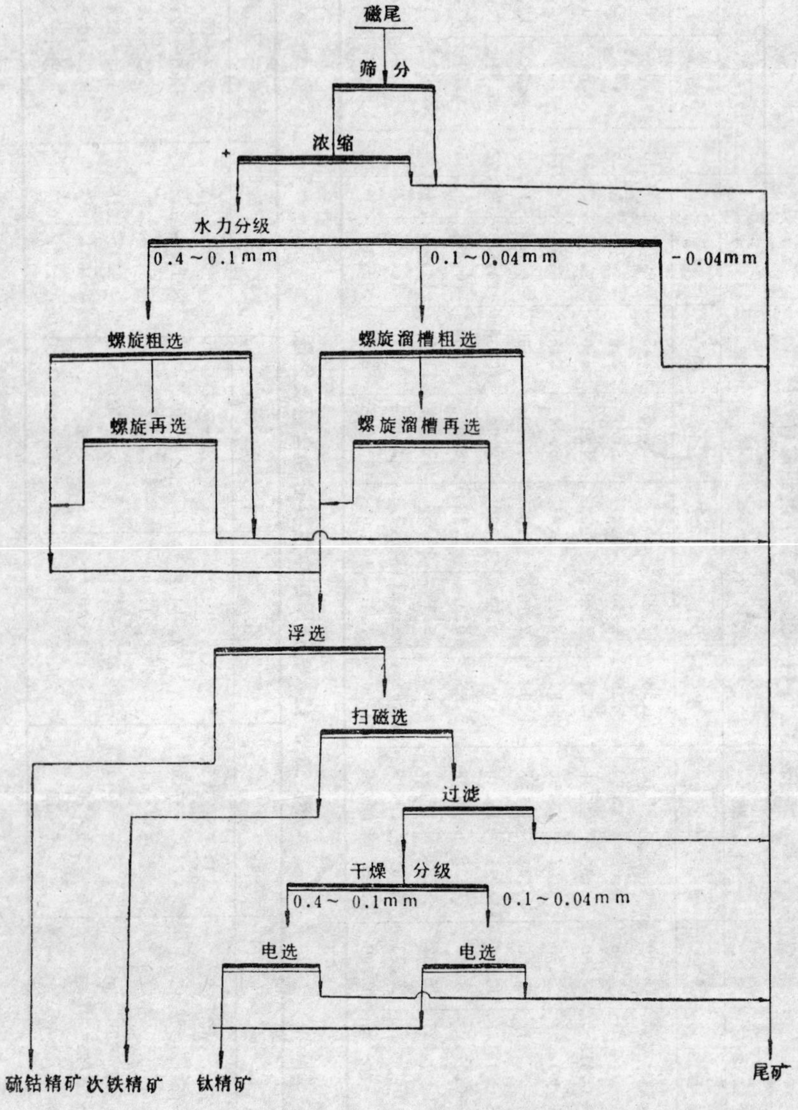

图 33.3.1　选钛生产原则流程

表 33.3.13 选钛厂生产技术指标表

指标名称	1982年	1983年	1984年
给矿品位，TiO_2%	8.69	8.85	8.95
粗选精矿品位，TiO_2%	29.05	29.05	29.71
粗选尾矿品位，TiO_2%	6.92	6.68	6.31
粗选回收率（理论），%	26.70	31.84	37.45
电选给矿品位，TiO_2%	29.02	28.96	29.34
电选精矿品位，TiO_2%	47.00	47.33	47.07
电选尾矿品位，TiO_2%	16.58	14.39	13.22
电选回收率（理论），%	66.23	72.04	76.40
选钛总回收率（理论），%	17.68	22.94	28.61

选矿厂采用磁选一浮选联合流程进行生产。1972年处理原矿105万吨，生产磁铁矿精矿25.7万吨，钛铁矿精矿14.95万吨、黄铁矿精矿0.5万吨及五氧化二钒2124吨。其中钒产品供应瑞典、英国、联邦德国、苏联和其他欧洲国家。

奥坦马基的可开采矿体都赋存于一些扁豆状矿体中，这些矿体长度为20～200米，宽度为30～50米不等。选矿厂处理的矿石含磁铁矿38～40%、钛铁矿27～30%、黄铁矿1～2%，其他为硅酸盐脉石（主要为绿泥石、角闪石和斜长石）。单体解离状态的石英实际上是不存在的，因此矿石比较难磨。矿石组成不均匀，矿石中主要元素含量：TFe40%；$TiO_2$13%；V0.25%；S1%；P0.01%。

该厂投产后选矿工艺有二次较大的改革。1958年以前采用粗粒干式磁选丢尾，粗精矿再磨后湿式磁选选出磁铁矿精矿，磁选尾矿先浮选出硫精矿，然后经脱泥后浮选钛铁矿。浮选钛铁矿采用塔尔油在pH6.5条件下进行，浮选精矿品位为$TiO_2$44%，回收率74%。1958年以后改为选择性絮凝浮选钛铁矿的工艺流程，其特点是硫浮选尾矿直接在高浓度(40～70%)，pH6.2～6.6的条件下和药剂进行长时间（40～60分钟）的搅拌，采用的捕收剂为塔尔油和柴油的混合物（塔尔油：柴油＝1：2）并加入占混合物3～5%的Etoxolp-19作乳化剂，粗选pH＝3.2～3.6。实现这一作业后，获得钛精矿品位为$TiO_2$44%，回收率88%，较脱泥浮选提高14%。

经多年生产实践又进行了许多改革，改革后流程如图33.3.2所示。原矿经三段破碎，最终碎矿粒度为25～0毫米。在第二段破碎之后，以干式磁选从粒度75～10毫米的物料中预选分离出15%左右的废弃尾矿。第三段破碎后矿石，经筛孔为3毫米的格筛进行筛分。筛上产品再经第Ⅱ段磁选分出8%的废弃尾矿。筛下产品送入直径为250毫米的水力旋流器分级，其底流同第Ⅱ段磁选选别的磁性产品合并给入棒磨机磨矿。棒磨机排矿与旋流器溢流合并给入耙式分级机，其返砂再用球磨机磨矿，球磨机排矿与分级机闭路。分级机溢流粒度为60%－0.074毫米。

分级溢流给入第Ⅲ段湿式磁选。所得磁性产品再经第Ⅱ段磨矿分级，使粒度达－0.074毫米达95%，给入第Ⅳ段磁选，获得含Fe69%、$TiO_2$1～1.5%、$SiO_2$2%和$V_2O_5$0.6%的磁铁矿精矿，该精矿送至提钒车间经磨细烧结后，用浸出法回收钒。磁选尾矿采用浮选法选别黄铁矿及钛铁矿。其流程见图33.3.3。磁选尾矿经脱泥后先采用一次粗选、二次精选、二次扫选的浮选流程选出黄铁矿精矿。浮选黄铁矿后的尾矿先经过40～60分钟高浓度搅拌，然后采用一次粗选，两次精选，一次扫选的钛浮选流程获得合格钛铁矿精矿。

33.3.2.3　麦金太尔选矿厂（美国）

麦金太尔（Macintyre）选矿厂位于美国纽约州东北部阿迪隆达克山区（Adirondack Mountains）埃塞克斯县（Essex County），赫德森（Hudson）河上游。选厂属美国国家铅公司（National Lead Company）所有。

该厂1942年投产，原生产能力仅为3000吨/日，现处理能力达10600吨/日。矿山有45公里铁路支线在纽约的北克利克（North Creek）与铁路干线相连。选矿尾矿池水循环使用，所

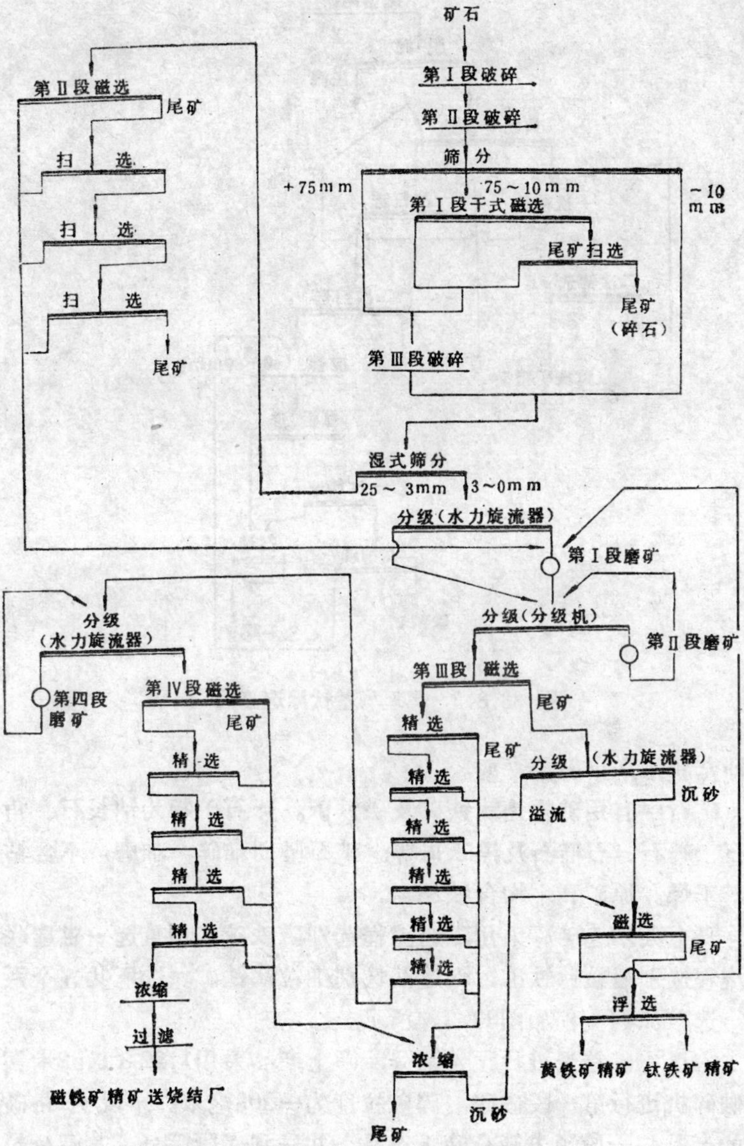

图 33.3.2 奥坦马基选矿厂工艺改革后的流程

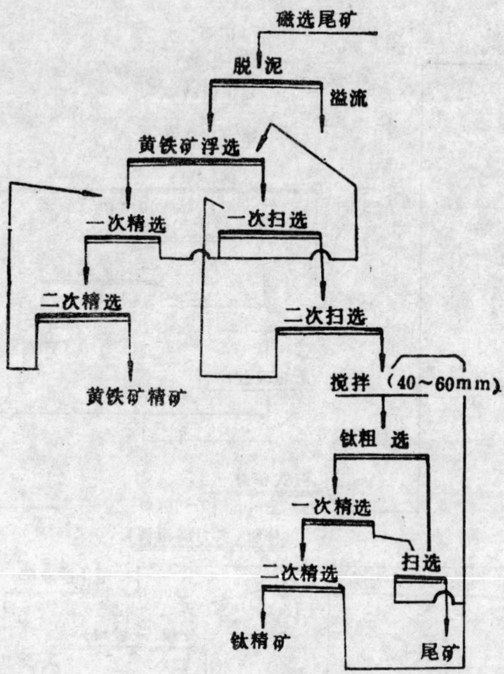

图 33.3.3 奥坦马基钛浮选流程

需补充新水来自赫德森河。

矿石中有用矿物为钛铁矿及磁铁矿。脉石矿物为钠长石、角闪石、辉石、石榴石及黑云母等。矿石坚韧难碎、难磨，不含粘土，干燥。原矿石平均含铁28%。

麦金太尔选矿厂采用磁选流程选别磁铁矿；用重选—磁选联合流程选别粗粒钛铁矿，浮选法选别细粒钛铁矿。选厂共五个系列，选矿原则流程如图33.3.4所示。

入选原矿首先进行预先筛分，筛上产品采用1.22×1.52米颚式破碎机进行第一段破碎，碎矿粒度为—203毫米。一段开路破碎的产品与一段预先筛分筛下产品合并送到二段筛分，其筛分粒度为63.5毫米。一、二段筛分均采用格条筛进行。二段筛分筛上产品采用2.13米标准型圆锥破碎机碎至-38毫米。二段破碎后产品与二段筛分筛下产品合并给入第三段筛孔为19及11毫米的双层筛。双层筛筛出的-19毫米及19～11毫米两个粒级分别进入磁滑轮磁选丢弃部份尾矿，磁选精矿送入1.65米短头型圆锥破碎机进行三段破碎，破碎产品与双层筛筛下-11毫米产品合并入细矿仓。

细矿仓来的矿首先给入棒磨机与弧形筛闭路的磨矿系统，磨矿粒度为-0.6毫米。弧形筛筛下产品经带式磁选机粗选，永磁筒式磁选机精选，获得磁铁矿精矿，经脱水后送烧结厂。永磁选溢流及磁铁矿脱水溢流均用泵扬送至浮选系统选别细粒钛铁矿。磁选尾矿进行粗粒钛铁矿选别。

粗粒钛铁矿采用重选—磁选联合流程选别。磁选尾矿进入选钛系统后，首先采用水力分级机分成三个粒级，其粒度为-0.074毫米的溢流送给浮选段，底流分两级入摇床重选，得到钛铁矿粗精矿、中矿及最终尾矿。

摇床中矿给入一台2.1×2.1米球磨机再磨，球磨机排矿经分级，合格粒级返回到磁选段进行复选。

摇床精矿中含少量磁铁矿连生体，采用永磁磁选机将其选出，用泵送至球磨机再磨，永磁选尾矿即粗粒级钛铁矿粗精矿，再经韦瑟里尔型强磁选机选别，获得最终钛铁矿精矿，强磁选尾矿返回到球磨机再磨。

麦金太尔选矿厂采用浮选法回收细粒级钛铁矿。该厂将全厂细泥，包括：磁选溢流、磁铁矿脱水溢流、重选段分级机溢流等全部集中入浮选段选别。

进入浮选段矿石全部进行预先脱泥，脱泥采用两段水力旋流器进行，溢流粒度约为-10微米，二段旋流器底流浓度为72%。浮选采用的药剂有：塔尔油、燃料油、硫酸、氟化钠及起泡剂。浮选流程为一次粗选，二次精选。一次粗选丢弃尾矿，粗精矿经两次精选获得细粒钛铁矿精矿，两次精选的尾矿返回至粗选给矿。粗选给矿浓度为40%。

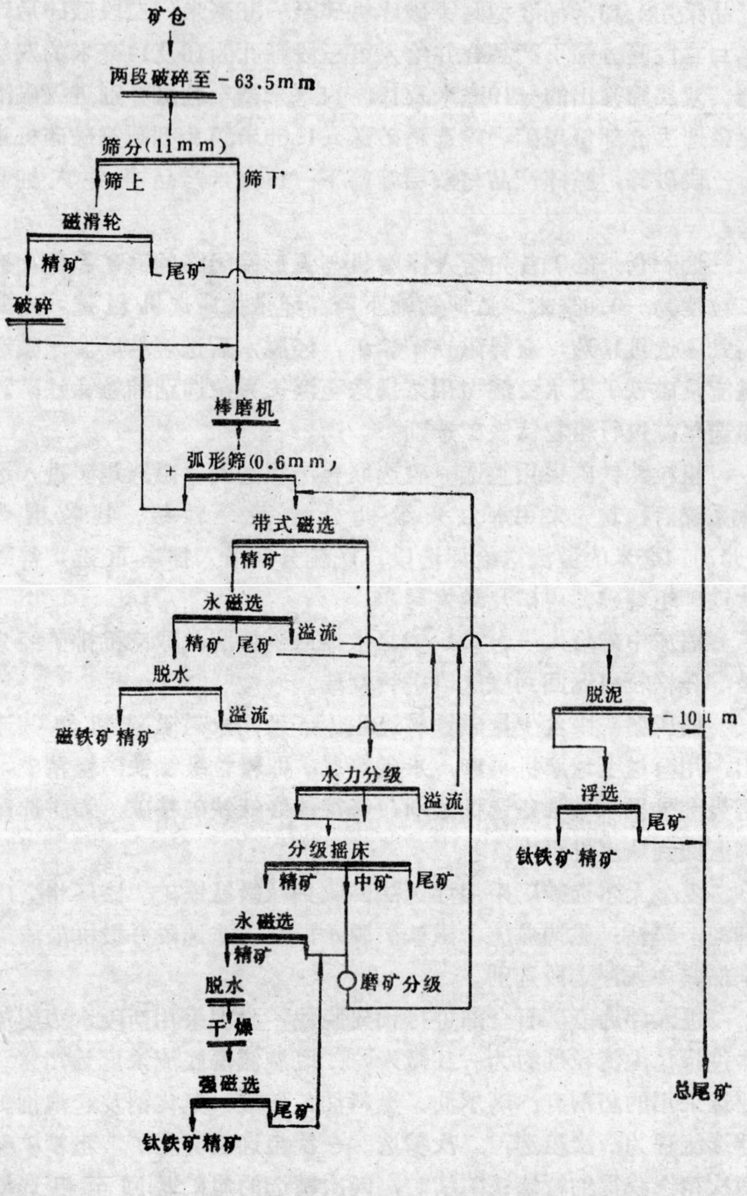

图 33.3.4　麦金太尔选厂选矿原则流程

该厂设置浮选段的优点在于比其他选矿方法更容易获得高品位的纯净钛铁矿。为保证浮选效果，浮选段装有检测仪表及某些自动化装置。五个关键部位有连续测定纪录，还装有γ-射线浓度计，并完全自动添加塔尔油及燃料油。

33.3.2.4 索雷尔选矿厂（加拿大）

索雷尔（Sorel）选矿厂位于加拿大蒙特利尔附近，属魁北克铁钛公司(Quebec Iron & Titanium Corp.，简称Q.I.T.)。该公司系加拿大唯一的开采处理钛铁矿的企业。

矿石采自该公司所属的魁北克拉德湖地区的拉克提奥（Lac-Tio）矿。该矿为国外目前最大的钛铁矿矿床之一，储量超过一亿吨。该矿于1950年投产，露天开采。采出矿就地进行粗碎及中碎，然后用铁路及水路运至该公司在索雷尔的工厂进行选矿和熔炼，生产出含$TiO_2$70～72%的高钛渣及高纯生铁两种产品。

该厂1950年投产时矿石经破碎后直接进行电弧炉熔炼。但因矿石品位波动大，含硫高，致使钛渣含硫量高达0.6%，为了给电弧炉提供均匀的高品位原料，于1956年增建了选矿厂。至1972年，原矿年处理量达200万吨，高钛渣和生铁的年产量分别达到82万吨和57万吨。该公司所产高钛渣80～90%向50多个国家出口，高纯生铁主要向美国出口，其余的出口西欧和自销。

该矿原矿石为块状钛铁矿与赤铁矿的混合矿，其比例为2:1。脉石矿物主要为斜长石，此外还有少量的辉石，黑云母和黄铁矿。矿石平均含$TiO_2$35%，含Fe40%。矿石中的赤铁矿呈细粒嵌布于钛铁矿中，不能用选矿方法分离。黄铁矿遍布于钛铁矿与赤铁矿的粒格间，平均含硫量0.3%。矿石中铁与钛氧化物含量平均为86%，矿石密度4.4～4.9克/厘米^3。该矿原矿化学成分见表33.3.14。

索雷尔选厂工艺流程见图33.3.5。原矿入厂首先破碎至－9.5毫米，然后采用1.5×4.3米泰洛克振动筛进行筛分。＋1.2毫米粒级含量为85%，送入采用磁铁矿作介质的重介质旋流器进行分选。－1.2毫米经浓缩脱泥后采用汉弗莱螺旋选矿机分选。

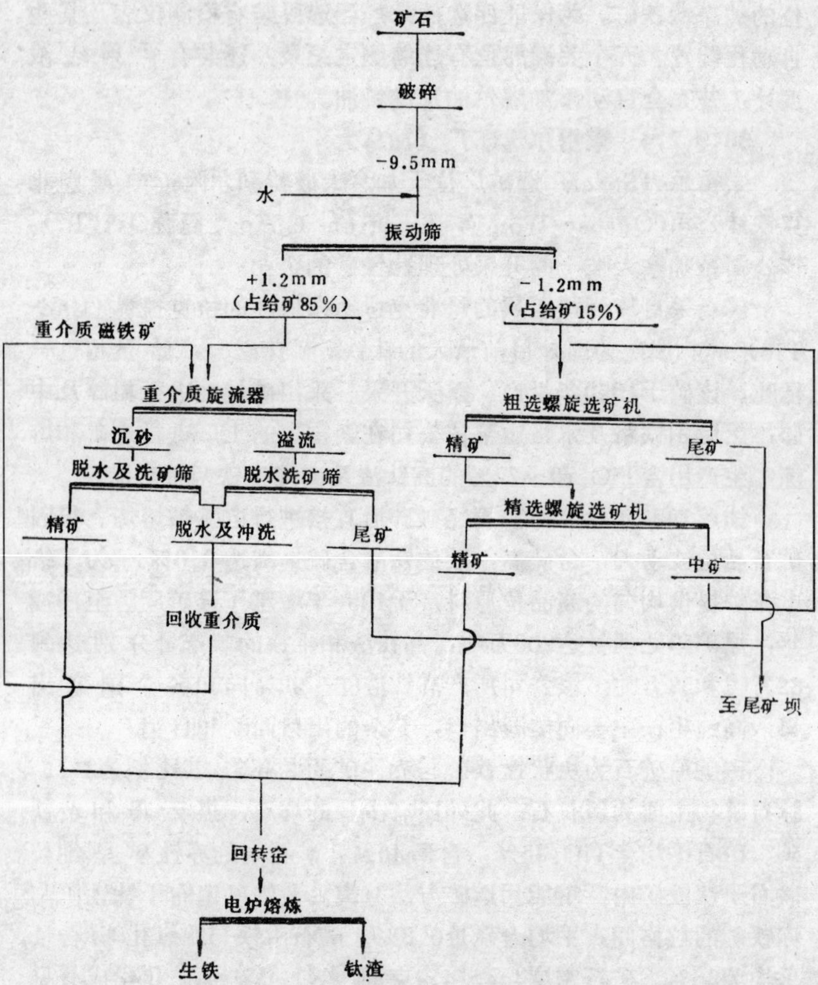

图 33.3.5 索雷尔选厂流程图

重介质选矿部分的矿石含铁和钛氧化物合量平均为89%，经选别后提高到94%，螺旋选矿给矿含铁钛氧化物合量为75%，经选别后提高到91.5%。两者混合精矿的铁与钛氧化物含量平均为

表 33.3.14 拉克提奥矿原矿化学成分表

成分	TiO_2	CaO	S	FeO	MgO	Na_2O+K_2O	P_2O_5
含量，%	34.300	0.900	0.300	27.500	3.100	0.350	0.015
成分	Fe_2O_3	Cr_2O_3	SiO_2	V_2O_5	Al_2O_3	MgO	
含量，%	25.200	0.100	4.300	0.270	3.500	0.160	

93%，其中含$TiO_2$36.8%，Fe41.8%。选厂精矿产量为150～200吨/时，回收率约90%。精矿产品经煅烧脱硫后采用电弧炉煤粉还原，生产出高钛渣和高纯生铁产品。该厂所产高钛渣成分见表33.3.15。

表 33.3.15 高钛渣成分表

成分	TiO_2	CaO	C	P_2O_5	FeO
含量，%	70～72	－1.20	0.03～0.1	－0.025	12～15
成分	MgO	S	MnO	Fe	Cr_2O_3
含量，%	4.5～5.5	0.03～0.1	0.2～0.3	－1.5	－0.25

33.3.3 钛锆砂矿选矿厂实例

33.3.3.1 乌场钛矿

A 概况

乌场钛矿位于我国海南岛境内，是我国海滨砂矿主要的生产厂矿之一。该矿所开采的矿区，储量大，开采条件较好。采选厂工艺技术水平及装备在我国海滨砂矿生产厂矿中居领先地位；精选厂工艺流程和设备也比较完善，综合回收效果较好。

该矿于1958年开始地质普查工作，1959年完成地质勘探，同时开始了土法开采。从1965年开始筹建国营矿山，至1969年底建成了精选厂；1971年精选厂扩建；1967年建成了水采—跳汰工艺的采选厂，未能正式投产应用；1978年开始采用推土机配合水枪开采，10.16厘米（4英寸）砂泵运输，摇床选别生产。1982年正式开始采用干采、干运及以圆锥选矿机为主体选别设备的移动式采选联合装置进行生产至今。

B 地质概况及矿石性质

乌场钛矿目前开采矿区属保定矿区，矿床位于大塘岭至牛庙岭之间，是一个沿海岸线分布的含钛铁矿及锆英石为主并伴生有多种有价矿物的综合性海滨砂矿矿床。矿区火成岩出露较少，属海滨地貌，第四纪地质以海相沉积为主。矿体全长18公里，平均宽度230米，海平面以上矿体平均厚度9.5米。矿体出露地表，呈砂堤状，无覆盖层。矿石粒度均匀松散，含泥量少，开采条件较好。

矿石中有用矿物以钛铁矿及锆英石为主，两者赋存量比例为钛铁矿：锆英石10～19∶1。除主要有用矿物外，还伴生有独居石、金红石、锡石、磁铁矿及微量黄金等多种有价矿物可综合回收。脉石矿物以石英为主，其余为少量长石、云母，其总量占原矿总矿物量的97%左右。由于矿石粒度均匀，无卵石，粗粒及细泥含量均较少，有用矿物绝大部分呈单体存在，而且有用矿物与脉石矿物间有明显的密度差，故可选性较好。该矿区的原矿多项分析、筛分分析及矿物量分析分别见表33.3.16、表33.3.17、表33.3.18。

C 采选工艺流程及技术经济指标

a 采选厂

乌场钛矿采选厂是采用一整套移动式采选联合装置进行生产的。全套装置于1981年建成，1982年投产。整套装置由采运系统、储矿给矿缓冲系统及移动选厂三个部份组成。

采矿采用69-4型斗轮式挖掘机进行干采，采矿工艺简单，作业连续，回采率高，控制方便，生产成本低。采矿方式采用前端

表 33.3.16 原矿多项分析结果表

项目名称	SiO_2	Fe_2O_3	Al_2O_3	CaO	MgO	V	P_2O_5
含 量，%	81.00	1.14	2.20	1.13	1.07	0.0032	0.199

项目名称	Mn	TR_2O_3	TiO_2	ZrO_2	Ta_2O_5	Nb_2O_5
含 量，%	0.039	0.036	1.01	0.088	0.0016	0.0033

表 33.3.17 原矿筛分分析表

粒 度	重 量，%		品 位，%		占 有 率， %			
					TiO_2		ZrO_2	
mm	个 别	累 积	TiO_2	ZrO_2	个 别	累 积	个 别	累 积
1.00	2.65		0.073	0.0065	0.18		0.16	
0.8	7.26	9.91	0.072	0.0059	0.49	0.67	0.39	0.55
0.63	13.55	23.46	0.044	0.0063	0.56	1.23	0.77	1.32
0.5	11.54	35.00	0.058	0.0063	0.63	1.86	0.66	1.98
0.4	16.13	51.13	0.084	0.0061	1.28	3.14	0.89	2.87
0.3	20.74	71.87	0.12	0.0076	2.34	5.48	1.42	4.29
0.2	17.62	89.49	0.44	0.011	7.30	12.78	1.75	6.04
0.16	7.16	96.65	4.40	0.14	29.67	42.45	9.05	15.09
0.10	2.69	99.34	19.90	2.06	50.42	92.87	50.04	65.13
0.08	0.38	99.72	17.83	9.34	6.38	99.25	32.00	97.19
−0.08	0.28	100	2.83	1.11	0.75	100	2.81	100
合 计	100		1.062	0.11	100			

式工作面法，采掘面宽度为15米，生产能力100吨/时，斗轮直径1.6米，9个挖斗，每个斗容积为11升，斗轮挖掘机总装机功率为33千瓦，总重13吨。采矿单位电耗为0.25千瓦·时/吨·原矿，约为水采的$\frac{1}{10}$。

采出矿经斗轮挖掘机排料皮带输送机给到两台长45米的移动式皮带运输机进行连续运输。斗轮机与两台45米皮带运输机配

表 33.3.18　原矿矿物量分析表

矿物名称	含量，%	矿物名称	含量，%
钛铁矿	1.5028	磁铁矿	0.0338
锐钛矿金红石	0.0231	褐铁矿	0.0189
白钛矿	0.0514	铁铝榴石	0.0290
榍　石	0.0318	钙铝榴石	0.0086
锆英石	0.1253	尖晶石	0.0118
独居石	0.0314	绿帘石　十字石	0.0360
钍　石	0.003	黄玉　蓝晶石	0.0063
磷钇矿	0.008	角闪石、电气石	0.7739
锡　石	0.0004	石英、长石、方解石	97.1200
赤铁矿	0.1946	合　计	100.00

合；每个采矿周期采幅可达宽15米，长200米。在此周期内，矿仓及选厂无需移动。依开采厚度而异，每周期可采矿量约2850米^3。

移动式矿仓由进料皮带运输机、矿仓、圆盘给矿机及履带式移动装置等组成。45米皮带输送机来矿，经矿仓入料皮带运输机给入容积为55米^{3}矿仓，其缓冲能力为55分钟。在矿仓底部装有ϕ2米圆盘给矿机一台，用于控制给矿量。矿仓至移动选厂的排矿皮带运输机上装有DZB-2A型电子皮带秤进行矿量的检测及记录。

矿仓排矿送到移动选厂进行选别。移动选厂为电机驱动履带式自行移动。选厂底盘面积为宽5米，长8米。总高度11米，总重量约26吨，行走速度0.9公里/时。定位工作时，有四个辅助支撑脚固定。移动选厂分上、下两层，下层为一高两米的工作间，内装驾驶台、砂泵、电器控制等设备；上层为一露天平台，装有斜面打击筛、圆锥选矿机、螺旋溜槽及矿浆浓度测定仪等设备。圆锥选矿机本机附有四层操作平台，螺旋溜槽设有两层工作平台。

干矿入选厂，首先加水形成高浓度矿浆，矿浆浓度为70～72%。矿浆自流到一台五联500×1000毫米的斜面打击筛进行筛

图 33.3.6 采选厂全景图

分，+1.2毫米筛上产品包括粗砂、贝壳及杂草等异物作尾矿丢弃，−1.2毫米筛下产品由一台6.35厘米$\left(2\frac{1}{2}\right.$英寸$\left.\right)$PS砂泵扬送至圆锥选矿机进行粗选。在圆锥选矿机给矿管上装有QN-1型浓度计，进行浓度检测及记录。原矿经圆锥选矿机粗选丢弃尾矿，采用砂泵扬送到采空区复砂堤；中矿返回至本机二段选别再选；精矿送至螺旋溜槽进行精选。螺旋溜槽精选分两段进行。一段精选螺旋溜槽精矿给二段螺旋溜槽精选；中矿返回至圆锥选矿机再选，尾矿废弃。二段精选螺旋溜槽精矿为采选厂最终精矿；中矿返回至本段螺旋溜槽给矿再选；尾矿返至一段精选螺旋溜槽再选。采选厂全景、移动选厂外貌、设备联系图及圆锥选矿机内部流程图分别见图33.3.6、图33.3.7、图33.3.8、图33.3.9，所用设备见表33.3.19。

图 33.3.7 移动选厂外观图

移动选矿厂工业试验、试生产及1982～1986年生产技术指标见表33.3.20。采选厂电耗:1.79～3.52千瓦·时/吨·原矿；水耗：1.5～2.0吨/吨·原矿。

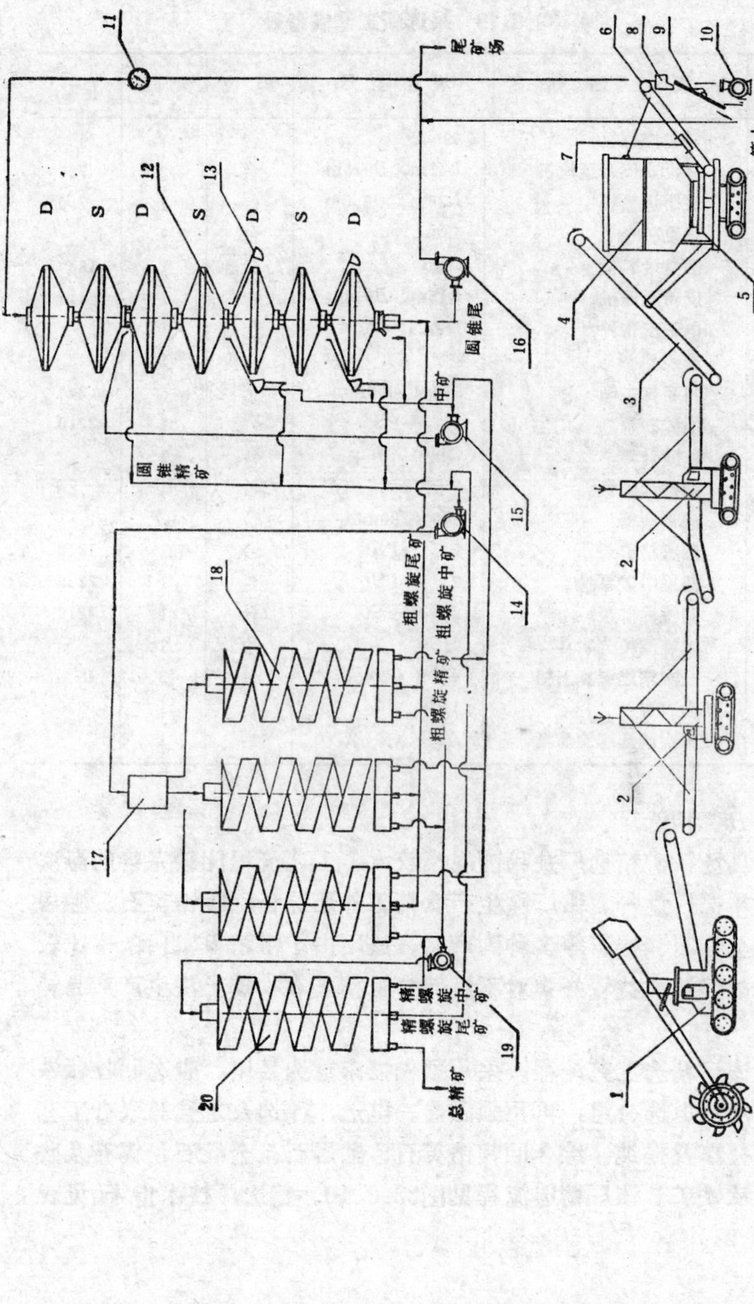
D
S
D
S
D
S
D
尾矿场
圆锥尾
圆锥精矿
中矿
粗螺旋尾矿
粗螺旋中矿
粗螺旋精矿
精螺旋中矿
精螺旋尾矿
总精矿
筛上
筛下

图 33.3.8 设备联系图

表 33.3.19　采选新工艺设备表

序号	设备名称	规格型号	单位	数量	功率 kW
1	斗轮挖掘机	69-4	台	1	25
2	移动式皮带运输机	L45m，B0.5m	台	2	7.5
3	皮带运输机	L20m，B0.5m	台	1	7.0
4	移动矿仓	55m	台	1	
5	圆盘给矿机	ϕ2m	台	1	13
6	皮带运输机	L15m，B0.5m	台	1	4.5
7	电子皮带秤	DZCB-2A	台	1	
8	造浆斗		台	1	
9	斜面打击筛	560×1000mm	个	5	2.0
10	原矿砂泵	$2^1/_2$″-PS	台	1	22.0
11	浓度计	QN-1	台	1	
12	圆锥选矿机	2米7层	台	1	
13	扇形溜槽	940×290mm	台	12	
14	圆锥精矿泵	$2^1/_2$″-PS	台	1	13.0
15	圆锥中矿泵	$2^1/_2$″-PS	台	1	22.0
16	圆锥尾矿泵	$2^1/_2$″-PS	台	1	22.0
17	螺旋溜槽分浆斗		个	1	
18	一次精选螺旋溜槽	φ900　4节4头	台	3	
19	砂　泵	1PN	台	1	3.0
20	二次精选螺旋溜槽	φ900　4头4节	台	1	

B　精选厂

乌场钛矿精选厂是我国规模较大，工艺流程比较完善的海滨砂矿精选厂之一。该厂除生产钛精矿外还综合回收锆英石、独居石、金红石、锡石等多种副产品。该厂由于粗精矿自给率比较高，故经济效益较好；对不足部分粗精矿靠收购土法生产产品补充。

该厂精选工艺流程，采用预先摇床重选丢尾，磁选回收钛铁矿，然后电选分组，再用强磁选、电选、浮选及重选等联合工艺进行分离及提纯，综合回收锆英石、独居石、金红石、锡石及残存的钛铁矿。该厂精选流程见图33.3.10。精选厂技术指标见表33.3.21。

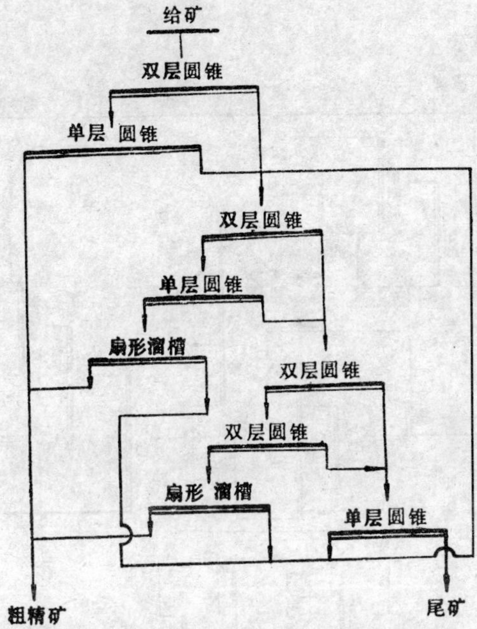

图 33.3.9 圆锥选矿机内部流程图

表 33.3.20 移动选矿厂生产技术指标表

时期	精矿产率，%	品位，%						回收率，%			
		原矿		精矿		尾矿		精矿		尾矿	
		TiO_2	ZrO_2	TiO_2	ZrO_2	TiO_2	ZrO_2	TiO_2	ZrO_2	TiO_2	ZrO_2
工业试验	1.650	0.73	0.078	37.20	4.17	0.012	0.0095	84.20	88.26	15.80	11.74
试生产	1.319	1.01	0.123	33.60	3.85	0.184	0.0133	82.21	77.28	17.79	22.72
1982年	1.03	—	—	33.25	—	—	—	71.79	—	—	—
1983年	1.11	—	—	34.72	—	—	—	68.17	—	—	—
1984年	1.24	—	—	36.11	—	—	—	73.15	—	—	—
1985年	1.47	—	—	37.55	—	—	—	78.13	—	—	—
1986年	1.46	—	—	37.18	—	—	—	76.00	—	—	—

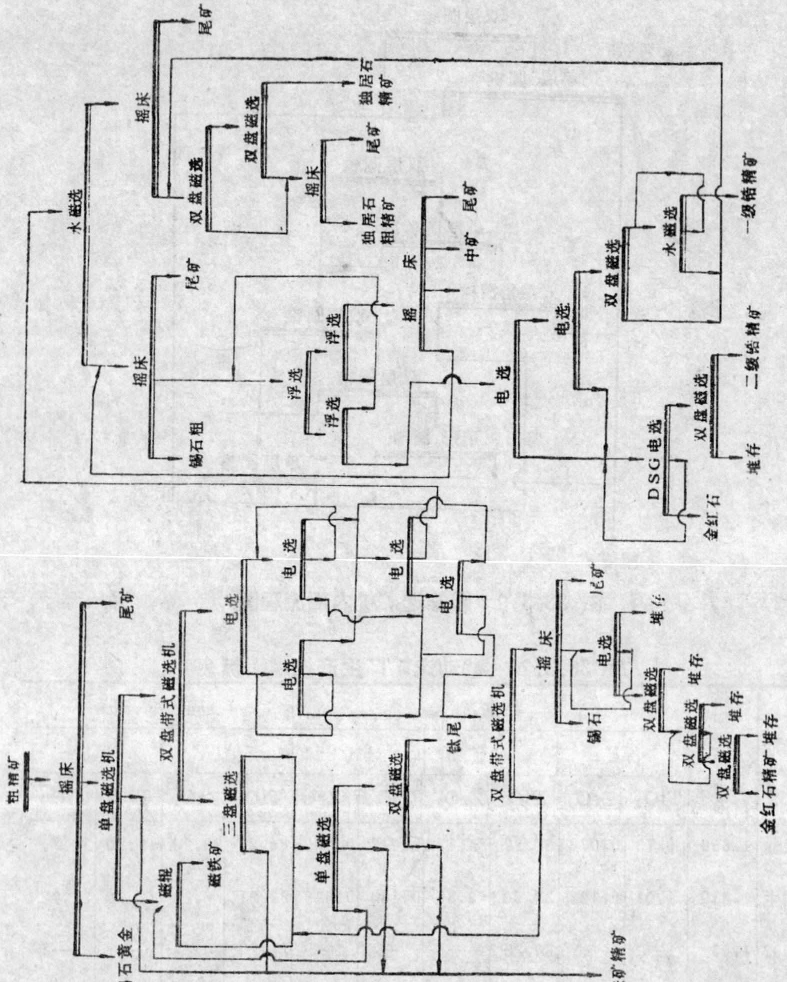

图 33.3.10　乌场钛矿精选厂工艺流程

表 33.3.21 乌场钛矿精选厂技术指标

产品	钛铁矿，%		锆英石，%		金红石，%		独居石，%	
项目	品位 TiO_2	回收率	品位 $(ZrHf)O_2$	回收率	品位 TiO_2	回收率	品位 $TR_2O_3+TRO_2$	回收率
1982年	50.25	88.65	65.31	46.0	87.95	—	61.92	—
1983年	50.31	81.19	65.21	47.0	89.65	—	61.77	—
1984年	50.26	81.98	65.10	47.5	90.14	—	61.10	—
1985年	50.46	81.92	65.04	49.5	90.21	—	61.10	—
1986年	50.40	81.70	65.15	51.0	90.05	—	60.90	—

33.3.3.2 甲子锆矿

A 概况

甲子锆矿位于我国广东省陆丰县境内，是一个以含锆英石为主的海滨砂矿矿床。该矿区资源发现于1957年，1958年开始筹建矿山，当年投产。在1958～1961年间，靠土法进行生产，粗选采用三角槽、轮胎螺旋选矿机、土摇床等设备进行，精选也只有两台单盘磁选机和几台土摇床。1961年至1965年底曾一度因故停产，1966年初恢复生产，并从1967年开始采用水枪开采，砂泵运输，广东Ⅰ型跳汰机及摇床进行粗选，精选厂也增添了电选机、磁选机等设备，开始进入了机械化生产阶段。由于广东Ⅰ型跳汰机，对本矿区矿石选别效果不够好，于1974年开始采用轮胎螺旋选矿机作为粗选设备。为进一步提高粗选效果，经试验又于1978年用塑料螺旋溜槽取代了轮胎螺旋选矿机。历年来在采选厂工艺和设备不断改进和完善的同时，精选厂的工艺技术水平也得到了相应的提高。至目前为止，精选厂已形成了重选、磁选、电选及浮选等联合工艺流程，使精选厂技术经济指标及综合回收能力都有了一定程度的提高，除主产品锆英石外，可综合回收钛铁矿、金红石、独居石、锡石等副产品。

B 矿床地质概况及矿石性质

甲子锆矿矿床属海滨堆积砂坝砂矿。矿体沿甲子湾东西走向，基本与海岸线平行，平均长度5500米，平均宽度870米，平均厚度3.64米，占储量91.8%的矿体出露地表，矿石粒度比较均匀，含泥量较少，开采条件较好。

该矿主要有有矿物为锆英石，其次为钛铁矿，其他可综合回收的矿物有：白钛石、金红石、锡石、锐钛矿、独居石等。其他金属矿物有：磁铁矿、钛磁铁矿、赤铁矿、褐铁矿、黄铁矿等，由于含量很少，无回收价值。脉石矿物以石英为主，含量占总矿物量的95%以上，其他脉石矿物有：绿帘石、石榴子石、电气石、长石、绿泥石、云母及磷灰石等。矿石中各种矿物绝大多数呈单体存在，有用矿物粒度较细，锆英石、锐钛矿。金红石多富集在0.125～0.063毫米粒级中，而钛铁矿则富集在0.25～0.063毫米粒级中，相对而言，钛铁矿粒度较粗。矿石密度2.66吨/米^3，松散密度1.534吨/米^3。该矿原矿矿物相对含量，多项分析，主要矿物纯矿物分析及筛分分析分别见表33.3.22、表33.3.23、表33.3.24及表33.3.25。

C　生产工艺流程及技术指标

a　采选厂

甲子锆矿采选厂目前采用水采—水运，螺旋溜槽选别的工艺流程。采用ϕ15.24厘米（ϕ6英寸）仿平桂式水枪采矿，水泵为10sh-9型，电机功率为55千瓦。矿浆用仿广南昌式ϕ20.32（ϕ8英寸）砂泵管道输送。采场长600米、宽300米，底板坡度10%，砂泵距工作面100米，原矿浓度可达16～20%。

原矿浆入选厂首先进行预先筛分，筛除粗砂、贝壳及杂草等异物，筛下产品分级入螺旋溜槽粗选，丢弃尾矿。粗选精矿再经一次螺旋溜槽精选，获得供精选厂用精矿，精选尾矿返回至粗选给矿再选。甲子锆矿粗选厂选矿原则流程见图33.3.11，近三年来粗选技术经济指标见表33.3.26。

采选厂电耗：3.9～4.6千瓦·时/吨·原矿

b　精选厂

粗精矿入厂后首先采用摇床重选，进一步丢弃低密度脉石，

表 33.3.22 矿石中各种矿物含量

名称	钛铁矿	白钛矿	锐钛矿	金红石	锆 石	独居石	磁铁矿	赤铁矿
含量，%	1.7949	0.3032	0.0089	0.0621	0.5930	0.0604	0.0759	0.0311
名称	褐铁矿	电气石	黄 玉	绿帘石	石 英	其 他		
含量，%	0.0121	0.1219	0.0778	0.0118	98.8386	0.0212		

表 33.3.23 原矿多项分析结果

成分	TiO_2	ZrO_2	SiO_2	P	Sn	Fe_2O_3	Al_2O_3	CaO
含量，%	1.20	0.5	91.60	0.017	0.0038	2.95	2.22	0.26
成分	MgO	$Nb_2O_5+Ta_2O_5$		ThO_2	S	合 计		
含量，%	0.02	0.0067		0.001	0.008	98.3365		

表 33.3.24 几种单矿物简项分析结果，%

名 称	TiO_2	ZrO_2	Nb_2O_5	Ta_2O_5	FeO	备注
钛铁矿	52.86	0.195	0.135	0.04	40.38	—
白钛矿	73.89	—	0.36	0.075	—	—
锆英石	0.15	66.64	—	—	—	内$HfO_2$1.15

表 33.3.25 原矿筛分结果

筛级，mm	产率，%	品位，%		占有率，%	
		TiO_2	ZrO_2	TiO_2	ZrO_2
5.0～0.32	26.64	0.13	0.05	2.79	2.83
0.32～0.20	17.50	0.32	0.06	4.51	2.23
0.20～0.16	25.09	0.50	0.09	10.09	4.80
0.16～0.10	20.69	1.66	0.39	27.65	17.16
0.10～0.06	3.65	15.04	7.29	44.19	56.57
−0.06	6.43	2.08	1.20	10.77	16.41
合 计	100.00	1.242	0.47	100	100.00

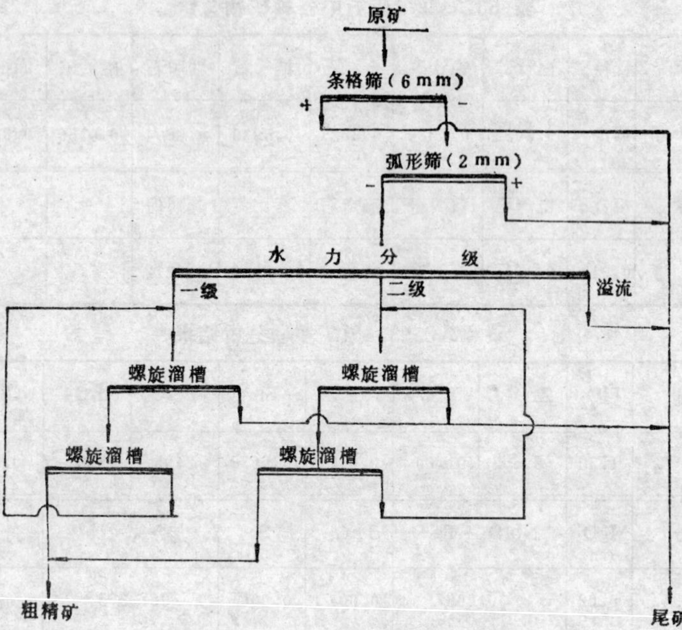

图 33.3.11 甲子锆矿粗选流程

表 33.3.26 甲子锆矿技术指标表

年度	品位，%				回收率，%	
	原矿		粗精矿			
	ZrO_2	TiO_2	ZrO_2	TiO_2	ZrO_2	TiO_2
1982年	0.356	0.928	9.92	21.52	57.68	48.05
1983年	0.200	0.601	8.22	18.42	47.49	35.35
1984年	0.349	0.840	8.85	20.76	57.21	55.94

精矿分成富含独居石、锡石及富含钛铁矿、锆英石、金红石的两组产品，分别采用重选、电选、磁选、及反浮选联合流程，获得独居石、锡石和钛铁矿、锆英石、金红石等精矿。甲子锆矿精选工艺流程见图33.3.12，技术指标见表33.3.27。

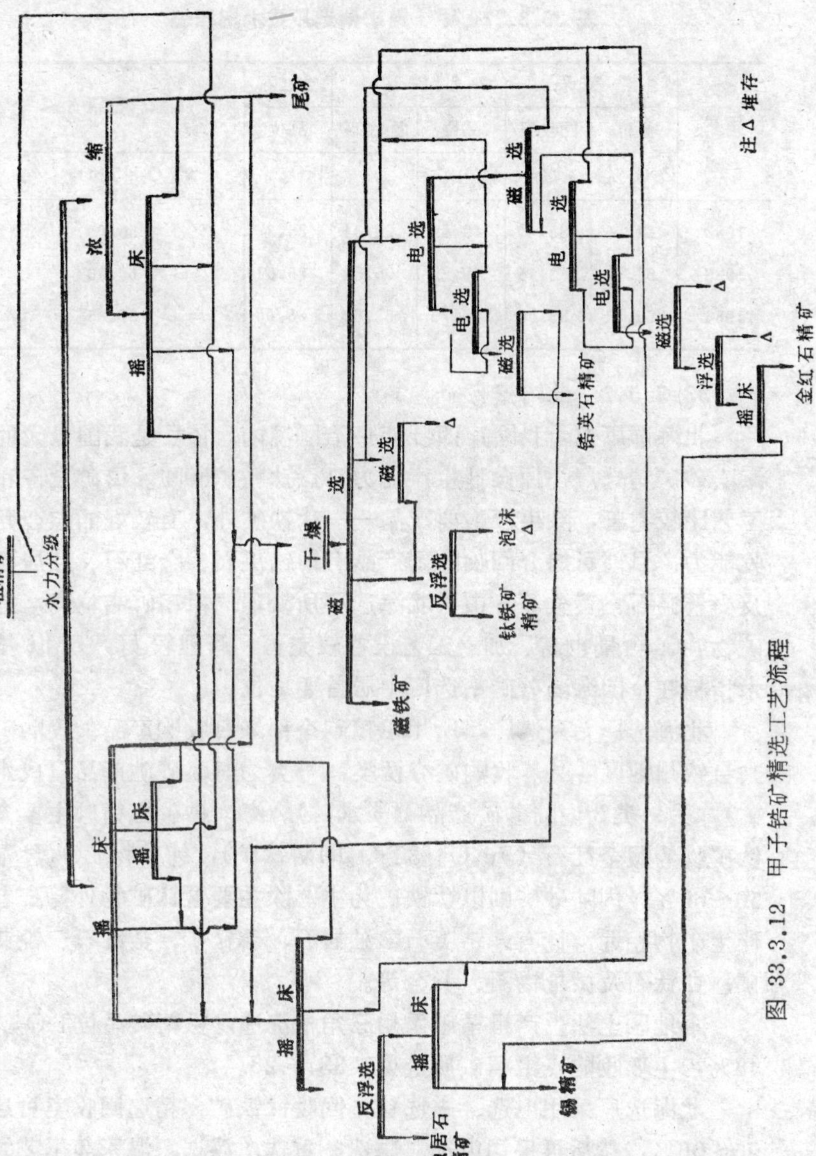

图 33.3.12 甲子锆矿精选工艺流程

表 33.3.27　甲子锆矿精选厂技术指标表

年度	锆英石		钛铁矿		金红石	独居石品位
	品位	回收率	品位	回收率	品位	
	ZrO_2%	%	TiO_2%	%	TiO_2%	$xT_2O_3+ThO_2$%
1982	61.95	85.47	49.82	66.34	85.37	55.00
1983	61.70	83.45	49.39	65.59	85.01	60.06
1984	61.81	83.07	48.76	62.52	85.00	57.85

33.3.3.3　北海选厂

北海选厂位于我国广西壮族自治区境内。该厂是我国最大的海滨砂矿精选厂，原设计生产能力日产钛精矿60吨。该矿设备和工艺比较完善，除生产主要产品——钛铁矿外，有较好的综合回收能力，目前可综合回收的副产品有：锆英石、金红石、独居石及少量锡石、黄金等。由于北海选厂所处理的粗精矿品位高，纯矿物TiO_2含量也高，加之工艺设备较完善，管理较好，所以技术指标在全国海滨砂矿精选厂中居首要地位。

北海选厂无采选厂，所用粗精矿全部来自收购产品。收购矿来自钦州地区各县。收购矿分两类，一类为海滨砂矿产品（咸水矿），另一类为内陆砂矿产品（淡水矿）。海滨砂矿粗精矿主要含钛矿物为假金红石（$Fe_2O_3\cdot3TiO_2$即斜钛矿），纯矿物TiO_2含量50～60%；内陆砂矿则以钛铁矿为主。除主要含钛矿物外，二者伴生矿物相近，计有：锆英石、独居石、磷钇矿、金红石、锐钛矿、白钛石及微量锡石、黄金等。

本地区土法生产粗精矿采用三角槽洗选，粗精矿品位$TiO_2>48\%$，主要收购点粗精矿质量见表33.3.28。

北海选厂采用电选、磁选首先回收钛铁矿，精选回收率可达95～96%，然后再采用电选、磁选、重选、浮选、混汞等工艺综合回收伴生矿物，经精选后，海滨砂矿精矿品位可达$TiO_2$57～58%，内陆砂矿精矿品位为$TiO_2$52～53%。北海选厂现用精选工艺流程见图33.3.13。

表 33.3.28 钦州地区各县所产粗精矿主要成分表

来源		灵山县	东兴县	钦州县	合浦县	浦北县
含量，%	TiO_2	49.75	51.50	50.50	47.60	47.20
	ZrO_2	1.40	1.00	0.90	2.20	2.80
	P	0.16	0.038	0.096	0.493	0.33

33.3.3.4 联合矿产公司埃尼巴选矿厂（澳大利亚）

埃尼巴（Eneabba）选矿厂于1976年投产，有职工108人，年产精矿25万吨，其中包括3.5万吨金红石，7万吨锆英石，少量独居石，其余为钛铁矿。矿区重矿物储量为1000万吨，重矿物平均含量为17%。该矿矿石粒度极不均匀，砂砾及泥含量都比较高。矿石中钛铁矿纯矿物含$TiO_2$58～60%，质量很好。

该矿采用大型推土机及铲运机干采，采矿沿工作面顺坡进行，工作面宽300米，挖掘深度3～10米，年采矿量700万吨。采出的矿先定点堆放，然后采用大型前端式装载机给入一段筛分，筛下产品再进行二次筛分。经过两次筛分后除去卵石、杂草及＋3毫米粗砂。二次筛分筛下产品入旋流器脱泥，底流再经过一次控制筛分及浓缩后入圆锥选矿机选别，埃尼巴采选厂生产原则流程见图33.3.14。

该矿区严重缺水，生产用水取自500米深井，为了充分利用回水，采取了两项措施，一是将粗选厂溢流放入三个直径为80米的大型浓缩机，回收循环使用；二是将筛分砾石分段筑坝，将浓缩机沉淀的泥浆及粗选尾矿运送到坝内，经沉清、渗滤的水返回到水源地。该厂使用的浓缩池用石块、砂土构筑，用塑料板衬里，结构新颖。

埃尼巴精选厂精选流程首先采用湿式磁选将粗精矿分成磁性产物和非磁性产物两组，然后分别进行擦洗、干燥后再进入各自

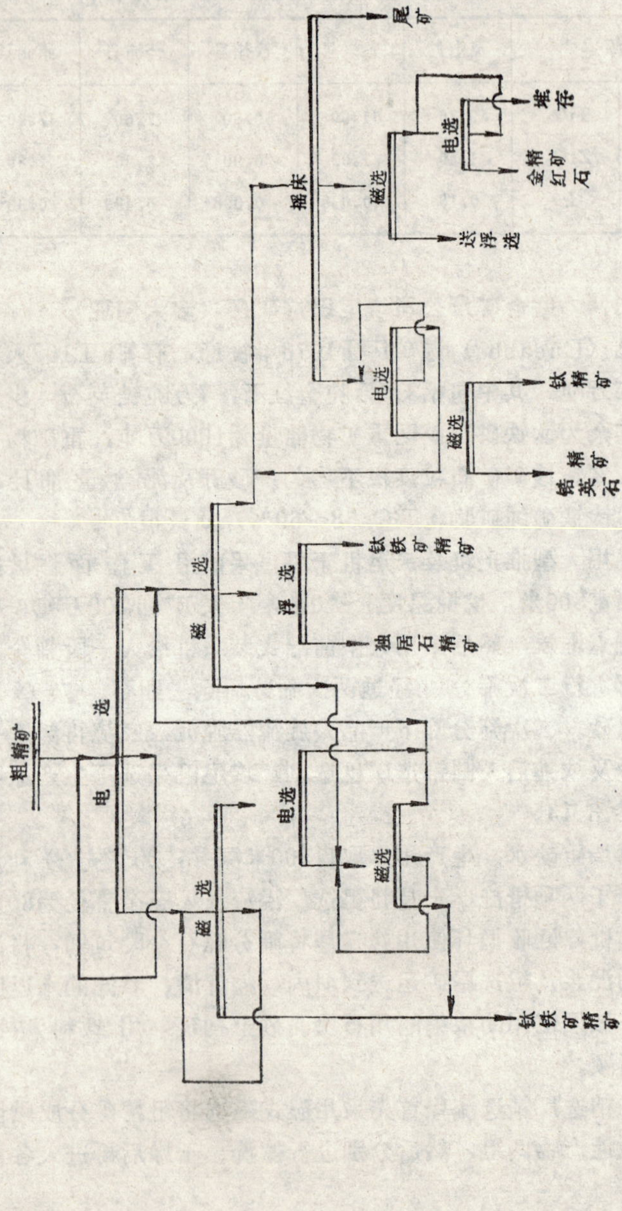

图 33.3.13　北海选厂工艺流程

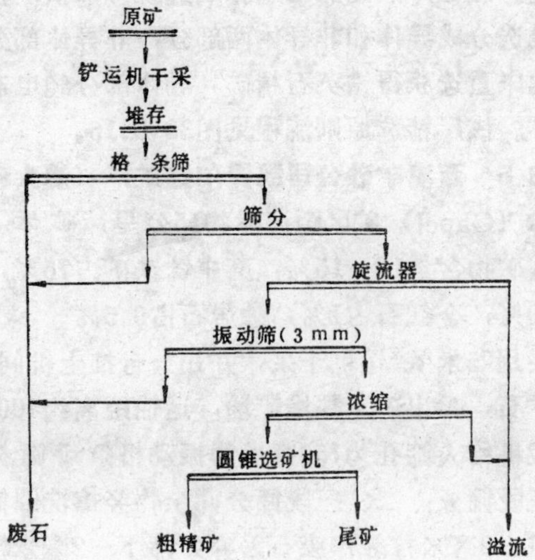

图 33.3.14 埃尼巴采选厂原则流程图

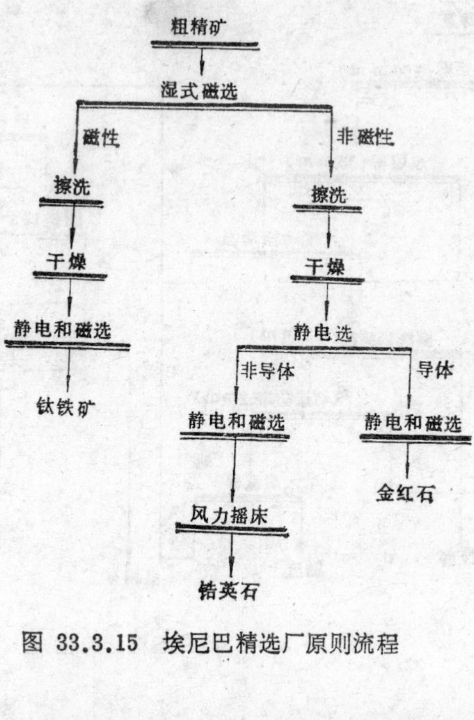

图 33.3.15 埃尼巴精选厂原则流程

的干选流程。磁性产品经静电选和磁选获得钛铁矿精矿。非磁性产品再经电选分成导体和非导体两部分，非导体部分经电选、磁选及风力摇床重选获得锆英石精矿；导体部分经电选、磁选获得金红石精矿。该厂精选原则流程见图33.3.15。

33.3.3.5　西澳矿砂公司凯佩尔选矿厂（澳大利亚）

凯佩尔（Capel）矿区距海岸约15公里，矿体与海岸线平行。原矿重矿物含量12～15%，其中钛铁矿占75%，白钛石和锆英石各占10%，金红石占1%，独居石占0.5%。

该矿采用25米^{3}铲运机干采，并用一台推土机间歇地松动板结区段的矿石，采出矿运往堆矿场，运输距离约400米，然后用前端式装载机给入筛孔为150毫米的振动格条筛筛分，筛下产品再经二、三段筛分，二、三段筛分筛上物经擦洗圆筒筛及气动筛筛分后，将+2毫米粒级作废石丢弃；筛下－2毫米粒级经旋流器

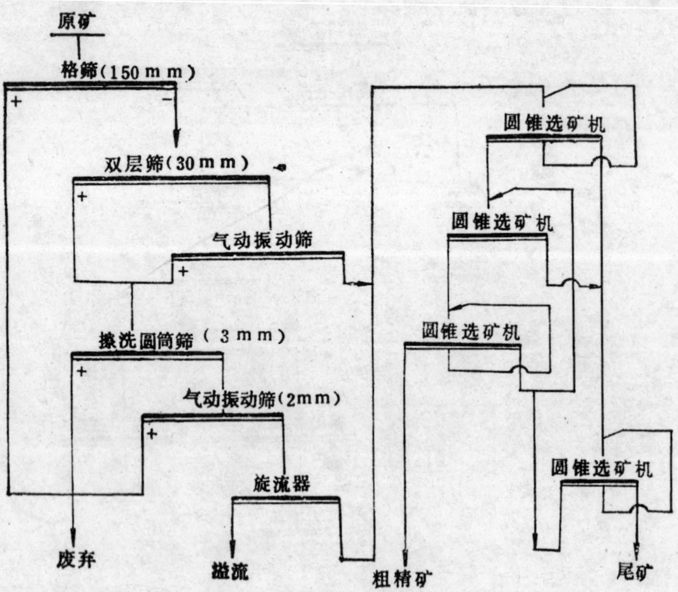

图 33.3.16　凯佩尔粗选流程

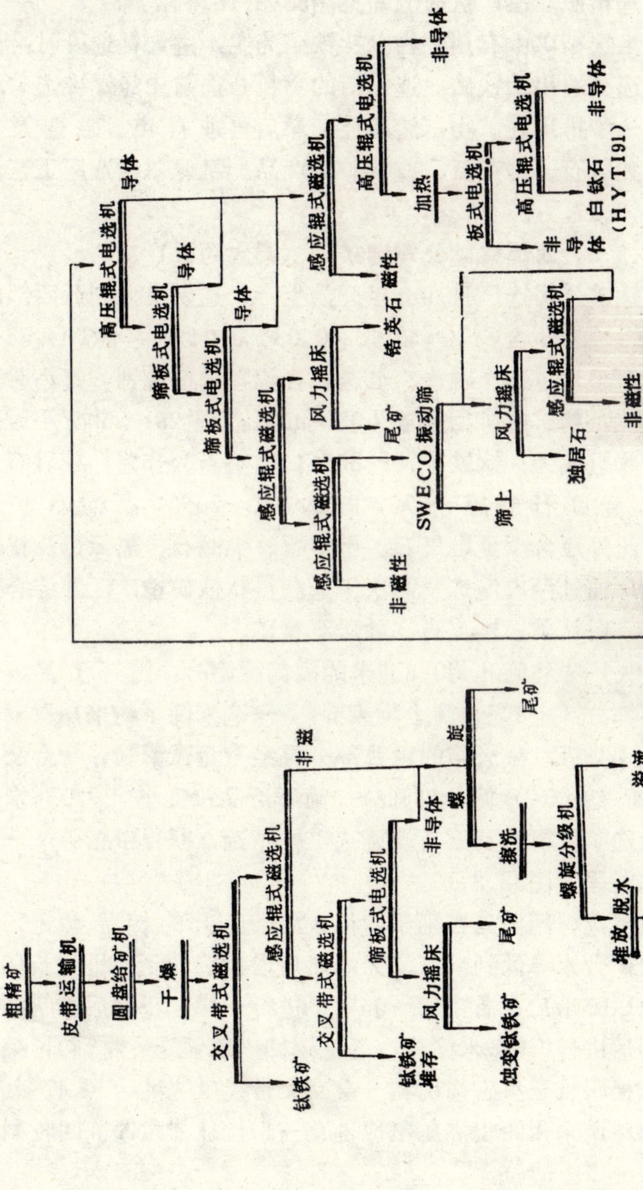

图 33.3.17 凯佩尔精选流程

浓缩后与三段筛下产品合并入粗选段选别。粗选全部采用圆锥选矿机进行，其流程是一次粗选，一次扫选，两次精选，获得供精选用的粗选精矿。该厂粗选流程见图33.3.16。

由于粗选精矿中有用矿物以钛铁矿为主，进入精选段时，先用干式磁选分选出钛铁矿，选钛后的物料分选前先经螺旋选矿机选别，进一步排出轻矿物，然后经干燥后再进行电、磁选及重选，选出独居石、锆英石、白钛矿等产品。凯佩尔精选厂工艺流程见图33.3.17。

33.3.3.6　西部钛矿公司选矿厂（澳大利亚）

西部钛矿公司选厂自1965年开始生产，选别澳大利亚西部的海滨砂矿，矿石含Cr_2O_3较低（0.03～0.04%），含$TiO_2$54～60%。该厂采用重选、磁选、电选联合流程进行选别，每小时处理原矿60吨，精矿重矿物含量为93～95%，产量25～35吨/小时。重矿物矿物组成为：钛铁矿70～85%；锆英石3～5%；独居石痕迹～4%；金红石痕迹～5%；白钛矿1～20%；石榴石痕迹～15%。此外还含少量电气石、十字石、尖晶石、黑云母及褐铁矿等。该厂通过两次湿选及两次干选获得钛铁矿精矿，并综合回收金红石、白钛矿、锆英石、独居石精矿。

原矿入厂先经筛孔为9.5毫米的圆筒筛筛分，筛下产品再进行振动筛筛分，＋4毫米筛上物废弃，－4毫米筛下物采用双鹰牌分级箱脱水分级，分级箱的粗粒部分再经一台弧形筛、一台艾利斯·查默斯（A.C.）筛分机筛分，筛下产品粒度小于0.6毫米，送至螺旋选矿机粗选及三节螺旋选矿机精选，获得粗精矿，一次湿选工艺流程见图33.3.18。

一次湿选粗精矿先在铺于木板或混凝土上的棕席疏干72小时，使精矿含水降低到5～7.5%，然后送入旋转干燥机（长10.7米，直径1.95米）在温度55～65℃下进行干燥，干燥后物料经运输机冷却后进行0.6毫米筛分，筛上返回一次湿选厂，筛下采用31台拉彼德四极三盘磁选机和一台交叉带式磁选机，回收钛铁矿。磁选尾矿采用四辊高压电选机及三台拉彼德磁选机回收剩余

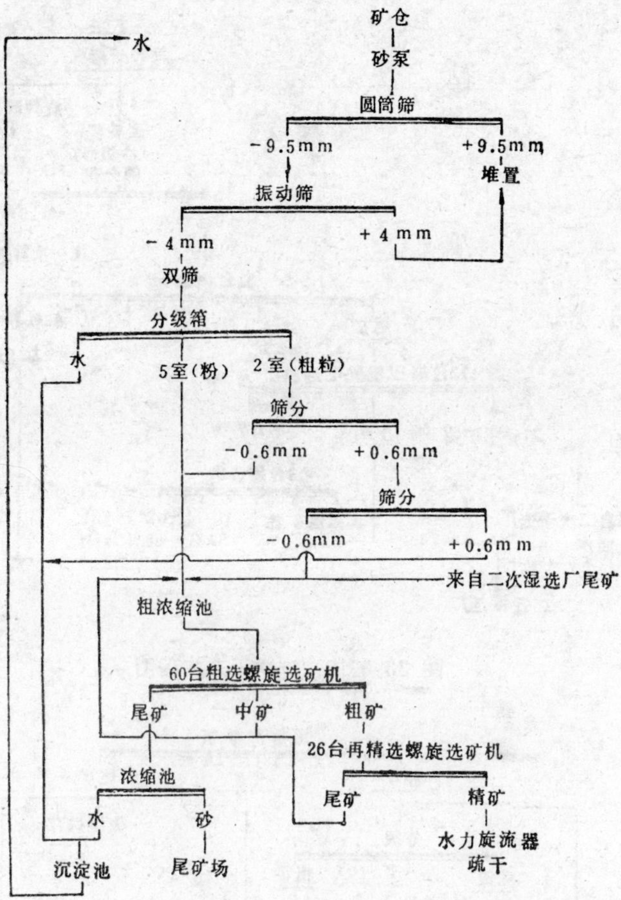

图 33.3.18 一次湿选流程图

钛铁矿。一次干选流程见图33.3.20。

一次干选尾矿进行二次湿选。二次湿选为了在常温下脱除矿粒表面的氧化铁，采用低浓度氢氟酸和焦亚硫酸氢钠清洗，以利分选。用化学处理后，采用顺流回转窑（长7.3米，直径0.9米）烘干，再给入二次干选。二次干选采用四段筛板式静电选矿机分

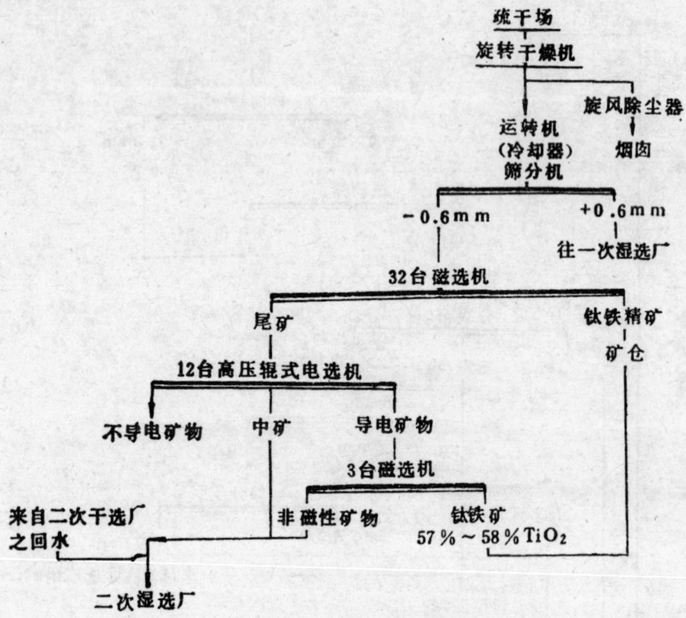

图 33.3.19　一次干选流程图

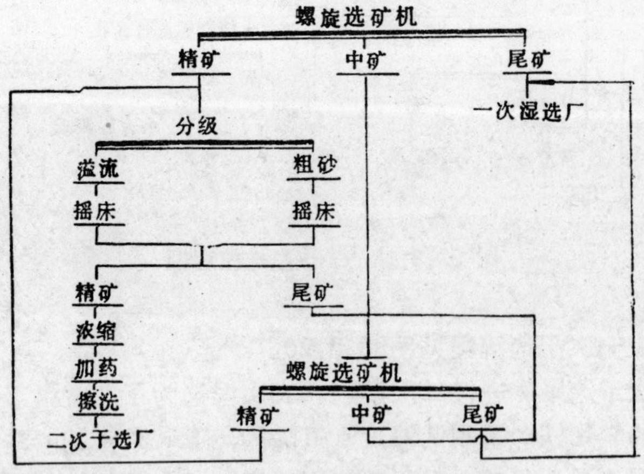

图 33.3.20　二次湿选流程图

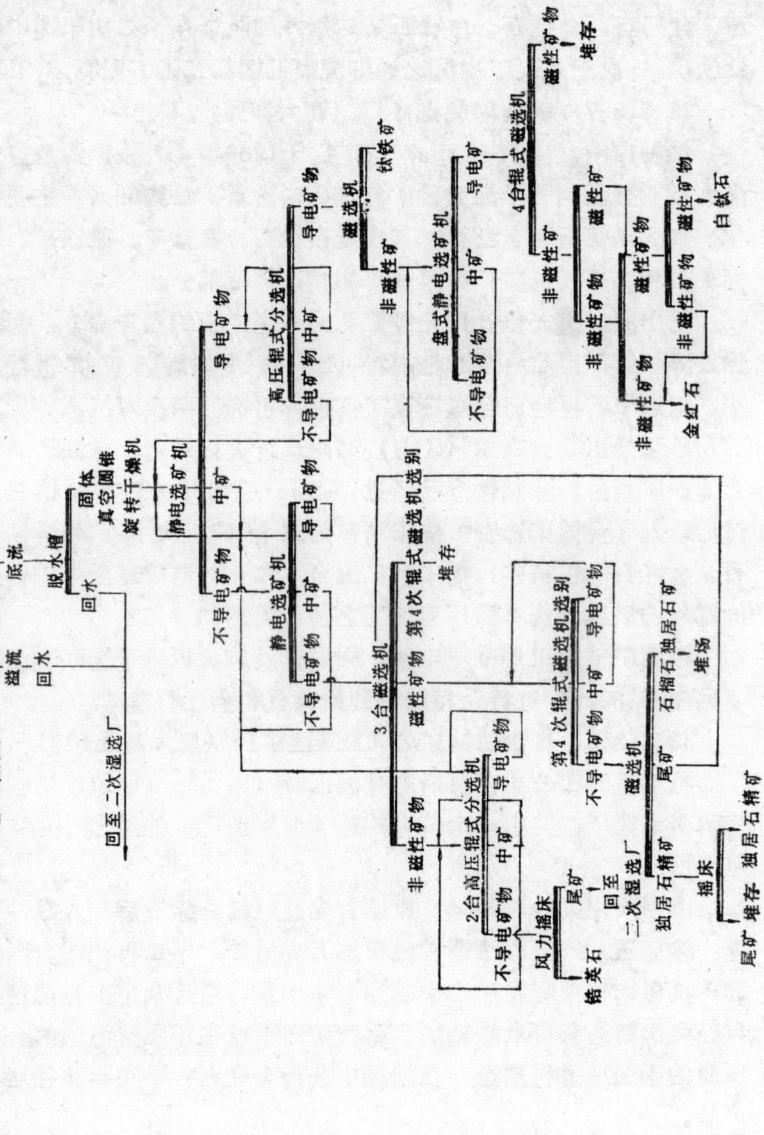

图 33.3.21 二次干选流程图

选。在二次干选中还采用了极性交替方法改进分选效果。静电选后的导体再经电选、磁选达到与其他矿物分离的目的，获得锆英石、独居石、金红石、白钛石精矿，并回收余存于二次干选中的钛铁矿。一次干选及二次湿选详细流程见图33.3.20、图33.3.21。

33.3.3.7　纳勒库帕选矿厂（澳大利亚）

纳勒库帕（Narecoopa）选矿厂于1969年4月投产，是位于澳大利亚金岛的一个海滨砂矿。该矿床含重矿物约50%，主要有用矿物为锆英石和金红石，其次是白钛石、钛铁矿、磁铁矿、石榴子石和锡石。选矿厂分粗选厂和精选厂两部分。

采出原矿进入粗选厂先经筛孔为4毫米筛的预先筛分，筛上物丢弃，筛下产品给至32台福特（Ford）型螺旋选矿机进行粗选，粗选中矿再经12台螺旋选矿机进行再选。两次螺旋选矿机精矿用砂泵扬至3台吉尔（Gill）型磁选机进行磁选。磁性产品即为钛铁矿精矿。非磁性产品经过Linatex喷射冲击箱进行擦洗，然后给入8台摇床选别，摇床精矿为锡精矿，次精矿为含锆英石、金红石的粗精矿，摇床中矿返至本作业，尾矿返至中矿再选的螺旋选矿机再选。该厂粗选工艺流程见图33.3.22。

粗精矿精选采用高压电选、强磁选及风力摇床干选联合流程（见图33.3.23）进行。精选得到锆英石和金红石精矿。

33.3.3.8　昆士兰钛矿公司B采选矿厂（澳大利亚）

昆士兰钛矿公司在英斯基普波因特（Inskip Point）地区经营两个采选厂，其中一个较大的称“B”选厂，处理能力为600吨/时。

该厂采用采砂船开采，原矿首先经过筛分除渣后，入缓冲矿仓，然后送入八台圆锥选矿机粗选丢弃尾矿，中矿再用四台圆锥选矿机再选也丢弃尾矿，中矿返回本作业，粗选及中矿再选精矿再经两次精选获得最终精矿。粗精矿送至设在雷恩堡海滨的公司所属的干选厂进行精选，在精选中获得金红石、锆英石和独居石产品。

该厂在设计前对采用圆锥选矿机处理本地区的矿石进行了大

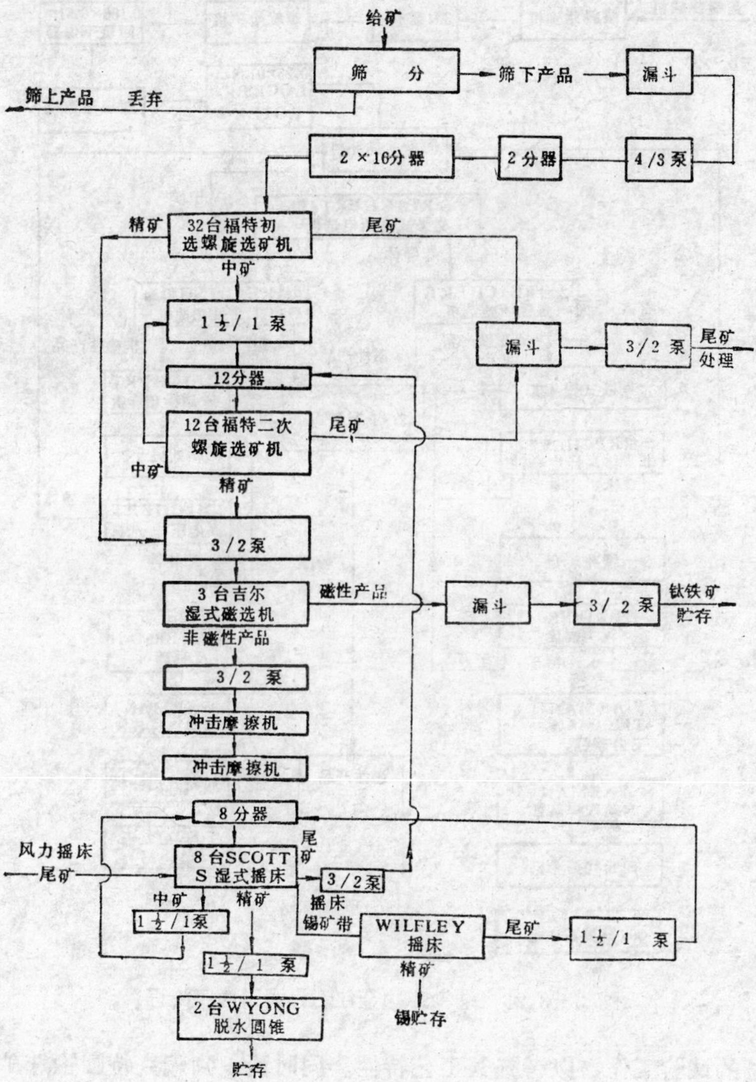

图 33.3.22 纳勒库帕金红石公司湿选厂流程

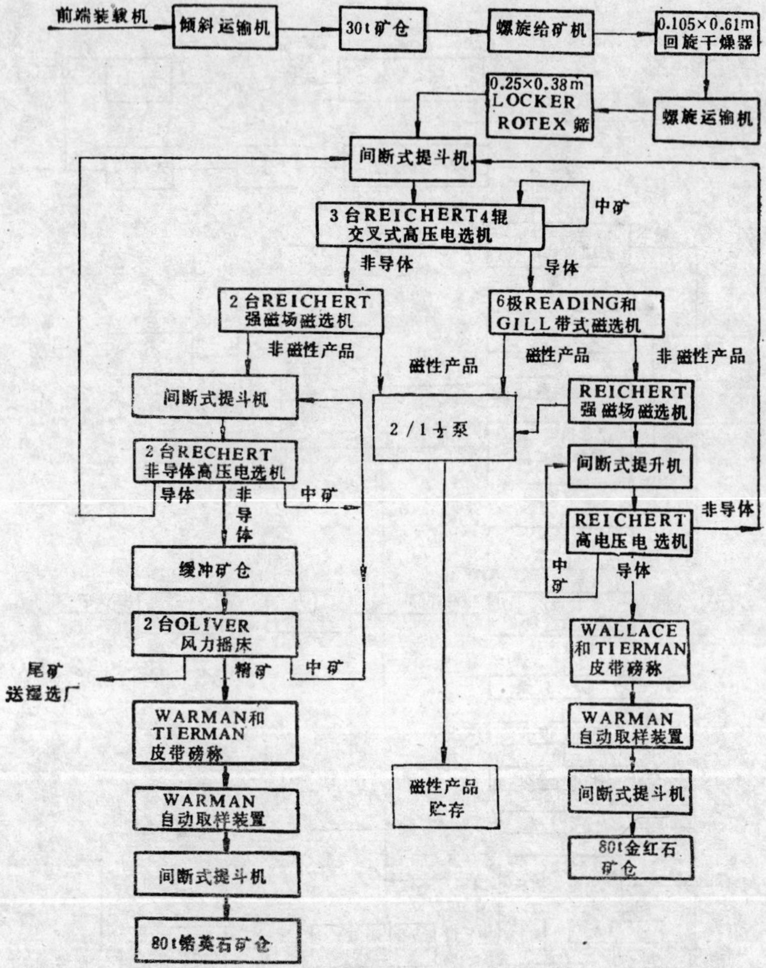

图 33.3.23　纳勒库帕金红石公司干选厂流程

量的试验工作，以考查其工艺特性。同时认识到赖克特圆锥选矿机按流膜选矿原理进行分选，给矿矿浆的液固比（矿浆浓度）对该设备的选别效果是一个决定性因素，给矿速度大小，在不同的给矿品位条件下也是决定重矿物回收率的重要因素。根据试验所得到的数据确定了所采用的选矿系统的控制条件，并为满足所确定的技术条件建立了合适的控制系统。

图33.3.24表示出B采选厂所采用的工艺流程和控制点。该厂原矿给矿和最终尾矿的排出采用了变速砂泵，从而使粗选循环选矿机的给矿速度恒定，以适应原矿的采出品位和二次选别循环的负荷变化。

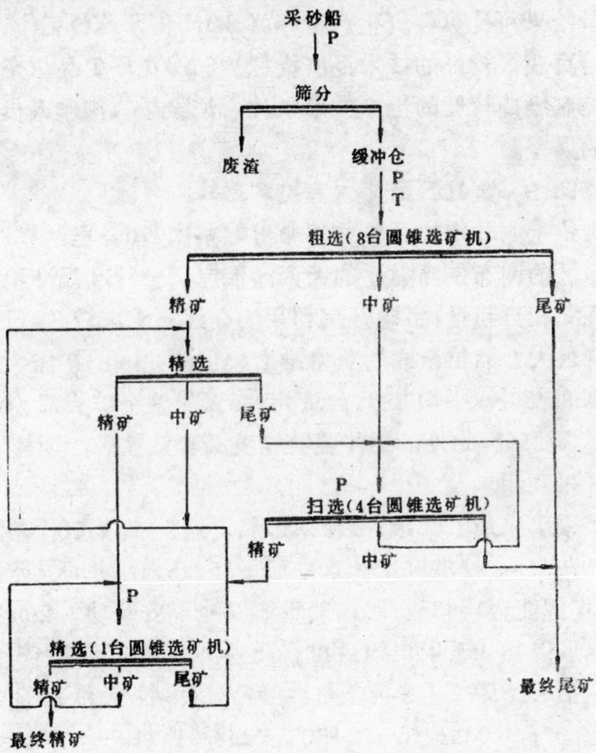

图 33.3.24 B采选厂工艺流程

该厂为使在原矿品位变化时能使选矿过程保持最佳操作条件下进行，在选矿循环中对矿浆浓度进行连续测定、记录及控制，同时将矿浆流量与浓度两个因素结合在一起进行。全部记录器、控制器与所有砂泵电机操作台均安装在一个中央控制室内，使全厂操作基本上由控制室予以监控。

在所用控制仪表选择上，均从实际效果出发，如浓度测定采用差压变送器并采用操作简单，适应性强的气动控制仪表。在流量控制上采用电磁流量计。

该厂实现上述检测及控制，在以下几方面表现出优越性。（1）为生产过程积累了宝贵的历史记录。（2）根据每班采样检验数目记录结果可计算各班生产指标。（3）简化了监督工作，节省人力。（4）可获得较好的技术经济指标。（5）在原矿品位变化时，可通过控制维持较佳的生产技术条件，消除了靠操作人员判断可能产生的误差。

33.3.3.9　金红石公司（塞拉利昂）

矿山位于西非塞拉利昂首都弗里顿东南270公里，靠近莫扬巴和邦地区的谢布罗岛附近的大西洋海岸。塞拉利昂冲积砂矿生成于第三纪和更新世，可望开采利用的金红石矿床较多。目前开采的是储量最大、品位最高的莫格维摩(Mogbwemo)矿床。该矿床品位最高的表层，平均TiO_2含量为2.5%。整个矿层都金红石含量TiO_2大于2%。此外，还伴生有锆英石和钛铁矿，因量少，目前尚未开采利用。

该矿采矿采用0.68米^{3}多斗采砂船。船上共有68个料斗，挖掘速度26斗/分，挖掘深度为水平面下15.25米，并可及水平面上6.1米。挖掘能力1445吨/时，船重2700吨，安装功率4200千瓦，由岸上电厂以13.2千伏电缆供电。此外，为采矿还备有一些辅助设备，包括有：D7、D9推土机各一台；D8推土机三台；Cat-950装载机一台；Manitowoc150Terane平路机一台；两台38B移动式吊车；一部Dodge运水车；两台12吨水力吊车。

采出的矿先用一台5.74米×6.71米擦洗机进行第一次洗矿，然后再给到另外两台擦洗机进行第二次洗矿。擦洗机排出的细粒级部分送到16台德里克（Darrick）高频振动筛进行筛分，筛上+1毫米物料作为尾矿排除，筛下物料用砂泵通过一条由浮架支撑的直径为610毫米的管道送到水上浮动湿选厂。浮动选厂为一单独选船，与采船相距600米。

水上浮动选厂，进行第Ⅰ段湿选，第二段湿选在岸上摇床选厂进行。

送到浮动湿选厂的矿石，先经两段水力旋流器脱泥，旋流器底流粒度为-1～0.063毫米，品位为$TiO_2$2～4%，干矿量580吨/时。经20台赖克特圆锥选矿机选别后，精矿品位提高到48～51%TiO_2。精矿量34.5吨/时，用一台Zimpro高压泵，通过7.62厘米（3英寸管）运往岸上储矿场，储矿场可存摇床给矿10000吨。

岸上摇床选厂包括四台八室水力分级机，首先将第Ⅰ段湿选精矿给入该分级机分级，然后给入八台三层 斯特999型摇床，摇床精矿品位提高到含$TiO_2$70%左右，重矿物含量为95%。摇床精矿重矿物组成是金红石、假金红石、锆英石、钛铁矿、独居石、石榴石及少量石英轻矿物。

摇床精矿经过滤、干燥后送干选。过滤采用2.44米直径的卧式道尔-欧利佛（Dorr—Oliver）过滤机，干燥采用直径2.2米，长18.3米的回转窑进行，回转窑为直接加热式，炉温425℃，以标准柴油为燃料，干燥能力为25吨/时。从回转窑排出到干选厂的物料温度为150～175℃。

进入干选的矿石，先经几段卡普科（Corpco）高压（28千伏）辊式电选机，使非导体矿物（锆英石、石英、独居石和石榴石）与大部分导体矿物（金红石和钛铁矿）分离。然后再经几段筛分及感应辊式磁选机分离出金红石与钛铁矿。由于锆英石与金红石分离困难，1980年在流程中配置了八台M.D.L板式静电选矿机，即保证了产品质量，又提高了回收率。

干选厂处理矿石18.7吨/时，金红石精矿产量13.2吨/时，精矿品位为$TiO_2$96%，ZrO_2及Fe_2O_3的含量小于1%。

塞拉利昂年产10万吨金红石精矿选厂生产流程见图33.3.25。

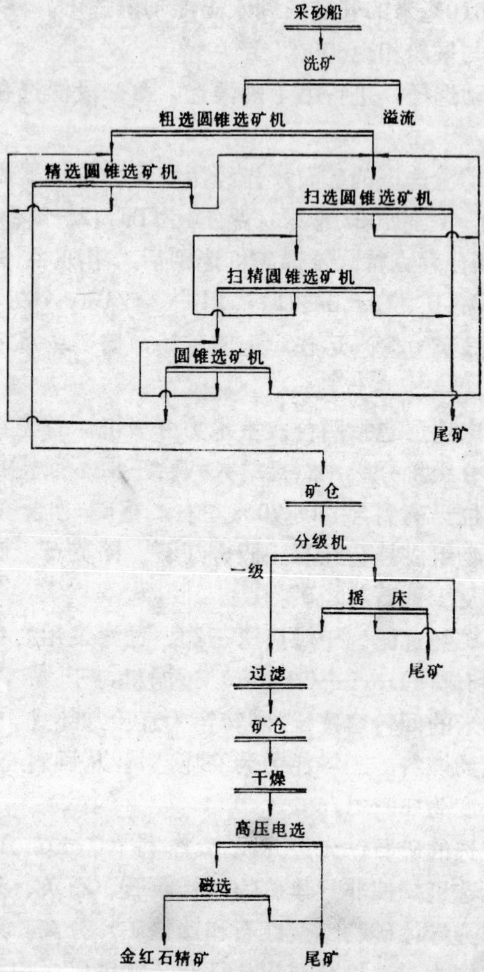

图 33.3.25　年产10万t金红石精选厂生产流程

参 考 文 献

[1] 郭承基著，稀有元素矿物化学，科学出版社，1965年.
[2] 张守范，矿物学，商务印书馆，1956年.
[3] 中国稀有金属矿床类型，地质出版社，1975年.
[4] 崔广仁，稀有金属选矿，冶金工业出版社，1975年.
[5] 国外稀有金属，1982年，№6.
[6] 国外金属矿选矿专辑，1972年，№8.

33.4 稀土矿选矿

33.4.1 绪　论

稀土元素是元素周期表ⅢB族中的钪、钇、镧系等十七种元素的总称（常用RE表示）。原子序数从21(Sc)、39(Y)、57(La)至71 (Lu)。核外电子结构特点决定着它们的化学性质相近。稀土元素以钆为界，从镧、铈、镨、钕、钷、钐、到铕称之为轻稀土（或铈组稀土），从钆、铽、镝、钬、铒、铥、镱、镥到钇称之为重稀土（或钇组稀土）。

稀土元素发现较晚，从1787年瑞典的C.A.阿累尼乌斯(Arrhenius)在斯德哥尔摩附近发现第一块矿石，到1947年美国的J.A.马里斯克（Marisky）等从铀的裂变产物中得到钷为止，前后经历了近160年。从稀土发展和应用的历史来看，大体可分为四个阶段：（1）1787～1891年为发展初期阶段。在此期间，人们对稀土进行了科学考察和认识，没有在工业上使用。（2）1891～1930年为初步应用阶段。在此期间，稀土主要用于煤气灯白炽纱罩、发火合金、碳弧电极。（3）1930～1960年为广泛应用阶段。在此期间，原子能研究带动了稀土科研的发展，掌握了稀土元素的各种性质和分离方法，并建立了专门的稀土科研中心。（4）1960年至今，是稀土应用向广度和深度迅速发展的阶段。由于稀土在国民经济各部门广泛的应用，稀土的生产和消费量猛增。

我国拥有世界上最丰富的稀土资源，但稀土工业还是解放后发展起来的新兴工业。20世纪50年代末，我国制得了除钷以外的全部稀土金属（1972年制得钷），60年代初开始工业生产。1978年以来，由于广泛地开展稀土矿的选矿、冶炼、分离、合金、材料的科研工作，以及大力开展稀土的推广应用工作，我国稀土的产量和消费量在迅速地增涨。我国的稀土精矿和稀土产品已进入国际市场。

33.4.1.1　稀土的性质及用途

稀土元素系典型的金属元素，其金属活泼性仅次于碱金属和碱土金属。稀土元素的电子层结构和核结构决定了稀土元素及其化合物的性质，而稀土的许多独特性质，又决定着它们的应用。有关稀土的结构与性质的关系示于表33.4.1

表 33.4.1　稀土的结构和性质之间的相互关系

稀土结构	稀土性质		
最外两层电子基本相同 →	稀土共性	几何性质	几何性质——原子半径和离子半径特别大
		化学性质	化学性质活泼：可与多种元素化合；燃点低
			正常原子价是三，化学性质近似
			4f亚层有微弱的形成“后备化学键”的作用——配位数可在6～12间变化
最外两层电子基本相同、4f亚层不同 →	共性中的差异	化学性质	由于镧系收缩使稀土离子的络合能力随原子序数而增强
			f^0,f^7,f^{14}稳定——价态变化
4f亚层不同；*K*、*L*、*M*能级不同；核内中子质子的数目及排布不同 →	单一稀土的个性	光学性质	多种多样的f电子能级——在紫外、可见、红外区都有跃迁
			长寿命的激发态
			X射线电子能谱不同
		磁学性质	磁学性质——轨道矩和自旋矩对磁矩都有好的影响——多种多样的磁学性能
		核性质	核性质——多种多样

稀土的应用开始于19世纪末，经历了60多年的开发，因提取工艺复杂，产品价格昂贵，发展速度缓慢，消费量也不大。20世纪50年代以后，稀土分离技术得到了迅速的发展，近代的离子交换法、溶剂萃取法取代了经典的分级结晶、分步沉淀法，并在工业生产中获得各种较纯的单一稀土产品，从而为稀土的应用奠定了基础。近十年，稀土广泛用于冶金、石油化工、玻璃陶瓷、新

材料领域。

在冶金工业方面：稀土金属或氟化物、硅化物加入钢中，能起到精炼、脱硫、中和低熔点有害杂质的作用，并可以改善钢的加工性能；稀土硅铁合金、稀土硅镁合金作为球化剂生产稀土球墨铸铁，由于这种球墨铸铁特别适用于生产有特殊要求的复杂球铁件，被广泛用于汽车、拖拉机、柴油机等机械制造业；稀土金属添加至镁、铝、铜、锌、镍等有色合金中，可以改善合金的物理化学性能，并提高合金室温及高温机械性能。

在石油化工方面：用稀土制成的分子筛催化剂，具有活性高、选择性好、抗重金属中毒能力强的优点，因而取代了硅酸铝催化剂用于石油催化裂化过程；在合成氨生产过程中，用少量的硝酸稀土为助催化剂，其处理气量比镍铝催化剂大1.5倍；在合成顺丁橡胶和异戊橡胶过程中，采用环烷酸稀土-三异丁基铝型催化剂，所获得的产品性能优良，具有设备挂胶少，运转稳定，后处理工序短等优点；复合稀土氧化物还可以用作内燃机尾气净化催化剂，环烷酸铈还可用作油漆催干剂等。

在玻璃陶瓷方面：稀土氧化物或经过加工处理的稀土精矿，可作为抛光粉广泛用于光学玻璃、眼镜片、显象管、示波管、平板玻璃、塑料及金属餐具的抛光；在熔制玻璃过程中，可利用二氧化铈对铁有很强的氧化作用，降低玻璃中的铁含量，以达到脱除玻璃中绿色的目的；添加稀土氧化物可以制得不同用途的光学玻璃和特种玻璃，其中包括能通过红外线、吸收紫外线的玻璃、耐酸及耐热的玻璃、防X-射线的玻璃等；在陶釉和瓷釉中添加稀土，可以减轻釉的碎裂性，并能使制品呈现不同的颜色和光泽，被广泛用于陶瓷工业。

在新材料方面：稀土钴及钕、铁、硼永磁材料，具有高剩磁、高矫顽力和高磁能积，被广泛用于电子及航天工业；纯稀土氧化物和三氧化二铁化合而成的石榴石型铁氧体单晶及多晶，可用于微波与电子工业；用高纯氧化钕制作的钇铝石榴石和钕玻璃，可作为固体激光材料；稀土六硼化物可用于制作电子发射的阴极材料；镧镍金属是70年代新发展起来的贮氢材料；铬酸镧是高温热电材料；近年来，世界各国采用钡钇铜氧元素改进的钡基氧化物制作的超导材料，可在液氮温区获得超导体，使超导材料的研制取得了突破性进展。

此外，稀土还广泛用于照明光源，投影电视荧光粉、增感屏荧光粉、三基色荧光粉、复印灯粉；在农业方面，向田间作物施用微量的硝酸稀土，可使其产量增加5～10%；在轻纺工业中，稀土氯化物还广泛用于鞣制毛皮、皮毛染色、毛线染色及地毯染色等方面。

33.4.1.2　稀土矿床

A　矿床的工业要求

稀土元素在地壳中的克拉克值为0.0153%，与常见的元素锌、锡、钴含量相近；即使是克拉克值较小的铥、镥、铽、铕、钬等，也比铋、银、汞的含量高。

稀土元素在地壳中分布虽较广，但不是所有含稀土的矿床都符合工业开发利用的要求。根据目前选矿和提取的技术水平，对稀土矿床的工业指标要求如表33.4.2所列。

如果稀土元素在矿床中作为伴生组分进行综合回收，则工业

表 33.4.2　稀土矿床工业指标

矿床类型	边界品位	工业品位	可采厚度 m	夹石剔除厚度，m
含氟碳铈矿、独居石的原生矿床	Ce_2O_3或R_2O_3 0.5%	Ce_2O_3或R_2O_3 1%	1～2	2
磷钇矿、硅铍钇矿等伟晶岩和碳酸岩矿床	Y_2O_3或R_2O_3	Y_2O_3或R_2O_3 0.05～0.1%	1～2	2
独居石砂矿及风化壳矿床	独居石 100～200g/m³	独居石 300～500g/m³	1	1～2
磷钇矿砂矿及风化壳矿床	磷钇矿30g/m³	磷钇矿50～70 g/m³	0.5～1	2

指标要求可根据矿床中主要有用元素而定。对于我国特有的离子吸附型稀土矿床，其工业指标要求有待研究和制定。

B 矿床类型

我国的稀土矿床类型多、储量大、分布广，其中内蒙古白云

表 33.4.3 稀土矿床类型

矿床类型	主要矿物	产地
白云鄂博稀土共生矿床	氟碳铈矿、独居石、磁铁矿、赤铁矿、铌铁矿、铌铁金红石、萤石、霓石、以及少量的方解石、重晶石、石英等矿物	中国内蒙古
碳酸盐型稀土矿床	氟碳铈矿、方解石、重晶石、以及硅酸盐矿物等	美国加利福尼亚中国山东
	独居石、氟菱钙铈矿、氟碳铈矿、萤石、方解石、及硅酸盐矿物等	中国湖北
	氟碳铈矿、独居石、磷钇矿、菱铁矿、重晶石、方解石等	苏联
海滨砂矿及冲积砂矿矿床	独居石、钛铁矿、锆英石、金红石、及硅酸盐矿物等	澳大利亚、印度、巴西、美国、中国
	磷钇矿、锡石、锆英石、独居石、钛铁矿、及硅酸盐矿物等	马来西亚、尼日利亚、巴西
离子吸附型稀土矿床	重稀土或轻稀土以离子形态吸附在高岭土及粘土矿物上，其他矿物有独居石、石英等矿物	中国江西、福建
花岗岩型稀土矿床	独居石、磷钇矿并含有方铅矿、闪锌矿；或含有黑钨矿及石英等	苏联 中国江西
含稀土铀矿矿床	黑稀金矿、褐钇铌矿、锆英石、金红石、磁铁矿、硅酸盐矿物；或伴生有钛铀矿、晶质铀矿、钍沥青铀矿等矿物	加拿大、美国、巴西、南非
铈铌钙钛矿矿床	铈铌钙钛矿、磷灰石、霞石、长石等矿物	苏联

鄂博稀土共生矿床，是世界上已探明储量最大的稀土矿床；江西离子吸附型稀土矿床，是我国特有的一种稀土矿床。国外的稀土矿床主要分布在美国、苏联、澳大利亚、巴西、印度等国。目前，国内外已开发和有工业利用价值的矿床类型列于表33.4.3。

33.4.1.3　稀土工业矿物及其物理、化学性质

A　稀土元素的赋存状态及矿物的分类

稀土元素在地壳中的赋存状态有以下三种：（1）参加矿物晶格，构成矿物不可缺少的成份，形成独立的矿物（如独居石、氟碳铈矿），这是稀土元素在地壳中赋存的主要形态；（2）以类质同象置换（钙、锶、钡、锰等）的形态分散于造岩矿物和其他稀有矿物之中，这是次要的赋存形态；（3）呈离子形态吸附在其他矿物表面或颗粒之间，这是比较少见的一种赋存形态。

根据稀土矿物的化学成分，可将已发现的稀土矿物分为九类，各类典型的稀土矿物列于表33.4.4。

表 33.4.4　稀土矿物分类表

类　别	主　要　矿　物
氟化物	钇萤石、氟钙钠钇石、氟铈矿等
碳酸盐、氟碳酸盐	氟碳铈矿、黄河矿、碳酸锶铈矿等
磷酸盐	独居石、磷钇矿
硅酸盐	硅铍钇矿、钪钇石
氧化物	褐钇铌矿、易解石、黑稀金矿
砷酸盐	砷钇矿
硼酸盐	水铈钙硼石
硫酸盐	水氟钙钇矾
矾酸盐	钒钇矿

B　主要工业矿物及其物理、化学性质

目前，世界上已发现的含有稀土的矿物大约有250种以上，

有研究和利用价值的稀土矿物大约有50～60种，具有工业开采和实用价值的稀土矿物不过10几种，其重要的稀土矿物的物理、化学性质列于表33.4.5。

33.4.1.4 稀土矿的选矿方法

根据稀土矿物与伴生脉石及其他矿物物理、化学性质的不同，稀土矿的选矿通常采用以下方法：

A 辐射选矿法

主要利用矿石中稀土矿物与脉石矿物中钍含量的不同，采用γ-射线辐射选矿机，使稀土矿物与脉石矿物分开。辐射选矿法多用于稀土矿石的预选。目前，这种方法在工业上未广泛采用。

B 重力选矿法

利用稀土矿物与脉石矿物密度的不同进行分选。常用的重选设备有圆锥选矿机、螺旋选矿机、摇床等。采用重选主要使稀土矿物与密度低的石英、方解石等脉石矿物分离，以达到预先富集或者获得稀土精矿的目的。重选广泛用于海滨砂矿的生产；在稀土脉矿的选矿中有时也用来作为预先富集的手段。

C 磁选分离法

有些稀土矿物具有弱磁性。可利用它们与伴生脉石及其他矿物比磁化系数的不同，采用不同磁场强度的磁选机使稀土矿物与其他矿物分离。在海滨砂矿的选矿中，常采用弱磁选使钛铁矿与独居石分离；也可以采用强磁选使独居石与锆英石、石英等矿物分离。在稀土脉矿的选矿中，为了简化浮选流程和节省浮选药剂，有时也采用强磁选使稀土矿物预先富集。随着强磁技术的不断发展，强磁选将越来越广泛地用于稀土矿的选矿流程之中。

D 浮选法

利用稀土矿物与伴生矿物表面物理化学性质的差别，采用浮选法使之与伴生脉石及其他矿物分离而获得精矿，是目前稀土脉矿生产中广泛采用的主要选矿方法。美国帕斯山（Mountain Pass）稀土矿就是采用浮选法生产稀土精矿。在海滨砂矿的生产中，在用重选获得重砂之后，也常常采用浮选法从重砂中获得稀

表 33.4.5 稀土矿物的物理、化学性质

矿物名称	化学性质			物理性质					英文名称
	分子式	REO %	可溶性	密度 g/cm³	硬度	比磁化系数 $\times 10^{-6}cm^3/g$	介电常数	晶形	
氟碳铈矿	$CeCO_3F$	74.77	溶于HCl	4.72～5.12	4～5.2	12.59～10.19	5.65～6.90	三方晶系	Bastnaesite
独居石	$CePO_4$	67.76	溶于H_2SO_4、HCl、H_3PO_4 微溶于NaOH	4.83～5.42	5～5.5	12.75～10.58	4.45～6.69	单斜晶系	Monazite
磷钇矿	YPO_4	63.23	溶于H_2SO_4、H_3PO_4微溶于NaOH	4.4～4.8	4～5	31.28～26.07	8.1	正方晶系	Xenotime
氟菱钙铈矿	$Ce_2Ca(CO_3)_3F_3$	60.30	溶于HCl、H_2SO_4、HNO_3	4.2～4.5	4.2～4.6	14.37～11.56		三方晶系	Parisite
硅铍钇矿	$Y_2FeBe(SiO_4)_2O_2$	51.51	溶于HCl 微溶于NaOH	4.0～4.65	6.5～7	62.5～49.38		单斜晶系	Gadolinite
易解石	$(CeThY)(TiNb)_2O_6$	29.36	溶于H_2SO_4 H_3PO_4 易溶于HF、H_2SO_4 + $(NH_4)_2SO_4$	5～5.4	4.5～6.5	18.04～12.92	4.4～4.8	斜方晶系	Eschynite
铈铌钙钛矿	$(NaCeCa)(TiNb)O_3$	28.71	不溶于HCl、H_2SO_4、HNO_3 溶于HF	4.58～4.89	5.8～6.3	6.54～5.23	5.56～7.84	等轴晶系	Loparite
复稀金矿	$Y(TiNb)_2(O \cdot OH)_6$	29.28～33.43	溶于H_2SO_4、H_3PO_4、HF	4.28～5.05	4.5～5.5	21.05～18.00		斜方晶系	Polycrase
黑稀金矿	$Y(NbTi)_2(O \cdot OH)_6$	20.82～29.93	溶于HF、H_2SO_4、H_3PO_4	4.2～5.87	5.5～6.5	27.38～18.41	3.7～5.29	斜方晶系	Euxenite
褐钇铌矿	$YNbO_4$	39.94	溶于H_2SO_4、HNO_3	4.89～5.82	5.5～6.5	29.2～21.16	4.5～16	四方晶系	Fergusonite

土精矿。

E 电选法

稀土矿物属于非良导体，可利用其导电性能与伴生矿物有所不同，采用电选法使之与导电性好的矿物进行分离。电选常用于海滨砂矿重砂的精选作业。

F 化学选矿法

对于以离子形态吸附在高岭土或粘土上的稀土矿床，可充分利用稀土离子易溶于氯化钠或硫酸铵溶液中的特点，采取先浸出而后沉淀的化学选矿方法予以回收。对于易溶于酸或在高温下发生相变的氟碳酸盐稀土矿物，可先采用浮选方法预先富集，随后采用化学选矿方法（酸浸或高温焙烧）提纯。

33.4.1.5 稀土精矿质量标准

A 稀土矿中各种稀土元素的组成

“稀土”是各种稀土元素的总称。稀土矿随着产地的不同，其稀土元素的组成也有差异。国内外主要稀土矿的各种稀土元素组成百分比列于表33.4.6。

从表33.4.6可以看出：我国的氟碳铈镧矿中的钐（Sm）、铕(Eu)、钆（Gd）含量，高于美国的氟碳铈镧矿；我国离子吸附型重稀土矿中的钐（Sm）、钆（Gd）、铽（Tb）、钇（Y）含量，高于国外的磷钇矿；而我国离子吸附型轻稀土矿中的铕（Eu)含量，比各种稀土矿中的铕(Eu)含量都高。

B 稀土精矿成分

国内外主要稀土精矿典型成分列于表33.4.7。

C 稀土精矿质量标准

国内外部分稀土精矿质量标准分别列于表33.4.8、表33.4.9、表33.4.10、表33.4.11。表33.4.12。

33.4.1.6 世界稀土资源、生产和消费

A 世界稀土资源

根据美国矿山局的统计（表33.4.13）：全世界稀土资源总计为4500万吨稀土氧化物，其中中国占80%；美国占11%；印度占

表 33.4.6 国内外主要稀土矿中的稀土组成百分数

项 目	氟碳铈镧矿		独居石，%				磷钇矿，%		离子型稀土矿，%	
	美 国	中 国	西澳大利亚	美 国	印 度	中 国	马来西亚	中 国	中 国（重稀土）	中 国（轻稀土）
La_2O_3	32.00	~27.00	23.90	17.47	23.00	~23.35	0.50	~1.20	2.18	~29.84
CeO_2	49.00	~50.00	46.03	43.73	46.00	~45.69	5.00	~3.0	<1.09	~7.18
Pr_6O_{11}	4.40	~5.00	5.05	4.98	5.50	~4.16	0.70	~0.6	1.08	~7.41
Nd_2O_3	13.50	~15.00	17.38	17.47	20.00	~15.74	2.20	~3.5	3.47	~30.18
Sm_2O_3	0.50	~1.10	2.53	4.84	4.00	~3.05	1.90	~2.15	2.34	~6.32
Eu_2O_3	0.10	~0.20	0.05	0.16		~0.10	0.20	<0.2	<0.1	~0.51
Gd_2O_3	0.30	~0.40	1.49	6.56		~2.03	4.00	~5.0	5.69	~4.21
Tb_4O_7	0.01		0.04	0.26		~0.10	1.00	~1.2	1.13	~0.46
Dy_2O_3	0.03		0.69	0.90		~1.02	8.70	~9.1	7.48	~1.77
Ho_2O_3	0.01		0.05	0.11		~0.10	2.10	~2.6	1.60	~0.27
Er_2O_3	0.01	~1.00	0.21	0.04	1.50	~0.51	5.40	~5.6	4.26	~0.88
Tm_2O_3	0.02		0.01	0.03		~0.51	0.90	~1.8	0.60	~0.13
Yb_2O_3	0.01		0.12	0.21		~0.51	6.2	~6.0	3.34	~0.62
Lu_2O_3	0.01		0.04	0.03		~0.10	0.40	~1.8	0.47	~0.13
Y_2O_3	0.10	~0.30	2.41	3.18		~3.05	60.80	~59.3	64.90	~10.70

表 33.4.7 中国及国外主要稀土精矿典型成分，%

元素	包头稀土精矿	广东独居石	广东磷钇矿	江西龙南矿①	山东氟碳铈镧矿	美国氟碳铈镧矿
REO	～60	～55～65	～50～55	≥92	～59.71	～68～72
Fe	～4.8	～0.7～1.5	～3.03	～0.05	～2.61	～0.35
ThO_2	0.18 0.21	～4～6	～1.14	<0.047	～0.32	≤0.1
P_2O_5	～5～6	～25～30	～30.6	0.01	～1.1	～1.0
SiO_2	～0.5～1.5	～1.2～4.8	～5.23	—	—	～0.4
F	～7.2	—	—	0.07	～6.18	～6.0
Ca	～4～5	—	～0.97	～3.11	～1.48	～0.29
Ba	～0.94	—	<0.2	0.018	～2.48	～1.61
ZrO_2	—	～1～3	0.1～0.2	—	—	—
TiO_2	—	～1～3	0.4	—	—	—
U_3O_8	—	～0.3～0.4	～1.12	—	—	—
Mn	～0.12	—	—	0.01	—	—
灼减	～13.0	—	—	—	～20.2	～20.0

①龙南矿即混合稀土氧化物。

表 33.4.8 独居石精矿质量标准

名称	级别	$REO+ThO_2$ %	杂质含量(不大于)，%			备注
			TiO_2	ZrO_2	SiO_2	
国内部颁标准	一级	65	2	2	3	
	二级	60	2.5	2.5	4	
	三级	55	3	3	5	
	四级	50	4	4	6	
国外标准	一级	68	—	—	—	美国要求含量波动范围：$ThO_2$8～12%；$P_2O_5$25～30%；$La_2O_3$20～30%；SiO_2 1～4%
	二级	66	—	—	—	
	三级	55	—	—	—	

5%；苏联占1%；上述四个国家合计占世界稀土资源的97%。

根据全国地质资料局资料记载，全国十三个省、自治区（台湾省未统计在内）均有稀土资源，主要分布在内蒙古、江西、广东、湖北、湖南等地。就稀土元素的品种而言：我国不仅有以轻

表 33.4.9　铈铌钙钛矿精矿标准

级　别	含　量　，　%			备　注
	铈铌钙钛矿	磷	二氧化硅	
一级	90	0.016	2.5	苏联标准
二级	90	0.1	2.5	
三级	90	0.3	6.0	
四级	65	0.5	8.0	

表 33.4.10　中国磷钇矿精矿部颁标准

级　别	Y_2O_3(不小于) %	杂质含量（不大于），%		
		TiO_2	ZrO_2	SiO_2
一级	35	2	1.0	4
二级	30	4	1.5	5
三级	25	6	2.0	6

表 33.4.11　中国褐钇铌矿精矿部颁标准

级　别	$(NbTa)_2O_5$(不小于)，%	杂质含量（不大于），%		
		TiO_2	SiO_2	P
一级	35	4	4	0.5
二级	30	5	6	0.5

表 33.4.12　中国氟碳铈矿-独居石混合精矿部颁标准

品级	稀土氧化物(不少于)，%	杂质(不大于)，%			
		TFe	F	P	CaO
一级	60	7	7	5	5
二级	55	9	7		
三级	50	10	7		
四级	45	10	8		
五级	40	10	9		
六级	35	15	10		
七级	30	18	12		

表 33.4.13 世界稀土资源(REO,t计)

地区和国家	储量,t	地区和国家	储量,t
北美：美国	4900000	南非	357000
加拿大	182000	计	820000
计	5100000	亚洲：中国	
南美：巴西	20000	印度	2220000
欧洲：苏联	450000	马来西亚	30000
芬兰、挪威 瑞典	50000	朝鲜	45000
计	500000	斯里兰卡	13000
非洲：布隆迪	1100	泰国	1000
埃及	100000	计	38000000
肯尼亚	12500	大洋洲：澳大利亚	184000
马尔加什	50000		
马拉维	297000	总计	45000000①

①每个国家储量均按四舍五入总计。

稀土为主的白云鄂博稀土共生矿，而且有中、重稀土含量较高的离子吸附型稀土矿。尽管我国磷钇矿资源不多，但我国氧化钇的储量仍超过国外钇资源的总和。

B 稀土生产

随着稀土在各个领域里用途的不断开发，世界各国对稀土的需要量在继续增加。根据美国矿山局导报：1983年美国对稀土(按REO计)的年需要量为19600吨；全世界对稀土（按REO计)的年需要量为36600吨（表33.4.14)。

从全世界稀土精矿生产的实际产量（表33.4.15)可以看出：1984年稀土精矿的产量比1983年增涨22.43%；在1984年生产的

表 33.4.14 1983年美国和全世界对稀土的需求量

国 别	美 国	其他国家	全世界
年需要量(REO,t计)	19600	17000	36600

44461吨（按REO计）稀土精矿中，美国和澳大利亚的产量分别占56.93%和17.99%；美国生产的稀土精矿，以氟碳铈矿为主，澳大利亚生产的稀土精矿几乎全部是独居石，马来西亚则是生产磷钇矿精矿最多的国家。

表 33.4.15　全世界稀土精矿产量（REO，t计）

年份＼国别	美国	澳大利亚	中国①	印度	苏联①	巴西	马来西亚	其他国家	合计
1983	17083	7975	～6000	2200	1500	1100	187	270	36315
1984	25311	8000	～6000	2200	1500	1000	200	250	44461

① 系估计的数字。

根据美国矿山局的统计：1984年全世界拥有年生产稀土精矿51960吨（以REO计）的能力。从世界各国稀土精矿的生产能力（表33.4.16）可以看出：目前，世界上拥有生产能力最大的国家有美国、中国、澳大利亚、印度等。

我国稀土精矿的生产，发展十分迅速，精矿的产量也在成倍地增涨。以1983年生产的稀土精矿产量为100，到1986年我国稀土精矿生产的产量猛增至304（表33.4.17）。在我国生产的稀土精矿中，氟碳铈矿-独居石混合精矿占80～86%；单独的独居石精矿占11～16%；磷钇矿精矿只占1.5～2.5%（表33.4.18）。近年来，随着对离子吸附型稀土矿的大力开发，其产量（按REO计）已占我国稀土精矿总产量的15～20%左右。

C　稀土的消费

从世界各国稀土的消费情况（表33.4.19）可以看出：稀土主要用于冶金工业、石油化工和玻璃陶瓷工业。进入20世纪80年代以来，稀土在冶金工业应用有降低的趋势，而在玻璃陶瓷和石油化工的应用有增涨的趋势。

表 33.4.16 全世界稀土生产能力（REO，t计）

国别	1984年生产能力
北美	
美国	
氟碳铈镧矿	24500
独居石	450
加拿大	
硅铍钇矿	0
南美	
巴西 独居石	1200
欧洲	
苏联[①] 独居石	500
其它	1000
非洲	
扎依尔 独居石	180
亚洲	
中国[①] 氟碳铈镧矿	～3000
独居石	～2500
磷钇矿	～50
其他	～1000
印度 独居石	6000
马来西亚 独居石	1100
磷钇矿	100
斯里兰卡 独居石	180
泰国 独居石	120
磷钇矿	60
澳洲	
澳大利亚	
独居石	10000
磷钇矿	20
合计	51960

① 估计数字。

表 33.4.17　中国稀土精矿产量的增涨情况

年份	1983	1984	1985	1986
产量，%	100	154	218	304

表 33.4.18　中国各种稀土精矿的生产情况

产品名称	1983年	1984年	1985年	1986年
独居石精矿，%	16.52	11.77	14.48	11.96
氟碳铈矿和独居石混合精矿，%	80.98	86.81	83.34	86.47
磷钇矿精矿，%	2.50	1.42	2.18	1.57
总计，%	100,00	100,00	100,00	100,00

表 33.4.19　世界稀土消费情况

领域所占	1980年	1981年	1982年	1983年	1984年	1985年
冶金，%	33	32	22	15	22	25
石油化工，%	34	30	44	48	43	33
玻璃陶瓷，%	30	35	31	33	31	37
电子、磁性材料，%	3	3	3	4	4	5

我国稀土主要消费在冶金工业。从我国的消费情况(表33.4.20）可以看出：与世界各国相比，我国稀土在石油化工和玻璃陶瓷领域中的应用，还有待进一步开发；但我国开辟了稀土在农业、轻工、纺织领域中的应用，而且用量占有一定的比例。

表 33.4.20 中国稀土消费情况

领域所占	1980年	1981年	1982年	1983年	1984年	1985年	1986年
冶金，%	70.91	57.93	68.00	69.63	70.30	64.30	71.60
石油化工，%	23.31	27.15	26.00	22.88	19.30	20.00	16.60
玻璃陶瓷，%	4.78	4.89	5.00	5.13	5.30	10.00	4.70
新材料，%	1.00	0.31	1.00	1.18	1.10	1.10	0.90
其他（农、轻、纺）,%	—	9.72	—	1.18	4.00	4.60	6.20

注：“—”未统计。

33.4.2 稀土矿选矿厂实例

33.4.2.1 内蒙古白云鄂博稀土共生矿

A 概况

白云鄂博稀土共生矿位于内蒙古境内。该矿床发现于1927年，1935年在铁矿石标本中找到了稀土矿物。经过50年代的地质勘探和60年代的地质研究表明：该矿床中的稀土储量居世界之首。

白云鄂博矿区1957年开始建设，1959年矿山为高炉直接提供富铁块矿炼铁。处理白云鄂博矿的包钢选矿厂1965年开始陆续投入生产，当时的主要任务是从矿石中回收铁精矿，以满足包头钢铁公司生产钢铁之需。同时，采用摇床处理选铁流程中的稀土泡沫，试生产含REO30%的低品位稀土精矿。1970年开始重选车间的设计，1974年重选车间正式投产。1978年开始设计一个处理重选精矿的浮选车间，1981年投入生产。目前，包钢选矿厂可同时生产含REO30%和含REO60%的两种稀土精矿，但回收率较低。1981年，包头钢铁公司决定采用从原矿开始用浮选法直接回收稀土精矿的浮选—选择性团聚选矿新工艺改造包钢选矿厂第二生产系列，以提高稀土的回收率。经1984年和1986年两次工业试验证明：在获得含REO30%和含REO60%的两种稀土精矿的条件下，稀土对原矿的总回收率可提高到45%以上。

B　矿石性质

白云鄂博稀土共生矿是世界上罕见的富含稀土、铁、铌、萤石的大型多金属矿。矿体中的铁是前寒武纪海相沉积的，在海西时期与黑云母花岗岩有关的大量的钠、氟、稀土、铌的热液重叠其上，使原始沉积的铁矿遭受热液交代蚀变作用，形成沉积—热液交代的综合性矿床。

参与白云鄂博矿的成矿元素约71种，矿区已发现的矿物约125种，其中稀土矿物约15种（表33.4.21）。矿石中约90%的稀土元素成独立矿物形态存在，并以氟碳铈矿和独居石为主。根据矿体所处的地段不同，氟碳铈矿与独居石的比例在3：1至1：1范围波动。因此，白云鄂博稀土共生矿，实际上是氟碳铈矿和独居石混合矿。

白云鄂博稀土共生矿中一种典型矿样的主要化学成分和矿物成分分别列于表33.4.22和表33.4.23。

对白云鄂博稀土共生矿中的稀土矿物的粒度测定（表33.4.24）表明：矿石中两种主要的稀土矿物——氟碳铈矿、独居石的结晶粒度都比较细，在－0.04毫米粒级中上述两种稀土矿物量占52.94%。不同磨矿细度与稀土矿物单体解离度的关系（表33.4.25）表明：矿石中稀土矿物与铁矿物和萤石共生关系非常紧密；当磨矿细度达到－325目95%时，稀土矿物的单体解离度才达到90.10%。

C　包钢选矿厂回收稀土矿物的浮选—重选—浮选流程及指标

包钢选矿厂至今仍是一个以回收铁精矿为主的选厂。从矿山运至选矿厂的－200毫米的原矿，经两段破碎至－25毫米送进磨选车间，经一段棒磨、两段球磨与分级闭路，磨至－200目85～90%，分别采用两种不同的原则流程进行分选。流程Ⅰ：先采用弱磁选获得磁铁矿精矿，随后进行部分萤石浮选，再进行稀土粗

表 33.4.21 白云鄂博稀土共生矿中的稀土矿物

类别	矿物名称	成分
稀土钛铌酸盐	铈褐钇钶矿	$(Ce, La, Nb, RE, Th)(Nb, Fe)O_4$
	单斜铈褐钇钶矿	$(Ce, RE)(Nb, Al)(O, OH)_4$
	钕褐钇钶矿	$(Nb, Ce, RE, Fe)(Nb, Ti)(O, OH)_4$
	单斜钕褐钇钶矿	$(Nb, Ce)NbO_4$
	铈铌易解石	$(Ce,Nb,La)(Nb,Ti,Fe^{3+})_2(O,OH)_6$
	钕铌易解石	$(Nb,Ce,Ca)(Nb,Ti,Al,Fe^{3+})(O,OH)_6$
	钕易解石	$(Nb,Ce,Ca,Th)(Ti,Nb,Fe^{3+})_2(O,OH)_6$
稀土氟碳酸盐	钕氟碳钙铈矿	$(Nb, Ce)_2Ca(CO_3)_3F_2$
	黄河矿	$Be(Ce, La, Nb)(CO_3)_2F$
	氟碳铈钡矿	$BaCe_2(CO_3)_5F_2$
	钕氟碳铈钡矿	$Ba_3(Nb, Ce)_2(CO_3)_5F_2$
	中华铈矿	$Ba_2(Ce, La, Nb)(CO_3)_3F$
钛硅酸盐	钡铁钛石	$Ba(Fe,Mn)_2Ti(O,OH,Cl)_2(SiO_7)$
	包头矿	$Ba_4(Ti,Nb,Fe)_8O_{16}(Si_4O_{12})Cl$
磷酸碳酸盐	大青山矿	$SrRE(PO_4)(CO_3)_3$

选和精选，获得含REO15～17%的稀土泡沫送重选车间处理，稀土粗选尾矿与精选中矿合并送选铁作业；流程Ⅱ：为了降低铁精矿中的氟、磷含量，先采用浮选法浮出部分萤石之后，再进行稀

表 33.4.22 白云鄂博稀土共生矿一种典型矿样的主要化学成分

成 分	TFe	SFe	FeO	TR_2O_3	F	Mn	P	TiO_2	BaO
含量，%	32.0	31.04	2.69	6.17	9.02	1.48	0.81	0.58	1.58
成 分	SiO_2	MgO	S	Al_2O_3	CaO	K_2O	Na_2O	Nb_2O_5	Th
含量，%	10.22	2.57	0.87	2.68	16.21	0.57	0.52	0.12	0.0304

表 33.4.23 白云鄂博稀土共生矿一种典型矿样的主要矿物成分

矿物种类	铁矿物类						
矿物名称	磁铁矿	半假象赤铁矿	假象赤铁矿	原生赤铁矿	褐铁矿	其它铁矿物	合 计
含量，%	6.27	8.49	16.60	7.07	5.45	0.54	44.51
占有率，%	14.09	19.07	37.29	15.88	12.45	1.25	100.00
矿物种类	萤石、稀土、碳酸盐、硫酸盐矿物类						
矿物名称	萤 石	氟碳铈矿	独居石	重晶石	白云石、方解石	其他矿物	合 计
含量，%	16.00	9.00	2.00	2.00	3.00	3.49	35.49
占有率，%	45.08	25.36	5.64	5.64	8.45	9.83	100.00
矿物种类	含铁硅酸盐和硅酸盐矿物类						
矿物名称	钠辉石、钠闪石	云 母	石 英	合 计			
含量，%	15.00	3.00	2.00	20.00			
占有率，%	75.00	15.00	10.00	100.00			

表 33.4.24 白云鄂博稀土共生矿中主要稀土矿物的粒度

矿物名称	氟碳铈矿				独居石			
粒级，mm	+0.077	0.077～0.04	0.04～0.02	-0.02	+0.077	0.077～0.04	0.04～0.02	-0.02
含量，%	21.20	25.86	24.28	28.66	35.10	23.07	13.62	28.21

表 33.4.25 不同磨矿细度与稀土矿物单体解离度的关系

磨矿细度	单体稀土矿物含量%	与其他矿物连生的稀土矿物含量，%				总计含量，%
		与萤石	与铁矿物	与霓石、云母、闪石	与其他脉石	
75%-200目	63.42	12.12	18.97	0.86	4.63	100.00
85%-200目	69.97	11.61	14.78	0.72	2.92	100.00
95%-200目	75.95	8.13	12.67	0.40	2.85	100.00
95%-270目	84.87	5.45	8.89	0.13	0.66	100.00
95%-325目	90.10	4.03	5.38	0.03	0.46	100.00

土粗选和精选，获得含REO15～17%的稀土泡沫送重选车间，稀土粗选尾矿与稀土精选中矿合并送去选铁作业。

全厂各系列的稀土泡沫均集中浓缩后送重选车间处理，粗选摇床和扫选摇床的精矿合并，送稀土浮选车间处理，扫选摇床的中矿经浓缩后，送浮选车间的扫选作业处理。重选稀土精矿经浮选车间选别后，分别获得含REO60%的稀土精矿和含REO30%的稀土次精矿。包钢选矿厂回收稀土矿物的浮选—重选—浮选工艺流程示于图33.4.1。

选铁流程中稀土浮选的药剂制度列于表33.4.26、用重选稀土精矿作原料分别选得含REO60%的稀土精矿和含REO30%的稀土次精矿的浮选药剂制度列于表33.4.27。

浮选—重选—浮选流程各选别作业的稀土选矿指标分别列于表33.4.28、表33.4.29和表33.4.30。

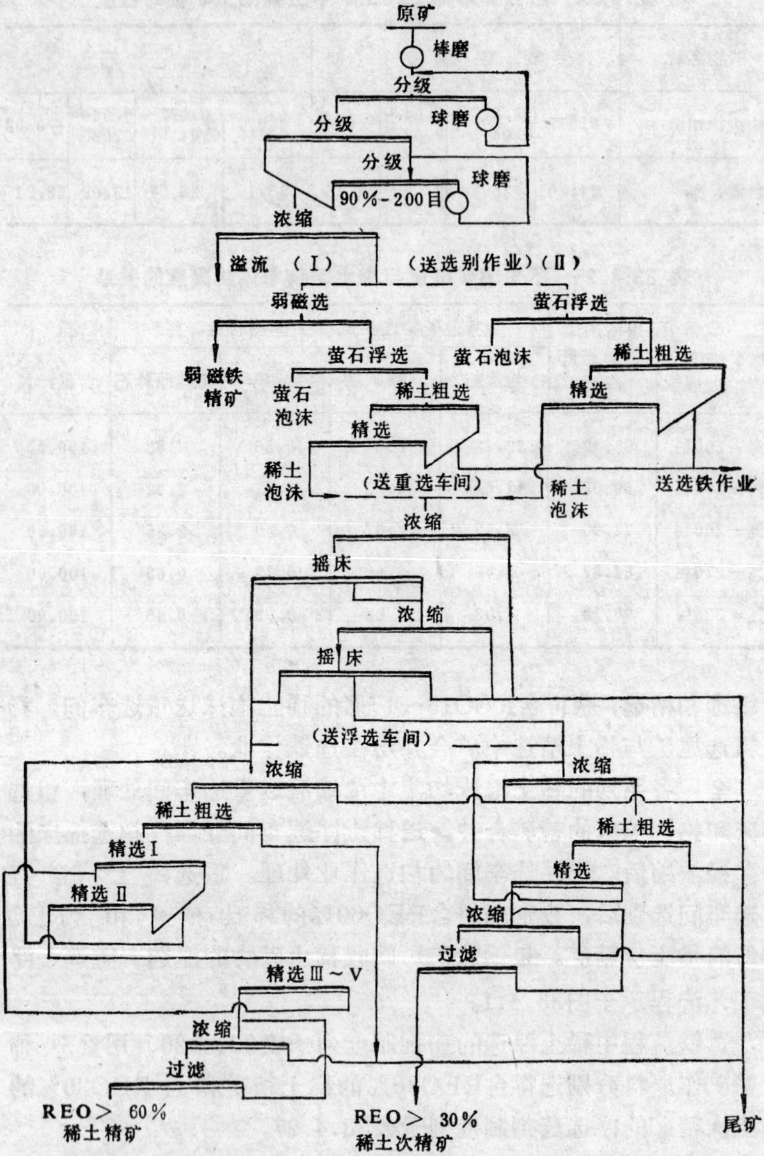

图 33.4.1　包钢选矿厂回收稀土矿物的浮—重—浮选工艺流程

表 33.4.26 选铁流程中稀土浮选药剂制度

药剂名称	氢氧化钠	水玻璃	氧化石蜡皂
用量，g / t 原矿	300～400	850～1000	250～400

表 33.4.27 重选稀土精矿再浮选药剂制度

药剂名称	碳酸钠	水玻璃	氟硅酸钠	环烷羟肟酸
用量，g/t重选精矿	800～1000	8700～9000	1200～1300	1650～1800

表 33.4.28 稀土浮选泡沫选别指标

原矿品位，REO%	稀土泡沫品位，REO%	稀土回收率(对原矿），%
4.5～6.5	15～20	20～30

表 33.4.29 稀土重选精矿选别指标

给矿品位（稀土泡沫）REO%	重选稀土精矿 REO%	稀土回收率（对给矿），%
15～20	30～35	30～40

表 33.4.30 重选稀土精矿再浮选的选别指标

给矿品位（重选稀土精矿），REO%	稀土精矿		稀土次精矿	
	品位，REO%	回收率（对给矿），%	品位，REO%	回收率（对给矿），%
30～35	55～60	50～60	30～35	25～30

稀土重选—浮选车间主要设备一览表列于表33.4.31。

表 33.4.31　稀土重选—浮选车间主要设备一览表

设备名称及规格	台　件
TNB-ϕ30m浓缩机	2
TNZ-ϕ9m浓缩机	2
TNZ-ϕ12m浓缩机	1
TNZ-ϕ6m浓缩机	2
8SH砂泵	4
4PNJ砂泵	13
2PNJ砂泵	7
2.5PNJ砂泵	5
刻槽摇床	60
$\phi1\times1$m搅拌槽	4
$\phi1.5\times1.5$m搅拌槽	3
XJK0.62浮选机	9
XJK0.35浮选机	16
XJK0.23浮选机	4
XJK0.13浮选机	10
10米^{3}折带式过滤机	3

D 综合回收稀土和铁矿物的浮选—选择性团聚选矿流程及工业试验指标

浮选—选择性团聚选矿流程是在总结国内外研究工作基础上，针对白云鄂博稀土共生矿的特点新近制定的。原矿磨至95%－200目，用碳酸钠、水玻璃，氧化石蜡皂进行稀土、萤石混合浮选，使其与铁和含铁硅酸盐矿物分离；稀土、萤石混合浮选泡沫经水洗、浓缩脱药，用碳酸钠、水玻璃、氟硅酸钠、$C_{5\sim9}$羟肟酸铵组合药剂优先浮选稀土矿物，使之与萤石、重晶石、方解石

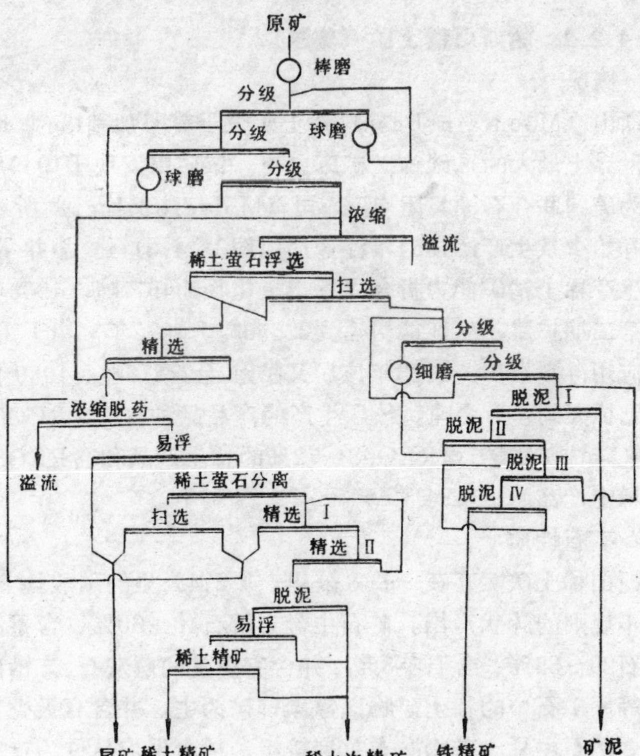

图 33.4.2 浮选—选择性团聚选矿工艺流程

等矿物分离；分离后的稀土粗精矿，再经脱泥、脱药和用碳酸钠、水玻璃、氟硅酸钠、$C_{5\sim9}$羟肟酸精选，分别获得含REO60%的稀土精矿和含REO30%的稀土次精矿，稀土的总回收率45%以上；稀土、萤石混合浮选的尾矿，在氢氧化钠、水玻璃介质中细磨至－400目97%，利用矿石本身含有的细粒磁铁矿选择性团聚赤铁矿的新技术，经四次脱泥使其与含铁硅酸盐矿物分离而获得含铁61%、含氟0.45%，铁回收率80%以上的选别指标。

浮选—选择性团聚选矿工艺流程示于图33.4.2。工艺流程的药剂制度及用量列于表33.4.32。工业试验的选别指标列于表33.4.33。

33.4.2.2　帕斯山稀土矿（美国）

A　概况

帕斯山（Mountain Pass）稀土矿位于美国加利福亚州南部，是世界上最大的氟碳铈矿矿床之一。该矿床发现于1949年，1951年为美国联合石油集团钼公司（Molycrop.Inc.）所有。1952年开始少量生产，1954年浮选厂（图33.4.3）建成并投产后，年生产稀土精矿能力折合成稀土氧化物为4077吨。1966年12月完成第二期扩建，生产能力达到22650吨。1972年，由于稀土在钢中应用得到推广，1973年该厂又扩建至27210吨。1980年生产能力已扩大到4万多吨。该厂生产的产品品种有：含REO60～63%的氟碳铈矿精矿；含REO68～72%的稀土产品和含REO85～90%的稀土产品。

B　矿石性质

帕斯山稀土矿赋存在一长8公里、厚2.4公里的碳酸盐矿体中，呈不规则的脉状产出。矿石中含方解石40～60%、含重晶石和天青石20～35%、含石英8%，并含有少量的磷灰石、方铅矿、赤铁矿等。矿石中的稀土矿物以氟碳铈矿为主，并含有极少量的独居石。矿石中稀土矿物嵌布粒度较粗，稀土平均品位为7～8% REO。

C　工艺流程及选别指标

表 33.4.32 浮选—选择性团聚选矿流程药剂制度及用量

选别作业	药剂名称	用量，g / t 原矿
稀土、萤石混合浮选	Na_2CO_3	1980
	Na_2SiO_3	1044
	氧化石蜡皂	1086
稀土分离及精选	Na_2CO_3	355
	Na_2SiO_3	4729
	Na_2SiF_6	2123
	$C_{5\sim9}$羟肟酸胺	499
	$C_{5\sim9}$羟肟酸	162
选择性团聚选铁	NaOH	1538
	Na_2SiO_3	2883

表 33.4.33 浮选—选择性团聚选矿流程工业试验指标

年份	原矿品位，%			稀土精矿		稀土次精矿		铁精矿		
	Fe	REO	F	品位 REO %	回收率 %	品位 REO %	回收率 %	品位，% Fe	品位，% F	回收率 %
1984	32.20	5.80	8.12	61.14	34.69	33.48	34.86	61.87	0.43	83.30
1986	32.25	5.63	7.92	60.49	22.13	37.29	26.31	61.38	0.46	80.83

图 33.4.3　美国帕斯山稀土浮选厂

帕斯山稀土矿选矿厂每天平均处理1500吨含氟碳铈矿10%(含稀土氧化物7%左右)的原矿。选矿厂的工艺流程(图33.4.4)包括：从矿山运来的矿石，经两段一闭路破碎至-13毫米，送磨浮车间。磨矿采用一段棒磨、一段球磨与水力旋流器组成的闭路流程，将矿石磨至-100目占80%送浮选作业。浮选前采用6个搅拌槽，在通蒸气加温的条件下搅拌，在第一个搅拌槽添加苏打、氟硅酸钠，在第三个搅拌槽添加木素磺酸铵，在第六个搅拌槽添加C-30塔尔油，在pH8.8的条件下，进行一次粗选、一次扫选、四次精选获得含稀土氧化物60～63%的稀土精矿，稀土回收率为65～70%。稀土浮选精矿用酸进一步处理，可获得含REO68～72%的稀土产品；再经焙烧处理，可获得含REO85～90%的稀土产品。

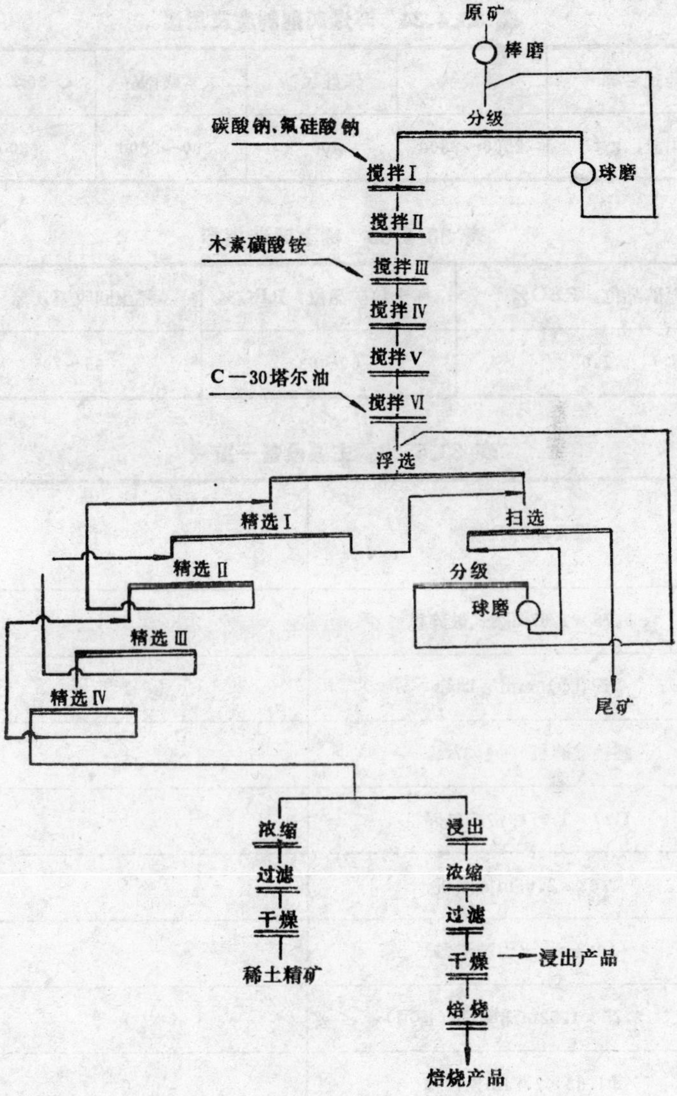

图 33.4.4 帕斯山稀土矿选矿工艺流程

帕斯山稀土选矿厂的浮选药剂制度及用量列于表33.4.34、稀土浮选指标列于表33.4.35、主要设备一览表列于表33.4.36。

表 33.4.34　浮选药剂制度及用量

药剂名称	碳酸钠	氟硅酸钠	木素磺酸铵	C-30塔尔油
用量，g/t	2500～3300	400	2300～3300	300

表 33.4.35　稀土浮选指标

原矿品位，REO%	稀土精矿品位，REO%	稀土回收率，%
7.0	60～63	65～70

表 33.4.36　主要设备一览表

设备名称及规格	台　件
0.76×1.07m颚式破碎机	1
筛孔ϕ16mm振动筛	1
圆锥破碎机（ϕ1.37m）	1
1.17×1.37冲击式破碎机	1
1.83×3.05m棒磨机	1
ϕ254mm水力旋流器	
2.75×1.52m球磨机（备用）	1
ϕ1.83×2.74m搅拌槽	6
1.7m^{3}Gallagher浮选机	12
3.66×4.88m球磨机	1

33.4.2.3 山东微山稀土矿

A 概况

微山稀土矿位于山东省境内。该矿1975年开始筹建，1982年建成投产。目前，已发展成为采、选、冶基本配套的小型稀土企业。生产的产品有：稀土精矿、氯化稀土、氧化稀土、抛光粉等八种产品。

B 矿石性质

微山稀土矿系石英重晶石碳酸盐稀土矿床。矿石中的稀土矿物以氟碳铈矿及氟碳钙铈矿为主，并含有极少量的铈磷灰石和独居石。脉石矿物主要有方解石、石英、白云石，并伴生有重晶石及少量的萤石。

微山稀土矿的矿石组成简单。稀土元素97%呈单独的稀土矿物形态存在。稀土矿物嵌布粒度较粗，一般在0.5～0.04毫米。矿石易碎、易磨。原矿的主要化学成分列于表33.4.37。

表 33.4.37 原矿主要化学成分

成分	REO	T_{Fe}	S_{Fe}	SiO_2	Al_2O_3	BaO	SrO	CaO	MgO
含量，%	3.71	2.81	2.69	47.92	22.48	11.99	0.27	1.18	1.18
成分	K_2O	Na_2O	Nb_2O_5	Ta_2O_5	P	Th	F	S	
含量，%	1.85	3.53	0.012	0.0045	0.12	0.002	0.698	2.1	

C 工艺流程及选别指标

微山稀土矿选矿厂的工艺流程（图33.4.5）包括：原矿经两段一闭路流程破碎至18～0毫米，经一段闭路磨矿磨至－200目占60～70%，送浮选作业处理。浮选采用H_2SO_4作调整剂，在弱酸性介质中用油酸、煤油作捕收剂，经一次粗选、三次扫选、三次精选流程选别，获得含REO45～60%的稀土精矿、稀土回收率为75～80%。为满足稀土精矿出口的需要，可在上述流程基础上将精选次数增加至五次，精选中矿单独处理，以生产含REO>68%的优质稀土精矿出口；精选中矿经单独处理后出一个含REO 30～50%的稀土次精矿供国内使用。

微山稀土矿选矿厂的浮选药剂制度及用量列于表33.4.38，选矿厂的稀土浮选指标列于表33.4.39，主要设备列于表33.4.40。

表 33.4.38　浮选药剂制度及用量

药剂名称	硫　酸	油　酸	煤　油
用量，g/t	1500	2100	7500

表 33.4.39　稀土浮选指标

原矿品位，REO%	稀土精矿品位，REO%	稀土回收率，%
3.5～4.5	45～60	75～80

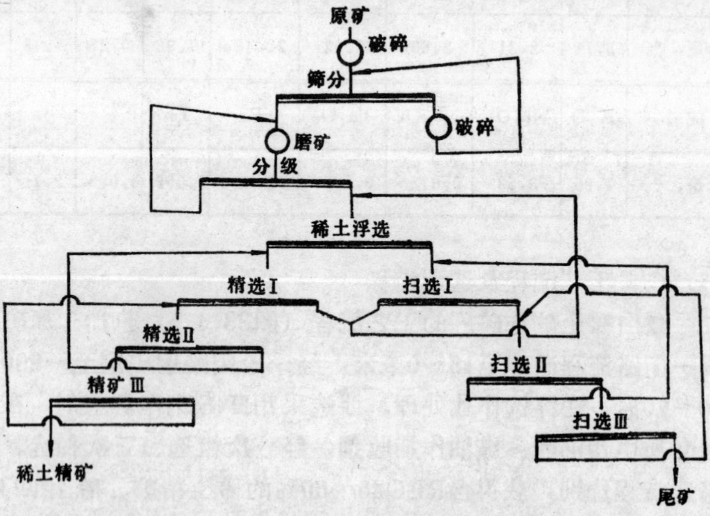

图 33.4.5　微山稀土矿选矿工艺流程

表 33.4.40 主要设备一览表

序号	设备名称及规格	台件	序号	设备名称及规格	台件
1	PEF250×400颚式破碎机	1	7	FLG0.5×4.5单螺旋分级机	1
2	PEF150×250颚式破碎机	1	8	ϕ1×1m搅拌槽	2
3	$SZZ_2$900×1800中心振动筛	1	9	XJK－0.23（8槽）浮选机	1
4	TD72 5050型皮带机	3	10	XJK－0.13（6槽）浮选机	1
5	400×400摆式给矿机	1	11	ϕ3～ϕ8虹吸给药机	4
6	MQG1.2×1.2格子型球磨机	1	12	$1\frac{1}{2}$PS型砂泵	2

33.4.2.4 西澳矿砂公司凯佩尔海滨砂矿（澳大利亚）

A 概况

澳大利亚的海滨砂矿资源十分丰富，主要分布在悉尼以北至昆士兰州伯里斯班的海岸及岛屿和西海岸的西澳大利亚州的埃尼巴至卡皮尔海岸。

西澳矿砂公司的海滨砂矿距海岸线约15公里，矿体与海岸线相平行。原矿重矿物含量为12～15%，在重矿物中独居石仅占0.5%，其他主要为钛铁矿、白钛石、锆英石以及少量的金红石。

矿区用25米^{3}自升式铲运机开采，一台推土机间歇地松动板结区段的矿石。采出的矿石堆存在离工作面400米的粗筛分场附近作为入选原矿。

B 粗选厂

送进粗选厂的原矿经三段筛分：第一段双层筛用高压水喷射矿石团块；第二段、第三段筛上产品再用圆筒擦洗筛筛分，以便使包裹在粘土里的重矿物解离出来，筛下产品经振动筛除去＋2毫米的废石，－2毫米产品经旋流器浓缩后送进圆锥选矿机，经一粗、一扫、两次精选的闭路流程获得粗精矿。西澳矿砂公司凯帕尔粗选厂流程示于图33.4.6。

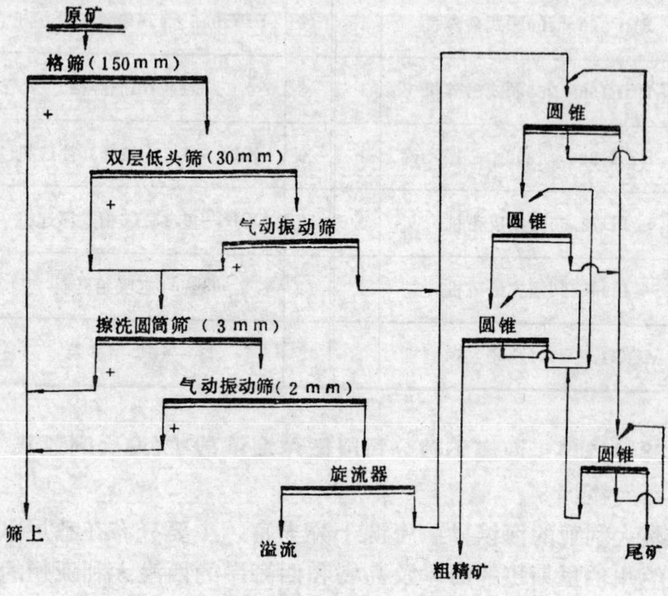

图 33.4.6 西澳矿砂公司凯佩尔粗选厂流程

C 精选厂

西澳矿砂公司凯佩尔精选厂流程(图33.4.7)包括：首先采用磁选方法分离出钛铁矿；随后用电选和风力摇床分选出蚀变钛铁矿；弱磁性产物与非导体产品合并，经螺旋、擦洗、分级后，堆存、脱水干燥，并作为下一阶段分离的给矿。这种给矿经一次高压辊式电选、两次筛板式电选除去导体矿物；非导体产物经感应辊式磁选和风力摇床分离出锆英石；另一种强场的感应辊式磁选分离出非磁性产品，其磁性产品再经风力摇床选别获得独居石精矿；导体矿物再经感应辊式磁选和高压辊式电选和筛板式电选获白钛石精矿。

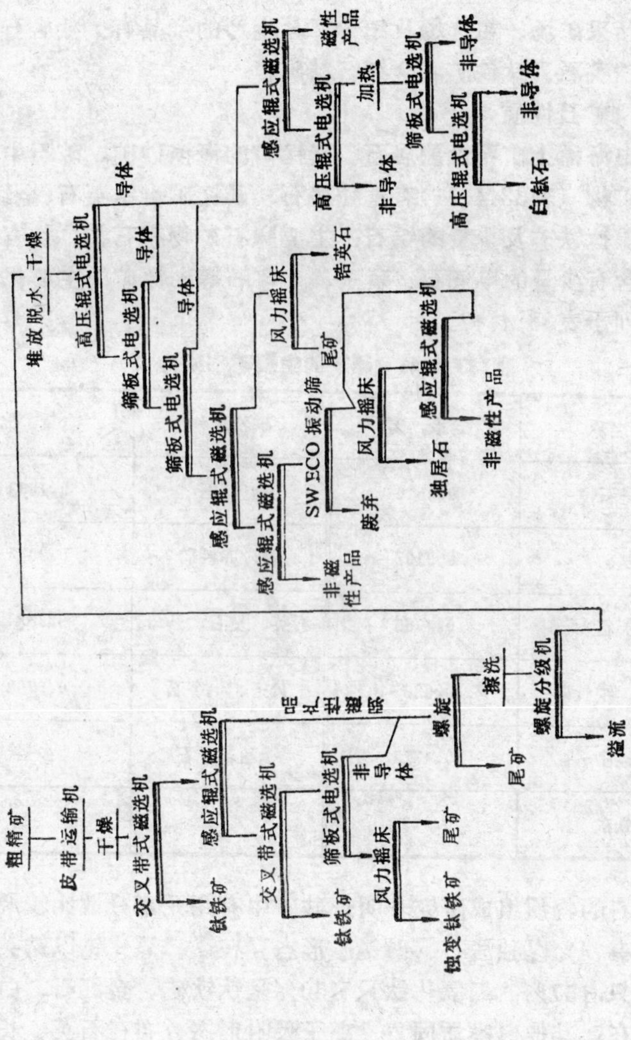

图 33.4.7 西澳矿砂公司凯佩尔精选厂流程

33.4.2.5 广东南山海稀土矿

A 概况

南山海稀土矿位于广东省境内，是我国大型含独居石的海滨砂矿矿床之一。该矿1961年开始勘探，1970年兴建，1973年投产。全矿包括采矿场、粗选场及精选厂。生产的产品有：独居石、磷钇矿、锆英石、钛铁矿和金红石精矿。

B 矿石性质

南山海稀土矿系含独居石、磷钇矿的海滨砂矿。矿石中所含的主要矿物（表33.4.41)有：独居石、磷钇矿、锆英石、金红石、白钛石、钛铁矿及少量的锡石；主要脉石矿物有石英、长石、云母；并含有少量的电气石、黄玉、十字石等。原矿的主要化学成分分析列于表33.4.42。

表 33.4.41 原矿的主要矿物成分

矿物名称	含量，%	矿物名称	含量，%
独居石	0.0516	电气石	0.1663
磷钇矿	0.0107	磁、赤铁矿	0.0044
锆英石	0.1355	石英、长石、云母	98.68
金红石、锐钛矿	0.028	黄玉、十字石	0.6758
钛铁矿	0.1722	锡石、钍石	少量
白钛矿	0.073		

矿石的物质组成研究表明：砂矿中有用元素分散比较严重。稀土只有74%以独居石、磷钇矿形态存在；二氧化锆以锆英石形态存在只占57%；二氧化钛只有50%呈钛铁矿、金红石、白铁石形态存在；其他以类质同象、离子吸附形态分布在石英、长石、云母之中。

表 33.4.42 原矿的主要化学成分

成 分	含量，%	成 分	含量，%	成 分	含量，%
REO	0.047	ThO_2	0.005	CaO	0.48
Zr (Hf) O_2	0.152	Sn	0.033	Na_2O	0.32
TiO_2	0.31	Mn	0.26	K_2O	0.23
Ta_2O_5	0.0012	Fe	0.71	SiO_2	93.87
Nb_2O_5	0.0024	MgO	0.18	Al_2O_3	1.94

矿石中有用矿物的粒度测定指出：除磷钇矿稍粗之外，其余的有用矿物80%分布在0.125～0.074毫米粒级；50%分布在0.09～0.074毫米粒级；锆英石及钛铁矿主要分布在0.074～0.061毫米粒级。

C 工艺流程及选别指标

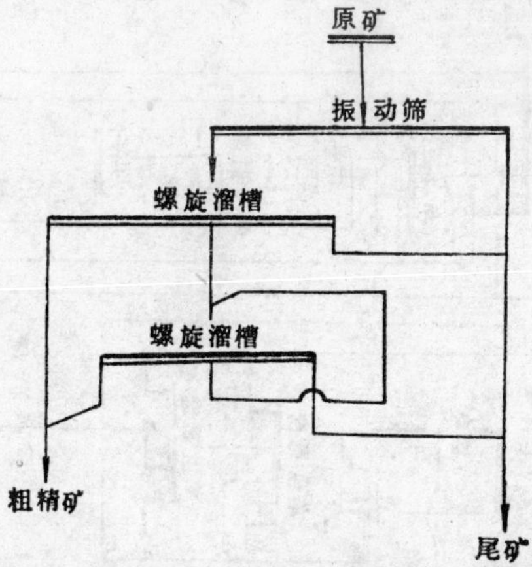

图 33.4.8 南山海稀土矿粗选原则流程

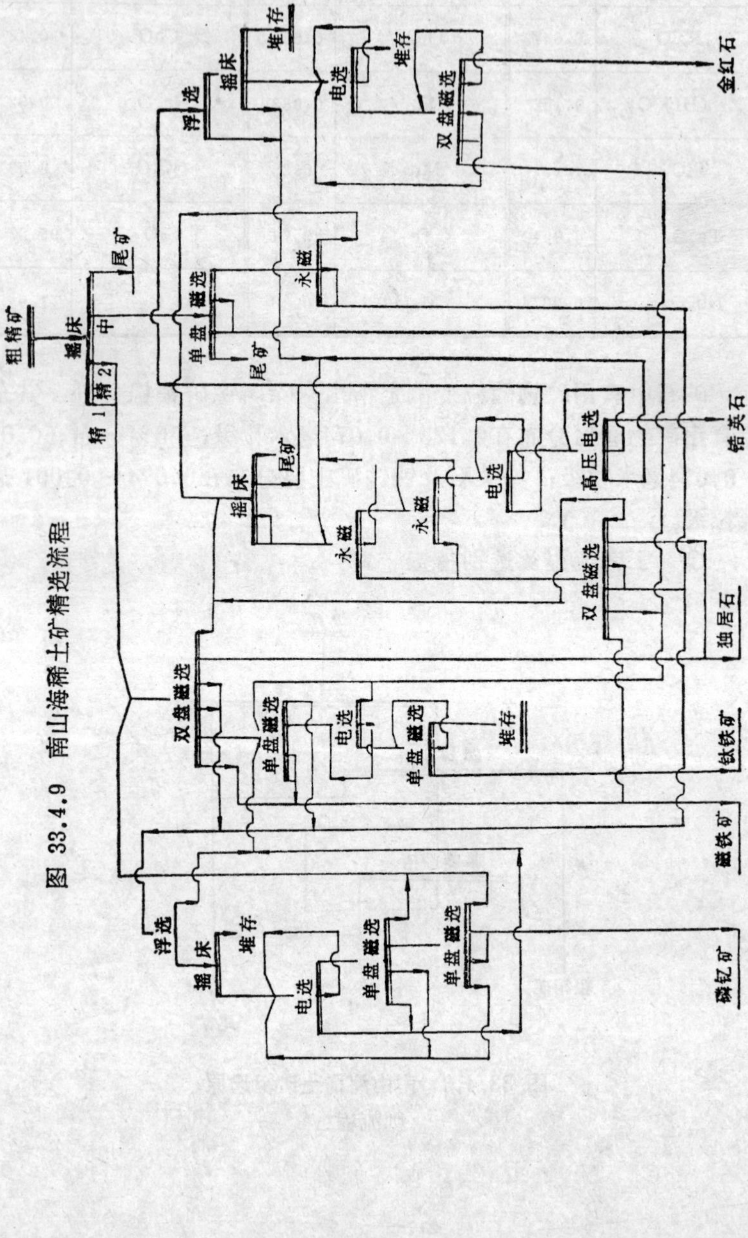

图 33.4.9　南山海稀土矿精选流程

南山海稀土矿原设计粗选采用跳汰、摇床设备。后来，为了节省能耗和便于搬迁，已改为可移动式的组合螺旋流程（图33.4.8）。

南山海稀土矿的精选流程是以重选开始，首先按密度不同分类，随后根据矿物的性质不同，分别采用磁选、电选、浮选联合流程进行分离，分别获独居石、磷钇矿、钛铁矿，锆英石、金红石、磁铁矿精矿。南山海稀土矿的精选流程示于图33.4.9。稀土选别指标列于表33.4.43，主要设备及规格列于表33.4.44。

表 33.4.43 南山海稀土矿选别指标

年份	原矿品位 REO%	粗选		精选①
		品位，REO%	回收率，%	作业回收率，%
1980	0.0417	1.81	64.06	81.18
1981	0.0433	1.78	61.38	84.19
1982	0.0397	1.49	60.00	78.65
1983	0.0429	1.52	59.44	82.23

① 在获得独居石合格精矿品位条件下的精选作业回收率。

33.4.2.6 广东雪山磷钇矿

A 概况

我国磷钇矿资源主要分布在广东、湖南、广西、江西等地。在我国大小十几个生产磷钇矿的厂矿中，只有广东雪山磷钇矿是以磷钇矿为主的独立矿床。

磷钇矿和独居石一样，由于它与其他矿物伴生产出，因此多半是经重选富集之后，再采用其他的选矿方法从重砂中予以回收。

B 矿石性质

广东雪山磷钇矿系花岗岩风化壳矿床。矿石中磷钇矿含量较

表 33.4.44　主要设备一览表

设备名称及规格	台件	设备名称及规格	台件
12.7cm (5in) 砂泵	6	CGRϕ560×400永磁辊式强磁机	5
10sh 9A水泵	3	ϕ120×1500电选机	8
水枪	6	DSG-6、ϕ260×1500高压双辊电选机	1
10500×3000单层振动筛	3	XJK0.35浮选机	2
东方红-60推土机	4	1000HP柴油发电机组	1
ϕ1200、ϕ600双头螺旋流槽	33	585HP柴油发电机组	1
6-S摇床	47	544HP柴油发电机组	1
ϕ885单盘磁选机	13	305HP柴油发电机组	3
ZPC双盘磁选机	10	CA-10B解放牌汽车	10

高，伴生的有用矿物有独居石、锆英石；主要脉石矿物有长石、石英、黑云母等。

矿石物质成分研究表明：矿石中的稀土元素比较分散，稀土以磷钇矿形态存在只占45%，其余的稀土除一部分以独居石形态存在外，大部分以分散形态存在于脉石矿物之中。

C　工艺流程

广东雪山磷钇矿选矿工艺流程（图 33.4.10）：原矿磨至−1毫米的条件下，采用摇床粗选弃尾；粗精矿经两次摇床精选，得磷钇矿和独居石混合精矿；随后，采用分级分别磁选的方法使两者分离，分别获得含$Y_2O_3$39.90%的磷钇矿精矿和独居石精矿。

33.4.2.7　江西离子吸附型稀土矿

A　概况

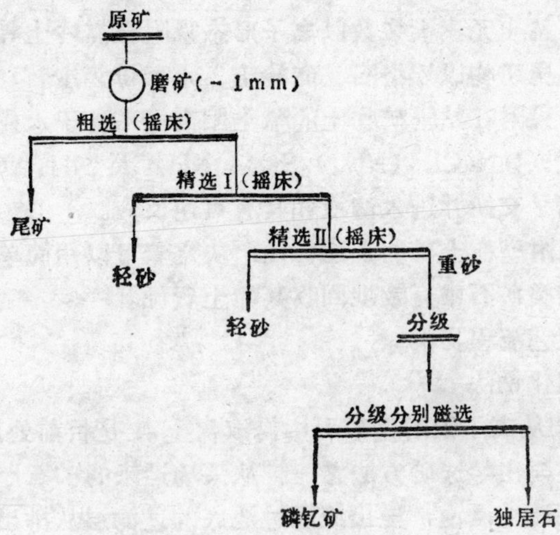

图 33.4.10 广东雪山磷钇矿选矿工艺流程

江西离子吸附型稀土矿主要分布在该省的龙南、寻乌等地区。地质勘探工作已查明：龙南地区为离子吸附型重稀土矿；寻乌地区为离子吸附型轻稀土矿。1971年以来，龙南、寻乌等地区先后建成了七个矿点，采取化学选矿法从中提取和生产混合稀土。随着国内外对中、重稀土需要量的增加，促进了离子吸附型稀土矿生产的迅速发展。目前，从江西离子吸附型稀土矿中提取的稀土年产量，按氧化物计已占全国稀土总产量的15～20%。

B 矿石性质

江西龙南、寻乌地区的离子吸附型稀土矿，系含稀土的花岗岩或火山岩经多年的风化而形成，矿体覆盖浅，矿石较松散，颗粒很细，可以无需爆破直接开采。稀土主要以离子形式吸附在高岭土等粘土矿物上，矿石中的稀土品位为0.088～0.2%。这类矿床具有以下特点：

（1）稀土元素在矿石中80～90%属离子吸附相，少部分稀土元素呈单矿物或类质同象矿物形态存在。

（2）稀土元素大多数以离子形态吸附在高岭土等粘土矿物上，这些粘土矿物以埃洛石、高岭土、水云母为主。

（3）吸附在粘土矿物上的稀土阳离子不溶于水或乙醇，但在强电解质（如$NaCl$、$(NH_4)_2SO_4$、NH_3Cl、NH_4AC等）溶液中能发生离子交换并进入溶液和具有可逆反应。

离子吸附型稀土矿的上述特性，决定着可以用简单的化学选矿方法从这类矿石中有效地回收其稀土资源。

C　工艺流程及指标

a　氯化钠法

用$NaCl$从离子吸附型矿石中提取稀土，是目前处理这种类型矿石的主要化学选矿方法之一。从采场运来的矿石，送进一个长方形水泥池中浸泡，浸出液通过池底的过滤层从排出口排出，浸渣用人工清除，浸出液在饱和的草酸溶液中沉淀，经过滤，滤液经石灰中和并补加食盐返回再用，滤饼即为稀土草酸盐，经灼烧、水洗、再灼烧得混合稀土氧化物。用$NaCl$处理离子吸附型稀土矿的化学选矿工艺示于图33.4.11。

该工艺目前存在的主要问题是：浸渣含$NaCl$高，造成土壤盐化。

b　硫酸铵法

用$(NH_4)_2SO_4$从离子吸附型矿石中提取稀土，是最近几年研究成功的一种方法。与$NaCl$法不同之处在于：用1～2%的$(NH_4)_2SO_4$溶液浸泡矿石，随后用草酸沉淀而获得稀土草酸盐，再经一次灼烧即可获得含REO＞90%的混合稀土氧化物，滤液经补加硫酸铵返回再用。与$NaCl$法相比，其浸渣不会造成土壤盐化问题。用$(NH_4)_2SO_4$处理离子吸附型稀土矿的化学选矿工艺示于图33.4.12。

c　生产指标

1981年龙南和寻乌矿的生产指标列于表33.4.45。从所列的指标可以看出：这两个矿的生产指标还比较低，稀土总回收率只

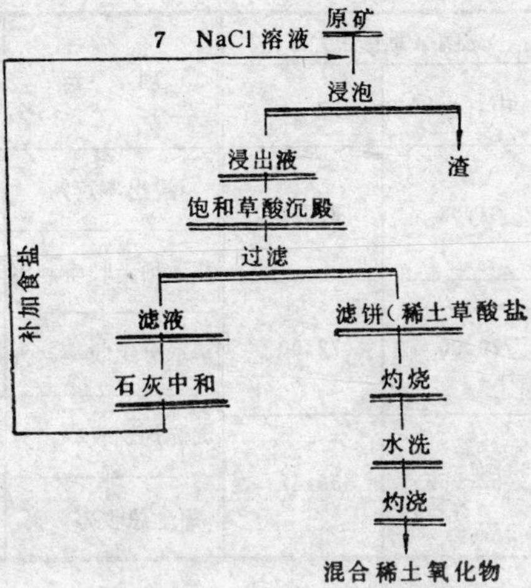

图 33.4.11 用NaCl处理离子吸附型稀土矿的化学选矿工艺

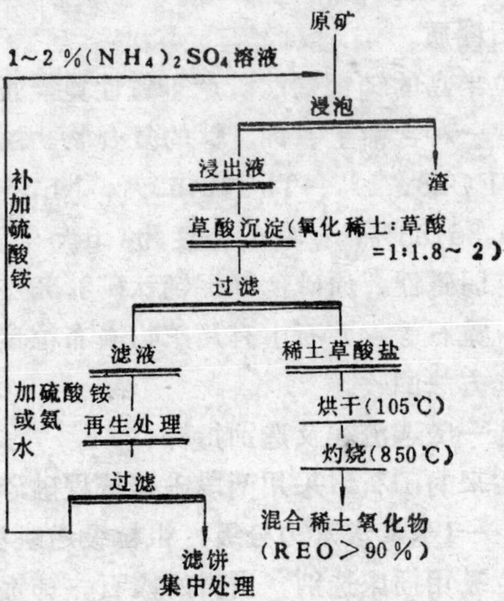

图 33.4.12 用$(NH_4)_2SO_4$处理离子吸附型稀土矿的化学选矿工艺

表 33.4.45　1981年江西离子吸附型稀土矿的生产指标

项　　目	龙南（重稀土）矿	
	中、小矿	大　矿
浸出率，%	81.08	89.78
灼烧水洗收率，%	70.00	72.00
稀土总收率，%	52～56	59.47

项　　目	寻乌（轻稀土）矿
浸出率，%	80～89
萃取稀土收率，%	95
萃取分组收率，%	94
沉淀灼烧收率，%	94
稀土总收率，%	65

有60～65%。因此，合理的化学选矿工艺及采、选设备还有待进一步开发。

33.4.2.8　铈铌钙钛矿（苏联）

A　矿石性质

苏联科拉半岛的铈铌钙钛矿产于碱性霓霞正长岩和异性霞石正长岩中，是一种含稀土、铌、钛的复合物。这种矿物的主要化学成分：含REO28.71%、$ThO_2$0.52%、$Nb_2O_5$9.4%、$Ta_2O_5$0.38%、$TiO_2$36.83%；矿物的密度为4.64～4.89克/厘米^3，铈铌钙钛矿具有弱磁性。原矿含铈铌钙钛矿3.53～3.70%，伴生的脉石有霞石、霓石等。矿石中有用矿物嵌布粒度较粗，一般可采用重选、磁选方法回收。

B　重选—磁选流程及选别指标

从矿山运来的矿石，采用两段破碎流程破碎至－20毫米，经一段磨矿磨至－1毫米送水力分级，粗粒级送跳汰，跳汰尾矿返回再磨。细粒级用摇床选别。所得的霞石—铈铌钙钛矿混合精矿用磁选除去霞石，获得含89～91%铈铌钙钛矿的精矿，回收率为70～75%。流程示于图33.4.13。

C 用浮选法从重选矿泥中进一步回收铈铌钙钛矿

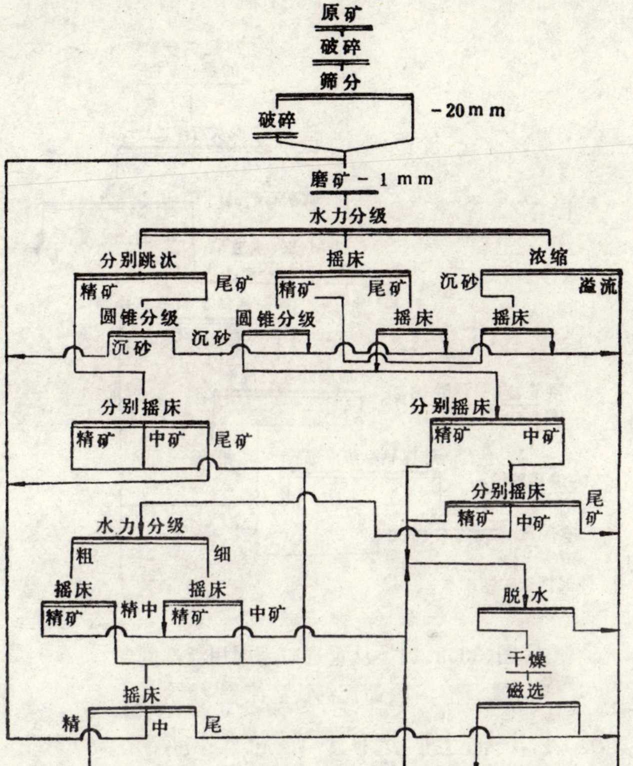

图 33.4.13 回收铈铌钙钛矿的重—磁选流程

用浮选法处理重选矿泥的流程(图33.4.14)：首先将矿泥中易浮的磷灰石浮出，经四次精选获得含$P_2O_5$36～38%、回收率83～85%的磷灰石精矿。磷灰石浮选尾矿进一步脱泥，并添加水玻璃和捕收剂ИМ-50，采用H_2SO_4使矿浆pH调整至5.4～4.8，进行铈铌钙钛矿和霞石浮选；上述两种矿物的浮选泡沫经酸处理后，采用草酸、六偏磷酸钠、ИМ-50，在pH6.2～6.4的条件下浮选铈铌钙钛矿，经精选获得含铈铌钙钛矿95%的最终精矿，对重选矿泥的作业回收率为82%（对原矿而言大约增加8～10%的回收率）。

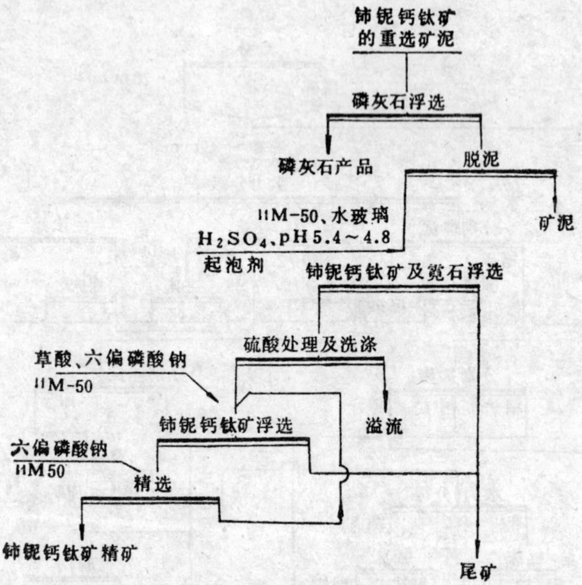

图 33.3.14　从重选矿泥中用浮选回收铈铌钙钛矿流程

33.4.3 稀土矿选矿厂汇总

稀土矿选矿厂汇总列于表33.4.46。

表 33.4.46　国内外稀土矿主要选矿厂一览表

国别	厂　名	处理的矿石类型	工艺流程	选别指标，REO%		
				原矿品位	精矿品位	回收率
中国	包钢选矿厂	白云鄂博稀土共生矿	浮选-选择性团聚选矿	5.63	60.49	22.13
					37.29	26.31
美国	帕斯山（Mountain Pass）选矿厂	碳酸盐类型稀土矿	浮选	7.0	60～63	65～70

续表 33.4.46

国别	厂　名	处理的矿石类型	工艺流程	选别指标，REO%		
				原矿品位	精矿品位	回收率
中国	微山稀土矿选矿厂	碳酸盐类型稀土矿	浮选	3.5～4.5	45～60	75～80
澳大利亚	凯帕尔 (Capel) 选矿厂	海滨砂矿	磁选-重选-电选	0.50 (矿物含量)	95 (矿物含量)	
中国	南山海稀土矿选矿厂	海滨砂矿	重选-磁选-电选	0.045	55～60	46～52
中国	雪山磷钇矿选矿厂	花岗岩风化壳	重选-磁选		39.90 (Y_2O_3含量)	
中国	龙南提取厂	离子吸附型重稀土矿	化学选矿	0.088～0.2	>90	59.47
	寻乌提取厂	离子吸附型轻稀土矿	化学选矿	0.088～0.2	>90	65
苏联	科拉半岛铈铌钙钛矿选矿厂	碱性霓霞正长岩铈铌钙钛矿	重选-磁选		89～91 (矿物含量)	70～75

参 考 文 献

[1] 《稀土》编写组，稀土（上册），冶金工业出版社，1978年，1～188页.

[2] James B. Hedrick., Mineral Facts and Problems, U S B M., 1985, pp 647～664.

[3] 张培善、陶克捷，白云鄂博矿物学，科学出版社，1986年.

[4] 罗家珂，稀有金属，1982年3期，11～13页.

[5] 杨锡惠，有色金属，1987年1期，9～15页.

[6] Johnson, N. L., et al., Deco Trefoil, V.30, №4 August-October 1966, pp 9～15.

[7] Fuerstenau, D. W., et al., 14th IMPC, Oct. 1982, Toronto, Canada, IV-6-1～12.

[8] 罗家珂，国外金属矿选矿，1985年10期，1～12页.

33.5 金银矿选矿

33.5.1 金矿选矿概述

33.5.1.1 金的生产概况

金是人类最早开采和使用的贵金属。长期以来，金主要用作货币和制造装饰品。在资本主义国家，黄金历来被当作货币储备，作为金融付款基础和银行金融界的交换基础。由于金具有可贵的抗腐性能，良好的物理机械性能和高度的化学稳定性，因此，金及其合金在喷气发动机、火箭、超音速飞机、核反应堆、电子器械和宇宙航行等方面获得广泛应用，已成为发展电子技术和宇宙航行技术不可缺少的原材料。

金主要来源于脉金矿、砂金矿和含金多金属矿石。目前世界上脉金产量占金总产量的65～75%。

世界上黄金产量最多的国家是南非，其次为苏联、美国、加拿大、澳大利亚、巴西、菲律宾、巴布亚新几内亚、哥伦比亚、智利等。国外一些主要产金国家金的储量及近10年资本主义各国黄金产量列于表33.5.1及表33.5.2。

国外黄金生产国中，南非、美国、加拿大、澳大利亚等主要来自原生金矿床；苏联、巴西、刚果主要来自砂金矿床，此外，还有一些国家则从含铜及多金属矿床中综合回收大量黄金。

目前，随着现代工业对黄金需求量的日益增长，以及黄金在国际金融中的重要作用，尽管黄金生产的发展受到许多因素的制约，但黄金生产的规模与发展速度仍在迅速增长。

中国是世界上开采和使用金最早的国家之一。清光绪年间（1888年），我国产金已达13.5吨，占当时世界产金总量的7%，居第五位。解放后我国黄金生产发展迅速，选金技术不断提高，从选金厂的设计建设，各种选金工艺流程的研究和生产实践，到选金技术的革新、新设备的研制等都取得了重大进展，黄金生产

表 33.5.1 主要产金国家黄金储量

国 家	南非	苏联	加拿大	美 国	澳大利亚	加纳	菲律宾	日本	墨西哥	巴西	尼加拉瓜	总 计
储量，t	15000	6620	5000～6000	3000～4000	200～300	70	400	200	1000	40	20	35000～40000
品位,g/t	12～15	5～8	12	10～12	36～69	9～12	3～6	5～7	7～20	10	6～7	—

表 33.5.2 资本主义各国黄金产量(1975～1986年) 单位：t

国 家	1975	1976	1977	1978	1979	1980	1981	1982	1983	1984	1985	1986
南非	713.4	713.4	699.9	706.4	705.4	675.1	657.6	664.3	679.7	683.3	673.3	640.0
美国	32.4	32.2	32.0	31.1	29.8	30.5	44.0	45.3	62.6	66.0	79.5	108.0
加拿大	51.4	52.4	54.0	54.0	51.1	51.6	53.0	66.5	73.0	86.0	90.0	107.5
澳大利亚	16.3	15.4	19.2	20.1	18.6	17.0	18.4	27.0	30.6	39.1	58.5	75.0
巴西	12.5	13.6	15.9	22.0	25.0	35.0	35.0	34.8	58.7	61.5	72.3	67.4
菲律宾	16.1	16.3	19.4	20.2	19.1	22.0	24.9	31.0	33.3	34.3	37.2	39.9
巴布亚新几内亚	17.9	20.5	22.3	23.4	19.7	14.3	17.2	17.8	18.4	18.7	31.3	36.1
哥伦比亚	10.8	10.3	9.2	9.0	10.0	17.0	17.7	15.5	17.7	21.2	26.4	27.1
智利	4.1	3.0	3.0	3.3	4.3	6.5	12.2	18.9	19.0	18.0	18.2	19.2
委内瑞拉	—	—	—	—	—	1.0	1.5	2.0	6.0	9.5	12.0	15.0
津巴布韦	11.0	12.0	12.5	12.4	12.0	11.4	11.6	13.4	14.1	14.5	14.7	14.9
日本	4.8	4.5	4.8	4.8	4.3	10.8	5.8	5.6	5.9	7.0	9.0	14.0
加纳	16.3	16.6	16.9	14.2	11.5	6.7	13.0	13.0	11.8	11.6	12.0	11.5
多米尼加	3.0	12.7	10.7	10.8	11.0	11.5	12.8	11.8	10.8	10.6	10.4	9.1
墨西哥	4.7	5.4	6.7	6.2	5.5	5.9	5.0	5.2	7.4	7.5	8.0	8.3
扎伊尔	3.6	4.0	3.0	1.0	2.3	3.0	3.2	4.2	6.0	10.0	8.0	8.0
秘鲁	2.9	3.0	3.4	3.9	4.7	5.0	7.2	6.9	9.9	10.5	10.2	—
资本主义总计	945.7	963.7	962.3	971.9	959.3	959.0	980.8	1028.4	1114.9	1160.1	1233.3	1280.8

面貌焕然一新。

33.5.1.2　金的理化性质及其工业矿物

金为化学元素周期表中的IB族元素，原子序数为79，原子量为197。纯金为金黄色，密度（18℃时）19.31克/厘米^3，熔点1064.43℃，沸点2808℃，布氏硬度18.5千克/毫米^2，矿物学硬度3.7。

金的延展性极好。1克纯金可拉成长达3420米以上的细丝，可压成厚度为0.23×10^{-8}毫米的金箔。

金的化学性质非常稳定。金在低温或高温时均不被氧所直接氧化。常温下，金与盐酸、硝酸、硫酸不起作用，但能溶于王水（三份盐酸和一份硝酸）。能使金溶解的溶剂还有：氰化物溶液；硫氰化物溶液；硫脲溶液；硫代硫酸盐溶液。

金元素具有镧系收缩性质，其外层电子受核的吸引牢固不易成为离子，与其他元素的化学亲和力极微弱。因此，自然界中金的离子化合物很少，多呈金属状态存在。又因金的原子半径与银、铜及铂族元素等的原子半径相近，故常与这些金属元素形成金属互化物。特别是金与银的原子半径相同（1.44Å），晶格常数也相近（金4.07Å，银4.78Å），化学性质相似，所以天然的金-银固溶体广泛分布在金的独立矿物中，金银系列矿物占统治地位。此外，金也可与某些半金属元素形成天然化合物，如碲化物、铋化物、锑化物等。

金的主要工业矿物列于表33.5.3。

33.5.1.3　金的矿石类型及选矿方法

金的矿石类型，其划分方法各不相同。根据矿石氧化程度，可分为原生（硫化矿）矿石、部分氧化（混合）矿石和氧化矿石。氧化矿的特点是，矿石中含有氧化铁和其他金属氧化矿物以及含有泥质（粘土）成分。根据我国实际情况，并结合选矿工艺要求又可划分为：

A　贫硫化物金矿石。这种矿石多为石英脉型，也有复石英脉型和细脉浸染型等，硫化物含量少，多以黄铁矿为主，在有些

表 33.5.3 金的工业矿物

矿物名称	化学分子式	含金量 %	备注
1.自然金 (Gold)	Au	>80	常与银、铂、钯、铑、铜、铋等成合金
2.银金矿 (Electrum)	(Au,Ag)	50～80	
3.黑铋金矿 (Maldonite)	Au_2Bi	65.3	
4.斜方铜金矿 (Auricupride)	Cu_3Au	50.6	
5.围山矿 (Weishanite)	$(Au,Ag)_3Hg_2$	56.91	1983年4月国际矿物学会正式承认
6.硫金银矿 (Uytenbogaardtite)	Ag_3AuS_2	32.6	
7.碲金矿 (Calaverite)	$AuTe_2$	44.03	有时含小量银
8.斜方碲金矿 (Krennerite)	$AuTe_2$	43.5	
9.亮碲金矿 (Montbraite)	$(Au,Sb)_2Te_3$	50.6	
10.碲金银矿 (Petzite)	Ag_3AuTe_2	25.4	
11.板碲金银矿 (Muthmannite)	(Ag,Au) Te	32.9～35.2	
12.针碲金银矿 (Sylvanite)	$(Au,Ag)\ Te_4$	24.1	
13.针碲金铜矿 (Kostovite)	$CuAuTe_4$	25.5	
14.叶碲金矿 (Nagyagite)	$Pb_5Au\ (Te,Sb)_4S_{5\sim8}$	7.41～10.16	成分不定
15.碲铜金矿 (Bessmertnovite)	$Au_4Cu\ (Te,Pb)$	68.0～75.0	
16.碲铁铜金矿 (Bogdanovite)	$Au_5(Cu,Fe)_3(Te,Pb)_2$	57.6～63.6	
17.碲铅铜金矿 (Bilibinskite)	$Au_3Cu_2PbTe_2$	40.7～50.5	
18.方锑金矿 (Aurostibite)	$AuSb_2$	44.7	
19.硒金银矿 (Fischsserite)	Ag_3AuSe_2	29.0	

情况下伴生有铜、铅、锌、钨、钼等矿物。这类矿石中自然金粒度相对较大，金是唯一回收对象，其他元素或矿物无工业价值或仅能作为副产品加以回收。采用单一浮选或全泥氰化等简单的工艺流程、便可获得较高的选别指标。

B　多硫化物金矿石。这类矿石中黄铁矿或毒砂含量多，它们与金一样也是回收对象。金的品位偏低，变化不大，自然金颗粒相对较小，并多被包裹在黄铁矿中。用浮选将金与硫化物选别出来，一般比较容易；但进而使金与硫化物分离则需要采用复杂的选冶联合流程，否则金的回收指标不会太高。

C　含金多金属矿石。这类矿石除金以外，有的含有铜、铜铅、铅锌银、钨锑等几种金属矿物，它们均有单独开采的价值。其特点是：含有相当数量硫化物（10～20%）；自然金除与黄铁矿密切共生外，大多与铜、铅等矿物紧密共生；自然金呈粗细不均匀嵌布，粒度变化区间长；供综合利用的种类繁多。上述特点决定了对这类矿石一般需要采用比较复杂的选矿工艺流程进行选别。

D　含碲化金金矿石。金仍然以自然金状态者为多，但有相当一部分金赋存在金的碲化物中。这类矿石在成因上多为低温热液矿床，脉石为石英、玉髓质石英和碳酸盐矿物。

E　含金铜矿石。这类矿石与第三类矿石的区别在于：金的品位低，但可作为主要的综合利用的元素之一。矿石中自然金粒度中等，金与其他矿物共生关系复杂。选矿中大多将金富集在铜精矿中，在铜冶炼时回收金。

33.5.1.4　金的嵌布特性对选矿的影响

金的表面特性对选矿工艺有很大影响。有的金粒表面被黑色或黑褐色表膜覆盖，这种金粒对浮选、混汞和氰化都很不利。在重选过程中，这种金粒虽有可能进入精矿，但若再进行混汞处理时，又很难回收。此外，由于金粒形态不同，提金方法也往往各异。而金的几何形状是多种多样的，常见的有粒状、不规则状、鳞片状、树枝状、团块状等。对于叶片状、鳞片状及板状金易于用浮选及氰化法回收，而不宜采用重选和混汞；粒状和球状金则适于重选和混汞，却不利于浮选。

金在矿石中的嵌布粒度不但决定其磨矿程度，而且决定选矿方法的选择。在磨矿过程中，当粗粒金同其他矿物单体解离为游离金时，先用重选或混汞法回收，这对改善下一步的浮选、氰化作业具有实际意义，因为粗粒金往往难以浮选，或需经长时间氰化才能回收。细粒金易于浮选、氰化，但用重选法则不易回收。而对于与其他矿物呈连生体存在的细粒金，虽能氰化或浮选，但其效果取决于共生矿物的浮游性及其对氰化的影响。微粒金在磨矿过程中几乎不能解离，通常只有经过焙烧之后，再用氰化加以回收。若微粒金包含在多孔的氢氧化铁矿物或碳酸盐矿物中，经粗磨后用氰化法亦可将金浸出。

在大多数情况下，金主要嵌布在硫化矿物中，特别是嵌布在黄铁矿、黄铜矿中最多。但在不同的矿床中金与二者的密切共生程度并不一样。在矽卡岩型铜铁矿床中，黄铜矿是金的富集矿物；而在金矿床中，黄铁矿又往往是金的富集矿物。若矿床中有毒砂存在，则金与毒砂共生更为密切。此外，金的粒度不同，其嵌布特性也有差异，粗粒金嵌布比较简单，除一部分包含在其他矿物之中外，多数金填充在其他矿物之间，且其接触边界平直，破碎磨矿时易于单体解离，对金的回收有利。但当金粒度较细时，则多呈细粒分散状分布在硫化物中而难以解离，对金的回收不利。

33.5.1.5 中国金矿资源简述

根据金矿床与区域地质条件，我国主要金矿基本分布在九个金矿成矿区内。

A 东北北部砂金矿区。主要有黑河、呼玛、乌拉嘎和桦川一带的砂金矿，属于河流冲积砂矿。近年来在中生代侏罗纪火山岩一浸入体中找到团结式原生金矿床。

B 燕辽金矿区。包括吉林东部及河北东部的一些金矿床。大部分为产于前震旦纪的片麻岩、片岩及花岗闪长岩中的含金石

英脉矿床，其中有夹皮沟、金厂峪、五龙、张家口等金矿床。

C　山东金矿区。山东招远一带含金石英脉开采历史悠久，有玲珑金矿床等。后来又发现蚀变花岗岩型，如三山岛、焦家、新城等大型金矿床。这一地区的金矿床储量和产量均居全国第一位。

D　东南地区金矿区。包括湘、桂的脉金，多为板溪系的矿化板岩和边溪亚群中的含金石英脉。本地区金矿较多，但规模较小。湘西金矿是本区最大的金矿。

E　秦岭-祁连山金矿区。本区以矿脉成群、品位高、多金属共生为其特点。代表性的矿山有秦岭、文峪、潼关等金矿。

F　西南地区金沙江流域及四川盆地的一些河流的阶地砂金矿区。

G　台湾金矿区。金瓜石金矿是与第三纪火山岩有关的大型金矿。

H　新疆金矿区。自治区北部以及阿尔泰山区的西南部脉金和东南地区的砂金。

I　西藏金矿区。分布于雅鲁藏布江以南各支流两侧的阶地之中。

33.5.2　脉金矿的选矿

国内开发的脉金矿石类型繁多，主要可归纳为：含金石英脉或含金黄铁矿石英脉型；含金黄铁矿蚀变花岗岩型；含金多金属硫化矿石英脉型；含金氧化矿石英脉型和含金钨锑砷矿石英脉型五类。根据各类型矿石的特点，采用重选、混汞、浮选、氰化、硫脲、炭浆和树脂吸附等方法中的一种或多种综合性的工艺进行选别，有时还辅以水冶、热处理法等。

33.5.2.1　重选法选金

重选是选金最古老、最普遍的方法之一。在砂金矿中，金通常是呈单体自然金形态存在，密度一般大于16吨/米^3，与脉石密度差大，因此重选是选别砂金矿最主要、最有效、最经济的方法。但在脉金选厂，重选则很少单独使用，多作为联合提金流程的一部分，一般是在磨矿与分级回路中，采用跳汰机或螺旋溜槽与摇床配合，提前回收已解离的粗粒单体金，以利于其后的浮选或氰化作业，并可获得合格的金精矿。这种方法在小型金矿和地方群采矿山用得较普遍，如内蒙的金厂沟梁、大水清等金矿。

重选选金的主要设备是各种形式的溜槽、跳汰机和摇床。除常规重选设备外，根据我国金矿的生产特点，在消化、吸收国外先进设备基础上，我国研制了皮带溜槽、罗斯溜槽、圆形跳汰机、砂金离心洗选机组等新型重选设备，在黄金生产中已取得良好效果。如山东沂南金矿金场选厂在磨矿分级回路设置软覆面（毛毯）溜槽，金的回收率可达70%。软覆面溜槽还用来处理浮选或混汞尾矿，以提高金的回收率。

33.5.2.2 混汞法提金

混汞法按其生产方式可分为内混汞和外混汞。在砂金矿山普遍用混汞法分离金与重砂矿物；而在脉金矿山，混汞通常作为联合流程的一部分与浮选、重选、氰化等配合，主要用来捕收粗粒单体金。

内混汞是在混汞筒或磨矿机内进行，可以较好控制汞的污染。

外混汞的主要设备是混汞板，它由支架、床面、汞板三部分组成。汞板材料有紫铜板、镀银铜板、纯银板等，以镀银铜板的混汞效果最好。为了镀银和生产上更换方便，常将电解铜板裁成宽400～600毫米，长800～1200毫米的小块，镀银后，按支架的倾斜方向一块块铺设在床面上。

汞板面积的确定与处理矿石量、矿石性质和混汞作业在选金流程中的作用有关。通常，在汞板面上矿浆流深度为5～8毫米，流速0.5～0.7米/秒的条件下，处理1吨矿石所需的汞板面积为0.05～0.5米^2/吨·日。若混汞只为捕收大颗粒游离金，其尾矿尚需浮选、重选或氰化时，汞板定额可定为0.1～0.2米^2/吨·日。各种条件下的汞板定额列于表33.5.4。

表 33.5.4 汞板生产定额，$m^2/t\cdot d$

混汞在选金流程中的位置	矿石含金量，g/t			
	>10～15		<10	
	细粒金	粗粒金	细粒金	粗粒金
混汞，作为独立作业	0.4～0.5	0.3～0.4	0.3～0.4	0.2～0.3
混汞，然后溜槽扫选	0.3～0.4	0.2～0.3	0.2～0.3	0.15～0.2
混汞，其后有浮选或氰化	0.15～0.2	0.1～0.2	0.1～0.15	0.05～0.1

混汞作业条件：给矿浓度10～25%，给矿粒度3～0.4毫米，矿浆流速0.5～0.7米/秒。汞消耗量为3～8克/吨。

汞毒防护：汞能以液体、盐类和蒸气的形态通过皮肤、粘膜或呼吸道浸入人体。汞能游积于肾、肝、脑、肺、骨骼等器官中使人中毒。尤其是汞蒸气对人的危害最大，可以引起急性或慢性中毒。我国规定空气中汞含量不允许超过0.01～0.02毫克/米^3，工业废水中汞及其化合物的最高容许浓度为0.05毫克/升。

为了保护环境不受污染，保护工人的身体健康，混汞应限制使用。国外有些国家已禁止使用混汞，我国只是个别金矿和一些地方小型矿山还在使用混汞。对于设有混汞作业的选厂，必须做好汞毒的防护：(1)制定严格的混汞操作制度。装汞器皿要密闭，严防汞蒸发逸出；进行混汞操作时必须身着防护用品，避免汞与皮肤直接接触；在有汞的房间内不存放食品、吃东西、吸烟。(2)混汞车间和炼金室要加强通风，汞膏洗涤等作业应在具有抽风装置的密闭操作橱内进行。(3)凡具有带汞作业的厂房地面应选择不吸汞的材料砌筑，地面做成1～3%的坡度，墙与地面应保持光滑，定期用肥皂水或高锰酸钾溶液（1：1000）洗刷。(4)操作橱下、室外的污水井内都应有集汞装置，尽量不使汞流失。(5)带汞操作的车间应定期用二氧化锰吸收法净化，该法对空气中的汞蒸气的吸收率可达99%。

33.5.2.3 浮选法选金

浮选是黄金选矿厂处理脉金矿石应用最广的方法之一。在大多数情况下，浮选法用于处理可浮性很高的硫化矿物含金矿石，效果最显著。因为通过浮选不仅可以把金最大限度地富集到硫化矿物精矿中，而且可废弃尾矿，选矿成本低。浮选法还用来处理多金属含金矿石，例如金-铜、金-铅、金-锑、金-铜-铅-锌-硫等矿石。对于这类矿石，采用浮选法处理能够有效地分别选出各种含金硫化物精矿，有利于实现对矿物资源的综合回收。此外，对于不能直接用混汞法或氰化法处理的所谓“难溶矿石”，也需要采用包括浮选在内的联合流程进行处理。当然浮选法也存在局限性；对粗粒嵌布、金粒度大于0.2毫米的矿石，对不含硫化物的石英质含金矿石，调浆后很难获得稳定的浮选泡沫，采用浮选法就有困难。

近年来，金矿石的浮选工艺有很大进展，主要表现在工艺流程的革新、研制新药剂、改进设计等方面。采用阶段磨矿、阶段选别流程是目前浮选选金的发展趋势，国外多数选金厂采用二段甚至三段，我国遂昌金矿、湘西金矿采用两段磨矿、两段选别流程、金的回收率提高2～6%；改变药剂制度，采用多种药剂混合添加，也可改善选金效果遂昌金矿和金厂峪金矿用丁胺黑药与黄药混合添加，金的回收率提高2～5%。

由于浮选法只能将金最大限度地富集到各种硫化矿物精矿中，不能最终获得成品金，因此，采用单一浮选流程的选金厂为数不多，一般是将浮选作为联合流程的一个过程采用。目前我国采用单一浮选流程的选金厂有遂昌、岫岩等金矿，以及一些地方群采小金矿。

33.5.2.4 氰化法提金

氰化法自1887年应用于矿山提取金银以来，已有近百年的历史，工艺比较成熟。由于其回收率高，对矿石适应性强，能就地产金，所以至今仍是黄金生产的主要方法之一。

氰化法可分为搅拌氰化和渗滤氰化。搅拌氰化用以处理重选、混汞后的尾矿和浮选的含金精矿，或用于全泥氰化；而渗滤氰化用于处理浮选尾矿和低品位含金矿石的堆浸等。

常规氰化法是一种很成熟的工艺，它包括浸出原料的制备；搅拌氰化浸出；逆流洗涤固液分离；浸出液净化和脱氧；锌粉置换和酸洗；熔炼铸锭等主要作业。其原则工艺流程见图33.5.1。

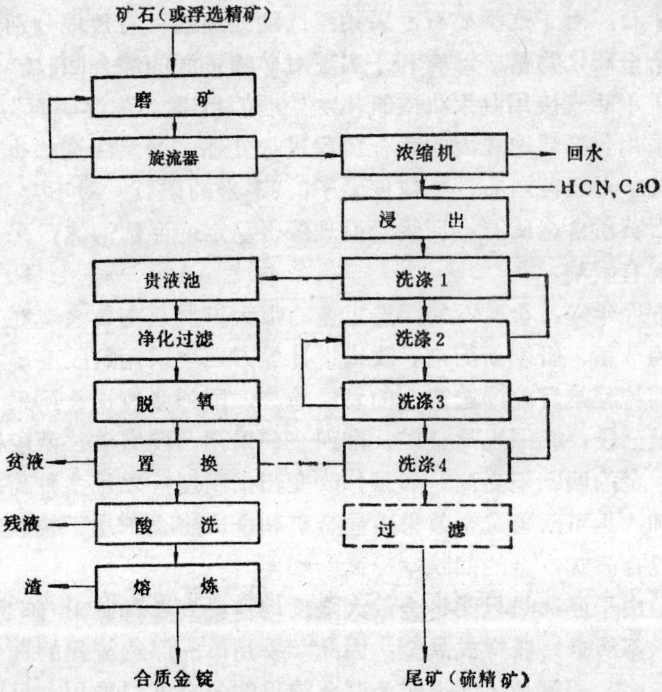

图 33.5.1　常规氰化法原则工艺流程图

A　浸出原料制备：通常是将采出矿石经破碎、磨矿（或选矿），制备成适合氰化浸出的矿浆。磨矿细度视自然金的嵌布特性而定。对含金石英脉矿石，一般磨至60～70％－200目；而对硫化矿物含金矿石，多采用浮选富集，精矿再磨至90～95％－325目；对含砷或磁黄铁矿高的矿石，则采取浮选精矿焙烧脱

硫脱砷后，焙砂进行氰化；此外尚有含碳高而干扰氰化浸出的矿石，需进行加氯氧化后进行浸出等。

B 搅拌氰化浸出：在矿浆浓度35～50%，pH值10～10.5，氰化物浓度0.03～0.06%的条件下，充分搅拌浸出24小时以上。使95%以上的金被溶解为金氰络合物。其反应式为：

$$4Au + 8NaCN + O_2 + 2H_2O \rightleftharpoons 4NaAu(CN)_2 + 4NaOH$$

搅拌浸出槽有机械搅拌式和空气搅拌式两种。我国的黄金氰化厂过去采用浮选调浆用的搅拌槽作浸出槽，品种规格少，功耗高，现在已逐渐被淘汰。随着黄金生产的迅速发展，在消化、吸收国外先进设备的基础上，已研制了几种大型新式节能型浸出槽，如ϕ3000×8500毫米空气搅拌浸出槽，ϕ3000×5000轴流式机械搅拌浸出槽等，尤其是双叶轮中空轴进气机械搅拌浸出槽，容积大，功耗低，中空轴进气，使空气通过叶轮能更好地分散到矿浆中，可提高浸出效果，并可降低供风系统的压力和风量，从而又减少了空压机的安装功率。因此，它是目前国内外公认的比较先进的浸出槽。北京有色冶金设计研究总院设计的双叶轮、中空轴进气机械搅拌浸出槽系列产品的规格和技术性能列于表33.5.5。

表 33.5.5 双叶轮中空轴进气机械搅拌浸出槽规格及技术性能

型号规格	有效容积	叶轮直径	电动机	
	m^3	mm	型　号	功率，kW
ϕ2000×2500	6	ϕ740	Y100L-6	1.5
ϕ2500×3150	13	ϕ925	Y112M-6	2.2
ϕ3150×3550	24	ϕ1160	Y132S-6	3
ϕ3550×4000	35	ϕ1320	Y132M_1-6	4
ϕ4000×4500	50	ϕ1550	Y132M_2-6	5.5
ϕ4500×5000	71.5	ϕ1750	Y160M-6	7.5
ϕ5000×5600	100	ϕ1900	Y160M-6	7.5

所需浸出槽的总容积计算与浮选槽计算相似。

$$V=\frac{Qt\left(R+\frac{1}{\delta_t}\right)}{24K} \tag{33.5.2-1}$$

式中　V——所需浸出槽的总容积，m^3；

Q——日处理矿量，t/d；

t——所需浸出时间，hr；

δ_t——矿石密度，g/cm^3或t/m^3；

R——浸出矿浆液固比；

K——浸出槽容积利用系数：浮选金精矿氰化$K=0.8\sim0.88$；全泥氰化$K=0.9\sim0.95$。

根据计算出来的总容积选择浸出槽，然后计算浸出槽的台数。应当指出，一般氰化浸出为4～8段，因此浸出槽台数不应少于4台。

浸出槽按其槽容积的充气量定额，空气搅拌槽为0.013～0.025米³/米³·分；机械搅拌槽为0.002米³/米³·分。

C　逆流洗涤固液分离：为使氰化浸出液与浸渣得到充分分离，一般采用多台单层或多层浓缩机组成多级逆流洗涤；采用过滤机进行多级过滤洗涤；采用多台浓缩机和过滤机组成联合洗涤。后者国外比较常见，而国内则主要是采用单层或多层浓缩机进行多段逆流洗涤。

三层浓缩机能够连续操作，工作可靠，管理方便，动力消耗省，可减少占地面积，因而得到广泛应用。三层浓缩机的计算与一般选矿厂使用的单层浓缩机相同。三层浓缩机由于结构上的原因，只有中心传动式一种。目前生产上使用的三层浓缩机的技术规格列于表33.5.6。

多级逆流洗涤流程的计算：假定各级洗涤作业的排矿量与给矿量相等；洗水和各级洗涤的溢流所含固体忽略不计；在洗涤作业中没有浸出作用，液体金不发生沉淀。根据逆流洗涤流程的液体量平衡，液体含金量平衡原理，可推导出各级逆流洗涤效率的公式：

表 33.5.6 三层浓缩机技术规格

型 号	内径 m	深度 m	沉淀面积 m^2	耙架转速 r/min	传动电动机 型 号	传动电动机 功率,kW	使用矿山
φ7m三层	7.0	2.4×3	38.5	0.246	Y112M-6	2.2	金厂峪茅坪
φ9m三层	9.0	2.0×3	63.5	0.221	$Y132M_1$-6	4	焦家新城
φ11m三层	11.0	2.3×3	95	0.154	Y160M-6	7.5	五龙
φ12m三层	12.0	2.55; 2.2;2.48	113	0.2	$Y132M_2$-6	5.5	三山岛
φ15m三层	15.0	2.7;2.35 2.75	186	0.15	$Y160M_2$-8	5.5	海沟

$$E_1=\frac{F+L-R}{F+L} \tag{33.5.2.2}$$

$$E_2=\frac{F+L-R}{F+L-\dfrac{FR+KF^2}{F+R}+KF} \tag{33.5.2.3}$$

$$E_3=\frac{F+L-R}{F+L-\dfrac{FR(F+R)+KF^3}{(F+R)^2-FR}+KF} \tag{33.5.2.4}$$

$$E_4=\frac{F+L-R}{F+L-\dfrac{RF(F+R)^2-(FR)^2+KF^4}{(F+R)(F^2+R^2)}+KF} \tag{33.5.2.5}$$

$$E_5=\frac{F+L-R}{F+L-\dfrac{FR(F+R)^3-2FR(F+R)+KF^5}{(F+R)^4-3FR(F+R)^2+(FR)^2}+KF} \tag{33.5.2.6}$$

式中 E_1、E_2、E_3、E_4、E_5——各级洗涤效率，%；

F——洗涤水与给矿量之比（洗水比）；

R——各级浓缩机排矿的液固比；

L——浸出后矿浆的液固比；

$$K=\frac{a_{洗}}{a_1}$$

$a_{洗}$——洗水含金品位；a_1——第一级浓缩机中液体含金品位。

实例：已知氰化浸出原矿含金52克/吨，浸出率96.15%，浸出浓度33.33%，洗涤浓缩机排矿浓度50%，稀释到20%再进入下级浓缩机，新水不含金。

根据已知条件，$L=2$，$R=1$，$K=0$，$F=3$，用上列方式计算的各级洗涤效率、贵液品位，排液品位结果列于表35.5.7。

表 35.5.7　各级洗涤效率、贵液品位、排液品位

洗涤级数	二	三	四	五
洗涤效率，%	94.12	98.11	99.38	99.79
贵液品位，g/m^3	11.765	12.264	12.423	12.474
排液品位，g/m^3	2.94	0.945	0.31	0.105

D　浸出液的净化和脱氧：从洗涤作业得到的浸出液（贵液），通常含有70～80ppm甚至更高的固体悬浮物。为了给锌粉置换作业准备条件，必须使贵液中的悬浮物含量降到5～7ppm，含氧量降到1ppm以下，因此要对贵液进行净化和脱氧。

目前生产上使用的贵液净化设备有板框式真空过滤器和管式过滤器，脱氧用真空脱氧塔来实现。

板框式真空过滤器：它是一个长方形槽，内装若干片过滤板框，板框一端与槽外真空汇流管相接，板框外套滤布袋。生产时要在滤布外涂上1～2毫米厚的硅藻土做助滤剂，当贵液给入槽内时，液体通过滤布被吸到脱氧作业，固体悬浮物则留在滤布表面，达到净化目的。当滤片上阻力增大，流量减少到不能维持正常生产时，就要用高压水冲洗滤布，或用稀盐酸（5%）洗掉滤

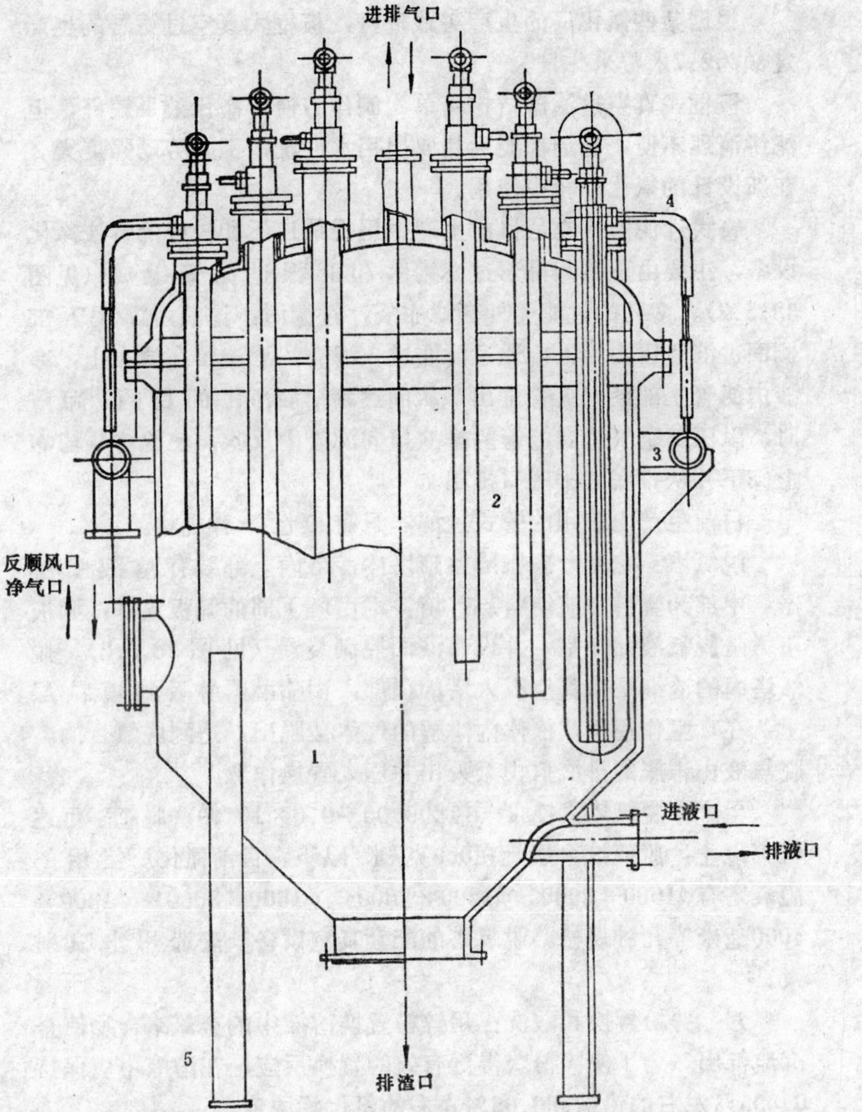

图 33.5.2 管式过滤器

1—罐体；2—过滤管；3—聚流管；4—连接支管；5—支架

布上的结垢。

根据某些氰化厂的生产实践资料，板框式真空过滤器的生产定额为2.7米^3/米^2·日。

板框式真空过滤器结构简单，制作方便，净化效果较好，但滤饼清理不便，每周都要逐片取出用水冲洗，工人劳动强度大。在新设计的氰化厂较少使用。

管式过滤器：它是目前生产中用得最广泛和较好的贵液净化设备，主要由下锥圆桶形过滤罐体和36根过滤管组成（见图33.5.2）。多孔的过滤管外套滤布袋，过滤时，溶液由罐体下部侧面进液管压力给入，通过滤布进入滤管，滤渣留在滤布上，净液由滤管上部经聚流管排出，从而达到溶液净化的目的。卸渣时，以压缩空气从聚流管的排液口向滤管内反吹，使滤饼从滤布上卸下并从锥底的排渣口排出。

目前生产上使用的管式过滤器只有20米^{2}一种规格。

脱氧塔：它是一底锥圆柱形塔体，塔内上部装有溶液喷淋器，中部为塑料点波填料层，填料堆由塔下部的筛板支承，筛板下方是脱氧液储存室，并设有液面控制装置（见图33.5.3）。脱氧塔内的溶液是由真空吸入塔的顶部，由喷淋器淋洒到填料层上，在真空作用下，液体内溶解的气体被脱出，达到脱氧目的。脱氧液由锥底的排液口由泵吸出并压入置换作业。

生产中脱氧塔真空度一般为9.06～9.6×10^{4}帕，脱氧率可达95%以上，脱氧液含氧量在0.5克/米^{3}以下。目前氰化厂使用的脱氧塔有ϕ1000×3000；ϕ1200×3600；ϕ1500×3600；ϕ1800×4000毫米等几种规格。脱氧塔的配套真空设备一般选用水喷射泵。

E　锌粉置换和酸洗：用锌粉置换溶液中的金氰络合物使金沉淀析出。为了使锌粉获得更有效的置换反应，在溶液中应保持0.005%左右的铅盐和0.05%左右的氰化物浓度。

锌粉置换的主要设备是板框式压滤机。生产时，要将压滤机的滤框和滤板的压紧面清洗干净、涂上黄油、套以双层滤布，压

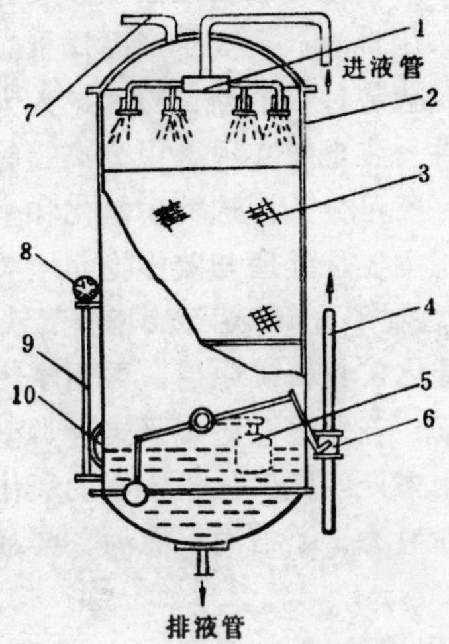

图 33.5.3 脱氧塔

1—淋液器；2—外壳；3—点波填料；4—进液管；5—液位调节系统；6—蝶阀；7—真空管；8—真空表；9—液位指示器；10—人孔口

紧后，先在滤布上挂上一层2～3毫米的硅藻土作助滤剂，然后再挂上一定量的锌粉，最后才压力给入加有锌粉的贵液，当贵液通过滤布上的锌粉层即完成置换反应。压滤机每半月或一月卸一次滤饼（即金泥）。金泥含水30～40%。

金泥中含有大量的残锌和其他溅金属，采用酸洗除去，以得到高品位的金泥。

F 熔炼铸锭：金泥与熔剂一般按1：0.8～1的配比，即硼砂30～40%，硝石25%，石英砂15～20%，萤石5～10%，其他为苏打、氧化锰等。在1000～1100℃的炉温进行3小时左右的熔炼除渣，可获得含金银为85%以上的金锭（合质金）。

我国黄金氰化厂始建于60年代，20多年来在工艺流程的改进和新设备的研制方面均有较大进展。金厂峪、招远金矿采用两浸、两洗工艺，提高了金的回收率；采用ϕ6～15米三层洗涤浓缩机作多级逆流洗涤，节省投资和占地面积；改锌丝置换为锌粉置换，用管式过滤器净化贵液，提高了产品质量；在含氰污水处理上用硷氯法和酸化法代替过去的漂白粉法，大大节省了污水处理费用以及合质金的进一步电解实现金银分离等等。

目前我国的氰化厂可分为浮选精矿氰化和全泥氰化两类。

浮选一精矿氰化主要是处理与硫化物共生关系密切的石英脉含金矿石、石英-黄铁矿石、石英-黄铜矿-黄铁矿石，这类矿石经浮选将金富集到硫化矿物精矿中后，再用氰化法处理。如金厂峪、玲珑、新城、焦家、五龙等金矿属于这种类型。

全泥氰化主要用来处理低硫化物含金的氧化矿石英脉矿石及含泥高的矿石。如赤卫沟、团结沟、海沟、柴胡栏子、达茂旗金矿等。

33.5.2.5 氰化炭浆法提金

人们早在1880年就开始用活性炭从含金溶液中回收金银。但作为一种提金的新工艺直到20世纪70年代才得到迅速发展并臻于完善。1973年美国霍姆斯特克炭浆厂投产以来，炭浆法工艺在全世界范围内得到广泛应用，已有40多个厂投产，许多新建的大型黄金矿山都采用了炭浆法工艺。

炭浆法工艺是在常规的氰化浸出、锌粉置换法基础上改革后的回收金银的新工艺。主要由浸出原料制备、搅拌浸出与逆流炭吸附、载金炭解吸、电积电解或脱氧锌粉置换、熔炼铸锭及活性炭的再生活化等主要作业组成。原则工艺流程见图33.5.4。

A 浸出原料制备：通常是将原矿经两段（或三段）一闭路碎矿、两段磨矿，制备成适合氰化浸出的矿浆。根据我国含金矿石的特性和生产实践，磨矿细度一般为80～90％-200目。磨好的矿浆一般经浸前浓缩机脱水，以提高浸出浓度。

B 搅拌浸出与逆流炭吸附：浸出条件与常规氰化法相同，一般用5～8段浸出。炭的逆流吸附有两种方式，一种是在浸出槽添加活性炭进行逆流吸附，边浸出边吸附，通常称为炭浸法（CIL），张家口、潼关、红花沟等金矿的炭浆厂采用这种方式；

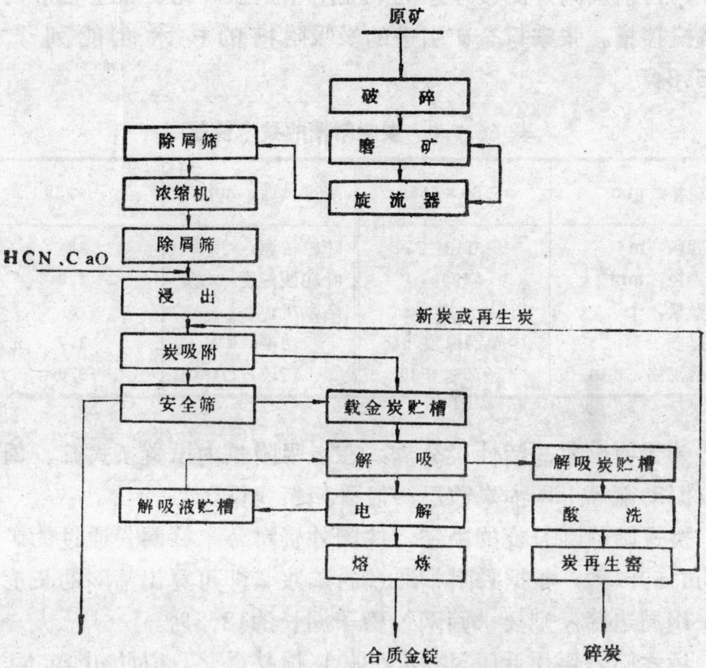

图 33.5.4 氰化炭浆法原则工艺流程图

另一种是在氰化浸出之后再加几个炭吸附槽进行4～6段逆流炭吸附，通常称为炭浆法（CIP），灵湖、赤卫沟金矿炭浆厂采用这种方式。活性炭的添加量为每升矿浆15～40克，粒度6～16目。采用空气提升器或串炭泵定时进行逆流串炭。炭吸附的总时间一般为6～8小时，金的吸附率在99%以上。炭载金为3～7千克/吨。

炭吸附槽的设计非常关键，其好坏直接影响到炭的磨损程度，从而影响到炭浆厂的技术经济指标。单纯就炭的磨损而言，当然是空气搅拌槽最好，但它功率消耗高，增加生产成本。对机械搅拌槽来说，关键是确定叶轮的形状、转速和线速度，要尽量减少叶轮的剪切力，以使炭的磨损减少到最小程度。据有关资料报导，目前国内外比较理想的炭吸附槽是双叶轮、中空轴进气的机械搅拌槽。张家口金矿引进的炭吸附槽的技术性能列于表33.5.8。

表 35.5.8　炭吸附槽的技术性能

规格，mm	ϕ5150×5650	进风道，mm	ϕ59
有效容积，m^2	118	叶轮转速，r/min	28
叶轮直径，mm	ϕ1900	叶轮线速度，m/s	2.8
叶轮数量，个	2	电动机：	
叶轮材质	中碳钢橡胶外套	功率，kW	3.7
搅拌槽规格，mm	ϕ73×4680	转速，r/min	1970

为了使矿浆与活性炭分离，在炭吸附槽内设置桥式筛、周边筛或振动筛等，国内炭浆厂一般采用桥式筛。

桥式筛筛网长度的决定，按国外资料每米筛网长通过的矿浆量为6.5升/秒，根据吸附槽通过的矿浆量即可算出筛网的长度。若采用周边筛，则要求筛网为槽子周长的12.3%。

桥式筛需要用低压风（3500帕）搅拌矿浆，以防止筛网堵塞。低压风量的定额为每米筛长每分钟1.0标米^3。浸出需要的中压（10000帕）风量为每米^{3}矿浆0.002标米^3。

C　载金炭解吸：解吸工艺目前有四种方法：(1) 苛性氰化钠长时间解吸法，解吸液浓度NaCN1%，NaOH1%，温度85℃，解吸时间24～60小时，美国霍姆斯特克金矿采用这种方法。由于长时间解吸需要占有很多容器设备，已被新设计企业所放弃。(2) 低浓度苛性氰化钠加醇类解吸法，解吸液浓度NaCN0.1%，NaOH1%，加入20%酒精，温度85℃，解吸时间5～6小时。低浓度苛性钠及短时间解吸是该法的突出优点，但增加了酒精的回收工序，而且酒精挥发损失大，带来了防火问题。(3) 加温加压解吸。解吸液浓度NaCN1%，NaOH1%，温度135℃，在34.3×10^4帕压力下解吸6～12小时，张家口和潼关金矿采用这种解吸方法。(4) 高浓度苛性氰化钠解吸法。解吸液浓度NaCN4%，

NaOH2%，解吸温度90℃，浸泡4～8小时，然后用4倍床容积低浓度苛性氰化物热溶液洗涤5小时，再用3倍床容积的热水洗4小时，灵湖和赤卫沟金矿采用这种解吸方法。

解吸的主要设备是解吸柱、电加热器、热交换器、过滤器及解吸液贮槽等。解吸柱通常设计为圆柱体，其高度与直径之比为6∶1，柱内解吸液的体积流量一般为每小时2个床容积，其流速应小于3.4毫米/秒，以使炭不会流动。根据每天所要解吸的载金炭量即可计算出解吸柱的直径和高度。张家口金矿每天解吸载金炭700千克，解吸柱规格为$\phi700\times4800$毫米。

D 电积电解：这是由于炭浆法流程能获得高达600克/米^{3}的高品位贵液而采用的，诚然，也可用常规的锌粉置换法。电积电解的主要设备是电积槽，它通常用有机玻璃或塑料作为槽体，采用不锈钢间隔作阳极，以装有钢棉的框架作阴极，对含金溶液进行电积。阴极电流密度6～10安/米^2，电压3～3.5伏，电积时间8～12小时。阴极采用逆向移位，最后从第一个槽中取出阴极钢棉送熔炼。钢棉含金40%左右，电积回收率在99.5%以上。张家口金矿引进的电积槽规格和技术性能列于表35.5.9。

E 炭再生：解吸后的炭先用稀硫酸（硝酸）酸洗，以除去碳酸钙等聚积物，经几次循环后，必须进行热力活化，以恢复炭的活性。热力活化是在回转窑里进行，在隔绝空气的条件下将炭加热到700℃左右，保持30分钟，然后倒入水淬槽中冷却，经16目筛筛出细炭后，返回炭吸附回路。

表 35.5.9 电积槽规格和技术性能

规格，mm	2440×610×762	槽内阳极数，个	21
结构材料	聚丙烯塑料	阴极规格，mm	610×660×50.8
电流量，A	最大1000	阴极框架材料	聚丙烯塑料
槽电压，V	1.5～3	每个阴极装钢棉，g	454
槽流量，L/s	0.44	槽内阴极数量，个	20
停留时间，min	34	整流器型号	SC10006AV
阳极规格，mm	610×762	最大输出，A/V	1000/6
阳极材料	不锈钢冲孔板	输入功率，kW/V	8/380

炭浆法工艺的核心是活性炭，对其活性、孔径、表面积、孔容积、强度等都有严格的要求。国外炭浆厂全部采用椰壳炭，其合适的炭粒度为6～16目，堆浸法采用12～30目的炭粒度。国内除椰壳炭外，对杏核炭、核桃壳炭等进行了广泛的研究。灵湖和赤卫沟金矿采用国产GH-17型杏核炭，炭粒度8～20目。国产杏核炭的性能同椰壳炭大体相当，但在强度方面还需经过长时间的考察。

炭浆法省去了逆流洗涤和贵液净化作业，取消了多段浓缩、过滤、置换设备。同时由于载金炭与浸渣的分离能用简单的机械筛分设备进行，即可冲洗也易于分离，排除了泥质矿物的干扰，因而炭浆法工艺对各类矿石有更广泛的适应性。对含泥多的矿石、低品位矿石以及多金属副产金的回收，能较大幅度地提高金的回收率。如张家口金矿过去采用混汞-浮选工艺流程，金的回收率仅75%，改建成炭浆厂以后，金的回收率提高到90%以上。

我国对炭浆法工艺的生产实践时间还不长，但近十多年来发展很快，现已投产的炭浆厂有张家口、潼关、红花沟、灵湖、赤卫沟等金矿，正在建设的还有峪耳岩、金厂沟梁、戴家冲等炭浆厂。引进的张家口和潼关两个炭浆厂，工艺先进，自动化水平高，计量检测手段完备，设备先进，促进了我国炭浆法工艺的发展。

33.5.2.6 堆浸法提金

早在1752年西班牙就用堆浸法来处理氧化铜矿，本世纪50年代末一些铀矿用来处理低品位矿，1967年美国开始用于处理低品位金矿。由于堆浸法具有工艺简单，设备少，投资省，生产成本低等优点，使早期认为无经济价值的许多小型金矿或低品位矿石，现在都能用堆浸法处理。堆浸技术已在美国、加拿大、南非、澳大利亚、印度和苏联等国的金矿广泛应用。

堆浸是将开采出来的矿石转运到预先备好的堆场上筑堆，或直接在堆存的废石或低品位矿石上，用氰化浸出液进行喷淋或渗滤，使溶液通过矿石而产生渗滤浸出作用，氰化浸出液多次循环，反复喷淋矿堆，然后收集浸出液，再用活性炭吸附法或金属锌置换法处理。国外用堆浸法处理的矿石金品位一般为1～3克/吨，金的回收率50～80%，银回收率30～50%，国外堆浸生产典型工艺流程见图33.5.5。

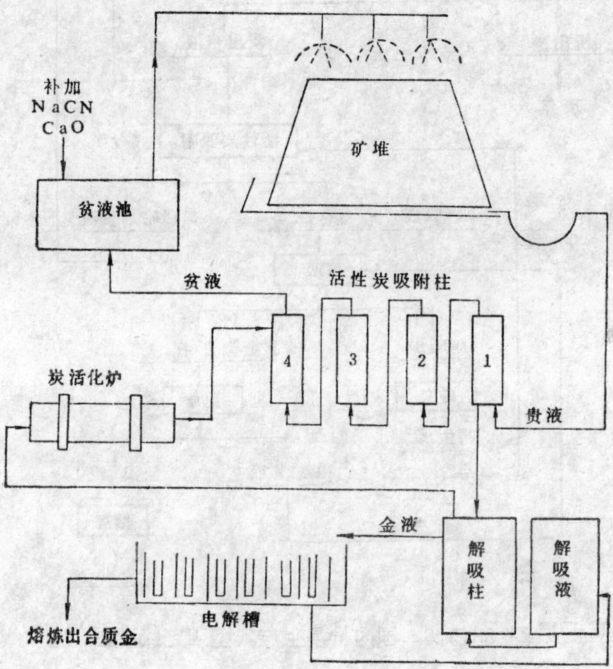

图 33.5.5 国外堆浸生产典型工艺流程图

我国在70年代末开始试验研究含金矿石的堆浸技术，并相继在虎山、石山、小秦岭地区等几十个矿点进行了含金矿石的堆浸生产实践，取得了较好的效果。目前国内堆浸场（点）的规模还不大，一般每堆为1000～10000吨，金回收率50～75%。国内堆浸生产的典型工艺流程见图33.5.6，其主要生产步骤由下列几部分组成。

堆浸场构筑：堆浸场址一般选择在靠近采矿、运输方便的缓

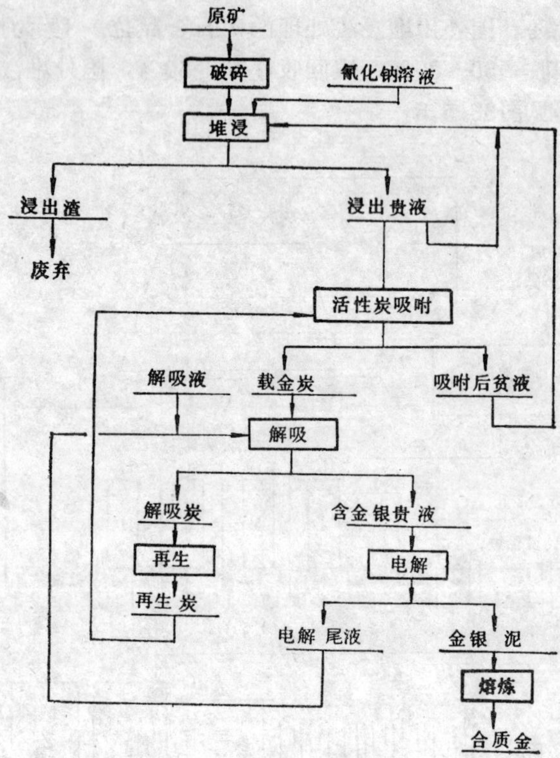

图 33.5.6　国内堆浸生产典型工艺流程图

坡山地（自然坡度10～15°），先用推土机铲除去杂草和浮土，然后夯实，修筑成坡度为5°左右的地基，两边高，中间稍低，便于浸出液集中流入贮液槽。堆浸场上铺两层聚乙烯塑料薄膜，其上再铺一层油毡纸，以使场地绝对不渗漏。堆浸场四周修筑高0.4米左右的土埂并作排水沟，防止雨水流入场内。在堆矿石之前，先人工堆砌约0.3米厚的大块贫矿石。

矿石筑堆：先将矿石破碎到－50毫米，然后人工搬运到堆场分层筑堆，块矿和粉矿要分布均匀，避免粉矿集中，影响矿堆的渗透性，筑堆高度视规模大小一般为2.5～5米。

喷淋浸出：在喷淋之前先要洗堆，即用饱和石灰水洗涤，中和矿石中的酸性物质，待从矿堆底部流出的溶液pH值达到9以上时，开始喷淋浸出液。浸出液氰化物浓度0.03～0.10%，pH值10～11，浸出液喷淋量65升/吨·日，喷淋时间45～60天，喷淋浸出采用三班作业，每隔1小时喷淋1小时。

活性炭吸附：炭吸附与喷淋浸出构成闭路，每天将待吸附的含金贵液分次用泵扬至吸附高位槽，经过澄清，利用位差给入吸附柱。液体从下部给入，通过炭床，从上部流出，然后返回浸出。炭吸附采用4台$\phi 300\times 1300$毫米吸附柱，每柱装杏核炭30千克，炭粒度0.3～1.0毫米，贵液通过吸附柱的平均流速为2.5～3.0升/分，一般以每小时通过2～3个炭床容积为宜。炭的吸附率可达到100%，炭载金量可达8千克/吨。

载金炭的解吸电解：解吸炭的再生活化以及金泥熔炼，与常规的炭浆厂完全相同。值得指出的是，并非每个堆浸场（点）都要设置载金炭的处理车间，可在一个地区或一个县设置载金炭处理车间，或送附近大型炭浆厂代为处理，堆浸场可将载金炭作为商品出售。我国某些堆浸场（点）的生产指标列于表33.5.10。

表 33.5.10 国内堆浸场(点)生产指标

堆浸场点名称	生产能力 t/堆	堆浸粒度 mm	原矿品位 g/t	回收率 %	氰化钠消耗,kg/t
辽宁虎山	700	<65	3～4	69.54	0.64
辽宁石山	360	<40	2	61.90	0.49
河南老湾	1100	<30	2.24	75.44	
河南毛堂	3000	<20	2.04	55.04	
河南灵湖	1500	<30	3	63.76	
河南洛宁	1500	<20	4.44	75.0	
河南樊岔	1200	<14	3.68	59.2	
北京平谷刘店	1000		3.23	51.4	
河北席林湾	1000		2.50	62.07	
河北东望山	3000		4.80	63.0	
山东牟平磷肥厂		10～30	2.69	61.22	

33.5.2.7 其他方法提金新动向

随着高品位易处理矿日趋减少，迫使人们研究低品位复杂矿石的处理方法，寻求更便宜、选择性好、无毒、可循环使用，不影响下一步回收工序的化学溶剂。近几年来国内外的学者探索了多种回收金银的方法。如硫脲法、树脂矿浆法、氨基硫酸盐法、酸性硫氰酸盐法，有机腈法、细菌-生物化学浸出法、氯化法及加压氧化转换法等。但只有硫脲法、树脂法和加压氧化转换法已有工业生产实践，其他尚在试验研究阶段。

A　硫脲法提金

硫脲又称硫代脲素，结构式为$H_2N-\underset{\underset{\displaystyle S}{\|}}{C}-NH_2$，分子量76.12，为白色具有光泽的菱形六面体，味苦，密度1.405克/厘米^3，熔点180～182℃。硫脲在碱性溶液中不稳定，易分解为硫化物和氨基氰；在酸性溶液中具有还原性质，被氧化为多种产物。在氧化剂存在条件下，金能溶于硫脲的酸性溶液并以$Au(CSN_2H_4)_2^+$络阳离子的形式存在，具有较高的稳定性。

金的浸出速度与pH值、硫脲和氧化剂浓度有关。

硫脲提金，其浸出与置换必须在同一过程中进行；用铁置换时，适宜的置换面积每米^{3}矿浆为3米^2，金泥洗刷间隔时间2小时；适宜的硫脲浓度一般为0.2～0.3%；硫酸初始浓度1～2%，pH值1～1.5。硫脲提金适于硫化物含金石英脉矿石，对泥质及含碳酸盐较多的矿石耗酸量大。

近20年来，苏联、南非等对硫脲提金做了大量的试验研究，60年代末苏联建立了半工业试验厂。我国在硫脲提金方面取得了很大进展．在小型试验基础上，先后在峪耳崖、张家口金矿进行了2吨/日规模的工业试验，龙水金矿10吨/日精矿规模的硫脲提金车间已投入生产。

B　树脂矿浆法提金

树脂矿浆法最初用于提取铀，以后移置到黄金生产上。它由浸出原料制备、搅拌氰化浸出、树脂逆流吸附、载金树脂解吸及再生、解吸液电解和熔炼等主要作业组成，其工艺过程与炭浆法相同。树脂载金能力比活性炭高，载金树脂可在室温下有效解吸，树脂不吸附矿浆中的钙，不需要酸洗；但树脂的选择性比活性炭差，树脂粒度小与矿浆分离困难，此外，树脂的物理强度及其在吸附槽中的耐磨性还需要考察；树脂密度小，在矿浆中均匀分散还存在问题。

苏联是将树脂矿浆法最早应用于工业生产的国家。并在1967年建成了第一个离子交换树脂提金的工业试验厂，处理矿石量为200吨/日。随后又建立了几个树脂矿浆法提金厂，西乌兹别克穆龙陶金矿是目前世界上最大的树脂矿浆提金厂，年产黄金80吨。此外，在加拿大还建成了两座用离子交换矿浆法提金的工厂，津巴布韦、南非等地区都已建成若干离子交换矿浆法提金的中间试验厂。

我国于80年代初开始树脂砂浆法提金的研究。首先进行提金树脂的合成和筛选，我国某研究所合成的353E型阴离子交换树脂，其性能与苏联用于工业生产的AM-2Б树脂基本相符。353E树脂合成方法大致分三阶段进行：首先在一定量的致孔剂存在下，进行苯乙烯-二乙烯苯的悬浮共聚合反应，制得大孔共聚合珠体；然后，大孔共聚合珠体在催化剂存在下，用氯甲醚进行氯甲基化反应，制得氯含量大于15%的大孔氯甲基化珠体；最后用胺化剂将大孔氯甲基化珠体进行胺化反应，再经处理制得所需的大孔双官能团阴离子交换树脂。

353E和AM-2Б树脂的主要性能列于表35.5.11。

应用353E树脂对团结沟和五龙金矿进行树脂矿浆法提金的小型试验，取得了总回收率89.5%的好指标。随后又对山东河西金矿的浮选金精矿进行了树脂矿浆法提金的扩大试验，共运转48天，投料14吨，取得了金浸出率98.2%，树脂吸附率99%，解吸率99%的好指标。

C 加温加压氧化处理复杂金矿石

表 35.5.11 353E、AM-2Б树脂的主要性能

项 目	单 位	353E树脂	AM-2Б树脂
总交换容量	mg当量/g	3.6～3.8	3.1
水 分	%	52～58	52～58
比表面	m^2/g	40～50	32
机械强度	%	⩾99	90
粒 径	mm	0.6～1.2	0.6～1.2

美国麦克劳林（McLaughlin）金矿，矿石类型繁多，矿石中主要硫化物有黄铁矿、黄铜矿、闪锌矿及少量辰砂，此外还含有碳质矿物。含金矿物主要为银金矿，金的嵌布粒度极细（20微米），呈浸染状与细粒硫化矿物（～40微米）及脉石共生，金的表面被赤铁矿和黄钾铁钒薄膜所覆盖，阻碍氰化物与金接触，属难氰化矿石，直接氰化回收率为5～80%不等。用氯化法予处理或氯化焙烧、硫脲法、硫代硫酸盐法、次氯酸法等处理，金的回收率均不高。

通过试验，采用加温加压氧化转换，使90%以上的硫化物得到充分分解，然后进行氰化浸出，取得了满意的效果。加温加压氧化的工艺条件如下：

温度：160～180℃

压力：220.5×10^4帕

反应时间：1.5～2小时

矿浆浓度：40～50%

溶液酸浓度：含H_2SO_4 15～25克/升

最高氧化还原电位：420毫伏

中国科学院等对团结沟的难氰化矿石进行了类似的试验研究，亦取得了很好的效果。

33.5.2.3 联合流程提金

自然金一般多与其他重金属硫化矿物组成复合矿石，其粒度特性多为不均匀嵌布，或呈细粒高度分散状态。因此，许多矿山都是按不同的矿石性质和矿物组成，采用两种以上的选矿方法组成联合流程。我国脉金选矿采用的联合流程有：混汞—浮选、重选—混汞—浮选、浮选—焙烧、浮选—焙烧—氰化、浮选—氧化等。

33.5.3 脉金矿选矿厂实例

33.5.3.1 单一浮选选金——遂昌金矿选矿厂

遂昌金矿位于浙江省境内。原有一座日处理量110吨的选金厂，1983年由北京有色冶金设计研究总院新设计一座选厂，1985年投产。目前生产采用平硐、溜矿井、盲竖井联合开拓，采矿方法为留矿法，采出矿石用电机车运至选矿厂。

A 矿石性质

矿石工业类型为热液充填、贫硫化矿物浅成建造、含金银交代脉石英岩型矿床。矿体为隐状、半隐状的盲矿体，产于前泥盆纪变质岩的蚀变带中。

矿石自然类型有致密块状、条带状、角砾状、网脉状矿石等。主要金属矿物为黄铁矿、磁黄铁矿、白铁矿、闪锌矿及方铅矿。脉石矿物主要是石英、白云石及方解石。金银类矿物主要为金银矿、自然金及银金矿等。

金银矿物多呈卵圆状、叶状、棒状和不规则的树枝状，粒径多在0.01～0.038毫米，最大粒径0.5毫米，最小0.003毫米，赋存状态有两种：一种为包体金形式，约30%，其绝大部分分布在黄铁矿中，少量分散在方铅矿、闪锌矿和黄铜矿晶体中，粒径一般小于0.01毫米；另一种为连生体金形式，约占70%，分布在各脉石矿物颗粒间或金属硫化物间，粒径变化较大，在0.002～0.2毫米之间。

矿石松散密度为2.71吨/米^3，松散系数1.6，硬度f＝19。

B 选矿工艺

选矿工艺采用两段一闭路碎矿，阶段磨矿、阶段浮选，浓缩、过滤两段脱水流程。工艺流程及主要设备见图33·5·7。

碎矿：原矿由电机车运来，卸入容积为70米^{3}的原矿仓，经电振给料机给入一台400×600毫米颚式破碎机粗碎后，其排矿与细碎的排矿合并由胶带输送机送到1台1250×2500毫米振动筛筛分。筛上产物送到ϕ1200中型圆锥破碎机细碎；筛下产品送到容积为160米^{3}的两个粉矿仓。碎矿最终产品粒度15～0毫米。胶带机上相应设有自动除铁装置和计量装置。

磨矿浮选：分两个系列，每个系列由1台ϕ1500×3000毫米格子型球磨机与ϕ1200毫米单螺旋分级机组成一段闭路磨矿，磨矿浓度79～82%，分级机溢流浓度34～36%，细度59～62%－200目，一段浮选采用一次粗选、二次精选、一次扫选，共用5A浮选机12槽。二段磨矿采用1台ϕ1500×3000毫米球磨机与2台ϕ250毫米旋流器构成闭路，旋流器溢流浓度25～28%，细度90%－200目。二段浮选采用一次粗选、三次精选、二次扫选、共用5A浮选机16槽。

浮选药剂制度列于表35.5.12。

表 35.5.12 浮选药剂制度

加药地点	加入量	丁胺黑药	丁黄药	2号油	石灰
一段粗选	g/t	50	22	22	320
一段扫选	g/t	12	6	—	—
二段粗选	g/t	15	9	11	—
二段扫选	g/t	10	6	—	—

脱水：采用浓缩、过滤两段脱水。一、二段浮选精矿经ϕ9米浓缩机浓缩，10米^{2}真空过滤机过滤得成品精矿。精矿含水12～14%。过滤机的真空系统配用SZ-3型水环式真空泵2台，SZ-2空压机1台。

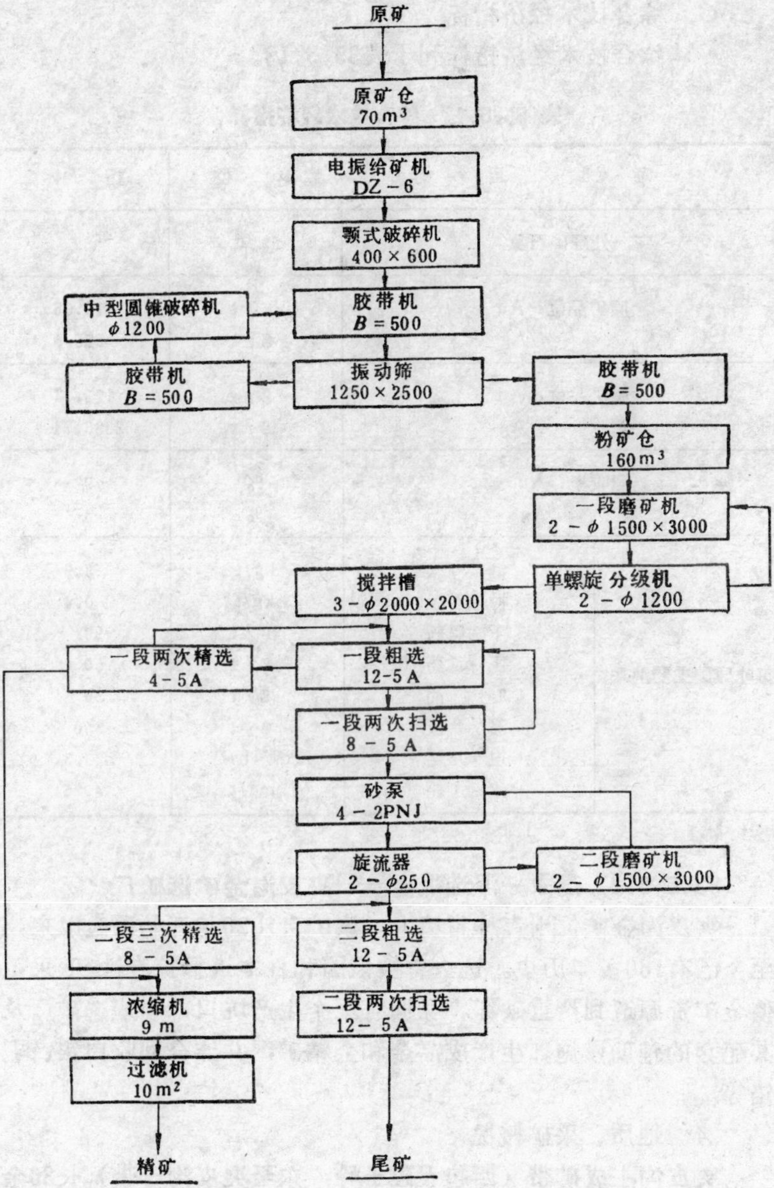

图 33.5.7 遂昌金矿选矿生产工艺流程图

C　综合技术经济指标

综合技术经济指标列于表35.5.13。

表 35.5.13　综合技术经济指标

项目		单位	指标
处理矿石量		t/d	
原矿品位：Au		g/t	10.05
Ag		g/t	255.5
精矿品位：Au		g/t	122.14
Ag		g/t	2936.74
回收率：Au		%	92
Ag		%	87
每吨原矿主要消耗	钢球	kg/t	3.5
	衬板	kg/t	0.4
	丁胺黑药	g/t	90
	丁黄药	g/t	50
	2号油	g/t	30
	石灰	g/t	350
	电耗	kW·h/t	33.3
	水耗	m^3/t	4.26

33.5.3.2　混汞—浮选提金——夹皮沟金矿选矿厂

夹皮沟金矿位于吉林省境内。该矿自1820年开始采金以来，至今已有160多年历史。过去曾被俄国和日本进行掠夺性开采，使金矿资源遭到严重破坏。现拥有三个生产坑口，一座选矿厂及其配套的辅助设施。生产成品金和金精矿，并综合回收白银、铜、铅等。

A　地质、采矿概况

夹皮沟主成矿带（西起大砬子岭，东至夹皮沟一带）长30余公里，宽5公里，呈北西向走向、向北东方向突出的弧型带状分布。成矿带内富含金、铜、铅、银等，是重要的黄金资源分布地带。矿区金矿床为含金多金属硫化物型、中温热液裂隙充填石英脉矿床。主要金矿体赋存在太古代鞍山群变质岩系中。主要近矿围岩是斜长片麻岩、注入片麻岩。含金石英脉一般多呈单脉、复脉及细脉体出现，其矿体形态复杂，多呈扁豆体、透镜体产出。沿走向与倾向，矿体多为分支复合、尖灭再现，膨缩变化大。单脉长100～250米，矿化带长达500～600米，厚度3～5米，最厚达20米，矿体延深达400～600米。

采矿有三个生产坑口，均采用地下开采方式，为平窿下盘盲竖井开拓法，采矿方法用留矿法和充填法。二道沟坑口设计能力120吨/日，三道岔坑口450吨/日，八家子坑口120吨/日。三个坑口的矿石均由汽车运至选厂，运距最远为 9 公里。

B 矿石性质

矿石中常见的金属矿物有自然金、黄铁矿、黄铜矿、方铅矿，其次为闪锌矿、白钨矿、磁铁矿等。脉石矿物主要为石英、长石及方解石等。

自然金赋存在石英、黄铁矿裂隙处，磁铁矿孔隙中以及方铅矿与黄铁矿的边缘。金在黄铁矿中占32.7%，在石英中占47.7%，在磁铁矿中占10.35%，在方铅矿与石英间占8.82%。自然金为粗细不均匀嵌布，在各载体矿物中的嵌布粒度列于表33.5.14。

表 33.5.14 自然金在各载体矿物中嵌布粒度

粒 度, mm	0.053～0.037	0.037～0.010	0.010～0.005	0.005～0.001	合计
金在黄铁矿中	7.29	61.23	23.25	8.24	100.01
金在石英中	34.90	44.99	18.99	1.12	100.00
金在磁铁矿中	28.04	37.96	28.69	5.31	100.00
金在黄铁矿与石英中		72.73	20.78	6.49	100.00
金在方铅矿与石英中	94.01			5.99	100.00
金总粒度	30.24	45.72	19.72	4.33	100.01

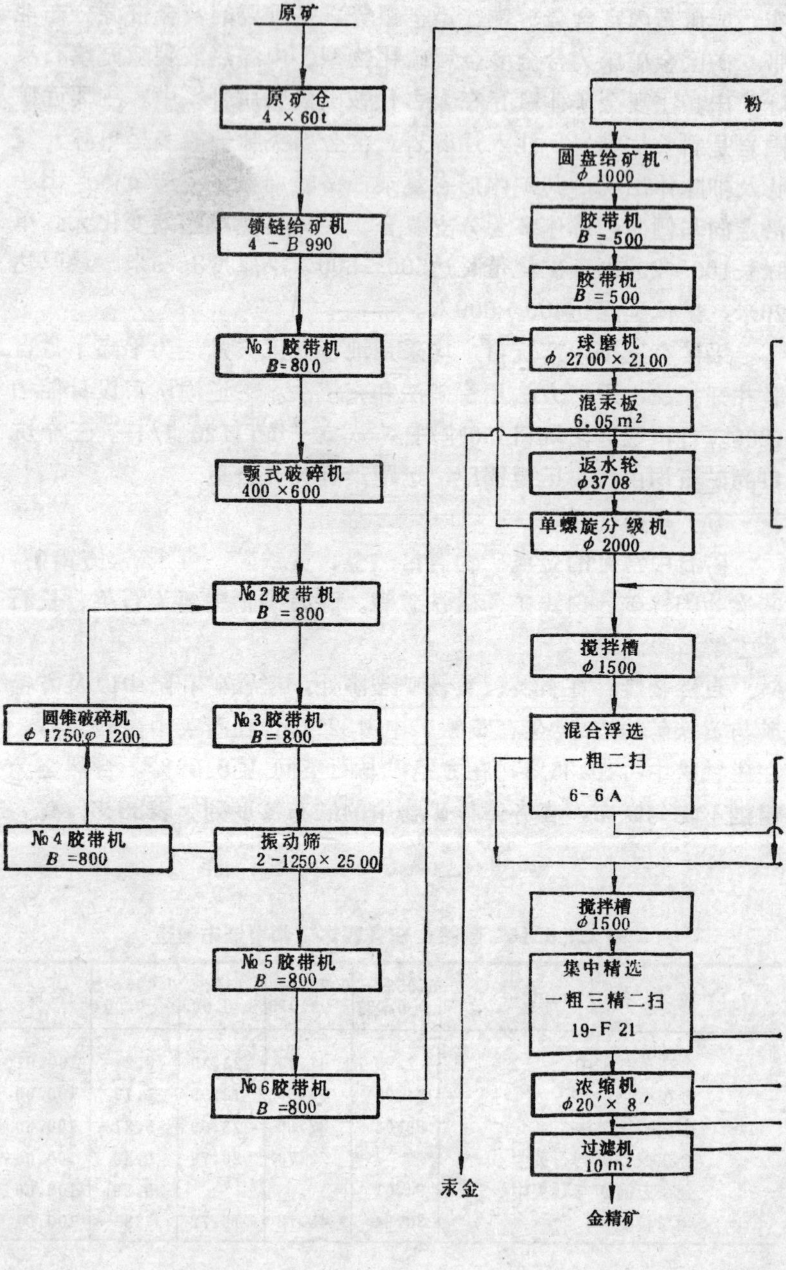
原矿
原矿仓
4×60t
锁链给矿机
4－B 990
№1胶带机
B=800
颚式破碎机
400×600
№2胶带机
B=800
圆锥破碎机
φ1750 φ1200
№3胶带机
B=800
№4胶带机
B=800
振动筛
2－1250×2500
№5胶带机
B=800
№6胶带机
B=800
粉
圆盘给矿机
φ1000
胶带机
B=500
胶带机
B=500
球磨机
φ2700×2100
混汞板
6.05m²
返水轮
φ3708
单螺旋分级机
φ2000
搅拌槽
φ1500
混合浮选
一粗二扫
6-6A
搅拌槽
φ1500
集中精选
一粗三精二扫
19-F 21
浓缩机
φ20′×8′
过滤机
10m²
汞金
金精矿

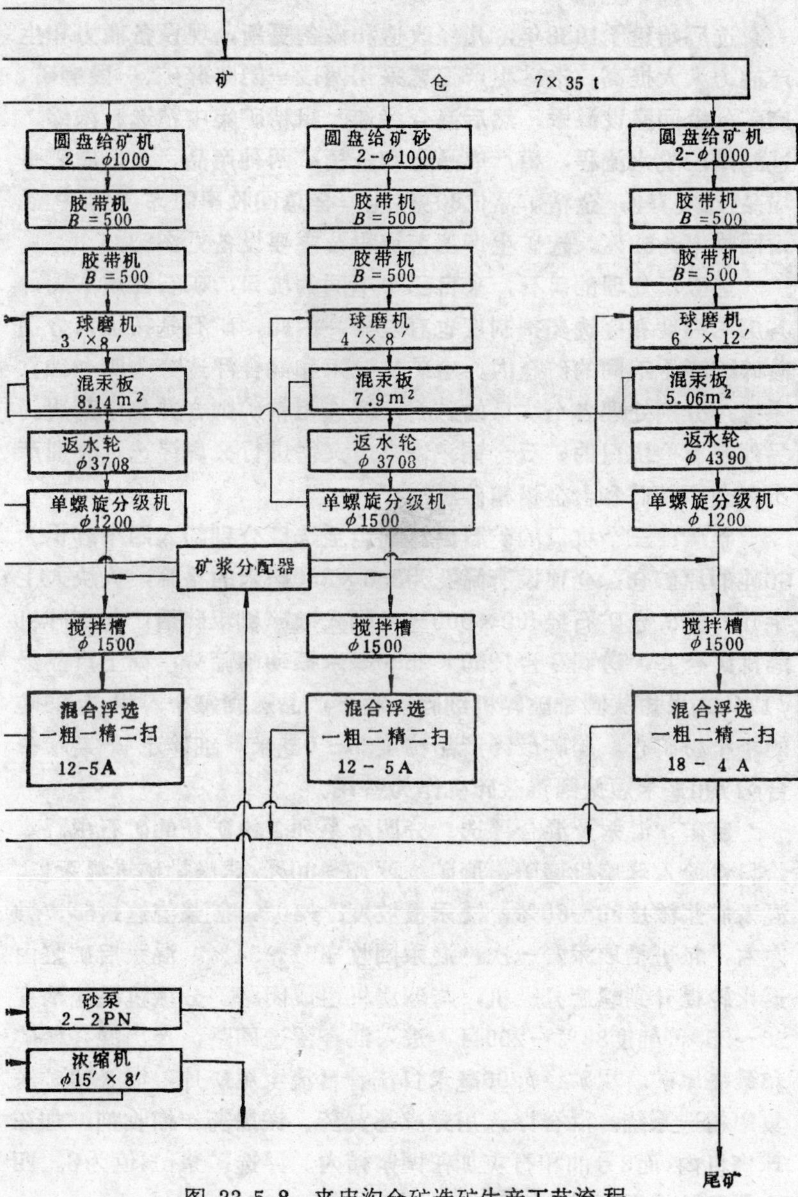

图 33.5.8 夹皮沟金矿选矿生产工艺流程

C　选矿工艺

选厂始建于1938年，几经改造和设备更新，现设备能力和生产能力大大提高。选矿生产工艺采用两段一闭路碎矿、一段磨矿、磨矿分级回路设混汞，然后混合浮选、粗精矿集中精选、浓缩、过滤两段脱水流程，生产成品金和金精矿两种产品。入选原矿平均品位5克/吨，金精矿品位80克/吨，金总回收率91%，其中混汞回收率为52%。选矿生产工艺流程及主要设备见图33.5.8。

选矿厂处理的矿石，来自三个不同的坑口，矿石性质不同，其磨矿细度和浮选药剂制度也有差异，因此，矿石是按坑口分别破碎贮存于不同的矿仓内。磨矿、混汞和混合浮选分为四个独立系统，分别处理各个坑口的矿石，浮选粗精矿则合并集中精选。另外，有些坑口的矿石含铜、铅高，又需进行分离浮选，分别产出含金铜精矿和含金铅精矿。

碎矿：三个坑口的矿石由汽车运至选厂分别卸入四个容积为60吨的原矿仓，仓顶设有筛孔为350×350毫米的格筛，大块人工手碎。原矿仓矿石经400×600毫米颚式破碎机粗碎后，与细碎机的排矿合并，送到2台1250×2500毫米振动筛筛分，筛上产品经ϕ1750毫米短头圆锥破碎机细碎，筛下产品送到每个容积为35吨的7个粉矿仓。碎矿最终产品粒度20～0毫米。细碎还安装了一台ϕ1200毫米短头圆锥破碎机作为备用。

磨矿、混汞及混合浮选：分四个系列。粉矿仓的矿石由圆盘给料机给入球磨机磨矿，磨矿浓度75～80%。球磨排矿进混汞板，混汞矿浆浓度50～60%，混汞板坡度8～10°，矿浆流速1.5米/秒左右，每班括取汞膏一次，混汞回收率51～54%。混汞后矿浆由返水轮提升到螺旋分级机，与球磨机组成闭路。分级机溢流浓度20～25%，细度88%－200目，进入混合浮选回路，产出混合精矿和最终尾矿。尾矿经ϕ200毫米自流管自流至尾矿库，混合精矿送集中精选系统。混合浮选用异戊基黄药、铵黑药作捕收剂，加在球磨机内；而2号油和石灰加在调浆槽内。浮选矿浆pH值为8。四个系列的设备规格和生产能力列于表35.5.15。

表 35.5.15 夹皮沟金矿磨矿、混汞及混合浮选设备规格和生产能力

系　列	一	二	三	四
球磨机型号规格，mm(ft)	φ2700×2100	914.4×2438.4 (3′×8′)	1219.2×2438.4 (4′×8′)	1828.8×3657.6 (6′×12′)长筒型
分级机型号规格	φ1200高堰式	φ1200沉没式	φ1500高堰式	φ1200沉没式
混汞板面积，m²	6.05	8.14	7.9	5.06
混汞板安装坡度，度	9	8	8	9
返水轮规格，mm	φ3708	φ3708	φ3708	φ4390
分级机溢流浓度，%	20～25	20～25	20～25	20～25
分级机溢流细度，%－200目	88	88	88	88
混合浮选流程	一粗二扫	一粗一精二扫	一粗二精二扫	一粗二精三扫
浮选机型号槽数	6-6A	12-5A	12-5A	18-4A
系统生产能力，t/h	13.5	8	8.5	7

集中精选：四个混合浮选系统产出的精矿合并，经φ1500毫米搅拌槽调浆，并添加石灰，进入两个平行的精选回路，经一次粗选三次精选二次扫选产出最终金精矿，精选尾矿（中矿）返回混合浮选回路。集中精选共采用F-21号浮选机19槽。另外选厂还安装了4A浮选机12槽作为分离浮选用。矿山在1974年以前曾进行分离浮选，生产铜精矿和铅精矿，今后待开采深部矿石含铜、铅高时，亦准备再搞分离浮选。

脱水：采用浓缩过滤两段脱水。浮选精矿自流到φ20′×8′浓缩机，其溢流进入第2台φ75′×8′浓缩机，两台浓缩机的底流自流到10米²圆筒型过滤机过滤，滤饼含水10～11%。第二台浓缩机的溢流和过滤机的滤液水并入最终尾矿。过滤机的真空系统配备SZ-3水环式真空泵一台。另有一台10米²折带式过滤机作为过滤铜、铅精矿之用。

D 选矿综合技术经济指标（1983）

选矿综合技术经济指标列于表35.5.16。

33.5.3.3　重选—混汞—浮选选金——湘西金矿沃溪选矿厂

湘西金矿位于湖南省境内。该矿已有百多年开采历史，由解

表 35.5.16　选矿综合技术经济指标(1983年)

项　　目		单　　位	指　　标
处理矿石量		t/d	
原矿品位：Au		g/t	4.992
Cu		%	0.08
金精矿品位：Au		g/t	79.55
Cu		%	3.46
尾矿品位：Au		g/t	0.466
Cu		%	0.019
合质金品位		%	86.72
选矿金总回收率		%	91.64
其中混汞		%	54.04
浮选		%	37.60
铜回收率		%	84
每吨原矿主要消耗	铁　球	kg/t	2.3
	衬　板	kg/t	0.42
	2号　油	g/t	80.23
	水　银	g/t	5.57
	黄　药	g/t	12.42
	铵黑药	g/t	5.66
	电　耗	kW·h/t	27.4
	水　耗	m^3/t	5

放前的手工开采，发展至今天为拥有二个采区、四个选厂、一个冶炼厂的采选冶联合企业，生产钨精矿、成品金和精锑等产品。西安矿区开采钨矿石，建有一座钨选厂；沃溪矿区开采钨—锑—金矿石，设有三个选厂，其生产能力分别不等。

A　矿石性质

沃溪矿区是一个典型的中低温热液裂隙充填钨锑金石英脉矿

床。主要金属矿物有白钨矿、辉锑矿、自然金，其次为黄铁矿、黑钨矿，其他金属矿物还有闪锌矿、毒砂、方铅矿、黝铜矿、辉铜矿等；脉石矿物主要为石英，其次为方解石、磷灰石、钠长石、绿泥石、绢云母、高岭土等。

自然金约有30%分布在石英中，并呈微粒状、细小片状存在于辉锑矿边缘及内部、黄铁矿的边缘裂隙及内部。其共生富集特点：一般为辉锑矿富，金含量高；黄铁矿富，金含量更高。白钨矿呈粗粒不均匀块状产于石英脉中，也有呈薄层状及个体状产于辉锑矿中，还有呈细线状产于围岩中。辉锑矿则呈致密块状、针状、毛发状等，在石英脉中以条带状分布。黑钨矿呈小板状晶体，部分呈不规则状产于石英脉中。矿石及围岩多元素分析见表33.5.17。

矿石体重2.82吨/米^3，围岩体重2.7吨/米^3，松散系数1.7。

表 33.5.17 矿石及围岩多元素分析，%

元素	WO_3	Sb	Fe	S	As	Mn
矿石(一)	0.95	6.04	3.95	3.16	0.05	0.12
矿石(二)	0.65	4.92	3.16	2.70	0.07	0.13
矿化围岩（一）	0.13	0.19	2.80	0.57	0.08	0.21
矿化围岩（二）	0.055	0.15	5.75	0.73	0.07	0.18

元素	Ca	Cu	MgO	Al_2O_3	SiO_2	Au,g/t
矿石(一)	1.98	0.075	0.49	3.65	73.50	7.28
矿石(二)	1.34	0.006	0.67	3.57	72.34	9.33
矿化围岩（一）	3.73		1.16	12.14	61.15	1.54
矿化围岩（二）	2.31	0.006	1.23	9.34	60.54	1.58

B 选矿工艺

选矿采用两段一闭路碎矿，棒磨-球磨两段磨矿，重选、混汞、浮选联合选别，浓缩、过滤、干燥三段脱水的生产工艺流程。生产成品金、锑金混合精矿、白钨精矿三种产品。选厂生产工艺流程及设备见图33.5.9。

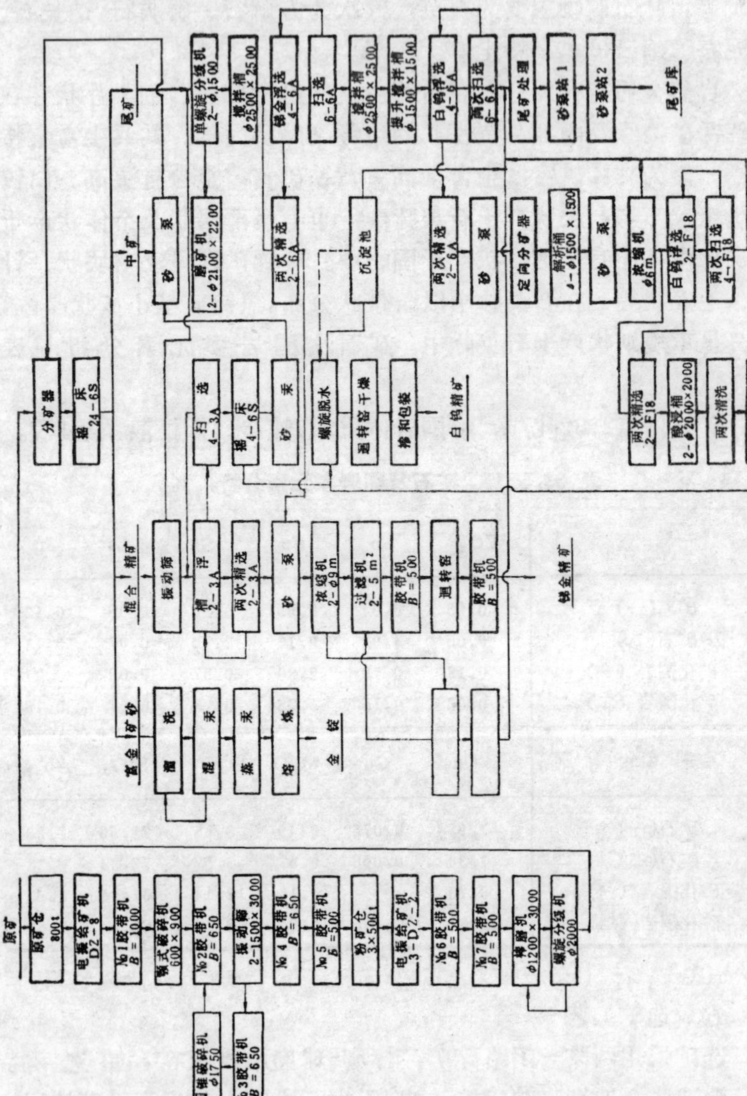

图 33.5.9　湘西金矿选厂工艺流程图

碎矿：井下矿石经主斜井用箕斗提升至选厂卸入容积为800吨的原矿仓，再经600×900毫米颚式破碎机粗碎，粗、细碎排矿送到2台1500×3000毫米振动筛筛分，筛上产品送ϕ1750毫米中型圆锥破碎机细碎；筛下产品卸入3个容积为500吨的粉矿仓。碎矿最终产品粒度20～0毫米。

磨矿、选别：粉矿仓矿石给入ϕ2100×3000毫米棒磨机磨矿，棒磨机与ϕ2000毫米螺旋分级机组成闭路，磨矿粒度－0.4毫米。分级机溢流经矿浆分配器给到24台6-S摇床重选，产出富金矿砂、混合精矿、摇床中矿和尾矿四种产品，分别进行选别。

富金矿砂通过溜槽、混汞，汞金经蒸馏和熔炼得成品金。

混合精矿经振动筛除去粗粒级后送浮选，经一次粗选一次扫选二次精选得锑金精矿，扫选尾矿再用摇床选出粗粒白钨精矿。摇床中矿和尾矿用泵扬回粗选摇床前的矿浆分配器。

摇床尾矿进入二段磨矿分级回路，由ϕ2100×2200毫米球磨机与ϕ1500毫米双螺旋分级机组成闭路，磨矿细度－0.1毫米，分级机溢流进入锑浮选回路，采用12槽6A浮选机经一次粗选两次精选一次扫选，得出锑金精矿；扫选尾矿经ϕ2500×2500毫米搅拌槽和ϕ1500×1500毫米提升搅拌槽进入白钨粗选回路，采用6A浮选机12槽，经一次粗选两次精选两次扫选得低品位钨精矿。钨扫尾尾矿经两段泵站扬至尾矿库。

低品位钨精矿采用彼德洛夫法加温分离浮选提高品位。其流程为低品位钨精矿用泵扬至4个ϕ1500×1500毫米解析桶，加温到95℃，加水玻璃进行解析，然后用泵扬至ϕ6米浓密机脱水，其排矿自流至白钨精选回路，用F-18浮选机8槽，经一次粗选二次精选二次扫选得白钨精矿，其尾矿并入选厂总尾矿，精矿用2个ϕ2000×2000毫米酸浸槽加盐酸浸出除磷，再经清洗得最终白钨精矿，送脱水作业。

锑精矿脱水：由重选段得出的粗粒锑精矿与浮选段的锑精矿合并，用泵扬至2台ϕ9米浓缩机脱水，然后由5米^{2}过滤机过滤，滤饼由胶带机送回转窑干燥，再由胶带机运到精矿仓。

白钨精矿脱水：重选白钨精矿与浮选白钨精矿经螺旋分级机脱水，回转窑干燥，然后掺合包装，送仓库待外销。

C　综合技术经济指标

综合技术经济指标列于表35.5.18。

33.5.3.4　混汞—重选—浮选选金——沂南金矿金场选矿厂

沂南金矿位于山东省临沂地区境内。目前生产有铜井、金场、硫酸厂三座选厂。三个选厂的选金工艺流程基本一致，普遍使用混汞、舖毯溜槽来回收单体金，效果较好，其回收率占金总回收率的70%。然后用浮选、磁选分别选出含金铜精矿和铁精矿。下面介绍金场选厂的生产实践。

A　矿石性质

该矿为含金、铜多金属矽卡岩型矿床。矿体赋存在断裂部位及岩体与灰岩的接触处，矿石性质复杂，泥化较甚。矿石中主要金属矿物有黄铜矿、斑铜矿、自然金、辉铜矿、磁铁矿等，其次为蓝铜矿、黄铁矿。脉石矿物主要有石榴子石、透辉石、方解石、绿泥石等。

金矿物中自然金占91.72%，其次有银金矿和金银矿等。金矿物形态繁多，以枝叉状和角粒状为主。金的嵌布粒度较粗但不均匀，最大粒度1.5毫米，最小粒度0.005毫米，一般为0.074～0.01毫米。

B　选矿工艺

生产采用三段开路碎矿，一段磨矿，混汞、舖毯溜槽选金，浮选选铜，尾矿磁选铁的工艺流程。见图33.5.10。

碎矿：原矿仓顶设400×400毫米格筛，大块人工手碎。原矿由980×1240毫米槽式给矿机给入400×600毫米颚式破碎机粗碎后，由胶带机送至中间矿仓。然后再由槽式给矿机给入250×400毫米颚式破碎机中碎，其排矿由胶带机送ϕ600×400毫米辊式破碎机细碎。碎矿产品由箕斗送至粉矿仓。

磨矿和浮选：粉矿仓矿石由胶带给矿机分别给入ϕ1500×2000和ϕ1000×2000毫米球磨机磨矿，球磨机排矿经混汞、铺毯

表 35.5.18 综合技术经济指标(1983年)

项目			单位	指标
处理矿石量			t /d	
原矿品位:Au			g / t	3.93
Sb			%	1.49
WO_3			%	0.167
精矿品位				
锑金精矿:Au			g / t	72.19
Sb				35.58
白钨精矿:WO_3			%	71.04
尾矿品位:Au			g / t	0.504
Sb			%	0.053
WO_3			%	0.045
回收率:Au			%	87.79
Sb			%	96.6
WO_3			%	73.31
每吨原矿主要消耗	钢棒		kg/t	1.18
	钢球		kg/t	1.2
	锑浮选	黄药	kg/t	0.474
		黑药	kg/t	0.212
		硝酸铅	kg/t	0.044
		硫酸铜	kg/t	0.051
		2#油	kg/t	0.102
		氟硅酸钠	kg/t	0.06
		硫氮9#	kg/t	0.021
	钨浮选	油酸	kg/t	0.193
		水玻璃	kg/t	2.19
		纯碱	kg/t	2.77
	脱磷盐酸		kg/t精矿	1089
	选矿电耗		kW·h/t	43.98

溜槽回收中、粗粒单体金、溜槽尾矿进入分级机并与球磨机组成闭路，分级机溢流进入浮选作业，经一次粗选三次扫选一次精选得金铜精矿，浮选尾矿经ϕ600×1800毫米半逆流磁选机选得磁铁精矿。

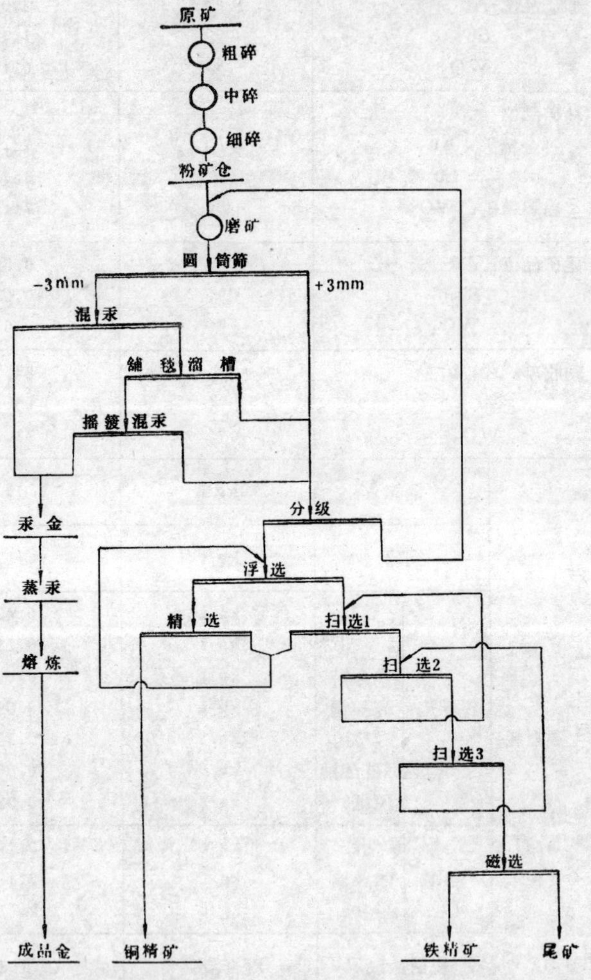

图 33.5.10　沂南金矿金场选厂工艺流程图

铺毯溜槽一般由木板或水泥制作，宽600～800毫米，长有2米、4米、6米等。溜槽坡度6～10°，在溜槽上铺上毛毯，单体金和重砂矿物留在毛毯上，每隔20～40分钟人工清洗一次。获得的重砂经精选后用摇簸混汞，汞金经熔炼产出合质金。

选矿指标列于表35.5.19。

表 35.5.19 选 矿 指 标

项目		单位	指标
原矿品位：	Au	g/t	2.64
	Cu	%	0.37
精矿品位：	Au	g/t	16.82
	Cu	%	16.79
回收率：	Au	%	82.41（其中混汞65.59）
	Cu	%	82.22

C 防汞措施及效果

（1）设立独立混汞室，墙壁用水泥抹平涂以白漆，地面光滑并做成3°的坡度，便于冲刷减少汞的吸附；（2）混汞室采用密闭通风，排气经活性炭吸附后，通过高15米的烟筒排入大气；（3）在刮汞过程中，必须在水流覆盖下进行；（4）加强个人防护。

采取上述措施后，经检查全部在国家标准以下。实测结果：烟筒排出口废气含汞量0.0044毫克/米^3，磨浮厂房0.0056毫克/米^3，刮汞室0.0083毫克/米^3，均低于0.01毫克/米^{3}的国家标准。对接触汞的50名操作人员，进行尿汞检查，全部在正常范围之内（0～0.01毫克/升）。

33.5.3.5 重选—浮选—焙烧选金——黄金洞金矿选矿厂

黄金洞金矿位于湖南省境内。该矿已有上百年的开采历史，过去仅开采可见金，用土法生产。现有一座80吨/日规模的选厂，采用重选—浮选—焙烧联合流程，生产成品金和金精矿，副产白砷。

A　矿石性质

矿床类型属中温热液充填型，工业类型为低硫化物含金石英网脉夹破碎板岩型矿床。金属矿物主要有自然金、毒砂、黄铁矿，次为黄铜矿、磁黄铁矿、车轮矿、方铅矿、白钨矿、闪锌矿、斑铜矿、辉铜矿等。脉石矿物主要有石英、绢云母，次为白云石、方解石、绿泥石、斜长石、电气石等。

自然金的产出有两种。一为可见金，主要呈不规则粒状、细脉状、网脉状及浑圆状嵌布于石英及金属硫化矿物细脉中，或石英与矿化板岩的接触处。另一种为不可见金，呈毛发状、浑圆状的微包体嵌布在黄铁矿、毒砂中，其粒径小于0.005毫米。

毒砂为主要含砷矿物，一般呈自形半自形粒状零星分布在石英脉和含金矿化板岩中。毒砂粒径一般为0.05～0.2毫米，与毒砂有关的自然金粒度一般为0.01～0.04毫米，毒砂单矿物含金186～476克/吨。

黄铁矿也是金的主要载体矿物，一般呈半自形-他形粒状零星分布在石英脉和含金矿化板岩中，其粒径一般为0.1～0.2毫米，与黄铁矿有关的自然金粒度一般为0.01～0.03毫米。黄铁矿单矿物含金212～640克/吨。

矿石体重2.73吨/米^3，松散系数1.6。原矿多元素分析见表33.5.20。

表 33.5.20　原矿多元素分析

元　素	Au，g/t	Ag，g/t	S	As	SiO_2	Al_2O_3	Cu
含量，%	3.69	<2	0.79	0.79	74.38	8.61	0.023
元　素	Pb	Zn	Fe	MgO	TiO_2	CaO	C
含量，%	0.006	0.016	3.4	0.92	0.42	0.73	0.84

B 选矿工艺

选矿采用一段开路碎矿、一段闭路磨矿，重选、浮选选别，浓缩过滤两段脱水流程。

碎矿：井下矿石用0.5米^{3}矿车经卷扬机提升，人工运至选厂200米^{3}原矿仓。矿仓上设150×150毫米格筛，大块矿石人工手碎。矿石由胶带机运至175×250毫米颚式破碎机破碎，碎矿产品直接排到20米^{3}粉矿仓。产品粒度30～0毫米。在胶带机上设手选作业，手选废石率为10%左右。

磨矿及选别：磨矿采用4台ϕ900×1500毫米球磨机，磨至－6毫米排到1800毫米梯形溜槽，再进ϕ500毫米螺旋分级机并与球磨机组成闭路，溜槽沉砂人工清除、集中用摇床选别，摇床为间断作业，摇床尾矿返回分级机，摇床精矿人工掏洗，毛金集中经酸处理，再用坩埚熔炼成合质金，成色在98%以上，盆口砂集中再磨重选。磨矿浓度55%，分级机溢流粒度56%－200目，浓度26%。浮选采用两次粗选、一次精选、两次扫选，共用4A浮选机16槽。浮选药剂用量：丁黄药110克/吨，25#黑药30克/吨，2号油60克/吨，硫酸铜2克/吨。

脱水：采用浓缩、过滤两段脱水。浮选精矿经ϕ1.8米浓缩机脱水，GP_2-1L过滤机过滤，精矿送焙烧车间。过滤机配用SZ-2型水环式真空泵一台。

C 焙烧工艺

浮选精矿含砷18～20%，属难处理矿石。湖南冶金研究所通过试验研究提出用氧化焙烧脱砷工艺处理这种矿石，并在矿山建成了7吨/日规模的工业试验车间，取得了较好的工艺指标。

精矿中以毒砂形态存在的砷受热氧化成As_2O_3挥发进入气相，随后在烟道及收尘系统中降温冷凝成粉沫状白砷而作为产品收集，精矿中的硫燃烧成SO_2排入大气，金则富集于焙砂，进一步用冶炼或氰化法回收。

焙烧流程采用远红外线干燥、回转窑焙烧、旋风旋流器组和布袋两段收尘，工艺流程详见图33.5.11。

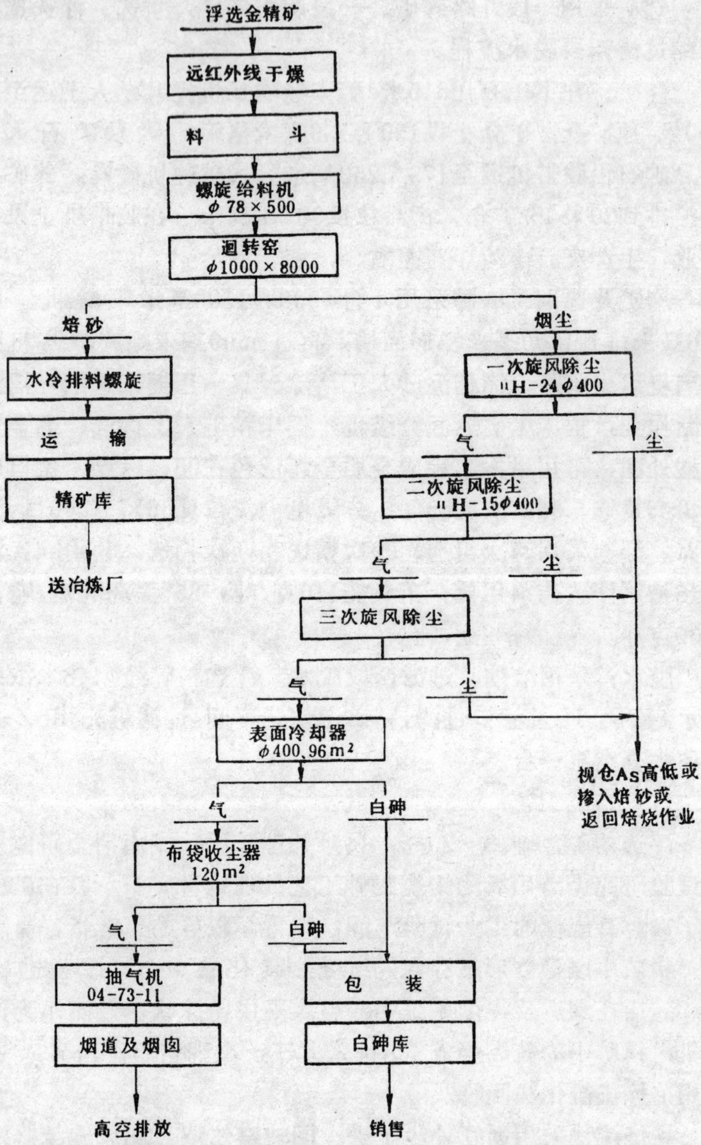

图 33.5.11 黄金洞金矿焙烧工艺流程

工艺特点：（1）回转窑焙烧物料与炉气逆向而行，能满足脱砷（弱氧化气氛）与脱硫（强氧化气氛）的不同要求；（2）可利用简单的除尘设备使机械尘与白砷有效分离，能直接获得较纯的合格商品白砷；（3）烟气量少，SO_2浓度低，可采用高空稀释排放；（4）根据物料中硫砷易氧化挥发及现场能源条件，采用远红外线干燥；（5）整个焙烧系统处于负压及密封情况下操作，有利于控制焙烧中有毒气尘的污染。

主要操作条件：

回转窑转速：	1转/分
加料速度：	～300公斤/时
物料在窑停留时间：	1小时
窑头负压：	0～29.4帕
窑中焙烧温度：	650～800℃
布袋入口温度：	70～80℃
布袋出口温度：	40～50℃
进冷风量：	～600标米³/时
抽风机实际风量：	～4700标米³/时

浮选精矿、焙砂及白砷的化学成分列于表35.5.21至表35.5.23。

综合经济指标列于表35.5.24。

表 35.5.21　浮选精矿化学成分

元素	Au	As	Fe	S	Sb	Cu	Pb	Zn	Ti	SiO_2	Al_2O_3	CaO
含量 %	98.5 g/t	19.35	25	18.29	0.025	0.062	0.066	0.063	0.4	19.13	3.58	0.17

表 35.5.22　焙砂化学成分

元　素	Au	As	Fe	S	Sb	Cu	Pb	Zn	Ti	SiO_2	Al_2O	CaO
含量，%	116g/t	0.29	40	7.8	0.006	0.1	0.019	0.08	0.75	28.6	5.48	0.27

表 35.5.23 白砷化学成分

元素	As_2O_3	As_2O_5	Au	Cu	Pb	Zn	S
含量，%	97.97	0.61	2.94 g/t	0.0026	0.024	0.083	0.52

表 35.5.24 综合技术经济指标（1983年）

项目	单位	指标
处理矿量	t/d	89
原矿品位	g/t	4.05
精矿品位	g/t	90.12
尾矿品位	g/t	0.7
重选回收率	%	22.45
浮选回收率（作业）	%	78.3
焙烧：焙砂品位	%	131.7
金损失率	%	4.04
白砷纯度	%	96
白砷回收率	%	89
金选矿回收率	%	83.3
金总回收率	%	79.93
每吨原矿主要消耗		
钢球	kg/t	1.7
黄药	kg/t	0.11
黑药	kg/t	0.021
2号油	kg/t	0.061
硫酸铜	kg/t	0.003
柴油	kg/t精矿	93
涤纶布	m/t	8.36
焙烧电耗	kWh/t精矿	109
电	kWh/t	25
水	m^3/t	4

33.5.3.6 浮选—氰化提金——招远金矿玲珑选矿厂

招远金矿位于山东省境内。

招远金矿采金历史悠久，相传明朝天启年间就开始采金，数百年来从未间断，是我国黄金生产的重要基地之一。

招远金矿包括玲珑矿区和灵山分矿。灵山分矿选矿采用单一浮选流程生产金精矿。玲珑矿区由西山和九曲两个坑口供矿，西山每天供矿约250吨，用汽车运输；其余为九曲供矿，由7吨电机车经主平硐运至选厂。选厂采用浮选—氰化流程生产金、银和硫精矿。

A 矿石性质

矿石类型分为含金石英脉、含金黄铁矿和蚀变花岗岩等类型。主要金属矿物有黄铁矿、黄铜矿、自然金、银金矿，其次为磁黄铁矿、方铅矿、闪锌矿、褐铁矿、磁铁矿。脉石矿物主要有石英、斜长石、方解石、绢云母等。

九曲和西山的矿石，在矿物组成、种类、含量及结构构造等方面均不相同，九曲矿石以含金石英脉为主，其次是蚀变花岗岩与含金黄铁矿，矿物组成比较简单，矿石中含铜少，含硫也低，属易选矿石。而西山矿石以含金黄铁矿为主，硫化矿物之间构造紧密，组成复杂，矿物种类繁多，含有次生硫化物及氧化物，含铜、硫高，属难选矿石。

自然金多呈细粒、点滴状及脉状产出，多分布在黄铁矿、黄铜矿中，并交代黄铁矿、黄铜矿等硫化矿物，呈交代溶蚀结构。在脉石中呈不规则他形粒状浸染。

银金矿呈圆柱状及点滴状产于黄铜矿中，并交替和胶结黄铁矿。银金矿与黄铁矿、方铅矿、闪锌矿紧密共生，呈脉状沿黄铁矿裂隙充填交代构成网格状构造。

矿石密度（体重）：九曲矿石2.75吨/米^3，西山矿石3.21吨/米^3；矿石松散密度：九曲矿石1.685吨/米^3，西山矿石1.73吨/米^3。矿区原矿多元素分析列于表33.5.25。

B 选矿、氰化生产实践

玲珑选厂入选原矿品位5～6克/吨，产品为金、银和硫精矿。生产工艺流程见图33.5.12。

碎矿：采用两段一闭路加洗矿流程。原矿由双车翻笼卸入两

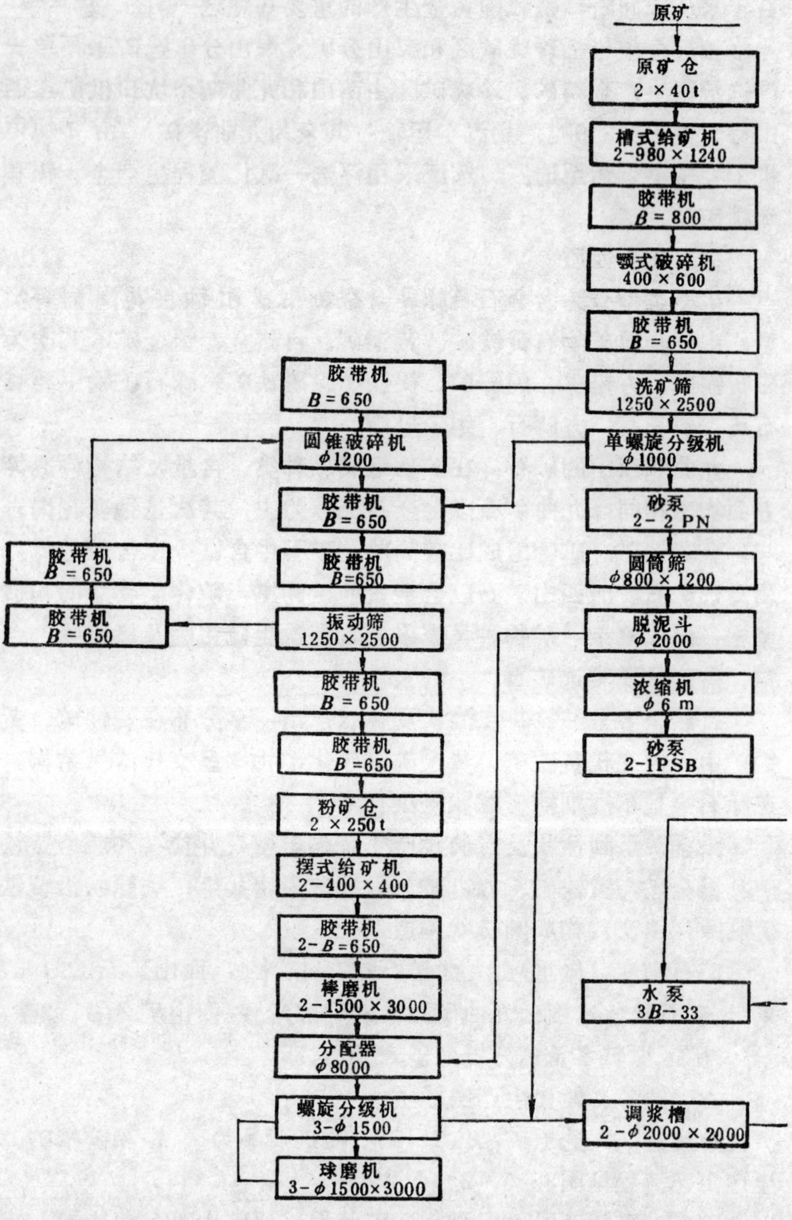
原矿
原矿仓
2×40t
槽式给矿机
2-980×1240
胶带机
B=800
颚式破碎机
400×600
胶带机
B=650
洗矿筛
1250×2500
单螺旋分级机
φ1000
砂泵
2-2PN
圆筒筛
φ800×1200
脱泥斗
φ2000
浓缩机
φ6m
砂泵
2-1PSB
水泵
3B-33
调浆槽
2-φ2000×2000
胶带机
B=650
圆锥破碎机
φ1200
胶带机
B=650
胶带机
B=650
振动筛
1250×2500
胶带机
B=650
胶带机
B=650
粉矿仓
2×250t
摆式给矿机
2-400×400
胶带机
2-B=650
棒磨机
2-1500×3000
分配器
φ8000
螺旋分级机
3-φ1500
球磨机
3-φ1500×3000
胶带机
B=650
胶带机
B=650

图 33.5.12 招远金矿玲珑选冶生产工艺流程图

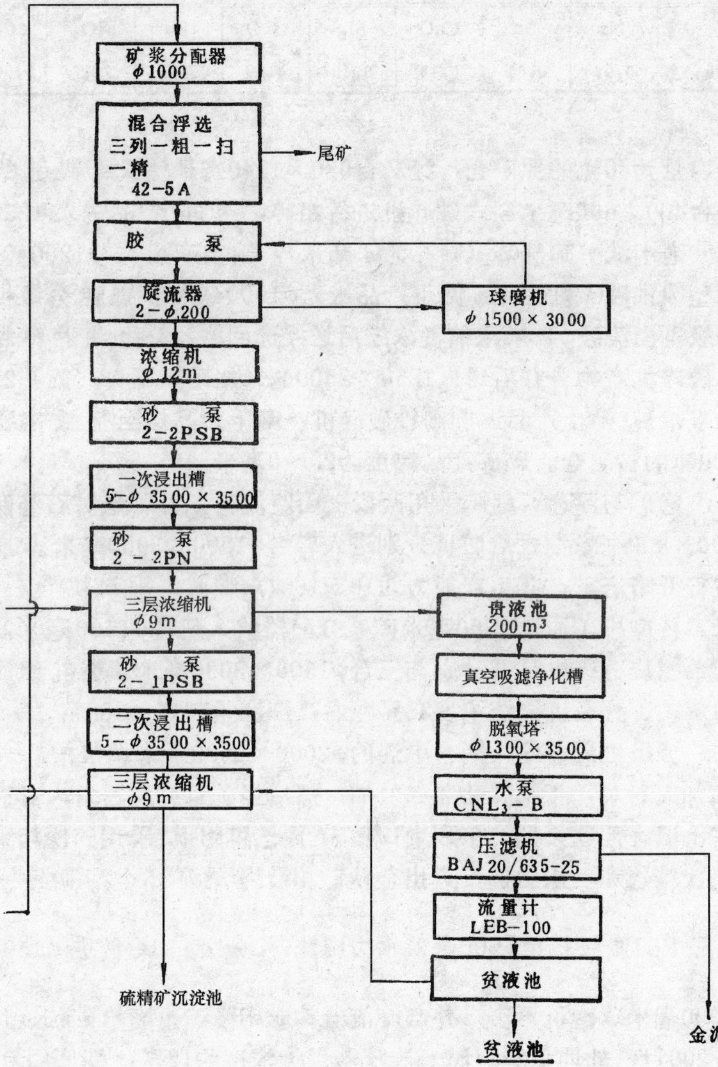

表 33.5.25　九曲矿区原矿多元素分析

元　素	Au	Ag	Cu	S	Pb	Zn	Fe	As
含量，%	10.4g/t	11.67g/t	0.12	11.13	0.28	0.26	10.16	0.01
元　素	Ni	Sn	CaO	Mg	Al_2O_3	Sb	SiO_2	Co
含量，%	0.024	0.01	0.14	0.407	4.09	0.0001	72.08	0.0087

个容量为40吨的原矿仓，经2台980×1240毫米槽式给矿机给入一台400×600毫米颚式破碎机进行粗碎，粗碎产品送入1250×2500毫米洗矿筛洗矿（筛孔为4毫米），筛上产品送ϕ1200毫米中型圆锥破碎机细碎，筛下产品进入ϕ1000毫米单螺旋分级机，分级机溢流经ϕ12米浓缩机浓缩后送浮选回路。分级机返砂和圆锥破碎机产物合并后送入1250×2500毫米振动筛筛分（筛孔21×21毫米），筛上产品返回圆锥破碎机，筛下产品送至有效容积为500吨的粉矿仓。碎矿产品粒度为20～0毫米。

磨矿与浮选：磨矿采用两段一闭路流程。粉矿仓矿石经两台400×400毫米摆式给矿机分别进入二台ϕ1500×3000毫米棒磨机进行开路磨矿，其生产能力为16～18吨/台·时，排矿粒度－2毫米，棒磨排矿通过ϕ800毫米矿浆分配器给入三台ϕ1500毫米高堰式单螺旋分级机，并分别与三台ϕ1500×3000毫米球磨机组成闭路磨矿。分级机溢流浓度38%左右，细度为50%－200目。

分级机溢流给入两台串连的ϕ2000×2000毫米调浆槽，在槽内加入石灰，丁基黄药和二号油，然后经矿浆分配器给入并联的三个混合浮选系列，每列由14槽5A浮选机组成，采用一次粗选、一次精选和一次扫选，产出金精矿和最终尾矿。金精矿经一台$4\frac{1}{2}$PSJ胶泵扬至ϕ200毫米水力旋流器分级，底流进ϕ1500×3000毫米球磨机再磨，并与旋流器构成闭路。再磨给矿粒度70%－200目，处理量3吨/时，旋流器溢流浓度约12%，细度约95%－325目，自流进入氰化系统。浮选尾矿经L-180马尔斯油隔离泥浆泵扬送到尾矿库。

氰化：采用两次浸出、两次洗涤流程。再磨后的金精矿自流至ϕ12米浓缩机脱水、脱药，其底流经一套自动放矿系统流入串联的五个$\phi 3500 \times 3500$毫米浸出槽进行一次浸出，浸出矿浆浓度38%，氰化钠浓度0.12%，氧化钙浓度0.02～0.03%，浸出时间23小时。一次浸出矿浆由一台2PN砂泵扬至ϕ9米三层浓缩机进行一次洗涤，其溢流即含金贵液，送锌粉置换作业。底流浓度约50%，经自动放矿系统进入五个串联的$\phi 3500 \times 3500$毫米浸出槽进行二次浸出，浸出矿浆浓度32.8%，氰化钠浓度0.1%，浸出时间20小时。二次浸出矿浆自流至另一台ϕ9米三层浓缩机进行二次洗涤，其溢流（即二次贵液）返至一次洗涤作业，其底流自流进入一台10米^{2}折带式过滤机过滤，滤渣即硫精矿，含硫约30%，外售。过滤机滤液返回二次洗涤。

锌粉置换：贵液量每天约400米^3，经125米^{2}沉淀池沉淀后，贵液中的固体悬浮物可由200～300毫米/升降至62毫克/升，然后进入二台$1600 \times 2100 \times 1500$毫米真空吸滤净化槽进行净化，净化后的贵液固体悬浮物可降至2毫克/升以下。洁净贵液进入一台$\phi 1300 \times 3500$毫米脱氧塔进行脱氧。净化槽和脱氧塔的真空系统采用一台3B-33水泵与一台ZSB-60水喷射泵组成。脱氧后的贵液溶氧量可由8毫克/升降为1毫克/升。脱氧贵液经一台GNL3-B立式离心水泵给入一台BAJ20/635-25压滤机进行置换。锌粉由皮带、漏斗及漏斗浆位调节桶组成的机构来添加。置换后金泥留在压滤机滤框内，约每月提取一次。而置换贫液一部分通过一台LZB-100流量计加入二洗三层浓缩机，另一部分贫液经计量后进入贫液池供酸化法处理。

含氰污水处理：采用酸化法处理。含氰污水加热至35℃左右后与硫酸混合进入发生塔，在塔内，氰氢酸被空气带到另一个喷淋碱液的吸收塔进行酸碱中和而制得氰化钠，发生塔废液进行浓缩、干燥，以回收其中的硫氰化亚铜供外销，整套污水处理能力为200米^3/日。

金泥粗炼和电解精炼：金泥于每月月末集中冶炼一次。每月干金泥量约700～800公斤，金泥中含水约37%，用30千瓦电炉进行烘干，干燥时间为24小时，冶炼熔剂与金泥的配比为：硼砂40～45%，硝酸钾30～35%，石英5～15%。金泥与熔剂混匀后分批加入ϕ1000×1500毫米炼金炉，炉温控制在1200～1300℃，每次粗炼时间约34小时，最后得到含银44%、含金40%左右的合质金。

表 35.5.26　选冶综合技术指标（1986年）

项目		单位	指标
平均处理矿量		t/d	
入选原矿品位		g/t	5.86
浮选精矿品位		g/t	62.14
浮选尾矿品位		g/t	0.30
浮选回收率		%	95.39
氰化原矿品位		g/t	62.14
氰渣品位		g/t	1.578
贵液品位		g/m^3	10.442
贫液品位		g/m^3	0.02
排液品位		g/m^3	0.207
浸出率		%	97.46
洗涤率		%	99.92
氰化总回收率		%	97.30
每吨原矿主要消耗	选矿电耗	kW·h/t	22.78
	氰化电耗	kW·h/t精矿	97.48
	钢球	kg/t	1.41
	衬板	kg/t	0.293
	钢棒	kg/t	0.71
	黄药	kg/t	0.11
	2号油	kg/t	0.057
	氰化钠（新耗）	kg/t精矿	6.94
	醋酸铅	kg/t精矿	0.024
	锌粉	kg/t精矿	0.26
	凝聚剂	同上	0.23
	石灰	kg/t原矿	1.89

粗炼金在中频电炉中进行熔炼，按Ag：Au=7：3配银，铸极板，待电解。

银电解是在6个600×430×620毫米电解槽内进行，阴极采用铝板，尺寸为420×420×3毫米，阳极为合质金板，尺寸为200×300×10毫米。电解液为硝酸银溶液，电流密度200～250安/米^2，槽电压3～4.5伏，电解时间为10～12天。电解后的金粉与银粉均用热蒸馏水洗3～4次，然后铸锭。电解银品位99.90%，金品位为95～96%

冶炼中金的回收率在99%以上。

C 选冶综合技术指标

选冶综合技术指标列于表35.5.26。

33.5.3.7 浮选—氰化提金——新城金矿选矿厂

新城金矿位于山东省境内。

A 矿石性质

新城金矿属中温热液蚀变花岗岩型金矿床，围岩蚀变有硅化、黄铁矿化、绢云母化、绿泥石化等。矿石中主要金属矿物有银金矿、黄铁矿、菱铁矿，其次是黄铜矿、方铅矿、闪锌矿，还有少量的黝铜矿、辉铜矿、磁黄铁矿、钛铁矿等。脉石矿物主要有石英、绢云母、其次是长石、方解石，以及少量的木屑石、锆英石、磷灰石、绿泥石、绿帘石、黑云母、角闪石等。

金主要赋存在黄铁矿及金属硫化矿物的晶隙和裂隙之中。黄铁矿晶隙金占41.4%，裂隙金占18.04%；黄铁矿黄铜矿晶隙金占16%，黄铁矿中包体金占5.5%。金的嵌布粒度较细，大于0.07毫米者占1.72%，0.07～0.005毫米占76.46%，小于0.005毫米者占21.82%。

原矿石多元素分析（表35.5.27）

B 选矿、氰化生产实践

碎矿：采用两段一闭路流程。原矿仓矿石经1200×6000毫米中型板式给料机给到400×600毫米颚式破碎机粗碎，粗、细碎机排矿送1500×4000毫米振动筛筛分，筛上产品返回ϕ1200毫米中

表 35.5.27 原矿石多元素分析

元素	Au	Ag	Cu	Al_2O_3	Fe_2O_3
含量，%	8.18g/t	11.38g/t	0.05	11.46	6.30
元素	CaO	MgO	K_2O	BaO	SiO_2
含量，%	0.64	0.38	3.99	0.26	68.9

型圆锥破碎机细碎。当原矿含泥量高时，在筛上用高压水冲洗进行洗矿，其中小于6毫米的粒级进入φ1200螺旋分级机脱泥，分级机返砂与振动筛筛下产品送粉矿仓，溢流经φ9米浓缩机脱泥，底流进独立浮选系统。碎矿最终产品粒度16～0毫米。

磨矿、浮选：磨矿浮选由两个平行系列组成。粉矿仓矿石经400×400毫米摆式给矿机送至φ2100×2200毫米球磨机磨矿，并与φ1500毫米单螺旋分级机构成闭路。分级机溢流细度55～60%－200目，经φ1500毫米搅拌槽调浆后进入浮选回路，经一次粗选、一次扫选、两次精选，产出浮选精矿进入氰化系统。尾矿由泵扬至海边的尾矿库。选矿药剂消耗：黄药90克/吨，2#油40克/吨。

精矿再磨与浓缩：浮选精矿经φ125毫米旋流器组分级，底流进入φ1500×3000毫米球磨机再磨，旋流器溢流进φ12米浓缩机脱水脱药。旋流器溢流细度95%－325目。

浸出与洗涤：采用两次浸出、两次洗涤流程。φ12米浓缩机的排矿调浆至33%的浓度，进入串联的三台φ3000×3000毫米机械搅拌浸出槽进行一次浸出，浸出时间24小时，然后用泵扬送到φ9米三层浓缩机进行一次洗涤，浓缩机溢流（贵液）自流至200米^{3}贵液池，其底流用泵扬至二次浸出的三台φ3000×3000毫米机械搅拌浸出槽浸出24小时，然后用泵扬至二次洗涤的φ9米三层浓缩机，其溢流返至一次洗涤浓缩机，底流经10米^{2}过滤机过滤得硫精矿。

贵液净化：贵液在贵液池沉淀后，可使其固体悬浮物由200～300毫克/升降至65～80毫克/升，再经管式过滤器过滤，溶液中的悬浮物可降至1毫克/升。

目前生产上使用的20米^{2}管式过滤器筒体直径为1800毫米，容积5米^3。过滤前，先将一部分贫液和硅藻土（一次加入40～80公斤）搅拌成料浆，然后用泵由下部进料口压力给入管式过滤器内，同时打开上部进气管，使料液迅速进入筒内，当筒内注满硅藻土液时，关闭进排气管，同时打开聚流管排口返液阀门，使料液返回硅藻土搅拌槽进行循环，当返回液澄清时，说明过滤介质硅藻土已均匀覆盖在过泸管滤布上形成助滤层，一般循环30～40分钟。贵液过滤时，先关闭扬送硅藻土的泵、阀门及返液阀，打开进净液的排液阀门，然后再开动送贵液的泵，进行贵液过滤净化。过滤工作压力小于49×10^{4}帕，过滤速度0.4～0.75米^3/米^2·时（即每台8～15米^3/时），最大过滤速度可达1.5米^3/米^2·时。

当管式过滤器内的滤饼逐渐增厚，过滤压力高到49×10^{4}帕时，过滤能力下降到6米^3/台·时，就要进行排渣。首先停止进贵液，关闭出液阀门，同时打开回液阀和上部进气管，使贵液返回贵液池。然后打开排渣阀，关闭回液阀，从净液出口处打入贫液（或压缩空气）进行反洗反吹，使滤渣脱落由过滤器底部的排渣阀排出。

脱氧：采用ϕ1500×3600毫米脱氧塔一台，其真空系统由2BA-9水泵和ZSB-60水力喷射泵组成，真空度可达9.06～9.73×10^{4}帕。脱氧后贵液溶氧量可降至1毫克/升。

置换：采用液压锁紧BAY20/635-25压滤机一台。在出金泥时为降低金泥水份，需往压滤机内吹风而配一台1V-3/8型压风机，挂浆配有ϕ1500毫米贫液贮槽、ϕ1500搅拌槽及2PNJ砂泵组成的挂浆循环系统。

生产中挂锌粉初始层的过程称为挂浆。挂浆一般用贫液，锌粉与醋酸铅按10:1添加，锌粉初加量为20公斤。挂完浆即可进行置换。生产初期要每隔30分钟进行一次贫液含金品位快速分析，当品位降到0.02克/米^{3}时才可排放贫液。

在置换过程中，要保持NaCN浓度不低于0.03%，CaO浓度不低于0.02%，否则置换指标会明显下降。生产初期没有贫液返回而用清水洗涤，从而稀释了溶液中的NaCN和CaO浓度，因此必须往洗涤浓缩机或贵液池内加入一定量的NaCN和保护碱。

置换时随着压滤机框内金泥的增加，阻力增大，表压由3.92 $\times 10^4$帕增加到$24.5\times 10^4\sim 26.5\times 10^4$帕，泵的流量下降到6米^3/时，此时应将压滤机内的金泥卸出。卸金泥之前，为了降低金泥水份，要往压滤机内吹风，风压$29.4\sim 39.2\times 10^4$帕，吹风2～4小时，金泥水份可降到35%。

卸开压滤机将滤框内金泥清理后，要将滤框放置在水槽中，清除进液口中的金泥，把压紧面洗净擦干并涂上一层黄油，防止生锈而造成泄漏，一般2小时可卸完金泥和装好新滤布。

金泥熔炼、金银电解分离及含氰污水处理与招远金矿玲珑选厂完全一样。

选矿生产工艺流程见图33.5.13。

C　选冶综合技术指标（1984）

选冶综合技术指标列于表35.5.28。

33.5.3.8　全泥氰化提金——柴胡栏子金矿氰化厂

柴胡栏子金矿位于内蒙赤峰市郊区，设计能力为100吨/日。

A　矿石性质

该矿属中温热液裂隙充填含金石英脉型矿床。矿石为绢云母化蚀变岩及贫硫化物含金石英脉型，氧化程度深，含泥较多。

矿石中除金银外，主要金属矿物为褐铁矿，其次为黄铁矿，并有少量赤铁矿和微量黄铜矿。脉石矿物主要是石英，其次为长石、绿泥石、绿帘石、云母和方解石等。

自然金主要赋存在脉石矿物中，与金属矿物共生关系不密切，金的嵌布粒度较细，粒径均小于0.037毫米。

矿石体重2.65吨/米^3，松散体重1.6吨/米^3，属中硬矿石。原矿多元素分析结果列于表33.5.29。

B　氰化生产实践

碎矿：采用两段一闭路流程。原矿仓矿石经600×500毫米槽式给矿机给入250×400毫米颚式破碎机粗碎，粗、细碎排矿送到

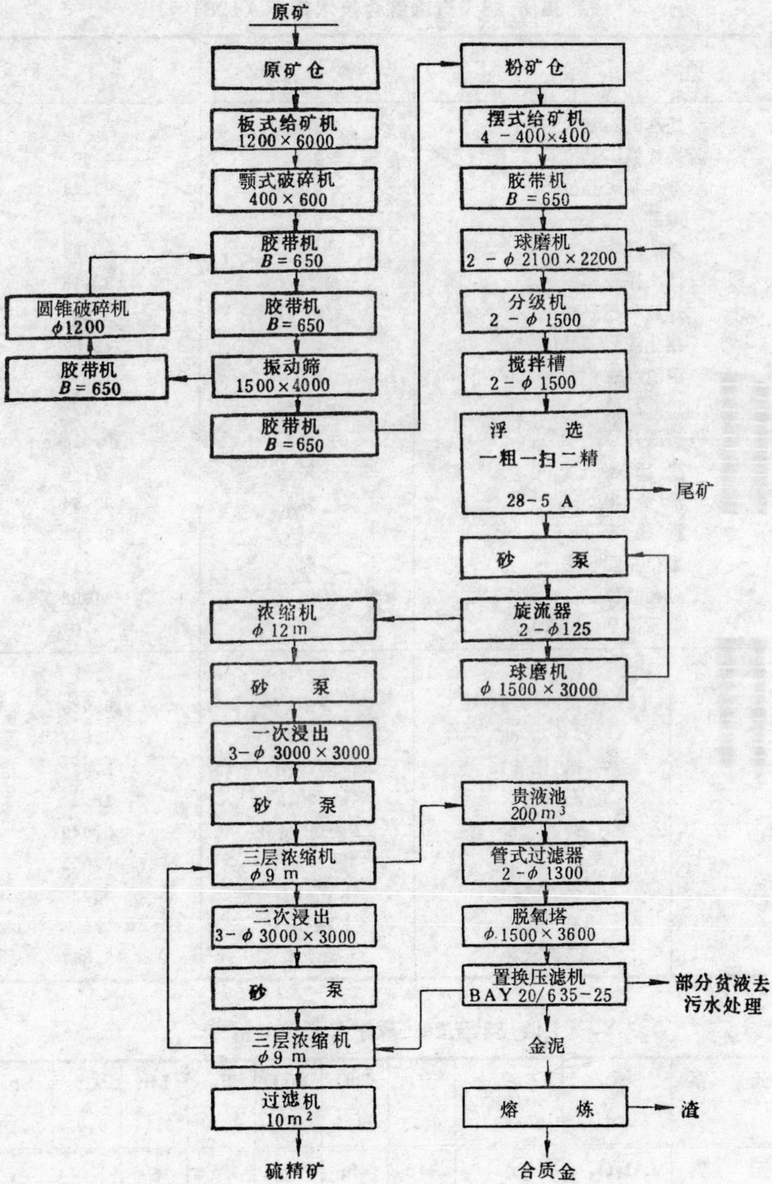

图 33.5.13 新城金矿选矿生产工艺流程图

表 35.5.28　选冶综合技术指标（1984年）

项　　目		单　　位	指　　标
处理矿石量		t/d	
入选原矿品位		g/t	4.07
浮选精矿品位		g/t	99.15
尾矿品位		g/t	0.18
选矿回收率		%	95.84
球磨作业率		%	87.13
球磨利用系数		$t/m^3 \cdot h$	1.64
氰化浸出原品位		g/t	72.52
浸渣品位		g/t	1.595
贵液品位		g/m^3	9.47
贫液品位		g/m^3	0.018
浸 出 率		%	97,78
洗 涤 率		%	99.54
置 换 率		%	99.81
氰化总回收率		%	97.11
金泥品位		%	21.62
合质金品位　Au		%	42.91
每吨原矿主要消耗	钢　球	kg/t	2.27
	黄　药	kg/t	0.085
	2号　油	kg/t	0.041
	氰 化 钠	kg/t精矿	5.39
	石　灰	kg/t精矿	10.1
	锌　粉	kg/m^3贵液	0.049
	醋 酸 铅	同　上	0.003
	选矿电耗	kW·h/t	33.2
	氰化电耗	kW·h/t	75
	选矿水耗	m^3/t	2.85

表 33.5.29　原矿多元素分析

元　素	Au	Ag	SiO_2	CaO	MgO	Fe	Mn	Cr	Sn
含量，%	5.8g/t	6.46g/t	60.3	1.3	2.53	6.34	0.14	0.014	0.16
元　素	Al_2O_3	TiO_2	Mo	Cu	Pb	Zn	S	C	
含量，%	12.46	0.92	0.002	0.012	0.043	0.162	1.48	0.64	

900×1800毫米振动筛筛分，筛上产品返回150×750毫米细碎型颚式破碎机细碎，筛下产品送到粉矿仓。碎矿最终产品粒度18～0毫米。

磨矿及浓缩：采用两段闭路磨矿流程。一段由一台1500×3000毫米球磨机与φ1200毫米高堰式单螺旋分级机组成闭路；二段由一台1500×3000毫米球磨机与φ150毫米旋流器组组成闭路。一段分级机溢流与二段球磨机排矿合并用泵扬送给旋流器分级，旋流器底流入二段球磨机，溢流自流到一台φ15米浓缩机，浓缩机溢流水返回磨矿系统，底流由泵扬送浸出作业。为了稳定旋流器的给矿压力，在旋流器分级作业后设置了一个1000×1000毫米矩形倾斜板浓缩箱，旋流器溢流经浓缩箱后自流到φ15米浓缩机，并在浓缩箱底部接一条φ50毫米回流管，用闸阀控制，把一部分矿浆返向砂泵池，以满足砂泵扬量的需要，稳定旋流器给矿压力，保持磨矿系统水量基本平衡，从而保证入浸矿浆的细度达到95%－200目。

浸出与洗涤：φ15米浓缩机的底流调至40%左右的浓度，由泵扬到八个串联的φ3000×5000毫米轴流式机械搅拌浸出槽浸出，然后由泵送到φ9米三层浓缩机洗涤，浓缩机溢流（贵液）自流至200米^{3}的贵液池，底流进入污水处理系统。

浸出矿浆CaO浓度0.03～0.05%，CN^-浓度0.03～0.05%，浸出时间32小时，浸出率在92%以上。

原设计采用并联的两台φ9米三层浓缩机进行三次逆流洗涤，洗涤率在93%左右；生产中将两台浓缩机串联，进行六次逆流洗涤，洗涤率已提高到98%以上。

锌粉置换：经贵液池沉淀后的贵液，由2100×2100毫米真空吸滤净化过滤、φ1500×3600毫米脱氧塔脱氧后，用泵扬至BMS20-635/25板框压滤机进行置换。金泥留在板框内，贫液全部返回洗涤作业。在正常情况下，贫液品位为0.015克/米^3，作业置换率在99%以上。

金泥熔炼：置换金泥含金约6～8%，经烘干加入适量熔剂混匀，装入石墨坩埚在RJX-37-13箱式电阻炉内熔炼1.5小时，产出合质金。炉渣经破碎、磨矿和重选，回收单体金。为了实行金银分离，将合质金按一定比例掺入银粉熔化、水淬，然后用硝酸浸泡，使银溶解为硝酸银，随后将硝酸银溶液分离出来，加入食盐（或盐酸）使之转换为氯化银，再经熔炼得银锭。浸渣经洗净熔炼成金锭，其成色在90%以上。

含氰污水处理：采用碱氯法处理。三层洗涤浓缩机的底流自流至三个串联的$\phi 2000\times 2000$毫米搅拌槽，第一个槽通入氯水和石灰，经搅拌一小时后由砂泵扬至尾矿库。矿浆中的CN^-浓度可达到国家排放标准0.5毫克/升以下。

氰化厂的生产工艺流程见图33.5.14。

C　综合技术经济指标

综合技术经济指标列于表35.5.30。

33.5.3.9　氰化炭浆法提金——张家口金矿炭浆厂

张家口金矿位于河北省张家口市。矿山原设计规模为500吨/日，选矿采用二段一闭路碎矿、一段闭路磨矿、混汞一浮选的工艺流程，由于矿石氧化率高，金的回收率只有75%左右。1985年由北京有色冶金设计研究总院与美国戴维麦基(Davey Mckee)公司联合设计炭浆厂，规模为495吨/日，1987年正式投产，采用全泥氰化炭浸法流程，金的回收率提高到90%以上。

A　矿石性质

矿石属贫硫化物含金氧化矿，金属矿物氧化程度高，泥化较甚，属难选易氰化矿石。金属矿物主要是褐铁矿和赤铁矿，其次是方铅矿、白铅矿、铅钒、磁铁矿及少量的黄铁矿、黄铜矿、自然金。

自然金分布极不均匀，粒度较细，均小于0.053毫米，形态比较复杂。包裹金占24.95%，粒间金占35.66%，与褐铁矿及脉石连生的金占39.39%。

矿石密度2.5吨/米³，松散密度1.48吨/米³，硬度中等，邦德功指数13.2千瓦时/吨。矿石化学多元素分析见表33.5.31。

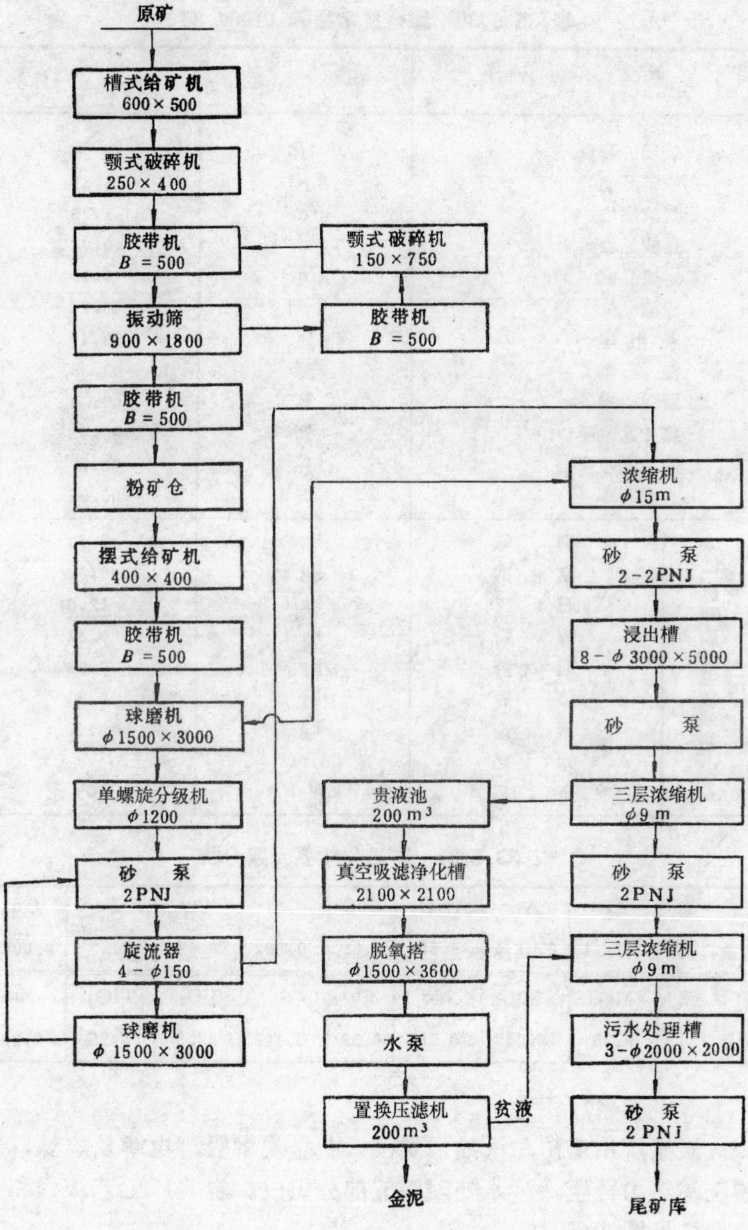

图 33.5.14 柴胡栏子金矿氰化厂生产工艺流程图

表 35.5.30　综合技术指标（1987.8）

项　目		单　位	指　标
处理矿石量		t/d	
原矿品位		g/t	4.31
贵液品位		g/m^3	1.13
贫液品位		g/m^3	0.02
排液品位		g/m^3	0.13
浸渣品位		g/t	0.28
浸出率		%	93.49
洗涤率		%	98.38
置换率		%	99.38
氰化回收率		%	91.43
冶炼回收率		%	98.5
总回收率		%	90.05
每吨原矿主要消耗	钢球	kg/t	3.64
	氰化钠	kg/t	0.88
	石灰	kg/t	12.6
	锌粉	kg/t	0.32
	醋酸铅	kg/t	0.03
	液氯	kg/t	0.94
	絮凝剂	kg/t	0.07
	水耗	t/m^3	5
	电耗	kW·h/t	63

表 33.5.31　矿石化学多元素分析

元　素	Au	Ag	Al_2O_3	CaO	Co	Cu	Fe	Ga
含量，%	3.5g/t	3.4g/t	5.59	1.68	0.002	0.02	3.32	0.0012
元　素	MgO	Mn	Mo	Pb	S	SiO_2	TiO_2	Zn
含量，%	0.75	0.042	0.003	0.32	0.102	82.8	0.25	0.005

B　炭浆厂工艺

炭浆厂由磨矿与浓缩，炭浸，载金炭解吸、电解及熔炼，炭酸洗与热力再生，污水处理等五部分组成。炭浆厂工艺流程和主要设备见图33.5.15。

磨矿与浓缩：矿石在原有选厂经两段一闭路碎矿和一段磨矿后，由溜槽自流至炭浆厂，矿浆经过螺旋筛除去碎屑杂物后进入6米^{3}的砂泵池，由4PNJ泵扬至ϕ350毫米旋流器分级，旋流器底流进$\phi2100\times3000$毫米球磨机再磨。旋流器溢流浓度20%，细度90～95%－200目，经864×2438毫米直线筛除屑后进入$\phi1000\times1000$毫米除气槽，以清除矿浆中的空气，然后进入$\phi5182\times2134$毫米的高效浓缩机给矿管。为加速矿浆在浓缩机中的沉降，稀释后的絮凝剂经浓缩机的给矿管分几点加入。浓缩机底流浓度50%，由75CL卧式离心泵送到$\phi5150\times5650$毫米缓冲槽。向缓冲槽内添加石灰乳，将pH值调至11，再将矿浆调至40%的浓度由泵送到炭浸回路的取样机。

高效浓缩机、除屑筛和絮凝剂添加设备为国外引进设备。在检测和控制方面，采用原子射线浓度计测定浓度；电磁流量计测定流量；砂泵用变频装置调速；按浓缩机的底流量用电磁阀调节石灰乳的给量来控制pH值；高效浓缩机设有液位、浓度自动控制和报警装置等。

炭浸：从缓冲槽用泵扬送来的矿浆经取样机取样后，加入石灰乳氰化钠、除垢剂，进入串连的九台$\phi5150\times5650$毫米浸出炭吸附槽，前两槽为浸出槽，后七槽为炭吸附浸出槽，每个炭浸槽内装有桥筛和提炭泵。浸出矿浆浓度40～45%，浸出时间24.6小时，桥筛筛孔0.707毫米（28目），矿浆中炭浓度10克/升。在炭吸附浸出系统，新鲜炭加入最后一个槽，用提炭泵依次向前一槽串炭，从第一个槽提取载金炭。载金炭载金量为6千克/吨。为了不使矿浆堵塞桥筛筛孔，要用低压风（35千帕）定时吹洗桥筛，其定额为每米筛长1.0标米^3/分。最后一个炭浸槽的矿浆通过711×1829毫米直线振动筛（筛孔0.68毫米）回收细粒炭后，由泵扬送污水处理回路。

炭浸槽和提炭泵是国外引进设备。炭浸槽的搅拌器有两个特殊设计的低剪切力的轴流式叶轮，每个叶轮有四个包胶的水翼式叶片，能减少炭的机械磨损；串炭泵是一种凹形叶轮式离心泵，

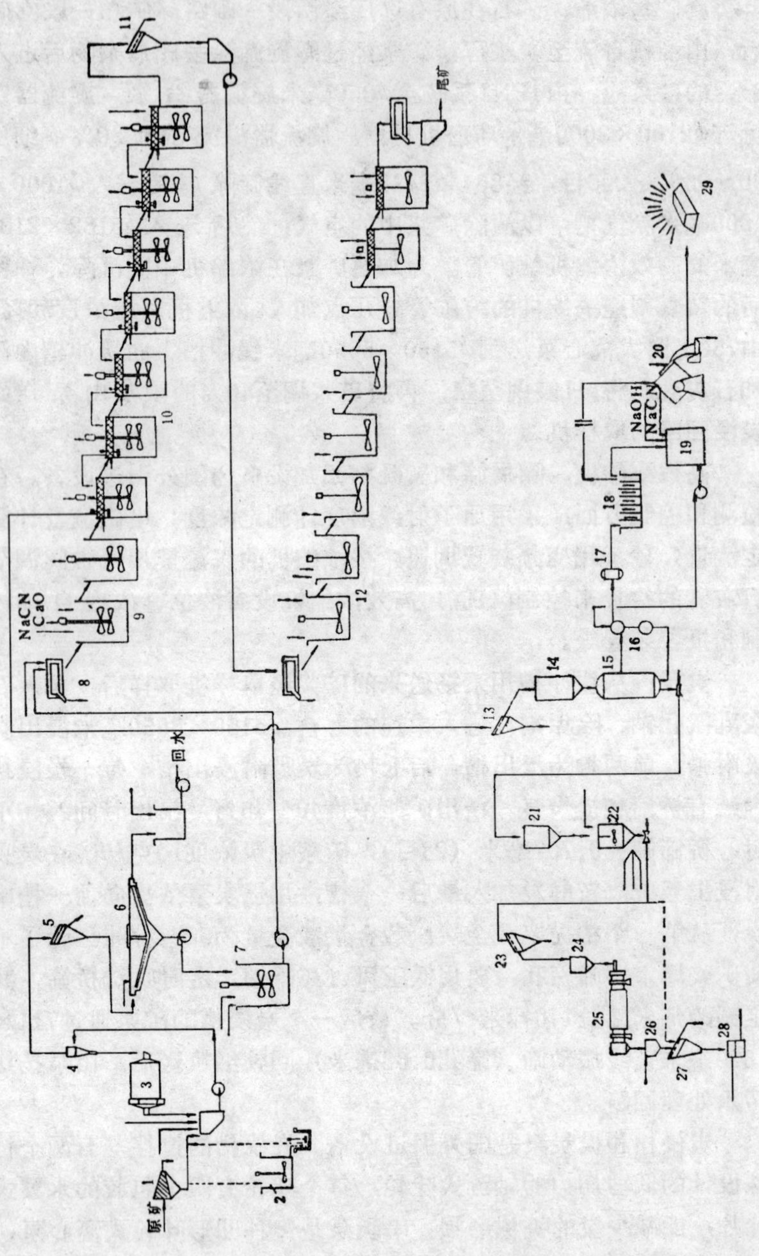
原矿
回水
尾矿
NaCN
CaO
NaOH
NaCN

图 33.5.15 张家口金矿炭浆厂工艺流程图

1—ϕ600×1300螺旋筛；2—ϕ3000×3000缓冲槽；3—ϕ2100×3000球磨机；4—ϕ350旋流器；5—864×2438除屑筛；6—ϕ5182×2134高效浓缩机；7—ϕ5150×5650缓冲槽；8—取样机；9—2-ϕ5150×5650浸出槽；10—7-ϕ5150×5650炭浸槽；11—711×1829炭安全筛；12—8-ϕ2500×2500污水处理搅拌槽；13—406×1254炭分离筛；14—ϕ1500×1500载金炭贮槽；15—ϕ700×4800解吸柱；16—热交换器；17—过滤器；18—2-2440×610×762电解槽；19—ϕ1500×1600解吸液贮槽；20—中频电炉；21—ϕ1500×1800解吸炭贮槽；22—ϕ1300×1600酸洗槽；23—400×800脱水筛；24—ϕ1500×1600炭缓冲槽；25—ϕ460×5800炭再生回转窑；26—ϕ750×750炭淬火槽；27—400×800炭分级筛；28—ϕ800过滤盘；29—金锭

虽然泵的效率低，但机械磨损所产生的炭损失量最少。

氰化物添加量由转子流量计计量；在石灰乳添加点设有pH值探头，由传感器和控制器自动控制石灰乳添加量；厂房内设有氢氰酸气体的检测器和警报器。

载金炭解吸、电解及熔炼：从第一个槽提取的载金炭与矿浆，由提炭泵送到406×1524毫米（筛孔0.595毫米）的炭分离筛冲洗，矿浆自流到炭浸槽，载金炭进入ϕ1500×1500毫米缓冲槽。炭解吸分批进行，每批700公斤，装入ϕ700×4800毫米解吸柱。配制好的解吸液（1%NaCN，1%NaOH）贮存在ϕ1500×1600毫米贮槽内，解吸液用泵扬送，经取样、热交换器、电加热器后，温度提升到135℃，由解吸柱下部进入解吸柱，在310千帕压力下解吸，含金银贵液由解吸柱顶部流出，经取样、过滤、再通过热交换器使贵液冷却至90℃，进入电解槽中电解，金银沉积在阴极钢棉上，贫液自流到解吸液贮槽，然后再回到解吸回路。一个解吸循环需20小时。解吸完后，解吸柱中的炭用水冷却和冲洗，用水喷射泵送到解吸炭缓冲槽。载金阴极加入硝酸钠、硼砂、石英等熔剂，用中频电炉熔炼得成品金。

整个解吸电解回路采用电子计算机进行程序控制。

炭酸洗及热力再生：解吸炭缓冲槽中的炭自流到ϕ1500×1500毫米酸洗槽，先用5%硝酸洗涤，以除掉碳酸钙及其他杂质，排除硝酸洗液，再用水洗，最后用1%NaOH溶液清洗，排除洗液后再装满水，用水喷射泵送到炭脱水筛。脱水后的炭进入缓冲槽，用螺旋给料机将炭连续加入ϕ460×5800毫米的回转窑再生，窑内温度750℃，供电功率81千瓦，炭在窑内停留30分钟后排到ϕ750×750毫米淬火槽，然后由400×800毫米双层炭分离筛筛分，合格炭进炭贮仓，筛下部分经过滤回收细粒炭送熔炼。

炭酸洗循环用电子计算机程序控制。

污水处理：分三段处理。来自炭浸回路的矿浆经取样后进入九个串联的ϕ2500×2500毫米机械搅拌槽，在前四个槽内给入石灰乳，控制pH值为11，通入氯气，以除去矿浆中的氰化钠；在随后的两个槽内加入硫氢化钠，以除去余氯和重金属离子；在最后的两个槽中，加活性炭或树脂，吸附重金属离子、铁氰络合物等。经过三段处理，矿浆中CN^-浓度可至0.05毫克/升。生产中第三段处理未使用。

C 综合技术指标

综合技术指标列于表35.5.32。

表 35.5.32 综合技术指标（1987.4）

项目		单位	指标
原矿品位		g/t	3.06
尾渣品位		g/t	0.272
尾液品位		g/m^3	0.009
浸出率		%	91.09
吸附率		%	99.56
解吸率		%	99.85
电解率		%	99.86
理论回收率		%	90.43
每吨原矿主要消耗	钢球	kg/t	5.47
	石灰	kg/t	20.39
	液氯	kg/t	2.53
	氢氧化钠	kg/t	0.57
	氰化钠	kg/t	1.02
	活性炭	kg/t	0.076
	絮凝剂	kg/t	0.042
	硝酸	kg/t	0.113
	水耗	m^3/t	4.13
	电耗	kW·h/t	36.86

33.5.3.10 氰化炭浆法提金——金色阳光金矿（美国）

美国蒙大拿州金色阳光（Golden Sunlight）矿是一个低品位大型金矿。矿体赋存在硅化带内，金的嵌布粒度较细，为0.03～0.01毫米，与黄铁矿紧密共生，矿石坚硬，邦德功指数为23千瓦时/吨。采用露天开采，生产能力为4535～5442吨/日，1981年开工建设，1983年投产。

金色阳光矿采用独特的提金工艺，即常规氰化与炭浆法相结合的工艺流程。矿石经氰化浸出后，进行五段旋流器逆流洗涤，旋流器溢流进入浓缩机，浓缩机溢流进五段炭吸附柱，底流进六段炭浆回路，载金炭经解吸、电解回收金。选矿工艺流程见图33.5.16。

A　碎矿

采用三段一闭路流程。露天矿的矿石由汽车运至ϕ1070毫米旋回破碎机粗碎，其排矿经板式给料机送双层振动筛筛分，+19毫米粒级运到有效容积为7710吨的粗矿堆，−19毫米粒级送到有效容积为5896吨的粉矿堆。粗矿堆的矿石经ϕ2100毫米标准圆锥破碎机中碎，其排矿与细碎机排矿一起送单层振动筛筛分，筛上产物返回ϕ2100毫米短头圆锥破碎机细碎，筛下产品运至粉矿堆。

B　磨矿与浸出

磨矿为两段一闭路流程。一段用$\phi 4000\times6000$毫米棒磨机进行开路磨矿，二段用$\phi 4500\times6000$毫米球磨机与四台ϕ660毫米旋流器组构成闭路，旋流器底流给入球磨机，溢流进入第一台ϕ10.5米高效浓缩机。氰化钠和石灰加入棒磨机中，絮凝剂加入高效浓缩机。

高效浓缩机底流浓度50%，进入两列每列五台$\phi 12\times13.5$米的浸出槽浸出48小时，然后进入五段旋流器逆流洗涤系统。旋流器规格均为ϕ660毫米，第一段为二台，后四段每段一台。旋流器底流由第一段依次流到第五段，在第五段添加洗涤水，洗水比2:1，而溢流则由第五段依次向前返至第一段。第一段旋流器的溢流进入第二台ϕ10.5米高效浓缩机，其底流进入炭浆（CIP）系统，二台高效浓缩机的溢流进入五段炭吸附柱。

C　炭吸附

第二台浓缩机的底流，浓度调至40%，进入六台串联的$\phi 6.6\times7.2$米炭浆槽，6～16目椰壳炭逆矿浆流向经过六台炭浆槽，炭停留6～8小时，从第一台提取载金炭，炭载金量为3086克/

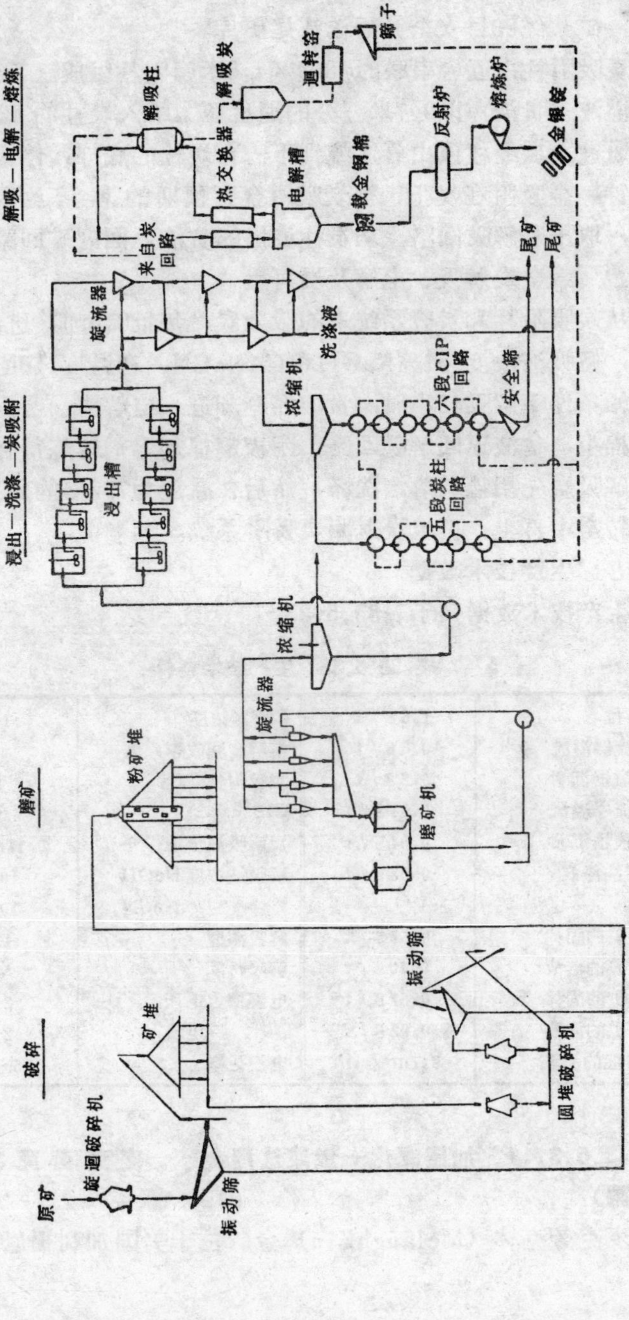

图 33.5.16 金色阳光金矿氰化厂工艺流程

吨炭，矿浆经20目安全筛后送往尾矿库。

炭吸附柱由五台串联的$\phi 3.4\times4.8$米密闭柱组成。二台浓缩机的溢流（贵液）以9.7米^3/分的速度压力给入炭柱的底部，向上流通过炭层经柱顶由管道流到下一台炭柱的底部，停留时间为10分钟，金吸附在炭上，当炭吸附金到预期的容量约3086克/吨时，取出送解吸回路，从炭柱流出的贫液返回磨矿回路。

D　载金炭解吸、电解及炭再生

从炭吸附柱和炭浆系统来的载金炭，每批3.6吨，进解吸柱解吸，解吸液浓度为1%NaOH和1%NaCN，在温度116℃，压力42千帕条件下解吸48小时，贵液经冷却进入电解槽，金沉积在阴极钢棉上，贫液返回解吸回路。阴极钢棉加熔剂熔炼得合质金。

解吸炭先用盐酸溶液洗涤，然后在温度为732℃的间接加热式回转窑中再生。再生炭返回炭吸附系统。

E　生产技术数据

生产技术数据列于表35.5.33。

表 35.5.33　生产技术条件

原矿品位	1.6g/t	CIP炭浓度	15g/l
№1旋流器溢流	0.5g/t	溶解金回收率，%	
№1旋流器沉砂	0.5g/t	炭吸附柱	95
№5旋流器溢流	0.04g/t	CIP	95
№5旋流器沉砂	0.04g/t	炭解吸液流速	0.17m³/min
旋流器洗涤液	0.03g/t	解吸液浓度NaOH	10g/l
		NaCN	10g/l
CIP给矿的固体	0.52g/t	解吸温度	116°C
CIP给矿的溶液	0.40g/t	解吸时间	48h
CIP尾矿的固体	0.37g/t	电解槽　电压	2.5V
CIP尾矿的溶液	0.02g/t	电流	250A
炭柱溶液的流速	9.7m³/min	电流效率	15～20%

33.5.3.11　加压氧化—炭浆法提金——麦克劳克林金矿（美国）

麦克劳克林（McLaughLin）金矿位于美国加利福尼亚州，

是霍姆斯特克采矿公司（Homestake Mining Co.）的一个矿山。1983年建设，1985年投产，设计规模2700吨/日，总投资2.7亿美元。

A 矿石性质

麦克劳克林矿床是典型的浅成热液矿床。自然金与银矿物及辉锑矿、黄铁矿、重晶石、方解石等赋存在玉髓质网状石英脉中。矿石根据金、硫、碳酸盐的含量分为12种类型。矿石中主要硫化矿物为黄铁矿，有少量黄铜矿和闪锌矿，此外还含有辰砂（HgS）。金以自然金和银金矿形式存在，银矿物除银金矿外，还有银锑矿、辉锑银矿（$AgSbS_2$），硫锑铜银矿〔$(Ag、Cu)_{16}Sb_{12}S_{11}$〕和硫锑银矿（$Ag_3SbS_3$）。金的嵌布粒度很细，约0.02毫米，呈浸染状与细粒硫化矿物（约0.04毫米）共生，与银锑矿的共生关系更为密切。

有些矿石类型中含有炭质矿物和粘土，氰化时会吸附金的络合物；接近地表的矿石中，金的表面覆盖有赤铁矿和黄钾铁矾〔$KFe_3^{+3}(SO_4)_2(OH)_6$〕的薄膜，氰化时阻碍氰化物与金的接触。由于矿石中含金品位和干挠氰化的因素不同，直接氰化的金回收率介于5～80%之间。采用浮选-氰化，浮选精矿焙烧-氰化，氯化焙烧、硫脲法、硫代硫酸盐法、次氯酸盐法等方法，金的回收率都不高。通过试验，采用加温加压氧化，然后进行氰化浸出，取得了满意的效果，金的回收率提高到90%以上。

B 破碎与磨矿

进入选厂的矿石卸到带格筛的粗矿仓，格筛筛孔600×600毫米，大块用气动碎石机破碎。粗矿仓矿石由板式给矿机给入1070×1200毫米颚式破碎机破碎，排矿粒度-64毫米，然后经胶带机及径向摆动堆料机送到长49.2米的矿堆。矿堆兼作配矿和储矿用，有效容积2.7万吨。

矿堆的矿石由前装载机给入集料仓，然后经板式给矿机、胶带机进ϕ6700×2100毫米半自磨机磨矿，其排矿经筛分，筛上产物返回自磨机；筛下产品与球磨机排矿合并泵到ϕ500毫米旋流器分级，旋流器底流给入ϕ4700×6700毫米球磨机进行二段磨矿。旋流器溢流细度80%－200目，经除屑筛后进ϕ45米浓缩机，浓缩机溢流作为回水返回磨矿，底流浓度42～48%，经再次除屑后进入缓冲槽，然后用泵扬送到7.8公里以外的金回收厂。

C　加压氧化工艺

来自破碎磨矿厂的矿浆先进入缓冲槽，然后由泵扬至予处理槽，在槽中加酸性循环水，经搅拌后排入ϕ16.8米的高效浓缩机，浓缩机底流加入酸性水进入第二个予处理槽再处理，随后泵到两个串联的矿浆加热器，向加热器通入蒸气，加热后的矿浆由活塞隔膜泵送入高压釜，在高压釜内矿石中的碳酸盐类分解、硫被氧化，释放出大量热能。高压釜内的热蒸气用来予热进入高压釜前的矿浆，然后由烟囱排放。

高压釜用低碳钢制成，每台分四个室，内径4203毫米，内长16183毫米，釜内壁衬铅，铅衬上再衬两层瓷砖。

高压釜内工作压力220.5千帕，pH值1.8～1.9，入釜温度88～121℃，釜内温度约177℃，釜内溶液中硫酸浓度为10～20克/升，反应时间60分钟，高压釜的每个室都有一个搅拌器，电动机安装在釜的上面；每个室均通入氧气，氧气耗量为40～50千克/吨，制氧站能力为27吨。

高压釜、矿浆加热器和闪速蒸发器有三个相同的系列。

从高压釜排出的矿浆先进入两台串连的闪速蒸发器，释放的热蒸气送到矿浆加热器予热矿浆，从闪速蒸发器排出的矿浆进入两台串联的ϕ16.8米的高效浓缩机进行逆流洗涤，洗涤后的矿浆加石灰将pH值调到10.8。洗涤水和石灰乳化用水均为回水。

逆流洗涤的浓缩机溢流返回两段予处理槽，予处理浓缩机的溢流含有硫酸和多种可溶盐，加石灰中和后送浓缩机沉淀石膏和重金属的氢氧化物，浓缩机的溢流送回水冷却池，然后作为洗涤浓缩机的洗水循环使用，浓缩机的底流送到尾矿库。

D　炭浆法提金工艺

第二台洗涤浓缩机的底流将pH值调至10.8后，进入二台

ϕ8100×6000毫米的氰化浸出槽，每槽容积450米^3，加氰化钠进行浸出。然后进入八台同样规格的炭吸附槽，椰壳炭加进第8槽，从第一槽提取载金炭。炭吸附槽的炭浓度为20克/升，炭载金量为3450克/吨炭。

载金炭分批进入ϕ2234×7010毫米解吸柱，用热的氰化钠和氢氧化钠浓溶液解吸，贵液进电解槽电解，汞、金和银沉积在阴极钢棉上，钢棉在真空蒸汞器中蒸汞，汞蒸气冷凝后装瓶。除汞后的钢棉经炼金炉熔炼得合质金（含银约20%）。解吸炭在ϕ901×10668毫米回转窑内再生后返回炭浆系统。

选厂设计生产能力为2700吨/日，金回收率92%。现实际生产能力达到3000吨/日，金回收率平均为92%，均已超过设计指标。

选矿工艺流程见图33.5.17。

33.5.3.12　硫酸烧渣氰化提金——乳山化工厂氰化车间

乳山化工厂制酸原料为该县的乳山金矿、铜锡山金矿、三甲金矿和唐家沟金矿四个金选厂的硫精矿，每年约37000吨，制酸能力15000吨/年。

乳山县的几个金矿属多硫化矿物含金矿石类型，金的嵌布极细，以铜锡山金矿为例：矿石中金属矿物有黄铁矿、黄铜矿、方铅矿、闪锌矿、磁黄铁矿等；脉石矿物为石英、白云石、方解石等。自然金大部分充填于黄铁矿裂隙中或嵌布于黄铁矿与脉石粒间；还有一部分粒度为4～9微米的点滴状金粒被黄铜矿包封；另外还有2～6微米的乳滴状金粒被黄铁矿包裹，在细磨条件下也难以解离。金选厂入选原矿品位：Au3.2克/吨，Cu0.16%，S9.8%，经一段磨矿、混合浮选，可获得Au14.39克/吨，Cu0.69%，S42.13%的混合精矿，金回收率可达95%，但混合精矿再磨至95%－200目，进行分离浮选时，虽获得Au119克/吨，Cu8.65%，S39.63%的金铜精矿，但金的回收率降至75%。而在硫精矿中，金的含量达5.65克/吨，其中包裹金占5克/吨，这部分金只好经制酸后再从其烧渣中回收。因此，乳山化工厂于

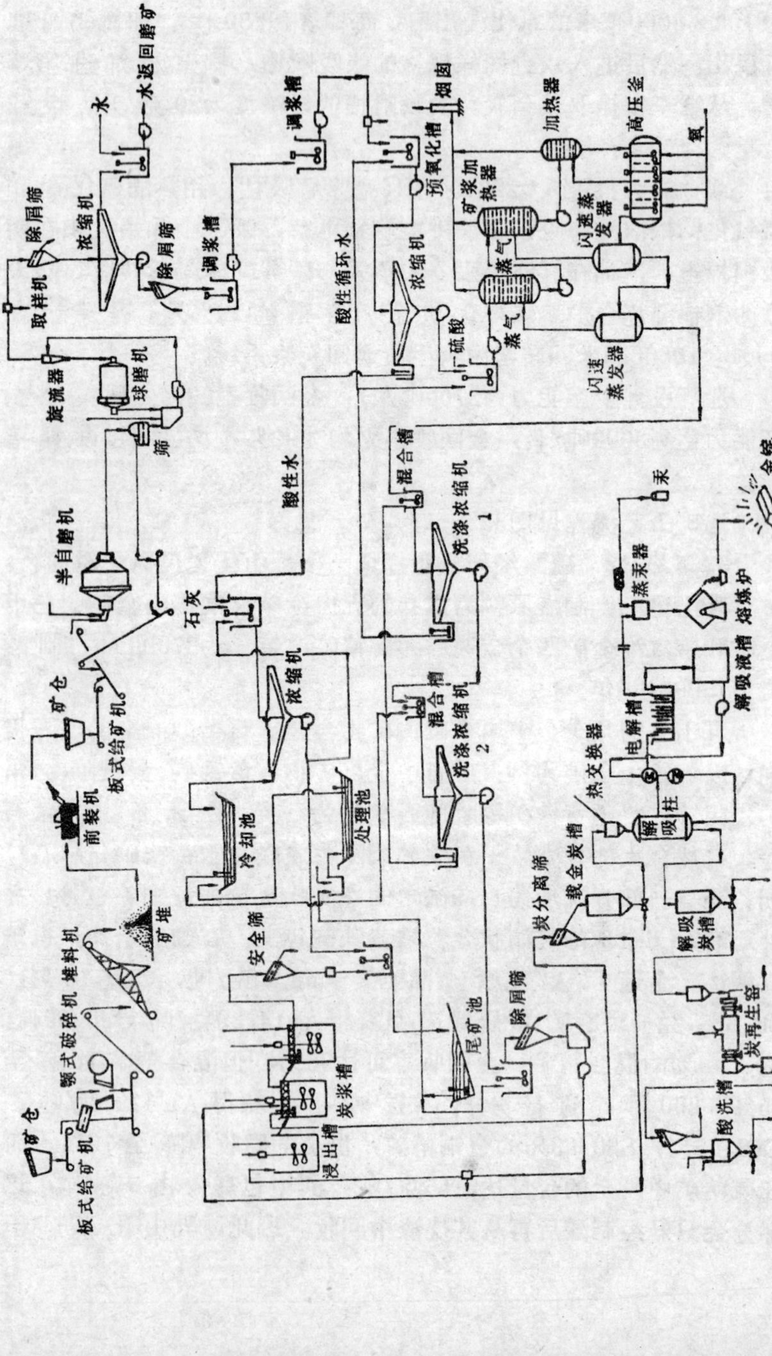

图 33.5.17　麦克劳克林金矿选矿工艺流程图

1984年建成100吨/日工艺完整的烧渣氰化车间。

A 硫酸烧渣性质

硫精矿经过沸腾焙烧后，其成分较为简单，主要为赤铁矿、磁铁矿，残留少量黄铁矿，偶见铜、铅、锌的氧化物。自然金的粒径在0.009～0.0009毫米之间，呈单体和连生体金占80.22%，包裹金占19.78%。

烧渣多元素分析列于表33.5.34。

表 33.5.34 烧渣多元素分析

元素	Au	Ag	Cu	Fe	Zn	Pb	S
含量，%	4.38g/t	10g/t	0.067	21.12	0.028	0.029	0.53
元素	SiO_2	Al_2O_3	CaO	MgO	TiO_2	As	C
含量，%	39.90	5.39	2.51	0.65	0.11	0.05	0.091

烧渣筛析水析结果列于表33.5.35。

表 33.5.35 烧渣筛析水析结果

粒级，mm	产率，%	金品位，g/t	分布率，%
0.417	6.82	0.80	1.28
0.246	4.02	1.40	1.32
0.15	6.88	2.17	3.502
0.10	5.57	2.97	3.88
0.071	5.90	2.33	3.224
0.063	1.21	3.54	1.004
0.045	5.63	7.48	9.876
-0.045	63.97	5.06	75.914
合 计	100.00	4.264	100.00

烧渣密度3.66吨/米^3。

B 提金工艺

提金工艺与常规氰化厂相似。但由于原料是硫精矿经过焙烧制酸后的烧渣，其中硫化铁转化为氧化铁，残金属部分硫酸盐类，残余硫极低，金的暴露率提高了。制酸焙烧温度高达1100℃，因此造成部分物料结块。因此提金工艺采用烧渣磨矿后经浓缩脱水、然后氰化浸出和锌粉置换，浸渣再磁选回收部分铁精矿的流程。见图33.5.18。

原料制备：烧渣由汽车运至原料仓，经圆盘给料机送ϕ1200×2400毫米球磨机并与ϕ200毫米旋流器组成闭路磨矿，旋流器溢流经ϕ12米浓缩机脱水，浓缩机底流排入缓冲搅拌槽，再由泵扬送到浸出槽。浸出原料细度70％－320目，浓度33％。

氰化浸出与洗涤：浸出矿浆先进行碱处理，保持pH≥10，然后进入八台ϕ3500×3500毫米搅拌槽浸出。浸出时间27小时，浸出氰化钠浓度为0.025～0.03％，氰化钠用量为960克/吨。浸出作业逐槽的浸出率列于表33.5.36。

表 33.5.36　浸出作业逐槽浸出率

作　　业	金品位，g/t	浸出率，％	
		个　别	累　计
氰化原料	4.23		
第一槽浸渣	3.25	23.17	23.17
第二槽浸渣	2.52	17.26	40.43
第三槽浸渣	2.16	8.51	48.94
第四槽浸渣	1.71	10.63	59.57
第五槽浸渣	1.62	2.13	61.70
第六槽浸渣	1.54	1.89	63.59
第七槽浸渣	1.50	0.95	64.54
第八槽浸渣	1.45	1.18	65.72
洗涤浓缩机排渣	1.33	2.84	68.56

洗涤采用ϕ9米三层逆流洗涤浓缩机，洗涤率为97.3％。洗渣排入一台ϕ1500×1500毫米搅拌槽，加清水稀释后，扬至CYT600×1500毫米磁选机选铁，经粗选、精选获得含铁55％的铁精矿，流入沉淀池自然脱水。

贵液净化及置换：三层洗涤浓缩机的溢流（贵液），悬浮物

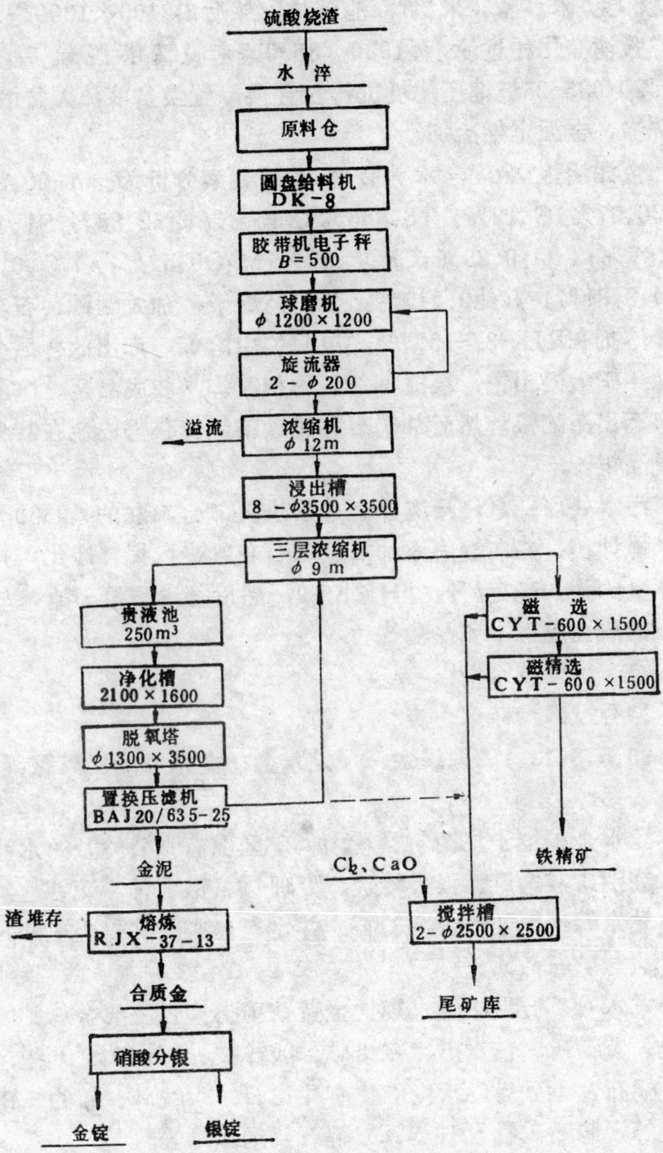

图 33.5.18 乳山化工厂硫酸烧渣氰化提金工艺流程图

含量69克/米^{3}经250米^{3}贵液池沉淀，然后由2100×1600毫米20片真空吸滤净化槽过滤，ϕ1300×3500毫米脱氧塔脱氧后，扬至BAJ20/635-25板框压滤机进锌粉置换。置换贫液流入贫液池返回洗涤，金泥定期冶炼。

金泥冶炼：金泥含水为42%，其多元素分析为：Au20.23%；Ag30.97%；Cu12%；Pb8.365%；Zn5.4%；Fe2.88%；S1.43%；C0.97%；$TiO_2$0.25%；CaO3.39%；MgO0.52%；$Al_2O_3$0.57%；$SiO_2$3.81%；其他9.615%。金泥经烘干，加入硼砂、石英、硝石等熔剂在RJX-37-13型箱式电阻炉中溶炼，产出的合质金水淬泼珠用硝酸浸出银，浸渣再加入熔剂精炼，获成品金。溶液经铜置换产出海绵银，然后加硝石和硼砂精炼，获得成色在90%以上的成品银。

污水处理：氰化浸渣经磁选后进入二台串联的ϕ2500×2500毫米搅拌槽，并向槽内添加液氯和石灰乳进行搅拌净化，排渣的余氯量约为40毫克/升，pH值8～9，然后扬送到尾矿池，与酸厂排出的酸性废水中和并曝气。

C　综合技术指标

综合技术指标列于表33.5.37。

33.5.3.13　硫脲提金——龙水金矿龙水岭选厂硫脲提金车间

龙水金矿位于广西贺县境内。矿区现有张公岭及龙水岭两个坑口分别建有选厂。张公岭选厂处理铜、铅、锌、硫多金属矿石，龙水岭选厂处理含金矿石，并建有一座硫脲提金车间。

A　矿石性质

龙水岭矿石属中温末期含金黄铁矿类型。主要金属矿物有自然金、黄铁矿、黄铜矿、方铅矿、闪锌矿、辉铜矿、铜蓝、斑铜矿、锡石及毒砂等，次生矿物有孔雀石、褐铁矿、锰的氧化物和铅钒等，脉石矿物有石英、方解石及绢云母等。

自然金主要与黄铁矿和石英共生、多赋存于黄铁矿裂隙中。自然金嵌布粒度极不均匀，粒径一般为0.06～0.01毫米，最小

表 33.5.37　综合技术指标（1985年1～6月）

项　　目		单　　位	指　　标
处理量		t/d	
原料品位：Au		g/t	3.76
Fe		%	35.3
浸渣品位		g/t	1.215
贵液品位		g/m^3	0.67
贫液品位		g/m^3	0.019
浸出率		%	67.68
洗涤率		%	95.05
置换率		%	97.16
氰化总回收率		%	62.47
铁精矿品位		%	55%
铁回收率		%	40.36
每吨原矿主要消耗	钢球	kg/t	1.1
	氰化钠	kg/t	1.08
	石灰	kg/t	47
	锌粉	kg/t	0.058
	醋酸铝	kg/t	0.002
	氯气	kg/t	6.0
	电耗	kW·h/t	38.1
	水耗	m^3/t	8

0.003毫米。

原矿体重2.87吨/米^3，松散系数1.78，硬度中等，含泥30%左右。

B　选矿工艺

碎矿采用带洗矿作业的两段一闭路流程。矿石经400×600毫米颚式破碎机粗碎后，进ϕ1120×3620毫米圆筒筛洗矿。第二段破碎采用ϕ900毫米中型圆锥破碎机与900×1800毫米振动筛组成闭路，碎矿产品粒度20～0毫米。磨矿采用ϕ1500×3000毫米球磨机与ϕ1200毫米螺旋分级机组成闭路，磨矿细度65%－200目。浮选为一粗三扫二精，浮选精矿进ϕ6米浓缩机，尾矿自流到尾矿库。

C　硫脲提金工艺

来自ϕ6米浓缩机的浮选金精矿，先经ϕ900×1800毫米球磨机再磨，由ϕ75毫米旋流器控制分级并与球磨机构成闭路。旋流器溢流浓度30～33%，细度85～90%－320目，进入ϕ1500×1500毫米调浆槽，加入硫酸和硫脲进行调浆，然后进入六个串联的ϕ2300×2100毫米浸出置换槽，槽内装有置换铁板组，每隔2小时依次将槽内的铁板组用吊车提至水洗槽冲洗铁板上的矿石污物等，然后再提至金泥刷洗槽洗擦金泥后返回浸出置换槽，该过程全部采用程序控制。矿浆pH值0.5～1，硫脲浓度0.2%，浸出时间36～40小时，金浸出率88.42%，置换率99%。

金泥冶炼：硫脲提金产出的金泥，量大、含杂高、品位低，直接冶炼有困难。针对其特点，采用金泥硫脲再浸一铁置换富集，然后经干燥用硝酸浸银除杂，硝酸浸渣送火法炼金，硝酸浸液用氯化钠沉淀银的流程是成功的。硫脲提金工艺流程见图33.5.19。

金泥硫脲再浸-铁置换作业条件：矿浆液固比2:1，硫脲浓度1.5%，硫酸浓度5%，浸置时间60小时，金泥刮洗时间每1.5小时一次。

硝酸浸银条件：硝酸与金泥重量比1:1，浸出温度90～100℃。

炼金条件：金泥与熔剂配比：碳酸钠1:1；玻璃粉1:0.2，硼砂1:0.1。温度1200℃。

D　综合技术指标

综合技术指标列于表33.5.38。

33.5.3.14　树脂矿浆法提金——河西金矿扩大试验

1984年对河西金矿浮选金精矿进行了树脂矿浆法提金的半工业试验，试验共运行48天，投料14吨，取得了满意的结果。

A　原料及化工试剂

金精矿化学分析列于表33.5.39。

353E树脂：总交换容量3.8毫克当量/克(干)；松散密度0.44克/毫升；水中膨胀系数1.4；机械强度

表 33.5.38 综合技术指标

项目		单位	指标
选矿：处理矿石量		t/d	
原矿品位：Au		g/t	3.05
S		%	2.98
精矿品位：Au		g/t	32.72
S		%	32.06
尾矿品位：Au		g/t	0.49
S		%	0.77
浮选回收率：Au		%	85.21
S		%	75.98
材料消耗	钢球	kg/t	2.69
	黑药	kg/t	0.04
	黄药	kg/t	0.13
	2#油	kg/t	0.11
	电耗	kW·h/t	36.1
硫脲：生产能力		t/d	10
浸出pH值			0.5～1.0
浸出时间		h	36～40
置换面积		m^2/m^3矿浆	2.2
浸原品位		g/t	31.77
浸出率		%	88.42
置换率		%	99
冶炼回收率		%	96.14
硫脲总回收率		%	84.16
材料消耗	铁球	kg/t	2.29
	铁板	kg/t	5
	硫脲	kg/t	4
	硫酸	kg/t	50
	电耗	kW·h/t	218.5

99.5%；树脂粒度0.5～1.25毫米。

阳极板——石墨；阴极板——钛板

化学试剂：氰化钠；硫脲；硫酸；草酸；氢氧化钠。

离子交换膜：F101×8均相阳离子膜，异相阳离子膜。

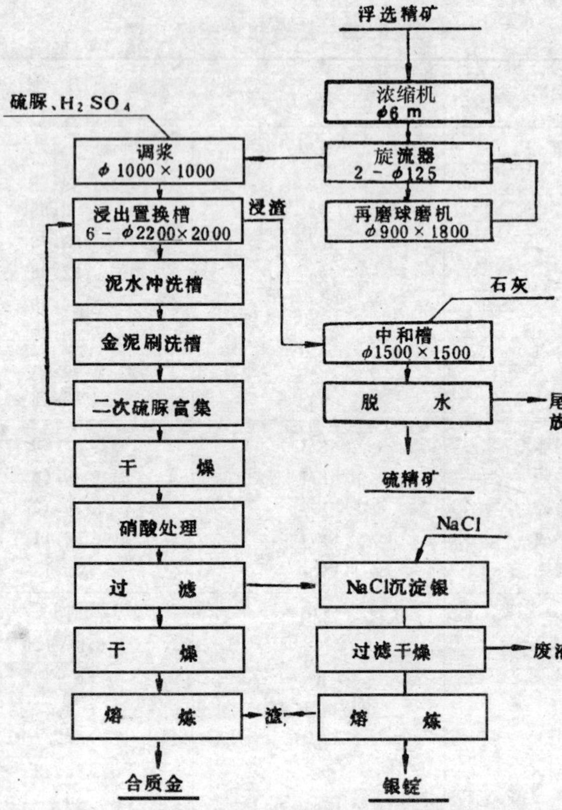

图 33.5.19　龙水金矿龙水岭选厂硫脲提金工艺流程图

表 33.5.39　金精矿化学分析

元　素	Au	Ag	SiO_2	CO_2	Cu	Zn	Pb	As	K
含量，%	250 g/t	56 g/t	24.69	0.20	0.172	0.15	0.26	0.011	1.15

元　素	Na	Ca	Mg	TFe	Al	FeO	总S	总C
含量，%	1.69	0.133	0.056	25.00	3.29	0.82	34.52	0.26

B 试验工艺流程（见图33.5.20）

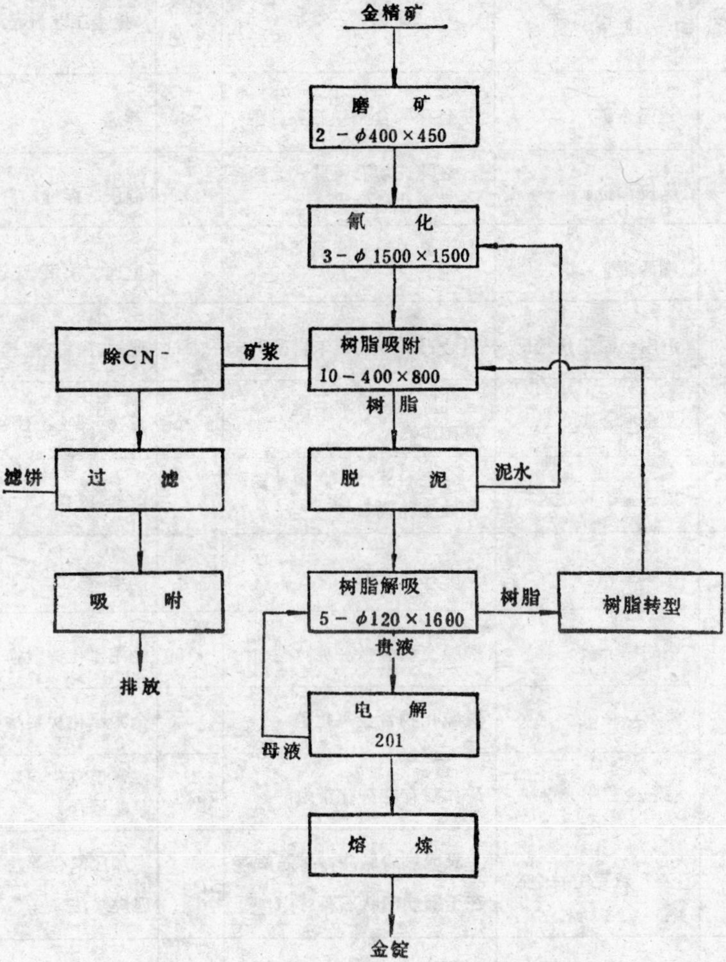

图 33.5.20 树脂矿浆法提金扩大试验流程图

C 主要工艺参数

原矿品位：金～240克/吨；银120克/吨。

表 33.5.40 脉金选

序号	矿山名称	矿床矿石类型	规模 t /d	提金工艺流程
1	遂昌金矿	贫硫化物含金银石英脉型	～300	浮选
2	夹皮沟金矿	裂隙充填石英脉、含金多金属硫化矿物型		混汞、浮选
3	湘西金矿	裂隙充填钨锑金石英脉型		重选、混汞、浮选
4	沂南金矿金场选厂	含金铜多金属矽卡岩型矿床	～150	混汞、溜槽、浮选
5	黄金洞金矿	低硫化物含金石英网脉型高砷矿石	～80	重选、浮选、焙烧
6	招远金矿玲珑选厂	含金石英脉、含金黄铁矿和蚀变花岗岩型		浮选、氰化
7	新城金矿	蚀变花岗岩型		浮选、氰化
8	柴胡栏子金矿	裂隙充填含金石英脉型	～100	全泥氰化锌置换
9	张家口金矿	贫硫化物含金氧化矿		全泥氰化炭浆法
10	(美)金色阳光金矿	矿体赋存在硅化带内	4535	常规氰化与炭浆法结合
11	(美) 麦克劳林金矿	浅成热液矿床，矿石赋存在玉髓质网状石英脉中	2700	加压氧化予处理炭浆法
12	乳山化工厂氰化车间	硫酸烧渣	～100	全泥氰化
13	龙水金矿龙水岭选厂	含金黄铁矿型	～100	浮选硫脲

矿厂汇总表

产品	原矿品位 g/t	尾矿品位 g/t	金回收率，%				备注
			重选混汞	浮选	氰化	合计	
金精矿	Au10.05 Ag255.5	Au0.8 Ag33.2		92		92	ε_{Ag}87%
金锭、金精矿	4.99	0.466	54.06	37.6		91.66	
金锭、锑金精矿	3.93	0.504				87.79	
金锭、金铜精矿	Au2.6 Cu0.37	Au0.46 Cu0.06	65.59	16.82		82.41	
金锭、金精矿	4.05	0.7	22.45	57.48		79.93	
金锭、银锭硫精矿	5.86	浮选0.3 氰渣1.57		95.39	97.30	92.81	
金锭、硫精矿	4.07	浮选0.18 氰渣1.595		95.84	97.11	93.0	
金锭	4.31	0.28			91.43	91.43	
金锭	3.06	0.27				90.43	
金锭	1.6	0.4				95	
金锭	5.49	0.44				92	
金锭	3.76	1.215				62.47	
金锭	3.05	浮0.49		85.21	84.16	71.7	

磨矿细度：－400目＞82％，液固比1:1。

氰化浸出：预氧化时间4小时，液固比1.5:1，氧化钙浓度0.8％。氰化时间14小时，氰化钠浓度0.6％，浸渣4.46克/吨，浸出率98.2％，液固比1.5:1。

树脂吸附：每槽矿浆停留时间1小时，矿浆浓度40％，树脂一次装入量15％，6段吸附，树脂吸附容量Au～20毫克/克，矿浆金浓度130～150毫克/升，尾矿含金＜1毫克/升，吸附率＞99％。

树脂解吸：分步解吸。

第一步解吸Cu、Fe。接触时间30分，解吸剂2％NaCN，解吸体积为5倍树脂床体积，全部返回氰化。

水洗。接触时间60分，洗涤水体积为5倍树脂床体积全部返回氰化。

第二步解吸Zn、Ni、接触时间30分，温度45℃，解吸剂2％H_2SO_4，解吸体积为10倍树脂床体积。

第三步解吸金，接触时间30分，温度45℃，解吸剂为8％硫脲＋2％H_2SO_4，解吸率99％。

第四步转型。接触时间30分，解吸剂4％NaOH，室温。

电　　解：电解液含Au1000～2500毫克/升；电解温度为室温；总停留时间11小时；阳极液2～3％H_2SO_4；电流密度11～15安/米^2；极间距为30毫米，四段。

需要指出的是树脂解吸的方法很多，其中硫氰酸盐解吸法较为简单。

33.5.3.15　脉金选矿厂汇总表

脉金选矿厂汇总见表33.5.40。

33.5.4　氰化厂含氰污水的处理

33.5.4.1　氰化厂含氰污水的性质及其处理方法

国家环保法对含氰污水的排放有严格规定，其游离CN^-离子浓度不能超过0.5毫克/升。黄金氰化厂的污水中，氰化物的存在形态是多种多样的，随着污水中金属离子的种类和浓度的变化，可概括为以下五种：

（1）可溶性简单氰化物：毒性很强，易溶于水。如氰化钠（NaCN），氰化钾（KCN）。

（2）不溶性简单氰化物：当污水中含有过量的变价金属离子如铜、铁等及少量氰化物，就会生成氰化亚铜（CuCN）、氰化亚铁（FeCN），在水中呈悬浮状态，是无毒的。但饮用后，在酸性胃液的介质中，在酶的作用下会发生溶解，变成有毒的单氰化物而引起机理中毒。

（3）可溶性的络合氰化物：在污水中大量存在，如$[Zn(CN)_4]^{2-}$，$[Cu(CN)_3]^{2-}$等，其毒性很强。

（4）可溶的铁氰化物及亚铁氰化物：如$[Fe(CN)_6]^{2-}$和$[Fe(CN)_6]^{4-}$，无毒，其含量一般不高，亚铁氰化物在pH<8时，又会与重金属离子（锌、铜）构成溶解度非常小的络合物，如$Zn_2[Fe(CN)_6]$，$Cu_2[Fe(CN)_6]$等，可以不处理。

（5）不溶性的络合氰化物：无毒，如亚铁氰化铁$Fe_4[Fe(CN)_6]_3$，不需要处理。

目前处理含氰污水的方法很多，有蒸发浓缩法，解吸和吸收法，酸化挥发法，臭氧氧化法，硫酸亚铁法，过氧化氢法，碱性氯化法，二氧化硫法等。

蒸发浓缩法：北京化工四厂氰化车间，将排出的含氰污水，通过蒸发浓缩回收氰化钠。

解吸和吸收法：上海焦化厂焦炉煤气终冷塔排出的含氰废水经解吸塔脱氰，再经装有铁刨花填料的吸收塔循环喷淋碳酸钠碱液，制取亚铁氰化钠$[Na_4Fe(CN)_6]$。

酸化挥发法：在废水中先加酸，使之生成氢氰酸，再吹脱出来，然后用碱吸收生成氰化钠，返回生产使用。玲珑、焦家，新城等金矿氰化厂使用这种方法。

臭氧氧化法：臭氧是最理想的氧化剂，在氧化过程中不生成有害物质，也不会造成二次污染。但由于臭氧氧化能力很强，有可能与污水中的其他很多物质发生反应，增加臭氧消耗量。同时，该法耗电量大，成本高，一般不用于处理金矿氰化厂的含氰污水。

硫酸亚铁法：在污水中投入硫酸亚铁，与氰反应生成不溶性的铁氰化物沉淀，该络合物在一定条件可能发生分解，尚需添加甲醛——亚硫酸氢钠，因而增加处理成本，国内使用者甚少。

过氧化氢法：用过氧化氢和甲醛处理含氰污水，加药比为CN:H_2O_2，H_2CO=1:3，由于药品昂贵，来源困难，国内很少使用。

碱性氯化法：在碱性条件下，用氯或氯的化合物将氰化物分解成无毒的氮气和二氧化碳气。药品价格低廉，效果可靠，适用于处理各种浊度的含氰污水或矿浆。金厂峪、团结沟、赤卫沟、张家口、柴胡栏子等金矿普遍采用该法处理含氰污水和矿浆。

当前我国黄金氰化厂的污水含游离CN^-离子浓度为80～1200毫克/升，多采用碱性氯化法或酸化挥发法处理。三山岛金矿国外设计采用二氧化硫法处理。

33.5.4.2　碱性氯化法处理含氰污水

A　氧化剂的选择

碱氯法处理含氰污水常用的氧化剂有漂白粉、次氯酸钠、氯气和液氯。根据有关厂矿的生产经验，在相同条件下，使用漂白粉比液氯的成本高3～5倍；使用次氯酸钠由于消耗量大，既不经济，运输也困难，制备次氯酸钠需要增加设备，原料的成本也过高；电解食盐生产氯气远不如液氯经济。因此应根据具体条件，如交通情况，污水含氰浓度，附近能否提供货源等综合考虑。根据黄金矿山的用量和交通情况以采用液氯为最经济合理。

B　反应机理

液氯从液氯钢瓶出氯管逸出就已变成气态氯，经加氯机的水射器后形成“氯水”，是氯分子在水分子的作用下，引起极化，使两个氯原子分别带正、负电荷，与水中的氢和氢氧根生成盐酸和次氯酸。

$$Cl_2 + H_2O \rightleftharpoons HCl + HClO$$

将"氯水"加到含氰的污水中，在高pH下次氯酸又会与污水中的氢氧化钙作用，生成次氯酸盐。

$$2HClO + Ca(OH)_2 \rightarrow Ca(ClO)_2 + 2H_2O$$

当pH>10时，次氯酸全部转化为次氯酸盐，与污水中氰化物反应生成氰酸盐，此为局部氧化阶段：

$$2NaCN + Ca(ClO)_2 \rightarrow Ca(CNO)_2 + 2NaCl$$

$$4Na_2[Cu(CN)_2] + 7Ca(ClO)_2 + 2Ca(OH)_2 + 2H_2O \rightarrow 6Cu(CNO)_2 + 4Cu(OH)_2 + 8NaCl + 3CaCl_2$$

$$Na_2[Zn(CN)_4] + 2Cu(ClO)_2 + Ca(OH)_2 \rightarrow 2Cu(CNO)_2 + Zn(OH)_2 + CaCl_2 + 2NaCl$$

在碱性溶液中，次氯酸盐离子将氰化物和络合氰化物氧化生成氰酸盐，其毒性是氰化物的千分之一。生成氰酸盐的反应很快，一分钟左右即可完成，但要控制pH>10。在碱度不高的情况下，污水中的氰化物可能与氯生成氯化氰气体，属剧毒物质。必须加碱，才能被吸收再生成氰酸盐。

$$NaCN + Cl_2 \rightarrow CNCl + NaCl$$

$$2CNCl + 2Ca(OH)_2 \rightarrow Ca(CNO)_2 + CaCl + 2H_2O$$

当污水中有足够的次氯酸和次氯酸盐离子，可以继续使氰酸盐生成氮和二氧化碳即为完全氧化阶段：

$$2Ca(CNO)_2 + 3Ca(ClO)_2 + 2H_2O \rightarrow 4CO_2 + 2N_2 + 3CaCl_2 + 2Ca(OH)_2$$

这段反应比较缓慢，反应时间0.5～1小时。降低pH值有利于二氧化碳和氮气的生成，一般pH值可控制在7.5～8.0。

污水中的重金属离子采用中和沉淀法去除。

C 反应条件

a 氧化剂的添加量。根据化学反应式计算出的理论耗氯比为：

简单氰化物NaCN，$CN:Cl_2 = 1:6.83$；

铜氰络合物$Na_2[Cu(CN)_2]$，$CN:Cl_2 = 1:7.29$

锌氰络合物$Na_2[Zn(CN)_4]$，$CN:Cl_2=1:6.83$。

在生产实践中，实际加氯比都超过理论值，一般将理论计算值再乘以1.5～2.0的系数。

b　pH值的控制　在局部氧化阶段，pH值应不低于10～12或更高，视污水的含氰浓度而定，含氰浓度高，pH值取上限。相反，污水中含氰浓度低，污水的加氯量相应减少，需要消耗的氢氧根也少，为满足二阶段的反应条件，pH值取下限，但不能低于10，避免生成CNCl气体。在完全氧化阶段，pH值应低于9，以7.5～8.0范围最佳。完全氧化阶段的反应速度随pH值的增加而减慢，当pH＞10时，反应时间长达数小时。

c　反应时间　在局部氧化阶段控制pH＞10，加足够的氧化剂会使反应顺利进行，氯酸盐会在瞬间生成。在完全氧化阶段，控制pH值7.5～8.5，反应时间0.5～1.0小时。

d　反应温度　根据氯的溶解度与温度成反比的特性，在常温下水与氯的溶解比为1:25，氯的水解在几秒钟内即可完成，生成盐酸和次氯酸。但次氯酸不稳定，遇热即生成氯酸和盐酸：

$$3HClO \xrightarrow{\text{热}} HCl + 2HClO_3$$

加氯机的给水温度必须保持在9℃以上，否则氯和水会生成水化氯（$Cl_2 8H_2O$），阻碍加氯设备的正常运转。加氯间室温过低会影响液氯的汽化速度，一般不应低于10℃，温度过高，超过65℃，氯瓶上的易熔塞熔化，会发生跑氯事故。因此，室温不应超过30℃。

D　碱氯法处理含氰污水实例——赤卫沟金矿选厂

赤卫沟金矿选厂是一个全泥氰化厂。每天处理含氰矿浆（浸渣）约370米^3，含CN^-浓度30毫克/升；处理污水（贫液）85米^3，含CN^-浓度150毫克/升。采用碱氯法处理后，经环保部门测定，全部达到国家排放标准。含氰污水处理结果列于表33.5.41，污水处理流程见图33.5.21。

污水处理间设在砂泵站附近，配备有加氯室和石灰乳调配室，制备好的石灰乳和三层洗涤浓缩机的底流一起加入砂泵池，液氯通过加氯机加入砂泵吸入管，经砂泵搅拌，在输送过程中生成氰酸盐，完成局部氧化阶段。然后送到污水处理间的搅拌槽内，继续混合搅拌，在搅拌槽内停留时间，设计为一小时。经检验合格后由砂泵扬到尾矿库。贫液经同样方法排走。

表 33.5.41 赤卫沟金矿污水处理结果

尾矿水		排放水			尾矿坝水		材料消耗	
CN^- mg/l	pH	余Cl_2 mg/l	CN^- mg/l	pH	CN^- mg/l	pH	液氯 kg/t	石灰 kg/t
116～176	9	64～150	0.04～0.08	7～10.5	0.04	6	1.38	2.6

33.5.4.3 酸化法处理含氰污水

A 基本原理及步骤

酸化法处理含氰污水回收氰化钠和铜的工艺分为酸化解析、挥发逸出、碱液吸收三个步骤。

a 酸化解析 在酸性条件下，污水中的简单氰化物和铜、锌等金属的络合氰化物依据下列反应解吸出易挥发的氰氢酸(HCN)：

$$2NaCN + H_2SO_4 = 2HCN\uparrow + Na_2SO_4$$

$$Na_2Zn(CN)_4 + 2H_2SO_4 = 4HCN\uparrow + Na_2SO_4 + ZnSO_4$$

$$2Na_2Cu(CN)_3 + 2H_2SO_4 = Cu_2(CN)_2\downarrow + 2Na_2SO_4 + 4HCN\uparrow$$

$$2Na_3Cu(CN)_3\cdot(CNS) + 3H_2SO_4 = Cu(CNS)_2\downarrow + 3Na_2SO_4 + 6HCN\uparrow$$

氰化污水中氰化物被解析出的程度，取决于酸度。pH＝4是氰化污水解析的临界酸度。生产中pH值为2～3，残酸量保持在0.2～0.3%之间。

b 挥发逸出 为使生成的氰氢酸从液相转入空气挥发逸

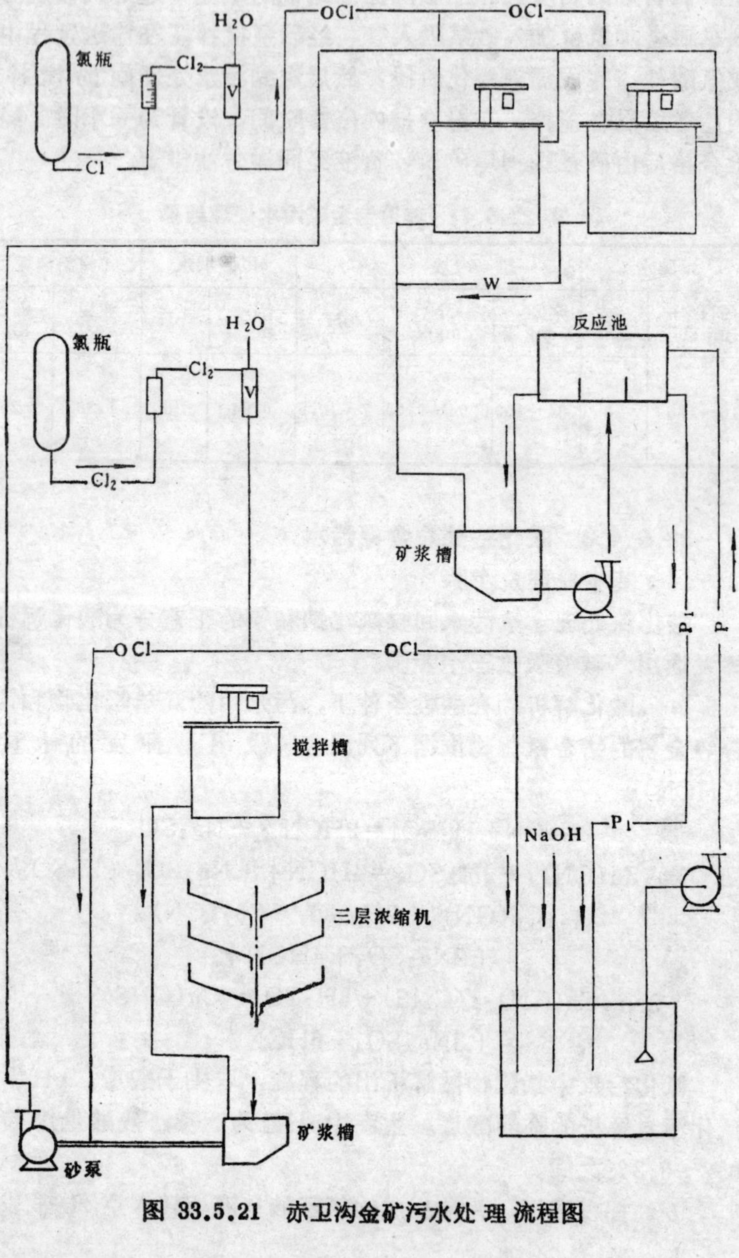

图 33.5.21　赤卫沟金矿污水处理流程图

出，须将加酸后的溶液与足够的空气流接触或加温至氰氢酸沸点26.5℃以上，以增加氰氢酸挥发逸出速度。氰氢酸逸出的程度与淋降强度、分散程度、气水比及温度有关。淋降强度越小、分散程度越大、气水比越大、温度高于氰氢酸沸点（26.5℃），则氰氢酸挥发逸出程度越彻底。试验证明，在常温下，pH＝2～3，淋降程度为1.6～2.5米^3/米^2·时，气水比800米^3/米^3，塔高5米以上，氰化钠的回收率可达99%，废液中含氰化钠可降至2.7毫克/升。

c　碱液吸收　挥发逸出的氰化氢，用氢氧化钠溶液喷淋，中和吸收而得氰化钠。$HCN + NaOH = NaCN + H_2O$。挥发逸出的氰化氢很容易被碱吸收，当所得氰化钠浓度达30%时，残碱不能小于1.5%；氰化钠浓度达20%时，残碱量不能小于0.6%，这样才可保持较高的回收率。

B　酸化法处理含氰污水实例——招远金矿

a　工艺流程：招远金矿酸化法处理含氰污水的工艺流程见图33.5.22。含氰污水（即贫液）由氰化系统进入贫液池，用50FB-16泵扬到加温槽，用蒸气间接加热至35℃左右。加温后的贫液用40FB-26泵扬出，通过流量计计量，在混合器中与硫酸混合后扬至ϕ1300毫米发生塔。发生塔用聚氯乙烯塑料制成。酸化后的贫液由10个喷头均匀地喷布在塔内的塑料点波填料上，溶液与从塔底鼓入的空气逆向运动，溶液中的HCN即被空气带走。带有HCN的空气经过ϕ900毫米汽水分离器，由底部进入ϕ1300毫米吸收塔，与塔顶喷布的碱液相接触，空气中的HCN即被碱液吸收生成NaCN。碱液通过碱液槽、25FB-25泵进行循环吸收，当NaCN达到一定值（NaCN20%左右，残碱1～1.5%）后，即由泵返回氰化系统供浸出使用。卸载的空气由鼓风机送入发生塔再供吹脱，组成空气的密闭循环系统。

发生塔排出的废液进入中间池，然后用泵扬到ϕ6米浓缩机，使$Cu_2(CNS)_2$沉淀浓缩，浓缩机溢流进入尾矿系统，底流定期排入沉淀池，经自然干燥后外销冶炼厂。

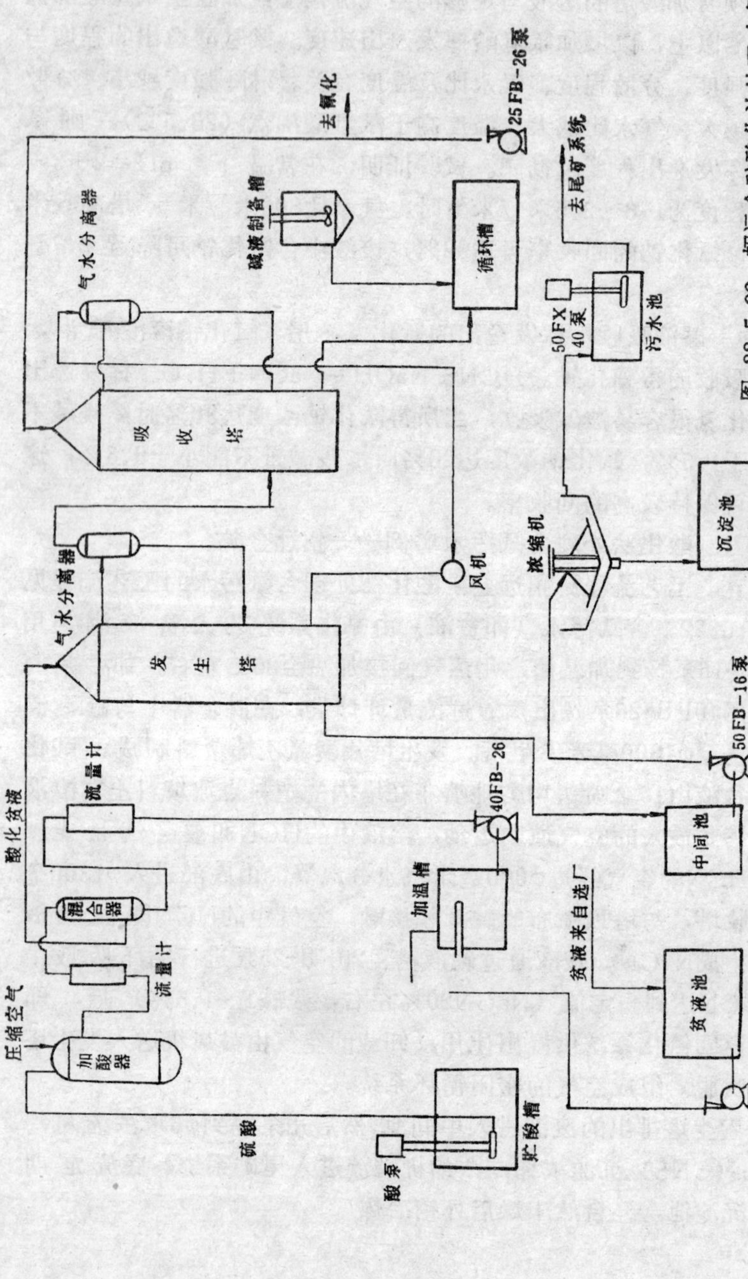

图 33.5.22　招远金矿酸化法处理含氰污水工艺流程图

污水处理系统的发生和吸收部分分为两个系列，整套装置的处理能力为200米³/日。

b 综合技术指标

综合技术指标列于表33.5.42。

表 33.5.42 综合技术指标（1986）

项目		单位	指标
处理贫液量		m^3/a	63016
贫液含NaCN		mg/l	2441
贫液含CNS^-		mg/l	1307
贫液含Cu		mg/l	792
废液含NaCN		mg/l	29.78
废液含Cu		mg/l	3
氰化钠理论回收率		%	98.78
氰化钠实际回收率		%	89.08
铜理论回收率		%	99.62
铜实际回收率		%	93.83
回收氰化钠		kg/a	137035
回收铜		t/a	48.83
材料消耗	硫酸	kg/m^3	6.58
	氢氧化钠	kg/m^3	2.28
	电力	kW·h/t	2.17

c 处理效果分析：（1）进入酸化法处理的贫液中，所含可回收的氰化钠仅占氰化时氰化钠总耗量的50%左右。因为氰化过程中尚有22.64%的氰化物转化为硫氰化物，最终大部分进入硫氰化亚铜沉淀中；有7.36%的氰化物随氰化渣带出；其余20%氰化物则主要是挥发和形成不溶的氰酸盐。（2）由于酸化法处理后的废液中含氰化钠高达30毫克/升，故必须进行二次处理。目前，招远金矿由于有较大的尾矿库，故二次处理系将含氰废液经石灰中和后，与选厂的尾矿浆合并扬入尾矿库进行曝气，两年来的生产实践表明，尾矿回水中的含氰浓度一般低于0.5毫克/升。（3）对于处理含铜、硫高的矿石，由于在氰化过程中消耗大量

氰化物，故采用酸化法并辅以曝气来处理含氰污水的工艺，不但能使处理后的废液含氰达到国家排放标准，而且处理成本低，可回收氰化物和铜，从而获得较好的经济效益。

33.5.5　砂金矿的选矿

33.5.5.1　砂金矿床的工业类型及其特点

砂金矿床分布甚广，种类繁多，按其搬运距离的远近通常可分为五种：残积、坡积、洪积、河床冲积和滨岸砂金矿床，其中以河床冲积型为多见。按搬运营力的性质可分为风成砂金矿床，冰成砂金矿床和水成砂金矿床。按搬运的时代不同又可分为深藏砂金矿床、阶地砂金矿床和河滩砂金矿床。

砂金矿床的宽度一般为50～300米或更宽，长度可达数公里甚至数十公里，埋藏深度一般为1～5米，也有深至20～30米或更深。砂金矿床的含金矿层厚度一般为1～5米，个别可达10米。

砂金矿石中除含金外，还含有多种重矿物。与金伴生的重矿物按其常见程度依次为：磁铁矿、钛铁矿、金红石、石榴石、锆英石、赤铁矿、铬铁矿、铂矿、铱铁矿、辰砂、钨锰铁矿、白钨矿、锡石、刚玉、金刚石、汞膏、方铅矿等。砂金矿中重矿物的含量一般不超过1～3千克/米^3，其余为各种粒径的砾石、卵石、砂和泥土。粘土对细粒金的回收不利，在选金过程中应设法排除。

金在砂金矿中多呈粒状、片状、枝状等形态存在。金的粒径一般为0.5～2毫米，但也有重达几公斤的大块金及呈粉状的微粒金。金的成色通常为50～90%，密度平均为17.5～18克/厘米^3。金的成色与密度的关系列于表35.5.43。

表 33.5.43　金的成色与密度关系

成色，%	100	95	90	85	80	75	70	65	60	55	50
密度 g/cm^3	19.3	18.5	17.8	17.1	16.5	15.9	15.3	14.8	14.3	13.9	13.4

33.5.5.2 砂金矿选矿工艺

砂金矿的选矿原则是先用重选法最大限度地从原矿砂中回收金及其伴生的各种重矿物，继而用重选、浮选、混汞、磁选和静电选等联合作业将金和各种重矿物彼此分离，以达到综合回收的目的。砂金矿选别一般分为碎解与筛分、脱泥和选别等过程。

A 碎解与筛分

很多砂金矿含有胶结泥团，其粒径有的大于100毫米，这种泥团如不碎解，将在筛分过程中随废石一起排除，造成金的损失。另外，胶泥还能胶结在砾石或卵石上，如不碎解也要在筛分过程中造成金的损失。

在采金船上，碎解与筛分作业是一起在圆筒筛内完成的。圆筒筛内装有间断的螺旋角钢。操作时，圆筒筛内的洗涤水压应不低于35千帕，在陆地固定选厂，则设置洗矿床进行碎解与筛分。采用平桂50型或平桂I-100型水枪两台，按对角线方向反复冲洗。水枪出口压力不低于20千帕。

筛分作业能排除20～40%的废石（砾石、卵石），是砂金选矿不可缺少的作业。合理筛分参数的确定必须依据原矿砂中金的粒度组成的测定资料。目前我国砂金矿山选择的筛孔一般为10～20毫米，如用固定溜槽做粗选设备时筛孔可大些，但不能超过60毫米。固定选厂的筛分设备多为格筛、振动筛，采金船则用圆筒筛。筛上冲水不但能提高筛分效率，还能进一步碎解胶泥，所以砂金矿的筛分作业多为水筛。水筛冲水量根据洗矿要求确定，并应尽量满足下段选别作业对浓度的要求，如系溜槽粗选则冲水量应为砂矿量的8～14倍（体积比）。

B 脱泥

砂金矿中小于0.1毫米的物料一般不含金或含金甚微。例如珲春金矿的砂金矿中小于0.1毫米的金只占0.15%，桦南金矿局的砂金矿中小于0.1毫米的金占0.18%，而同粒级矿泥却占原矿砂的13.77%。小于0.1毫米的金俗称漂浮金，在选别过程中很难回收，而同一粒级的矿泥却对选别过程，特别是机械选别过程起干扰作用。所以，在砂金矿机械选矿厂内，总是设法将小于0.1毫米的矿泥脱掉。生产上常用的脱泥设备为各种规格的脱泥斗。而溜槽选金允许的物料粒级宽，且处理量大，因而溜槽选别之前多不脱泥。

C　选别

实践证明，重选法是处理砂金矿最有效、最经济的方法。由于砂金矿中金的粒度组成不同，各种重选设备处理物料的有效粒度界限也不同，所以合理的砂金矿选别流程应是几种重选设备的联合作业。

粗选段得出的含金精矿，金品位100克/吨，重砂矿物多在1～2千克/吨以上，对于含金粗精矿的处理目前有三种方法：1）用淘金盘人工淘出金粒后重砂丢弃；2）用混汞筒进行内混汞，获得汞膏后重砂抛弃；3）用人工淘洗或混汞提取金后，重砂集中送精选厂处理，用磁选、电选等方法分别回收各种重砂矿物。

砂金矿的选金回收率：两段溜槽选别为70～74%，溜槽粗选，跳汰扫选、摇床精选流程为75～80%。

33.5.5.3　采金船的生产实践

砂金矿床用采金船开采较其他开采方法具有机械化程度高、生产能力大、开采成本低和生产劳动条件好等优点。自1870年新西兰首次使用采金船开采法以来，美国、苏联、澳大利亚、加纳、马来西亚等许多国家相继应用。采金船主要适于开采位于地下水位以下的宽河谷砂金矿床、坡度不大的小溪砂金矿床以及含水的厚层海滨和湖滨砂金矿床。

中国砂金资源丰富，采金历史悠久。解放后，我国采金工作者自行设计和制造了各种类型采金船。目前采金船开采也成为我国砂金矿床开采的主要方法，其产量约占砂金总产量的60%。现在已有斗容分别为50、100、150、250、300升的链斗式采金船数十只，分布在黑龙江、吉林、四川、湖南等省区。我国砂金矿开采使用的采金船，其主要技术性能列于表33.5.44。

A　采金船的选金工艺及主要设备

表 33.5.44 采金船主要技术性能

采金船规格，L	50	100	150	250	300
挖斗容量，L	50	100	150	250	300
水下挖掘深度，m	6	7.5	10	15	11
生产能力，m^3/d	500	1800	3000～400	6600～8300	8100
装机容量，kW	138		620	1300	1050
重量，t	100	420	500～600	1350～1400	

采金船的生产过程是：从挖斗卸下的含金矿砂，经受矿漏斗给入圆筒筛进行洗矿、碎解与筛分。筛上砾石用胶带机或砾石溜槽排至船尾的采空区；筛下矿砂则通过密封分配器给入选别设备进行粗扫选，获得的粗金矿有的在船上精选和人工淘洗直接获得产品金，多数则送到岸上精选厂集中处理。

目前国内采金船上的选金工艺流程有：单一固定溜槽流程，溜槽—跳汰—摇床流程和三段跳汰流程等。

单一固定溜槽流程即采用横向固定溜槽粗选，纵向固定溜槽扫选，精矿定期由人工清理并淘洗。小型采金船普遍应用该流程。据调查，这种流程的选金回收率在58～75%之间。回收率的高低同给矿量大小、矿浆浓度变化、溜槽的单位负荷及入选矿砂中细粒金的含量有关。50升和100升采金船上固定溜槽的技术性能、溜槽单位负荷与回收率的关系以及金粒度与回收率的关系，分别见表33.5.45～表33.5.47。

珲春金矿250升采金船采用溜槽—跳汰—摇床流程，设备为1000×1000毫米四室与二室尤巴型跳汰机、6-S 摇床及ϕ900×1200毫米混汞筒。跳汰机构造简单、易于操作管理、给矿粒度范围宽（－16毫米）。但是，它在固定溜槽尾矿扫选中，由于给矿液固比（10:1）不适应其入选条件（6～8:1），故其选别效果欠佳。摇床具有富集比高、选别效果好、操作方便及耗水、耗动力低等优点，但其单位面积生产率低、占地面积大、选别作业条件要求高。尤其是船体在生产中经常摆动、倾斜，对其选别造成的

表 33.5.45　固定溜槽技术性能

类　　别	50L		100L	
	横向槽	纵向槽	横向槽	纵向槽
长度，m	3～4	4～8	4～5	6～10
宽度，m	0.6	0.8	0.6	0.8
倾角，°	6	4	6	5
溜格高度，mm	40～50	30～40	40～60	40～50
溜格间距，mm	50～60	40～50	50～70	50～60
矿浆层厚度，mm	40	45	45	50
矿浆流速，m/s	1～1.2	1.2～1.4	1～1.2	1.3～1.5

表 33.5.46　溜槽单位负荷与回收率的关系

溜槽单位负荷，$m^3/m^2\cdot h$	0.35～0.5	0.6～1	1～1.5	1.5～2
回收率，%	71.2～63.4	65.8～60.1	58.5～51.3	51.2～46

表 33.5.47　金粒度与回收率的关系

金粒度，mm	>1	1～0.42	0.42～0.2	<0.2
回收率，%	91	82	60.5	19

影响，是它难以克服的弊病。这种流程的选金回收率在78～84%之间。

呼玛金矿局从荷兰MTE公司引进的300升采金船用三段跳汰流程，它包括一段两组九室圆形跳汰机，二段三室圆形跳汰机及三段二室一组矩形跳汰机。我国在吸取国外先进技术的基础上设计建造的150升采金船，其选金工艺流程：一段为一组九室 圆 型跳汰机，二段为二台矩形跳汰机，三段应用典瓦尔跳汰机，精选用摇床。这种工艺流程比较完善先进，选金回收率在90%以上。采金船用跳汰机技术性能见表33.5.48。

表 33.5.48 采金船用跳汰机技术性能

参数	跳汰机名称型号					
	典瓦尔型	尤巴型		梯形	荷兰圆形	荷兰矩形
作业室尺寸，mm	300×450	1000×1000	1000×1000	1200 2400 ×3600		1070×1070
室数	2	4	2	8	9	2
床层总面积，m^2	0.27	4	2	5.7	31.275	2
冲程，mm	0～26	3～30	8～30	0～50	20～25	15
冲次，次/min	322；420			130；200 270；350	50～140	50～140
给矿最大粒度，mm	12	16	16	10	25	25
处理能力，m^3/h	1～2	10～15	4～5	10～15	112～225	6～15
耗水量，m^3/h	2～4	21.6～43.2	14.4～36	30～50		
给水压力，kPa	10	6	6	10	3	3
安装功率，kW	1.1			2×2.2	7.5	4
传动方式	机械	机械	机械	机械	机械/液压	机械

B 采金船选金工艺存在的问题及其改进途径

目前我国采金船生产由于工艺流程简单且为开路选别，入选作业条件不佳，圆筒筛的洗矿、碎解和筛分能力不强，没有大粒金捕收装置，金的损失达10～40%，其中在圆筒筛筛上砾石中损失6～30%，在选别作业尾矿中损失4～20%。随着采金船生产的发展，结合我国具体实践，吸收国外先进技术，采金船选金工艺将会有较大发展；一是洗选设备逐渐适应配套；二是工艺流程逐渐趋于完善，创造适宜的选别条件，以最大限度地提高选金回收率。

a 工艺流程：小型采金船应以可动溜槽或离心盘选机为主。可动溜槽和离心盘选机均能实现机械化清理粗精矿，且单位选别面积处理量大，回收率高；从工艺配置上看，也比固定溜槽减少空间位置与占地面积，它无疑将取代以单一固定溜槽为主的流程。而对大、中型采金船，则用三段跳汰流程较为适宜。这种流程设备配置紧凑，合理地利用了采金船空间和自然高差，实现

矿浆的自流返回，从而简化了选金工艺；加之精选作业闭路选别，减少了金的损失。这种流程最终会代替溜槽—跳汰机流程。另外，采金船上将增设块金捕集与脱水、脱泥的工艺；在船上只获得含金重砂，最终产品在岸上精选厂提取，这样可简化采金船上选金工艺，减少金损失，提高选金的回收率。

b　洗选设备：洗矿圆筒筛应进一步强化碎解和筛分，加强机械和水力作用，延长物料在筛内停留时间，增加有效筛分面积（25%以上），对筛内环形阻料环、螺旋破碎齿以及纵向扬板等，要针对矿砂性质进一步研究，以增强碎解作用。对含泥量超过10%的难洗矿砂，应采用新型擦洗筒筛。

圆形跳汰机是一种适于采金船上选别细粒金的高效率重选设备，与尤巴型、梯形跳汰机等比较，在处理量、选别深度、给矿方式、耗水耗电量以及占地面积与空间配置等均占有优势。圆形跳汰机在外形上是梯形跳汰机的组合体，除具有梯形跳汰机的特点外，还采用了机械/液压传动，其脉动曲线是锯齿形的，明显区别于普通跳汰机的正弦脉动曲线，有利于细粒金的回收。圆形跳汰机在工艺配置上更适用于采金船的特点，无疑将取代其他跳汰机。

离心盘选机将逐渐应用在采金船上。国内研制的ϕ868毫米离心盘选机已用于砂金矿的选别。其技术性能：转数120转/分，处理量5米^3/台·时，电动机功率2.2千瓦。该设备具有结构简单，操作方便，处理量大、耗水少及选别效果好(作业回收率达95%)等特点，尤其是设备高度小，精矿产率低，富集比高，从而可简化采金船上的选矿过程，便于在船上配置。

C　采金船的生产实例——珲春金矿250升采金船

250升采金船于1974年在吉林珲春金矿正式投产。珲春金矿属第三纪含金砾岩砂矿和第四纪河谷冲积砂矿床。含金砂砾层厚度4.5米。混合矿砂含金0.19～0.23克/米^3，砂金颗粒以中粒为主，大于0.5毫米者占65.41%。砂金成色83.3%。在矿砂中含泥很少，一般在1.2～1.5%，属于易洗矿砂。伴生矿物主要有钛铁矿、磁铁矿、褐铁矿、锆英石、金红石等。

该船挖斗链由84个挖斗组成，每个挖斗容量为250升，挖斗链运转速度26～36斗/分，水下挖掘最大深度9米，平底船尺寸（长×宽×高）为24.81×20×2.7米，吃水深度2米。采金船生产能力240～280米^3/时，总耗水量2660～3000米^3/时。采金船总重1524吨。

选金工艺流程：先用横向溜槽回收粗、中粒金，随后从横向溜槽尾矿中用粗选跳汰机回收微细粒金，所得粗精矿用跳汰机和摇床再精选，最后用混汞筒提金。生产实践表明：最好在粗选跳汰机之前安设脱水装置，以使横向溜槽尾矿的浓度适合于跳汰作业要求。采金船金总回收率为75～80%，其中横向溜槽金回收率为52～55%，粗选跳汰则为23～25%。

主要设备：圆筒筛规格ϕ2.7×10.8米，倾角8°，转速7.5转/分，筛孔分五段，分别为8；10；12；14；16毫米，筛内水压45千帕。

溜槽安装角度7.5°，长4.3米，宽0.6米。圆筒筛两侧各19个，全船共38个，总面积96米^2。作业的液固比为12：1。

跳汰机为尤巴型1000×1000毫米四室垂直隔膜式，共10台。跳汰作业矿浆浓度40～60%。摇床为6-S型。混汞筒为ϕ900×1200毫米，一次装料350～400公斤，混汞时间1.5小时。

250升采金船选金工艺流程见图33.5.23。

33.5.5.4 砂金矿固定式选金厂的生产实践

目前我国砂金矿的开采除用采金船外，尚有机采机选的露天开采法、水力开采法和浅井坑道开采法等。当采用这些方法开采砂金矿时，一般相应建立固定式选厂集中处理原矿砂，或者用移动式选厂随采场的推进而迁移。

固定式选金厂的选金工艺不像采金船受船体面积和空间的限制，可以选用较先进的选别流程，选择各种设备联合进行多段选别，因而选金回收率比较高，且可综合回收各种重砂矿物。尽管固定式选金厂有很多优点，但由于砂金矿床含矿层薄，采矿推进

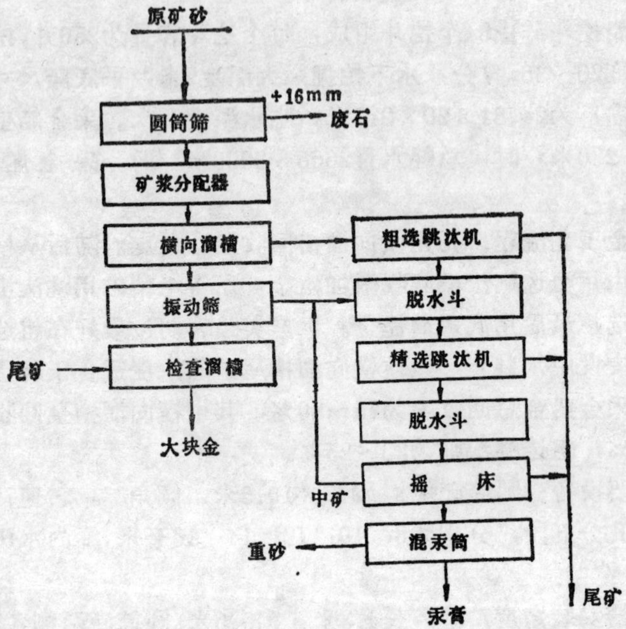

图 33.5.23　250升采金船选金工艺流程图

速度快，原矿运输距离逐年增加。另外，选金厂的集中供水、尾矿排放及采空区的复田等，大大增加了复杂性，增加选金成本。因此，国内外的采金工作者普遍在研制移动式选金厂。

A　大型固定溜槽选金

我国许多砂金矿山普遍采用大型固定溜槽进行粗选，其粗精矿可单独用淘金盘或小型固定溜槽加淘金盘进行精选的方法回收金。溜槽和淘金盘具有制造容易、不需动力、操作简单及维护方便等优点，但它们对微细粒金的捕收效果差，清洗精矿时劳动强度大。近来，一些砂金矿山用跳汰机代替溜槽，用摇床代替淘金盘，从而使金的回收率提高15％左右，同时大量综合回收了其他重砂矿物。

桦南金矿局水力开采的含金砂矿，金属矿物主要为砂金、钛铁矿、锆英石、独居石、金红石等；脉石矿物主要为石英、长石、透闪石、角闪石、尖晶石等。由于岩石的碎解过程已在水力开采和矿浆输送过程中基本完成，所以入选矿砂直接用间隙为20毫米的链条筛或转动条筛进行分级，大于20毫米的砾石弃去，小于20毫米的矿砂经大型固定溜槽粗选，小型固定溜槽精选，再用淘金盘淘洗得砂金和含金重砂，后者送往精选厂处理。小型固定溜槽的尾矿返回大型溜槽中部。选别结果见表33.5.49。

大型固定溜槽长16米，宽0.8米，倾角4°，格条高50毫米，间距40毫米，倾角20°；矿浆浓度8.12%，单位负荷0.788吨/米²·时，大型固定溜槽精矿产率为0.02%，需每天清洗一次。小型固定溜槽长3米，宽0.47米，倾角8°，格条间距35毫米。

表 33.5.49 桦南金矿局大型固定溜槽选别结果

项 目	Au	TiO_2	ZrO_2	ThO_2
给矿品位，%	0.2963g/m³	0.0464	0.01062	0.00163
尾矿品位，%	0.1254g/m³	0.0458	0.0104	0.00156
回收率，%	57.4	1.41	2.03	4.28

B 新型罗斯（ROSS）溜槽选金

美国、加拿大采用推土机——罗斯溜槽在严寒地区开采砂金取得了很大成功。这种采金方法，生产能力大，不需建立永久性厂房，搬迁容易，维护方便，成本低，生产稳定可靠，细粒金能得到充分回收，选矿回收率达80～85%，它特别适用于开采小而富的砂金矿，阶地砂金矿，以及难以用采金船开采的砂金矿。

罗斯溜槽的生产过程是：用推土机和挖掘机将含金矿砂装入溜槽上端的供矿箱，以大量高压水喷洗矿砂，在充分洗选条件下，矿砂流经带有筛孔的钢板进行筛选，细粒矿砂经漏斗底部被分配到两侧溜槽。两侧溜槽底部铺有塑料毡，在塑料毡上铺有带孔的格条，当含金矿浆流经格条时，按密度和粒度进行分层，金被富集在溜槽底部的塑料毡上。

国内对罗斯溜槽进行了广泛的试验研究。结合我国国情，并吸取罗斯溜槽的特点，北京有色冶金设计研究总院研制了移动式洗选溜槽，黑龙江黄金公司研制了龙江-1型溜槽，分别在内蒙古和黑龙江的一些砂金矿经过生产实践，效果较好。罗斯溜槽和龙江-1型溜槽的技术性能见表33.5.50和33.5.51。

表 33.5.50　国外罗斯溜槽的规格及性能

型号	供矿箱		溜槽箱		全长	重量	处理量
	长，m	宽，m	长，m	宽，m	m	t	t/h
100码	2.44	4.88	4.27	1.83	7.93	6.75	76
200码	3.05	5.49	5.49	2.74	10.37	11.25	152
300码	3.66	6.10	5.49	3.66	10.98	15.75	218
500码	4.88	6.71	6.71	4.88	13.42	20.50	380
750码	4.33	9.14	10.36	7.01	15.24	65.90	570
1000码	5.49	12.19	12.20	9.75	17.70	90.90	760

表 33.5.50　龙江-1型溜槽技术性能

型号	供矿箱		溜槽箱		全长	用水量	重量	处理量	回收率
	长，m	宽，m	长，m	宽，m	m	m^3/h	t	m^3/h	%
龙江-1	4.30	3.83	7.70	2.83	12	70	14	50～70	80

C　大型机选厂——哈尼河金矿选厂

哈尼河金矿位于内蒙古乌拉特中后旗。砂金矿体赋存于白山壕大沟内，为第四纪冲积砂矿。原矿砂中除自然金外，共生矿物以磁铁矿　钛铁矿较多；金红石、锆英石、独居石、褐铁矿次之。自然金的粒度较大，多在1～0.1毫米级别内，－0.074毫米级别含金甚微(约占0.35%)，金的地质品位1.78克/米^3，入选原矿砂金品位0.85克/米^3。原矿砂内不含胶质粘土，属易洗易选砂金矿。

哈尼河金矿原为土法开采、溜槽选金。1976年由北京有色冶金设计研究总院进行全面规划并承担设计。采矿用挖掘机、推土机、装载机进行机械化开采，汽车运输；选矿新建机选厂，1977年投产。目前机选与溜槽选并存，采选综合生产能力为1000吨/日。

选厂采用二段跳汰粗选、摇床精选的工艺流程。原矿砂由汽车运至选厂卸入有效容积13米^{3}的受矿斗，然后送1250×2500毫米振动筛进行洗矿筛分。筛上大于16毫米砾石由移动式胶带机排出，筛下产品进$\frac{1200}{2000}$×3600毫米梯形跳汰机选别。跳汰产品进入四室水力分级机分为+1；1～0.3、0.3～0.1；0.1～0.074毫米四级，前两级由典瓦尔跳汰机进行二段选别，后两级进摇床选别。第二段跳汰选别所得粗精矿再经摇床精选、淘金盘人工淘洗得出毛金和重砂产品。跳汰机、摇床尾矿和分级机溢流合并经两段砂泵扬送到尾矿库。工艺流程见图33.5.24。选厂生产技术指标列于表33.5.52。

表 33.5.52 选厂生产技术指标

产　物	金品位，g/t	产率，%	产量，t/d	回收率，%
毛　金	85%			93.38
重砂矿物	8.67	0.04	0.24	0.394
摇床中矿	0.065	0.07	0.42	0.006
尾　矿	0.062	78.09	468.54	6.0
废　石	0.0081	21.80	130.8	0.22
原　矿	0.811	100.00	600	100.00

D　砂金洗选机组

砂金洗选机组由长春黄金研究所研制，是在内蒙金盆大沟经过多年工业试验，并于1981年通过鉴定定型的。它由一台水冲筛、一台ϕ1000×4000圆筒筛、三台ϕ900毫米离心盘选机和一台

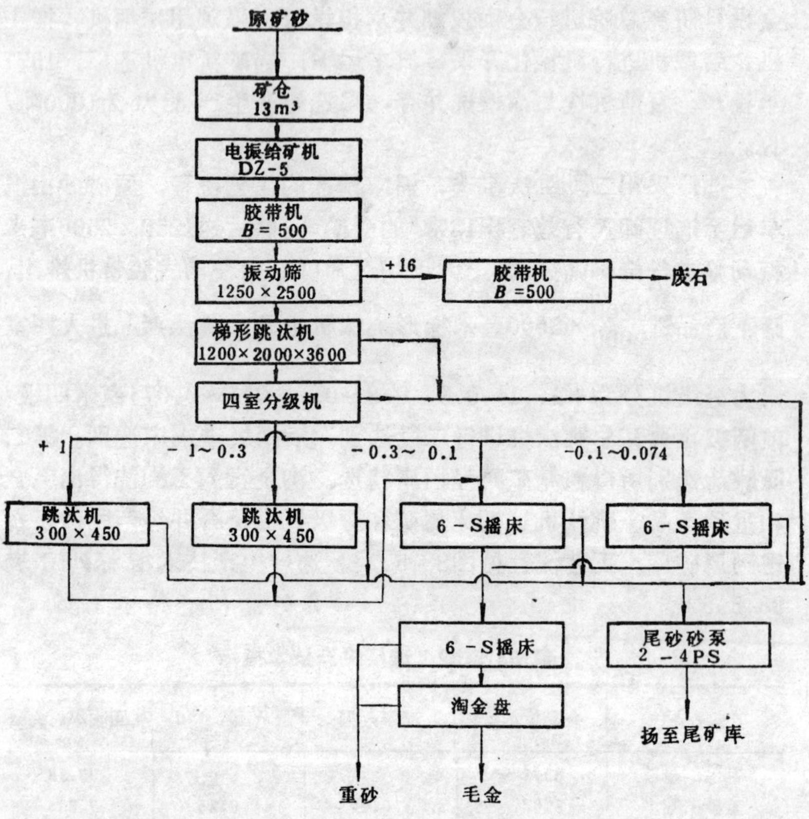

图 33.5.24　哈尼河金矿机选厂工艺流程图

2100×1050毫米中型摇床组成。机组处理量为20米^3/时，耗水量50米^3/时，安装功率13千瓦。选矿回收率可达85％。

该机组配置紧凑，容易拆迁，不需建造永久性厂房，因而基建投资省、见效快。它适于小型砂金矿床及地方集体采金企业使用。

33.5.6 含银矿石的选矿

33.5.6.1 银的生产概况

目前世界白银的年产量在1.1万吨左右，分布在50多个国家和地区。其中年产量在1000吨以上的国家有墨西哥、苏联、加拿大、美国和秘鲁，其产量占世界总产量的60%左右。1975～1983年世界各国的银产量列于表33.5.53。

目前世界白银的矿产储量估计为25万吨(不包括远景储量)。其中储量最多的美国达4.7万吨，占18.8%；苏联4万吨，占16%；墨西哥2.64万吨，占10.5%；澳大利亚2.5万吨，占10%；加拿大2.2万吨，占8.8%；波兰2万吨占8%。这六个国家的白银储量占世界总储量的71.7%。世界上有75～80%的白银是铅、锌、铜、钼和金等矿床的副产品，单独开采白银的矿床仅是少数。

白银的消耗量，绝大部分用于工业以及银饰和银制品，而用于货币的白银则比过去有很大降低。世界上白银消耗最多的国家是美国、西欧各国和日本。1980年这些国家和地区的消耗量估计达1.04万吨，占资本主义世界消耗总量的86%左右。其中工业用白银占40%，摄影业占39.3%，银饰和银器占17.2%，货币和奖品占2.9%。

白银的供应主要有两个来源，一个是矿山生产的矿产银；另一个是回收废品等生产的再生银。矿产银只能满足年需要量的70%左右。

我国的银矿资源很丰富，储量列世界第六位，银产量占世界第七位。国家对白银生产非常重视，制订了优惠政策，正在新建一批以白银为主矿山，如桐柏银矿、陕西银矿等。但目前银产量主要靠黄金矿山和有色金属企业综合回收，其中从铅锌铜矿石中回收的银占70%。今后几年我国的白银产量估计会有较大的增长。

33.5.6.2 银的性质、用途及其工业矿物

银是一种白色金属，具有特殊的柔性、韧性和化学稳定性。银的延展性极好，它可以压成几乎透明的3×10^{-5}厘米厚的叶片；

表 33.5.53 1975～1983年世界各国白银产量，t

国家	1975	1976	1977	1978	1979	1980	1981	1982	1983
玻利维亚	203.6	158.4	183.0	195.5	178.6	186.9	198.9	170.0	180.5
秘鲁	1172.4	1186.0	936.1	1151.4	1220.4	1337.7	1459.8	1668.2	1716.7
摩洛哥	93.6	84.9	69.8	97.4	102.1	98.1	77.6	93.3	95.3
墨西哥	1181.9	1326.2	1642.3	1579.2	1536.6	1472.4	1654.6	1550.1	1772.7
波兰	230.0	250.0	55.1	67.4	101.9	76.7	64.0	65.5	65.3
纳米比亚	43.5	34.2	40.3	58.0	65.5	67.5	58.0	87.5	98.0
罗马尼亚	40.0	40.0	38.9	32.0	30.0	28.0	26.0	26.0	26.0
巴布亚新几内亚	42.4	45.4	59.2	52.3	44.4	36.7	42.4	43.1	49.8
南非	95.9	87.7	97.3	96.8	100.7	170.0	235.3	215.3	205.9
朝鲜	55.0	50.0	47.7	47.7	47.7	47.7	47.7	47.7	46.7
南朝鲜	46.5	57.2	63.4	43.1	70.8	71.3	95.2	93.3	93.3
阿根廷	78.8	74.0	56.0	67.3	68.7	71.7	78.0	68.4	62.2
澳大利亚	726.2	780.6	852.9	812.4	832.1	789.2	743.2	908.0	1041.8
西班牙	89.0	100.2	110.1	73.8	71.3	140.8	166.3	171.1	171.1
智利	194.0	226.6	237.9	255.4	263.4	298.5	361.1	366.9	447.8
瑞典	140.4	146.2	149.9	159.7	175.7	190.9	166.0	175.0	159.9
土耳其				6.8	7.8	6.2	7.8	6.8	6.8
捷克斯洛伐克	40.0	40.0	37.0	40.4	40.4	40.4	40.4	40.3	37.1
英国				0.3	0.3	1.6	1.6	3.0	3.0

续表 33.5.53

国家	1975	1976	1977	1978	1979	1980	1981	1982	1983
芬兰	22.0	24.1	25.3	33.2	32.8	44.5	37.8	37.3	25.5
南斯拉夫	168.3	144.0	145.5	159.4	162.2	146.1	148.0	104.0	122.6
法国	46.3	82.9	96.4	87.5	74.9	53.0	53.0	24.9	15.9
德意志民主共和国	55.0	50.0	49.8	49.8	48.2	47.0	45.0	43.5	43.5
德意志联邦共和国	33.6	32.0	30.2	24.8	32.3	32.3	39.3	46.7	52.9
苏联	1550.0	1500.0	1399.5	1430.6	1430.6	1430.0	1446.2	1458.2	1576.8
美国	1086.7	1065.5	1187.0	1224.0	1178.6	1005.4	1265.3	1251.4	1350.2
希腊	29.8	56.8	11.6	42.3	54.5	52.0	49.8	46.7	52.9
赞比亚			31.1	33.2	28.4	23.8	22.2	27.6	27.7
洪都拉斯	118.3	99.0	99.8	86.7	75.7	54.9	56.7	68.4	68.4
扎伊尔	71.0	76.9	84.9	135.6	121.0	85.0	93	93	80.9
印度尼西亚	29.5	23.4	13.2	12.1	11.5	11.4	17.3	14.4	14.3
缅甸	24.9	23.0	28.8	11.7	10.6	18.3	14.0	16.4	16.2
爱尔兰	39.2	26.2	29.1	19.1	32.9	24.0	21.8	9.3	10.9
加拿大	1234.6	1271.7	1330.0	1266.8	1146.9	1036.9	1128.9	1203.8	1219.1
意大利	36.4	48.5	37.5	27.7	33.1	42.5	55.0	52.9	56.0
日本	271.6	289.4	300.0	300.6	270.0	267.6	280.2	305.7	307.9
菲律宾	50.4	46.1	50.7	50.1	57.2	60.7	62.6	59.1	65.3

一克银可拉成近两公里长的细丝。银在各种金属中具有最好的传热和导电性能，其导电率为100，熔点960.5℃。银在地壳中的含量为1×10^{-5}。在自然界中呈分散状态，主要存在于方铅矿中。

银在历史上曾作为货币流通，在金融方面起过重要作用；自1839年照像术发明以来，一直离不开银及其化合物；银还是医疗器械、望远镜以及太阳能电池装置的主要材料；银丝用在最灵敏的物理仪器上；各种继电器的重要线接头以及无线电系统的主要部件也都用银制造或焊接；各种自动装置、火箭和潜水艇、计算机和核装置、通讯和信号系统的接头，一般都用银制造；此外，银还用于制造首饰、牙科医疗，以及作为涂料、节省空调能耗方面都有其独特作用。

在自然界中，银和含银矿物种类相当繁多，特别是在表生条件银还能形成一些次生矿物。银的主要工业矿物见表33.5.54。

33.5.6.3　含银矿石的分类及其选矿方法

含银矿石主要分为银金类矿石和铅锌铜伴生银矿石两大类。其产银量占总产量的99%以上。银金类矿石的选矿方法，主要用浮选或氰化法。决定采用浮选或氰化的主要因素是银矿物的组成。当银矿物以辉银矿和自然银为主时，浮选和氰化均可；但当矿石中含有多量深红银矿、淡红银矿、硒银矿等难氰化矿物时，就只能用浮选。浮选与氰化的回收率是有差别的，一般氰化的回收率高。

铅锌铜伴生银矿石由于其矿物组成较为复杂，共生关系、嵌布特性、以及氧化程度等各不相同，选别效果亦有很大差异，但就选矿方法而言，浮选是普遍采用的方法。总的说来，铅锌铜伴生银矿石的选矿回收率要比银金类矿石低，一般在50～70%之间。

33.5.6.4　银金类矿石选矿实例——十里铺银矿

十里铺银矿位于山东省招远县境内，设计能力100吨/日，现实际生产能力比设计能力高。采用浮选—氰化工艺，生产金锭和银锭。

A　矿石性质

表 33.5.54 银矿物表

矿 物 名 称	化学分子式	密度 g/cm³	硬度（莫氏）
自然银 (Silver)	Ag常见杂质Au，Hg，Sb，Bi	10.1～11.1	2.5～3
锑银矿 (Dyscrasite)	Ag_3Sb	9.6～9.8	3.5
辉银矿 (Argentite)	Ag_2S	7.2～7.4	2～2.5
硫铜银矿 (Stromeyrite)	$(AgCu)_2S$	6.1～6.3	2.5～3
淡红银矿 (Proustite)	$3Ag_2S \cdot As_2S_3$	5.5～5.6	2～2.5
深红银矿 (Pyrargyrite)	$3Ag_2S \cdot Sb_2S_3$	5.8～5.9	2.5～3
辉锑银矿 (Miargyrite)	$Ag_2S \cdot Sb_2S_3$	5.1～5.3	2～2.5
辉铜银矿 (Jalpaite)	Ag_3CuS_2	6.8～6.9	2.5
硫锑铜银矿 (Polybasite)	$(Ag,Cu)_{16}Sb_2S_{11}$	6.3	2～3
脆银矿 (Stephanite)	$5Ag_2S \cdot Sb_2S_3$	6.2～6.3	2～2.5
辉锑铅银矿 (Diaphorite)	$4PbS \cdot 4Ag_2S \cdot 3Sb_2S_3$	5.9	1～2
硫锑铅银矿 (Andorite)	$Pb(Ag,Cu)Sb_3S_6$	6.2～6.3	2.5
硒铜银矿 (Eucairite)	$Cu_2Se \cdot Ag_2Se$	7.6～7.8	2.5
硒银矿 (Naumannite)	Ag_2Se	7～8	2.5
碲银矿 (Hessite)	Ag_2Te	8.2～8.4	2～3
针碲金银矿 (Krennerite)	$(Au,Ag)Te_2$	8.6	2.5
碲金银矿 (Petzite)	Ag_3AuTe_2	8.7～9.4	2.5～3
角银矿 (Cerargyrite)	AgCl	5.5	2.5
溴银矿 (Bromyrite)	AgBr	6.3	2.5～3
碘银矿 (Todyrite)	AgI	5.5	1～1.5
黄碘银矿 (Miersite)	(Ag, Cu)I	5.6	2.5
脆硫锑银矿 (Owyheeite)	$5PbS \cdot Ag_2S \cdot 3Sb_2S_3$		
硫砷银矿(Billingsleyite)	$Ag_7(As,Sb)S$		

金属矿物有方铅矿、闪锌矿、黄铁矿及白铅矿、菱锌矿等，含量都不高。铅、锌、铁矿物均严重氧化。主要银矿物为辉银矿-螺状硫银矿，占79.32%，其次为自然银，占20.68%。主要脉石矿物有石英、还有少量长石、绢云母等。

银矿物中的自然银主要赋存在脉石矿物中及其裂隙处，其量占80.56%，其余主要赋存在闪锌矿、黄铜矿、黄铁矿、铅的硫化矿物与氧化矿物中。而辉银矿-螺状硫银矿主要赋存在金属硫化矿物中，占48.54%，在铅锌氧化矿物中占17.61%，在脉石矿物中占33.85%。银矿物与脉石矿物关系密切，尤其是有部分细粒自然银更加明显。自然银比辉银矿-螺状硫银矿嵌布粒度粗些，大于0.037毫米粒级自然银占68.89%，辉银矿-螺状硫银矿占62.55%，在0.037～0.005毫米粒级中，自然银占30.18%，辉银矿-螺状硫银矿占32.73%，角银矿占55.38%。

矿石密度2.72吨/米^3，矿石硬度为中等可碎性矿石。

B 选矿、氰化工艺

破碎筛分：两段一闭路流程。一段用400×600毫米颚式破碎机，二段为ϕ900毫米中型圆锥破碎机与1250×2500毫米双层振动筛组成闭路。给矿最大块度为350毫米，最终产品粒度为25～0毫米，并有洗矿设施。

磨矿、浮选：ϕ1500×3000毫米球磨机与ϕ1500毫米单螺旋分级机和旋流器（控制分级）组成一段闭路磨矿流程。旋流器溢流浓度37～39%，细度60%－200目，矿浆pH值7～8。浮选为一次粗选、两次精选、两次扫选的混合浮选流程，选出混合银精矿，经浓缩、过滤两段脱水脱药，滤饼送氰化车间。

氰化：混合银精矿的滤饼经调浆由ϕ900×900毫米球磨机磨至85%－325目，进入三台ϕ2500×2500毫米搅拌槽进行一次浸出，然后由ϕ6米浓缩机进行一次洗涤得出贵液，浓缩机底流再经ϕ900×900毫米球磨机再磨至90%－325目后，进入另三台ϕ2500×2500毫米搅拌槽二次浸出，二次洗涤用ϕ7米三层洗涤浓缩机，二次洗涤的次贵液返回一次洗涤。氰渣经过滤作为硫精矿外销。一次洗涤所得贵液经45米^{2}真空吸滤槽净化，ϕ700×3000毫米脱氧塔脱氧，20米^{2}板框压滤机锌粉置换得出金银泥。置换贫液返回二段磨矿。

C 金银冶炼

酸洗、烘干：酸洗是以1：2的固液比在搅拌槽中搅拌，硫酸浓度10%，搅拌1小时后加水稀释至固液比为1：5～7，再继续搅拌、洗涤、澄清、弃水。经酸洗后的金银泥送电阻炉烘干，炉温控制在600℃左右，烘干时间6小时。

冶炼：选用转炉为熔炼炉。经酸洗、烘干的金银泥，配以

30%的硼砂，当金银泥中泥含量高时，适当加入石英粉，经混匀后送至转炉熔炼。每炉熔炼时间48小时，炼出金银合质金铸成阳极板(500×500×10毫米)，送电解精炼分离金和银。炉渣堆存，再经破碎、磨矿用重选方法回收金银。

电解及精炼：电解槽由塑料板焊制。电解槽尺寸（长×宽×高）1000×700×1000毫米。电解槽分为两组，每组5槽，每槽安设7块550×550×3毫米不锈钢阴极板，6块500×500×10毫米合质金阳极板，极板间距70毫米。每组电解槽装硝酸银电解液2.5米^3，含银5克/升，硝酸浓度2当量；电解电压1伏，电流80安。电解得出的金粉、银粉经过蒸馏水洗涤后，用坩埚进行精炼，铸成金条和银锭。

电解废液处理：电解废液排至废液池，加入适量的氯化钠生成氯化银沉淀，并加入碳酸钠送至坩埚精炼回收银。在尾液中用铁回收铜，尾液经石灰中和后排至尾矿池。

选冶生产工艺流程见图33.5.25。

D 选冶生产技术指标（见表33.5.55）

33.5.6.5 铅锌铜伴生银矿石的选矿

根据地质调查资料，我国银矿主要伴生在铜、铅、锌的各种热液充填交代型矿床、接触交代型矽卡岩矿床、层状或似层状型矿床、黄铁矿型和硫化铜镍矿床中。据初步统计，银伴生在铅锌矿床中的占57.4%、在铜矿床中的占34.9%、在石英脉状矿床中占1.7%，其他占6%。

目前对铅锌铜伴生银矿石的选矿，一般是按其主金属的工艺条件和药剂制度进行选别，并不选出单一银精矿，通常是将银富集于铅、锌、铜精矿中，然后通过冶炼回收。但在冶炼过程中，铅精矿中的银随主金属进入粗铅；铜精矿中的银进入冰铜，其回收工艺简单，成本低，回收率高。而锌精矿中的银，无论是采用火法还是湿法工艺，均进入渣中，用烟化法回收工艺复杂，成本高，回收率低。因此，选矿应尽量将银富集于铅、铜精矿中。

A 铅锌铜矿石中银矿物的赋存状态及特性

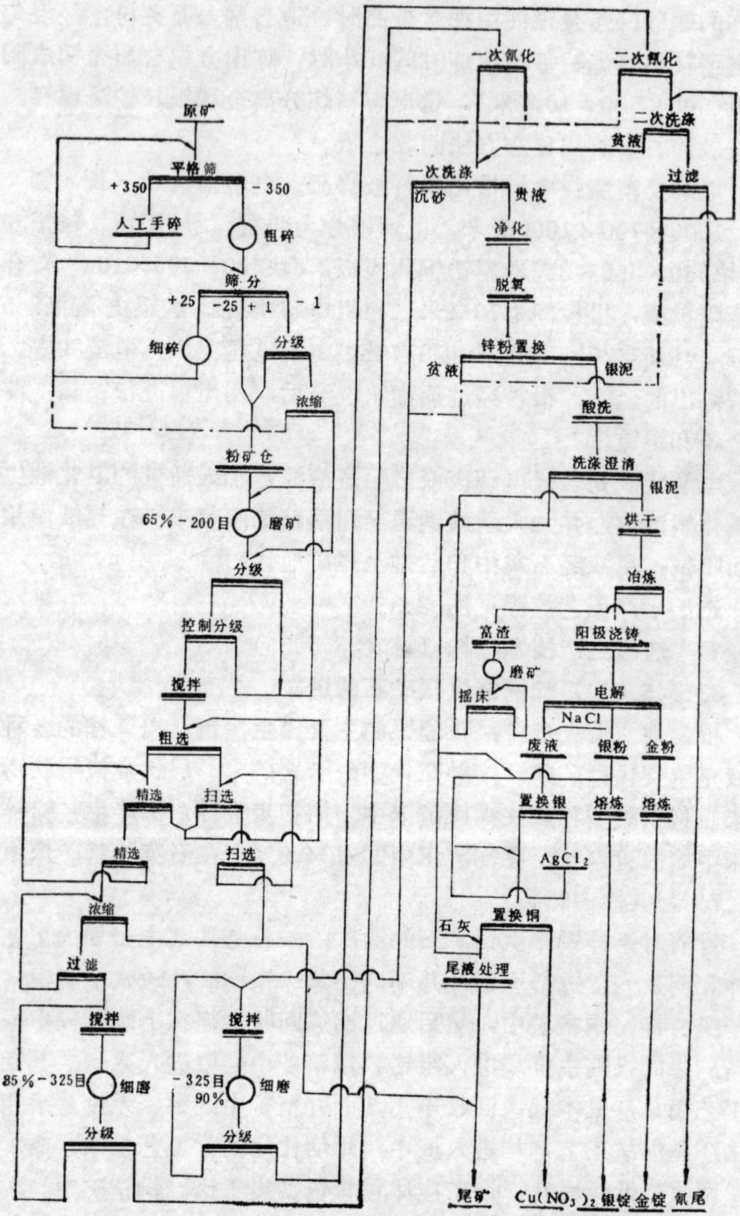

图 33.5.25　十里铺银矿选冶工艺流程图

表 33.5.55 选冶生产技术经济指标（1986年1～5月）

项目		单位	1986.1	1986.2	1986.3	1986.4	1986.5
处理矿石量		t/d	123.36	125.31	125.35	125.08	125.57
原矿品位		g/t	286.92	450.86	263.58	300.60	242.81
浮选作业：	精矿产率	%	2.934	3.504	2.533	3.008	3.583
	精矿品位	g/t	8967	11682	9448	9163.71	6248.12
	回收率	%	91.7	90.8	90.8	91.7	92.2
氰化作业：	贵液品位	g/m³	220.22	208.12	526	245.09	421.83
	贫液品位	g/m³	10.74	19.78	54.44	13.96	34.46
	氰化品位	g/t	223.34	222.5	273.42	194.2	184.09
	浸出率	%	98	98.2	97.7	97.9	97.9
	洗涤率	%	99.9	99.9	99.7	99.9	99.9
	置换率	%	99.9	99.9	99.8	99.9	99.9
	氰化总回收率	%	97.8	98	97.2	97.7	97.7
选矿，氰化总回收率		%	89.7	89	83.3	89.6	90.10
每吨原矿主要消耗	钢球	kg/t	2.84				
	衬板	kg/t	0.03				
	黄药	kg/t	0.07				
	黑药	kg/t	0.09				
	松醇油	kg/t	0.01				
	氰化钠	kg/t	1.35				
	锌粉	kg/t	0.33				
	絮凝剂	kg/t	0.03				
	醋酸铅	kg/t	0.03				
	滤布	m²/t	0.063				
	胶带	m/t	0.03				
	电耗	kW·h/t	36.73				

银主要呈独立的银矿物形式存在。银与硫、铜、铅、锡、锑、碲、硒、砷等元素形成的各种化合物在各种矿床中出现，常见的有：辉银矿-螺状硫银矿、辉铜银矿、深红银矿、脆银矿、淡红银矿、硫锑铜银矿、硫锑铅银矿、辉锑铅银矿、碲银矿、硒银矿等。有小部分银呈单质矿物赋存在矿石中，如自然银。还有少部分银在矿石中没有独立的形态，而是在其他矿物的晶格中形成类

质同象，如银金矿、银黝铜矿等。银以各种不同的矿物形态赋存在各种不同类型的铅锌矿或含铜铅锌黄铁矿中。

各种银矿物与铅、锌、铜等硫化矿物紧密共生，并多呈微细粒嵌布，其粒度几乎都在0.04毫米以下，绝大多数银矿物的粒度为0.04～0.02毫米，最细者只有0.001毫米，颗粒微细的银矿物以连生体、包裹体、显微体等形式分布在方铅矿、闪锌矿、硫化铜矿物中。在浮选过程中，那些与银矿物关系密切的硫化矿物便成为其载体，将银富集到各种精矿产品中。因此，银矿物的赋存状态、嵌布特性对银的综合回收有重大影响。

B　提高铅锌铜矿石中银回收率的实践

近年来，由于白银需要量的迅速增加和银价的上涨，引起了人们对铅锌铜多金属硫化矿伴生银综合回收的广泛重视。为了取得选矿综合回收的最佳技术经济指标，人们加强了银矿物工艺学的研究，不断改进选矿工艺流程和药剂制度，使铅、锌、铜等硫化矿的选矿指标保持在原水平或有所提高的基础上，伴生银的回收率由30～50%提高到60～80%，伴生银的产量和综合回收技术水平有了较大的提高。

a　改革磨矿工艺、提高磨矿细度是提高伴生银回收指标的主要措施之一。各种银矿物在铅锌铜多金属矿中多呈微细粒嵌布，紧密共生，现有的磨矿条件多是从回收铅锌铜硫化矿物的角度考虑的，难以使银矿物充分单体解离。为了提高伴生银的回收指标，必须改革原有磨矿工艺，提高磨矿细度。当然磨矿工艺流程和细度的选择，既要考虑技术的可能性和工艺的科学性，更要考虑经济上的合理性。目前已有些选厂在技术条件可能的情况下提高了磨矿细度，使各项指标均有提高。例如：八家子铅锌矿原矿由一段磨矿改为两段磨矿，磨矿细度由65%提高到80%－200目，银总回收率提高3.61%；栖霞山的磨矿细度由55%提高到65%－200目，银回收率提高1.24%，铅回收率提高3.37%。有些选厂增加了铜铅或铅中矿再磨，如水口山铅锌矿将铅浮选回路中的粗扫选和精扫选的泡沫分级再磨后返回铅粗选作业，可使伴生金银的回

收率分别提高6.23%和3.40%,同时铅锌选矿指标也得到了提高。佛子冲铅锌矿河三分矿，采取了铜铅混选、中矿再磨,使铅、锌、银回收率分别提高3.99%、2.31%和4.71%，铅精矿含锌由5.15%下降到4.50%。

b 采用无氰或微氰工艺。在浮选工艺流程中，不用或少用对银矿物或载体矿物有抑制作用的氰化物,对伴生银的回收有利。例如西林铅锌矿，选矿取消了原用的氰化物并减少一半以上的石灰用量，铅精矿中银的回收率达到71.6%，比少氰（10克/吨）和多氰（150克/吨）浮选时分别提高5.6%和10.99%，而银在尾矿中的损失分别降低3.67%和11.83%。又如栖霞山铅锌矿,1979年采用了预先脱除易浮矿物、无氰浮选工艺，使铅精矿中银的回收率提高了5%左右,同时铅锌硫的回收率均有不同程度的提高。八家子铅锌矿于1979年将浮选工艺流程由有氰工艺改为微氰工艺，氰化物用量由300克/吨降低到3～5克/吨，使伴生银的回收率由37%提高到52%，同时低品位的铜也得到了回收，并解决了尾矿水的污染问题。总之，采用无氰或微氰工艺，对提高银的综合回收指标有利，这一工艺受到广泛重视，已有60%以上的铅锌铜矿山应用，并取得较好的效果。

c 增加捕收剂种类及多种捕收剂配合使用。过去，我国铅锌多金属硫化矿的浮选，常用的捕收剂是黄药（乙基、丁基）和黑药(25号、31号)。近年来，丁基铵黑药已逐渐成为铅锌多金属硫化矿浮选的主要捕收剂之一。它不但具有较好的选择性，而且还显示出对银矿物具有较强的捕收能力。另外，采用丁基铵黑药与黄药、乙硫氮、酯类等多种捕收剂配合使用对伴生银和铅锌等选矿指标的提高具有较好的效果。在浮选实践中已得到普遍应用。例如：八家子铅锌矿，铜铅混选作业采用丁基铵黑药取代31号黑药，银总回收率提高6.75%；香夼铅锌矿以丁基铵黑药和苯胺黑药1：1的比例混合使用，在自然pH值的条件下，进行铜铅混选，伴生银的总回收率提高了21%，铜的回收率亦有提高；西林铅锌矿，1980年开始在低碱度下使用丁基铵黑药，并采用了硫酸锌、

表 33.5.56 铅锌（铜）多金属硫化矿伴生银的综合回收概况

矿山或选厂	原矿银品位 g/t	主要金属矿物	主要银矿物及嵌布粒度	主要脉石矿物	磨矿细度及浮选原则流程	主要捕收剂及抑制剂	1983年（近期）金银选矿指标				
							产品	品位，g/t		回收率，%	
								银	金	银	金
水口山	70 金品位 1	方铅矿 闪锌矿 黄铁矿 磁黄铁矿	银黝铜矿、车轮矿、硫锑碲银矿、碲银矿、螺状硫银矿、银矿物细粒嵌布，−37μm占89.57%，−5μm占43.57%	方解石 石英 长石 石榴子石	−200目60%左右铅中矿再磨，94～97%−200目优先选铅，锌硫混选再分离	黑药、乙硫氮、黄药（乙基、丁基）、硫酸锌、碳酸钠、硫化钠、石灰	铅精矿	1190	6.9	68.87	30～35
							锌精矿	110	1～1.5	13.22	8～10
							硫精矿	30	1.5～2	10.66	35～45
							尾矿	8	0.3～0.5	7.25	17～20
							原矿	68	0.8～1		
小铁山	94.7， 金品位 1.8	黄铁矿 闪锌矿 方铅矿 黄铜锌矿	辉银矿、螺状硫银矿、辉铜银矿、硫铜银矿、黝铜矿、银金矿等。银矿物粒度大部分小于43μm	石英、斜长石、绿泥石、绢云母、方解石、重晶石	72%−200目，铜、铅、锌、硫全浮选。混精再磨94%，−200目混精脱硫。脱硫尾矿再磨99%−200目，铜-铅锌分离	丁黄药、石灰、亚硫酸、硫化钠（无氰）	铅锌精矿				
							铜精矿			81.2	74.2
							硫精矿				
							尾矿				
							原矿	96	1.3		
黄沙坪	50～90	方铅矿 铁闪锌矿 黄铁矿 黄铜矿	辉锑铅银矿，嵌布粒度极细，约1μm左右	石英、方解石、萤石、绢云母、绿泥石等	65%−200目，以铅为主的等可浮，锌硫混选一分离	硫氮九号黄药(乙基丁基)、石灰、硫酸锌（无氰）	铅精矿	750		57.8	
							锌精矿	69		13.29	
							硫精矿	56.7		19.28	
							尾矿	10.0		9.63	
							原矿	47.33			

续表 33.5.56

矿山或选厂	原矿银品位 g/t	主要金属矿物	主要银矿物及嵌布粒度	主要脉石矿物	磨矿细度及浮选原则流程	主要捕收剂及抑制剂	1983年（近期）金银选矿指标 产品	品位，g/t 银	品位，g/t 金	回收率，% 银	回收率，% 金
铜山岭	100 金品位 0.2～1.2	黄铜矿、方铅矿、辉铅铋矿、闪锌矿、黄铁矿、磁黄铁矿、毒砂	自然银，呈细粒或微粒嵌布，均在40μm以下，−10μm占53.5%	石英、方解石和矽卡岩矿物透辉石、石榴子石、符山石	78%−200目，铜铅混选—分离，锌浮选	丁基铵黑药、黄药（乙基、丁基）、硫酸锌、氰化钠、石灰、重铬酸钠（少氰）	铜精矿	831		17.51	
							铅精矿	2869		62.15	
							锌精矿	95		1.36	
							尾　矿	20		18.98	
							原　矿	116			
柴　山	80	方铅矿、闪锌矿、黄铁矿、磁黄铁矿	黝铜矿-银黝铜矿、浓红银矿、自然银。银矿物呈微粒嵌布，+10μm 占33～73%	石灰石、方解石、萤石、石英	−200目 68%，铅、锌优先浮选	乙硫氮黄药（乙基、丁基）、硫酸锌、氰化钠、石灰（有氰）	铅精矿	1426		53.35	
							锌精矿	385		20.99	
							尾　矿	21		25.66	
							原　矿	80			
野鸡尾	76	方铅矿、闪锌矿、铁闪锌矿、黄铁矿	以自然银为主还有脆硫锑铅银矿。细粒嵌布	石英、萤石、蔷薇辉石、绢云母、方解石	以铅为主等可浮，锌硫混选—分离	黑药、乙黄药、丁黄药、硫酸锌、氰化钠（有氰）	铅精矿	1728		63.73	
							锌精矿	134		6.23	
							硫精矿	64		15.52	
							尾　矿	15		14.52	
							原　矿	76			

续表 33.5.56

矿山或选厂	原矿银品位 g/t	主要金属矿物	主要银矿物及嵌布粒度	主要脉石矿物	磨矿细度及浮选原则流程	主要捕收剂及抑制剂	1983年（近期）金银选矿指标				
							产品	品位，g/t		回收率，%	
								银	金	银	金
张公岭	40	方铅矿、闪锌矿、黄铁矿、黄铜矿、毒砂	自然银、银金矿、深红银矿、淡红银矿、碲银矿、辉砷铜银矿。细粒嵌布，−10μm占80%	石英为主，绢云母次之，少量绿泥石、长石、方解石	65%−200目，铜铅混选—分离，锌浮选，硫浮选	丁基铵黑药、硫酸锌、氰化钠、亚硫酸钠、重铬酸钠（少氰）	铜精矿	6682		18.26	
							铅精矿	675		34.25	
							锌精矿	370		17.54	
							硫精矿	157		24.82	
							尾　矿	11.6		21.83	
							原　矿	46.7			
河　三	56	方铅矿、铁闪锌矿、闪锌矿、黄铁矿、磁黄铁矿、黄铜矿		透辉石、石英、方解石	70%−200目，铜铅混选中矿再磨90%−200目，铜铅混选—分离，锌浮选	乙硫氮、丁基铵黑药、柴油、硫酸锌、氰化钠、水玻璃，CMC（微氰）	铜精矿	1970		2.13	
							铅精矿	1710		75.04	
							锌精矿	91.25		7.14	
							尾　矿	6.5		15.65	
							原　矿	43.75			
八家子	180	方铅矿、闪锌矿、黄铁矿、黄铜矿	黑硫银锡矿、自然银、银金矿、辉银矿、脆银矿。银矿物呈微细粒嵌布，−40μm占80%，有22.61%的银呈类质同象存在	方解石、白云石、石英、透辉石、长石	80%−200目，铜铅混选粗精Ⅱ再磨95%−200目，锌硫混精再磨90%−200目，铜铅混选—分离，锌硫混选—分离	乙硫氮、丁基铵黑药、丁黄药、硫酸锌、硫化钠、亚硫酸、重铬酸钾、氰化钠（微氰）	铜精矿	4916		4.51	
							铅精矿	3161		53.39	
							锌精矿	591		11.06	
							硫精矿	206		11.45	
							尾　矿	41		19.59	
							原　矿	184			

续表 33.5.56

矿山或选厂	原矿银品位 g/t	主要金属矿物	主要银矿物及嵌布粒度	主要脉石矿物	磨矿细度及浮选原则流程	主要捕收剂及抑制剂	1983年（近期）金银选矿指标				
							产品	品位，g/t		回收率，%	
								银	金	银	金
孟恩套力盖	112	方铅矿 闪锌矿 黄铁矿	黑硫银锡矿、深红银矿、银黝铜矿、自然银。一般在20μm以下	石英、长石、云母	65%－200目，铅锌优先浮选流程	磷胺四号、丁黄药、Z－200、硫酸锌、碳酸钠或石灰（无氰）	铅精矿 锌精矿 尾矿 原矿	4473.4 774.1 112.3		74.8 20.08 5.12 	
栖霞山	120	方铅矿 闪锌矿 黄铁矿 菱锰矿	辉银矿、深红银矿、螺状硫银矿、含银自然金、含银黝铜矿，银矿物一般都在10μm以下	石英、方解石、锰方解石、白云石、滑石、重晶石、萤石、绿泥石、有机炭	65%－200目，首先除炭，铜铅混选—分离，锌硫混选—分离	磷胺四号、丁基铵黑药、丁基黄药、水玻璃、硫化钠、亚硫酸钠、石灰、硫酸锌（无氰）	炭质物 铜精矿 铅精矿 锌精矿 硫精矿 尾矿 原矿	216 5386 1653 330 177 24 194		3.44 18.31 26.67 10.49 34.65 6.44 	
香夼	50	方铅矿 闪锌矿 黄铁矿 黝铜矿	硫锑银矿、碲银矿、金银矿、锌砷黝铜银矿、自然银，银矿物细粒嵌布－15μm占95%	方解石、石榴子石、绿廉石、绿泥石、石英、绢云母	63%－200目，铜铅混选，中矿再磨90%－200目，铜铅混选—分离，锌硫混选—分离	磷胺四号、丁基铵黑药、丁基黄药、硫酸锌、氰化钠、硫酸亚铁、硫代硫酸钠（微氰）	铅精矿 铜精矿 锌精矿 硫精矿 尾矿 原矿	2194.3 891.3 49.47		73.59 8.89 	

续表 33.5.56

矿山或选厂	原矿银品位 g/t	主要金属矿物	主要银矿物及嵌布粒度	主要脉石矿物	磨矿细度及浮选原则流程	主要捕收剂及抑制剂	1983年（近期）金银浮选指标				
							产品	品位，g/t		回收率，%	
								银	金	银	金
银　山	55～62	黄铁矿 方铅矿 闪锌矿 铁闪锌矿 黄铜矿	银黝铜矿、深红银矿、辉银矿、螺状硫银矿、银矿物呈微细粒嵌布	石英、绢云母	63%－200目，优先浮选	丁黄药、乙硫氮、石灰、硫酸锌	铅精矿	1940		62.41	
							锌精矿	439		15.74	
							尾　矿	12.5		22.25	
							原　矿	54.1			
凡　口	108	方铅矿 闪锌矿 黄铁矿	深红银矿、银黝铜矿、硫锑铜银矿、硫锑铅银矿、汞黝铜矿，银矿物粒度小于20μm占82%以上	方解石、白云石、石英	80%－200目，铅、锌、硫优先浮选，铅粗精再磨90～95%－325目	丁基黄药、石灰、硫酸锌	铅精矿	627.5		40.25	
							锌精矿	2322.5		43.30	
							硫精矿	31.5		10.12	
							尾　矿	16.5		6.22	
							原　矿	105.6			

碳酸钠抑锌浮铅的工艺流程，使银在铅精矿中的回收率提高10.99%，同时金也得到了部分回收。

d 改进选矿工艺流程。选矿工艺流程的选择，既要考虑到主金属铅、锌、铜的高选别指标，又要兼顾伴生银的综合回收，使有用矿物均得到最大限度地回收。对含银的铅锌多金属硫化矿，如果单从伴生银的嵌布特性考虑，采用混合浮选或部分混合浮选流程，有利于伴生银的综合回收。但浮选流程的确定是由各种因素决定的，矿石性质是依据。因此各选厂应经过试验，反复生产实践，逐渐改进现有流程。目前，处理铅锌矿或铅锌黄铁矿类型的选厂，有采用以铅为主的等可浮工艺流程，如东波有色矿野鸡尾选厂、黄沙坪铅锌矿等；也有采用优先浮选工艺流程，如凡口铅锌矿、孟恩套力盖、银山铅锌矿、东波有色矿柴山选厂等；水口山铅锌矿则采用优先选铅、锌硫混选一分离的工艺流程。处理铜铅锌黄铁矿类型的选厂，是以部分混选一分离或部分混选一优先的工艺流程为主。前者如八家子、栖霞山、香夼铅锌矿等；后者如铜山岭有色矿、佛子冲铅锌矿河三分矿等。小铁山铅锌矿则是全浮选流程。生产实践表明，根据矿石性质改变工艺流程，有利于选矿综合回收指标的提高。

C 目前国内主要铅锌铜多金属硫化矿回收银的概况（见表33.5.56）。

参 考 文 献

[1] 吉林冶金研究所等编，金的选矿，1978年10月，冶金工业出版社.

[2] 张守范编，矿物学，1956年3月第一版，商务印书馆.

[3] 徐天允、徐正春主编，金的氰化与冶炼，1985年11月，沈阳黄金专科学校.

[4] 有色金属编辑部，有色金属伴生金银综合回收文集，1985年6月，有色金属编辑部.

[5] 《国外黄金参考》编辑部，国外白银伴生金回收专辑，1986年8月，冶金部情报标准研究所.

[6] 韦尚春，金翅岭银矿的选矿与冶炼，有色金属（选矿部分），1987年第2期.

[7] 子丘译，1975—1985年西方世界黄金产量，国外黄金参考，1986年第9期.

[8] 吴荷生译，金色阳光矿，国外黄金参考，1985年第6期.

[9] George O. Argall Jr. Perseverance and Winning Ways at Mclaughlin gold, E/MJ, October 1986, 26—32.

33.6 铂族金属元素选矿

33.6.1 绪 论

铂族金属——铂（Pt）、钯（Pd）、铑（Rh）、铱（Ir）、锇（Os）、钌（Ru）六个元素，位于元素周期表中第Ⅷ副族，具有类似的物理化学性质：高熔点、高强度、耐腐蚀、良好的催化活性和电热性。铂、钯、铑、铱为银白色，锇、钌为钢灰色。铂族金属的主要物理性质见表33.6.1。

铂具有典型的贵金属性质，不与氧直接化合，也不受酸、碱侵蚀，只溶于热的王水中。钯可溶于浓硝酸、沸腾的硫酸及王水中，在室温下能吸收其体积350～850倍的氢气。铑和铱不溶于王水，能与熔融氢氧化钠和过氧化钠反应，生成溶解于酸的化合物。锇和钌易氧化，形成四氧化物，不溶于王水。

铂族金属的主要用途及用量见表33.6.2和表33.6.3，生产量及价格见表33.6.4和表33.6.5。

相对于金和银，铂族金属可以称为近代贵金属，这是由于它们于18世纪中叶才在哥伦比亚发现，并开始生产和应用。在苏联，天然铂的发现、生产始于1817年。1880年加拿大开始生产铂，而南非铂的生产则在1920年开始。

目前，世界铂族金属的资源主要集中在南非、苏联、加拿大、美国和中国，其余分布在哥伦比亚、澳大利亚、缅甸、巴西、智利、埃塞俄比亚、芬兰、日本、新西兰、塞拉利昂、扎依尔及赞比亚。

除了南非及美国蒙大拿州的斯蒂尔沃特（Stillwater）杂岩中出现含铂族金属比较富的矿石以外，其他矿床的含量均非常少，只几克/吨。在不同的矿床中，所含六个铂族元素的比例各异。南非的主要矿床中．铂是主要元素，钯为铂的40%、钌10%、铑6%，铱1%、锇小于1%。而在苏联，钯为主要元素，是铂的3

表 33.6.1　铂族金属的物理和机械性质

性质＼元素	Ru	Rh	Fd	Os	Ir	Pt
原子序数	44	45	46	76	77	78
原子量，$C^{12}=12.0000$	101.07	102.905	106.4	190.2	192.2	195.09
地壳丰度，ppm	0.005	0.001	0.013	0.05	0.001	0.005
结晶构造	密集六方	面心立方	面心立方	密集六方	面心立方	面心立方
晶格常数a，10^{-10}m(20℃)	2.7056	3.8029	3.8906	2.7340	3.8392	3.9229
c/a(20℃)	1.5825			1.5799		
金属半径，10^{-10}m(12-配位)	1.336	1.342	1.373	1.350	1.355	1.385
热中子俘获截面积，靶($10^{-28}m^2$)	2.56	149	8.0	15.3	440	8.8
常见化合价	2、3、4、6、8	3、4	2、4	4、6、8	3、4	2、4
密度，g/cm^3 (20℃)	12.45	12.41	12.02	22.61	22.65	21.45
熔点，℃	2310	1963	1554	3045	2447	1772
沸点，℃	4080	3700	2900	5020	4500	3800
比热，(J/kg·K) (20℃)	230.5	246.4	244.3	129.3	128.4	131.2
导热率，W (m·K)(0～100℃)	105	150	76	87	148	73
线膨胀系数，$K^{-1}\times10^{-6}$	9.1	8.3	11.1	6.1	6.8	9.1
电阻率，μΩ·cm (0℃)	6.80	4.33	9.93	8.12	4.71	9.85
电阻温度系数，0～100℃/℃	0.0042	0.0046	0.0038	0.0042	0.0043	0.0039
磁化系数，$cm^3\cdot g^{-1}\times10^6$	0.427	0.09903	5.231	0.052	0.133	0.9712
逸出功，eV	74.54	4.90	4.99	4.8	5.40	5.27
维氏硬度（退火态）	200～350	100～102	40～42	300～670	200～240	40～42
抗拉强度(退火态)，N/mm^2	496	688	172		1090	125
弹性模量，N/mm^2	417×10^3	316×10^3	117×10^3	556×10^3	516×10^3	172×10^3
延伸率，%		5	40			40

倍。美国斯蒂尔沃特矿床中也以大体相同的比例存在。在加拿大的矿石中，钯与铂的比例接近。世界铂族金属的储量1970年时估计为13187.7吨，1980年，仅世界几个著名的铂矿床的铂族金属储量已达63220吨。有关这些矿床的储量、品位及铂族金属的相对比例，见表33.6.6。

目前发现的铂族矿物（包括变种）已达200余种，归纳起来可分4大类：（1）自然金属：自然铂、自然钯、自然铱和自然锇等；（2）金属互化物：钯铂矿、锇铱矿、钌锇铱矿。此外，铂

表 33.6.2 铂族金属的用途

部门	用途	使用金属
电子 电工	电接点	Pt、Pd、Ir、Ru的合金
	导电及电阻浆料	Pd、Ru、Ag、Au
	电极：集成电路、激光等。	Pd、Au
	磁性材料	Pt-Co、Pd-Co合金
	燃料电池	Pt、Ru
	热电偶	Pt、Rh、Ir
	发热体	Pt、Rh及其合金
传感器	300～500℃稳定的热敏电阻	Pd
	氧气传感器电极	Pt、Rh、Ir、Ru
	露点传感器	Ru、Pd浆料
单晶	拉制高纯度单晶用坩埚	Ir、Rh、Pt合金
表面处理	电镀：首饰及半导体等	Pt、Rh、Pd、Ru
焊料	空调、弱电、汽车及飞机	Pd-Ag、Pt、Au等
汽车工业	废气净化催化剂	Pt或Pd（氧化）；Pt-Rh(还原）
航空工业	发动机火花塞电极	Pt-Ir合金
石油及石油化学	石油精炼、加氢化、异构化等的催化剂	Pt、Pd等
	C_1化学	Rh
化学工业	硝酸生产	Pt-Rh、Pt-Rh-Pd
	苛性钠制造用电极	Ti上镀Ru、Pd、Pt
	耐腐蚀钛合金	加入Pd(0.15～0.3%)
	高纯氢精制	Pd薄膜
	合成纤维用喷丝头	Pd-Au合金
玻璃工业	玻璃纤维及光导纤维制造用熔解炉	Pt-Rh弥散强化合金
	光学玻璃制造用坩埚	Pt、Pt-Rh合金
环境保护	脱臭用催化剂	Pt-Pd合金
实验器皿	坩埚、蒸发皿、舟	Pt、Ir（纯度＞99.7%）
原子能	控制材料，放射性同位素来源	Ir、Au等
	除去重水中的氚	铂催化剂
首饰	戒指、项链等	Pt、Au、Ag合金
医疗	牙科材料	Pd、Au、Ag合金
	治癌药物	Pt、Pd的化合物

续表 33.6.2

部门	用途	使用金属
货币	纪念币	Pt、Au、Ag等
其他	自来水笔尖、工艺品等	Ir、Os、Pt、Pd、Rh等

表 33.6.3　铂和钯在工业中的用量，t

部门＼年	1980	1981	1982	1983	1984
铂					
首饰	18	24	24	22	24
汽车（催化剂）	21	20	20	19	22
化学	9	9	8	8	9
电子电工	6	6	5	6	6
玻璃	4	3	3	3	4
石油精炼	4	4	2	1	1
其他	10	11	11	8	12
合计	72	77	73	67	78
钯					
电子电工	18	25	26	35	38
牙科医疗	16	15	19	26	30
汽车（催化剂）	9	8	9	9	11
首饰	6	7	7	6	6
其他	14	10	10	9	11
合计	63	65	71	85	96

表 33.6.4　铂族金属的产量，kg

年份	矿产量				二次回收量
	南非	苏联	加拿大	总量	美国
铂					
1983	64000	9000	3000	77000	5800
1984	72000	8000	5000	86000	5600
1985	69000		4700	74700	4400

续表 33.6.4

年份	矿产量				二次回收量
	南非	苏联	加拿大	总量	美国
钯					
1983	25000	31000	3000	79000	17300
1984	30000	39000	6000	89000	19900
1985	29500		4800		19400
铱					
1983	684.3	2115.0	99.5	2898.8	73.3
1984	839.8	2177.2	205.3	3222.3	22.9
1985	933.1	2177.2	265.3	3222.3	4.6
锇					
1983	271.7	1057.5	99.5	1374.8	
1984	311.0	1088.6	205.3	1604.9	
1985	373.2	1088.6	205.3	1667.1	0.8
铑					
1983	2239.5	3172.6	196.0	5608.1	283.9
1984	2768.2	3234.8	410.6	6413.6	301.6
1985	3048.1	3234.8	410.6	6693.5	342.1
钌					
1983	6656.1	2115.0	195.9	8967.1	23.3
1984	8118.0	2177.2	410.6	10705.8	63.7
1985	8957.8	2177.2	410.6	11545.6	15.5

表 33.6.5 铂族金属的价格，盎司/美元

年	月	铂	钯	铑	锇	铱	钌
1983	初	457	123	270	135	305	27
	底	395	163	348	145	335	40
1984	1	374	153	353	143	384	52
	5	393	154	580	325	448	69
	7	341	134	685	432	495	150
	9	342	135	720	900	467	145
	12	302	130	897	950	467	167
1985	2	270	123	1160	1000	670	170
	6	272	107	665	1035	417	90

表 33.6.6　世界著名铂矿床中铂族金属的相对比例，%；品位，g/t；销量，t

项目	南非布什维尔德杂岩						苏联		加拿大		美国		哥伦比亚		中国		总储量
	梅伦斯基矿脉		UG-2矿脉		普拉特矿脉		诺里尔斯克		萨德贝里		斯蒂尔沃特		砂矿		金川		
	比例%	储量	比例%	储量	比例%	储量	比例%	储量	比例%	储量	比例%	储量	比例%		比例%		
铂	59	9440	42	12389	42	4536	25	1418	38	96.4	19	198	93		62.1		
钯	25	3997	35	10343	46	4961	71	4028	40	102	66.5	652	1		28.4		
钌	8	1275	12	3544	4	425	1	56.7	29	<28.4	4.0	39.7			2.7		
铑	3	481	8	2353	3	340	3	170	3.3	<28.4	7.6	76.5	2		2.7		
铱	1	170	23	600	0.8	85			1.2	<28.4	2.4	<28.4	3		2.7		
锇	0.8	142			0.6	56.7			1.2	<28.4			1		1.4		
金	3.2	510	0.7	198	3.4	369			13.5	<34							
合计	16018		29512		10773		5670		225		992.3						63220
品位	8.1						3.8		0.9		22.3						

表 33.6.7 铂族元素的主要矿物及其组成

类别	名称（英文）	化学式	主要化学组分，%
自然元素及金属互化物	自然钯（Palladium）	Pd	Pd86.2～100.0
	自然铂（Platinum）	Pt	Pt83.2～100.0
	铁自然铂（Ferran Platinum）	Pt，Fe	Pt74.8～90.2，Fe8.8～18.5
	自然铱（Native iridium）	Ir	Ir78.8～95.0
	自然锇（Native Osmium）	Os	Os78.0～99.8
	自然钌（Native ruthenium）	Ru	Ru64.4～91.1
	铂自然铑（Platinian rhodium）	Rh，Pt	Rh41.7，Pt59.6
	钯自然金（Palladian gold）	Au，Pd	Au85.2，Pd12.3
	铂自然铜（Platinian Copper）	Cu，Pt	Cu28.5～31.0，Pt68.5～73.8
	正方铁铂矿（Tetraferroplatinum）	PtFe	Pt60.9～82，Fe14.9～26.6
	红石矿（Hongshiite）	CuPt	Pt73.8～76，Cu24.4～24.7
	等轴锇铱矿（Osmiridium）	Ir，Os	Ir54.1～82.2，Os16.3～40.9
	铱锇矿（Iridosmine）	Os，Ir	Os47.3～80.3，Ir15.2～49.7
	汞钯矿（Potarite）	PdHg	Hg64.1～65.2，Pd34.8～35.9
	铅钯矿（Plumbopalladinite）	Pd_3Pb_2	Pd37.2～44.6，Pb49.2～58.7
	锡钯矿（Stannopalladinite）	Pd_3Sn_2	Pd58，Sn38
各种化合物	砷铂矿（Sperrylite）	$PtAs_2$	Pt46.6～59.3，As37.6～46.8
	砷钯矿（Arsenopalladinite）	$Pd_3(As, Sb)_3$	Pd76.8～78.5，As16.1～17.1
	峨眉矿（Omeiite）	$OsAs_2$	Os46.5～51.2，As42.3～45.0
	锑钯矿（Stibiopalladinite）	Pd_5Sb_2	Pd66.9～70.8，Sb27.7～32.5

续表 33.6.7

类别	名称（英文）	化学式	主要化学组分，%
各种化合物	硫钌矿（Laurite）	RuS_2	Ru46.7～67.0，S31.8～41.4
	硫锇矿（Erlichmanite）	OsS_2	Os64.3～72.4，S25.0～26.6
	硫铂矿（Cooperite）	PtS	Pt75.7～86.2，S12.4～17.6
	硫钯矿（Vysotskite）	PdS	Pd52.4～73.5，S20.0～25.2
	硫镍钯铂矿（Braggite）	(Pt,Pd,Ni)S	Pt31.5～68.8，Pd8.5～38.5，Ni3.5～8.3
	硫砷铑矿（Hollingworthite）	RhAsS	Rh41.3，As33.3，S16.4
	硫砷铱矿（Irarsite）	IrAsS	Ir55.3～66.5，As21.5～36.4，S6.6～14.3
	碲钯矿（Merenskyte）	$PdTe_2$	Pd21.7～33.2，Te50.8～67.8
	碲铂矿（Moncheite）	$PtTe_2$	Pt31.0～46.3，Te44.2～61.4
	等轴碲铋钯矿（Michenerite）	PdTeBi	Pd18.0～25.5，Te27.7～38.0，Bi36.6～48.0
含铂族元素矿物	含铂钯自然金（Platinumpalladium bearing gold）	Au	Au84.6～95.6
	含铂钯银金矿（Platinumpalladium bearing electrum）	Au，Ag	Au58.4～80.1，Ag9.0～29.2
	含铂钯自然银（Platinumpalladium bearing silver）	Ag	Ag67.3～97.5
	含铂自然铋（Platinumbearing bismuth）	Bi	Bi大量
	含钌铑镍黄铁矿（Rutheniumrhodium bearing pentlandite）	$(Fe,Ni)_9S_8$	Ni37.6，Fe15.4，S30.7

族元素还经常与铁、镍、铜、金、银、铅、锡等，以金属键结合成金属互化物；（3）半金属互化物：铂、钯、铱、锇等与铋、碲、硒、锑等形成金属键，或具有相当金属键成分的共价键（如FeS_2）型化合物；（4）硫化物及砷化物。

自然界中有色金属的硫化物、砷化物和硫砷化物是铂族元素的主要载体矿物，特别是自然金、自然银含铂族金属最高（自然金含铂达600ppm，钯为1000ppm），其次是黄铜矿、磁黄铁矿、镍黄铁矿、辉砷镍矿、斑铜矿等（例如，黄铜矿中的含钯量是磁铁矿中的100倍，辉砷镍矿中的钯相当于方解石中的10000倍）。因此，世界上约97%的铂族金属来自于铜、镍硫化矿床。

铂族元素的主要矿物及其组成见表33.6.7。

现在开采的铂族金属矿床主要有三类：（1）砂铂矿床，是最早开采铂族金属的主要资源；（2）脉铂矿床，以铂族金属为主要回收组分，如南非布什维尔德杂岩中的梅伦斯基矿脉和UG-2矿脉等；（3）硫化铜镍矿床，是铂族金属的主要资源，如苏联诺里尔斯克、加拿大萨德伯里、中国金川等。

33.6.2 砂铂矿的处理

砂铂矿中，铂族金属矿物大多呈游离状态或合金形态存在，易于选别，但储量不大。早期俄国和哥伦比亚的砂铂矿曾经是铂族金属的主要来源，美国的阿拉斯加直到70年代还是砂铂矿的重要产地。处理砂铂矿一般采用重选法，如溜槽、跳汰、摇床等富集，精矿可以进行混汞。

33.6.2.1 阿拉斯加地区的砂铂矿（美国）

阿拉斯加古德纽斯贝（Goodnews Bay)采铂公司的砂铂矿，含矿砂砾厚0.6～1.8米，赋存在水面以下4.5～18公尺范围，下面是蚀变的纯橄榄岩、蛇纹岩和坚硬的沉积岩层。该矿开采季节为每年5月～11月中旬。每个季节大约开采100万米^{3}矿砂，生产15000盎司（466公斤）粗铂。使用的尤巴（Yuba）采砂船，其挖掘深度可达水面以下15米。采砂船有94个挖掘斗，每斗容量

225升，以每分钟31个斗的速度运转。选别含铂砂矿的流程，如图33.6.1。

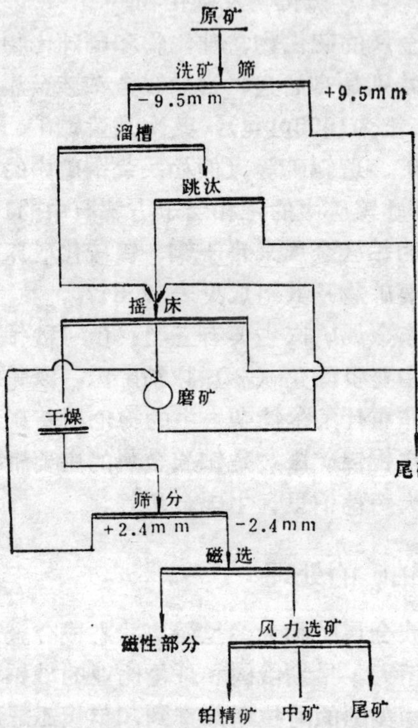

图 33.6.1　阿拉斯加砂铂矿选矿流程

粗选在采砂船上进行，物料由挖掘机铲斗倒入主漏斗，给入直径2.3米、长11米的旋转圆筒洗矿筛，筛孔直径9.5～16毫米。+9.5毫米的物料作为尾矿废弃，筛下物料给入双层溜槽(1.06×6.3米)选别，溜槽尾矿进入6台跳汰机（双室，尺寸为1.06×1.06米)再选，跳汰尾矿丢弃，跳汰精矿即为粗选精矿，送岸上精选。

采砂船粗精矿含有粗铂、部分金以及相当数量的磁铁矿、铬铁矿及钛铁矿等，先经4台2.4米的威尔弗里（Wilfley）摇床选别，摇床精矿经筛分及磁选，除去磁性矿物，非磁性产品再经风力选矿，除去较轻的脉石，获得最终铂精矿。精矿含铂族金属达90%，其中含铱量在4～33%范围波动。铂精矿包装后直接送约翰逊-马特（Johnson Mattey）公司处理。

33.6.2.2 苏联的砂铂矿

乌拉尔曾经是苏联砂铂的重要产地，60年代铂族金属产量占全苏总产量的15%。主要产地有二：一是乌拉尔山以西的彼尔姆，属残积和冲积而形成的砂铂矿，铂族金属含量为8～10克/吨。该矿自1817年发现和开采以来，到1930年共开采了铂族金属800万盎司（约249吨）。另一生产中心是斯维尔德罗夫斯克州谢罗夫市以西的克特黑姆镇。

处理采砂船提供的含铂泥质精矿的中间工厂，处理能力为0.5吨/小时。其工艺流程示于图33.6.2。

初步试验表明：黑色泥质精矿含铂和金155～350克/吨，灰色泥质精矿含铂和金为1.5～60克/吨。最大含量均在－1＋0.16毫米粒级中。磨矿时每吨矿石需加入5千克活性炭，以除去金和铂表面的有机疏水性薄膜。摇床负荷为0.5吨/小时，精矿产率为8%。从重选精矿中提取铂族金属最有效的方法是混汞。最佳条件：粒度0.2毫米；活性溶液NaCl2～2.5摩尔/升；用$NaHSO_4$调节pH至3～3.5。为促进混汞，加入锌片。当尾矿品位为1.3～1.克/吨时，回收率约97%。获得两种产品：（1）铁渣（＋1.5毫米），含铂710克/吨，贮存待回收；（2）铂-铁精矿，含铂5%，用硫酸或盐酸将铁溶掉，可使品位提高10倍。

33.6.2.3 威特沃特斯兰德砂砾矿（南非）

在南非威特沃特斯兰德（Witwatersrand）的砂砾矿床中，随金一道伴生着少量铂族金属，主要是锇和铱，比例大致相等，还有少量钌和铂以及微量铑。金和铂族金属主要富集在砾岩的夹层中，偶尔可见铱锇矿颗粒被沥青铀钍矿包裹，其粒度可达0.06×0.07毫米。不同的金矿床中，铱锇矿的含量有所不同，大致为

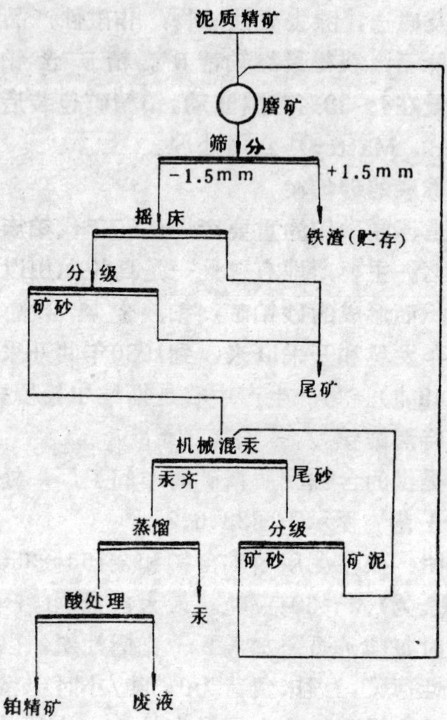

图 33.6.2　从泥质精矿中富集铂的工艺流程

0.002～0.02克/吨。

铂族矿物在重选时富集在金精矿中，重选精矿混汞之后，尾矿通常含有不少铱锇矿。为回收这部分铱锇矿，将尾矿通过摇床或绒面溜槽选别，可以使铱锇矿与铁、黄铁矿分离。含铱锇矿的精矿先用硝酸处理，除去残留的铁及黄铁矿，再用苛性钠清除混杂的碳化钨（采矿时钻头磨损带入，含量5～15%），即得到成分为：锇33～36%、铱29～36%、钌12～15%、铂8～13%、铑1%、其他7～9%的最终精矿。根据矿脉中铱锇含量的多少，每月可回收铱锇矿0.2～5千克。主要有埃文德（Evander）地区的四个矿山生产铂族金属，每生产2000千克黄金，约副产1千克铂族金属。

33.6.3 脉铂矿的处理

南非拥有世界最大的铂族金属矿床。估计铂族金属的埋藏量为56303吨，其中铂占47%，约为26365吨（见表33.6.6）。按现在生产量计算，足够开采200年。南非的铂族金属分布在布什维尔德（Bushveld）火成杂岩体的地带中，岩体大约是2亿年前喷出的巨大融岩浆经过冷却结晶而成。这个地带为东西长400公里，南北宽250公里的盆地，明显地分成含铂族金属的3个地质系统：梅伦斯基矿脉（Merensky Reef）、上部铬矿脉群（Upper Group Chrone）和普兰特矿脉（Plat Reef）。梅伦斯基矿脉是布什维尔德杂岩的主要铂矿体，由辉岩组成，内含铬铁矿夹层。金属硫化物主要有黄铁矿、镍黄铁矿和黄铜矿。铂族金属含量4～15克/吨，铜0.10～0.16%，镍0.16～0.20%，三氧化二铬0.1%。

梅伦斯基矿脉长250公里，钻孔探测矿脉深度达1900米，由南非三大铂矿公司共同开采。

勒斯腾堡（Rustenburg）铂矿公司建立于1931年9月，下有三个矿山：勒斯腾堡矿，开采梅伦斯基矿脉在勒斯腾堡以东约25公里地段；尤尼恩（Union）矿，开采尤尼恩地区100公里地段及10公里的矿脉露头；阿曼代尔布特（Amandelbult）矿，开采尤尼恩地区东北30公里地段。矿山开采的矿石送瓦特维尔（Waterval）选矿厂破碎、磨细，经选矿产出高品位的重选精矿和较低品位的浮选精矿。精矿熔炼成高锍，然后在勒斯腾堡冶炼厂提取铜镍，含铂族金属的富集物分别送约翰内斯堡（Johannesburg）附近的马太-勒斯腾堡精炼厂和英国罗伊斯顿（Royston）精炼厂分离提纯。

因帕拉（Impala）铂矿公司于1967年成立，下有三个矿山，共同开采梅伦斯基矿脉西部约24公里地段。矿石在选冶中心处理，得到高锍，送斯普林斯（Springs）精炼厂，生产镍粉、镍锭、电解铜及片状、粉状、海绵状的铂族金属。

西铂公司开采梅伦斯基矿脉勒斯腾堡部分以东地段。铂族金属精炼在约翰内斯堡以东的布雷克潘进行。

三个公司的铂族金属产量见表33.6.8。

表 33.6.8　南非主要铂矿公司铂族金属生产量，t

名称＼年代	1980年	1981年	1982年	1983年
勒斯腾堡	40	37	25	25
因帕拉	30	26	22	21
西铂	2.6	2.9	3.1	2.5
合计	72.6	65.9	50.1	48.5

此外，对于布什维尔德杂岩体中的UG-2矿脉的研究及工业生产，也取得了重大的进展。

33.6.3.1　勒斯腾堡铂矿选矿厂（南非）

勒斯腾堡（Rustenburg）铂矿公司早在30年代就使用重选和浮选联合的方法处理含铂的氧化矿石及硫化矿石。氧化矿石含铂族金属7～15克/吨，在不同的矿山，铂族金属的回收率在65～85%范围。从硫化矿石中回收铂族金属，其回收率为87%。每天处理10000吨矿石的早期选矿厂流程示于图33.6.3。两台球磨机与分级机组成第一段粗磨闭路，粗磨产出小于30目的物料，送16台詹姆斯（James）矿砂摇床分选。摇床尾矿脱水后给入第二段再磨，再磨产品分级后，给入詹姆斯摇床再选。混合重选粗精矿在两台矿砂摇床和两台矿泥摇床上精选，得到最终重选精矿。该精矿用酸处理，除去贱金属和贱金属硫化物，使铂族金属含量提高到50%。重选粗选尾矿浓缩后浮选，经一次粗选和三次精选，得浮选精矿。最终重选精矿和浮选精矿船运到不同的冶炼厂。

60年代，勒斯腾堡铂选矿厂采用了绒面溜槽重选，其流程如图33.6.4。粗碎至－150毫米的矿石经洗矿和筛分，分出＋50毫米、－50毫米和矿泥三个粒级。＋50毫米矿石经拣选除去废石后，与－50毫米矿石合并破碎至－13毫米送第一段磨矿分级，球磨机与旋流器组成闭路。分级溢流送绒面溜槽重选，其尾矿再

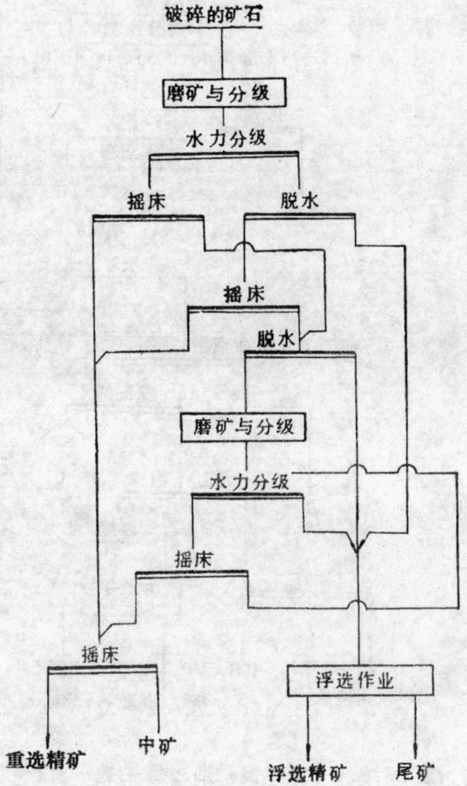

图 33.6.3 勒斯腾堡早期的选矿流程

磨、再选。获得的溜槽精矿再在一组詹姆斯摇床上精选，得到最终精矿。该精矿含铂30～35％、钯4～6％、金2～3％、钌0.5％和其他铂族金属以及镍、铜的硫化物和部分铬铁矿，直接送冶炼厂。重选尾矿经4台直径22.5米的浓缩机浓缩后送浮选。浮选为简单的粗、精选回路，精选尾矿返回粗选。粗选有8个系列，精选2个系列，每系列18个浮选槽。浮选精矿经浓缩，然后在3台2.4×2.4米的鼓形过滤机上过滤后送冶炼。浮选尾矿浓缩后排入

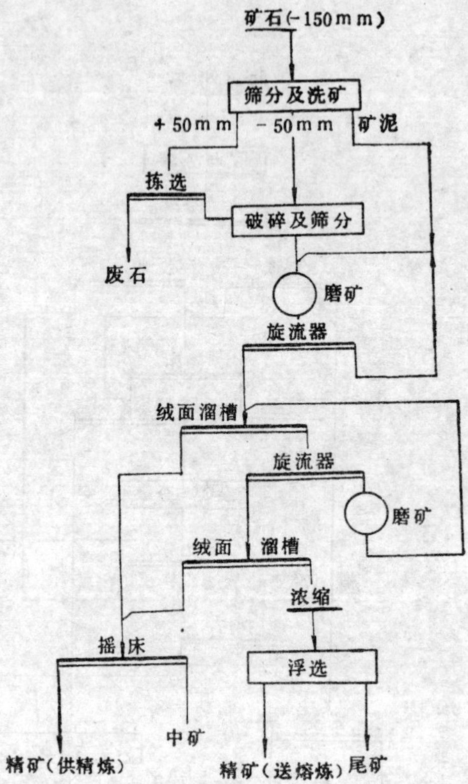

图 33.6.4　60年代勒斯腾堡铂选矿流程

尾矿坝。浮选药剂以硫酸铜作活化剂，黄药作捕收剂，甲酚酸作起泡剂，并用一种有机胶体作为脉石抑制剂。浮选精矿含铂族金属150克/吨，镍4%、铜2.3%、铁15%、硫10%、氧化钙3%、氧化镁15%、二氧化硅39%。

随着采掘深度增加，氧化物减少，硫化物增多，重选法回收的矿物量相对减少了。因此，有的矿山已不再使用绒面溜槽作为预先重选，而采用单槽浮选机直接处理磨矿机排矿。采取这一措施的目的，主要是在磨矿回路中尽快地回收易于解离的粗粒硫化物。这种单槽浮选机，实际上是一个不带机械搅拌装置的矩形深槽，矿浆预先通过一个旋流混合器与空气混合后送到槽底。此外，由于矿石性脆，地下开采时产生大量粉矿，其品位一般比正常给矿品位高，氧化也更深，因此，有的工厂已将这部分矿石从破碎作业中分出，单独浮选处理。改进后的选矿流程如图33.6.5。二段磨矿的旋流器溢流（−75微米占30～60%）进入浮选回路。流程包括一次粗选，两次扫选，中矿再选。为与粗磨相适应，粗选使用大型浮选机。浮选药剂：硫酸铜、黄药、甲酚酸。由于矿石中含有易浮滑石，为提高精矿品位，使用以下抑制剂：羧甲基

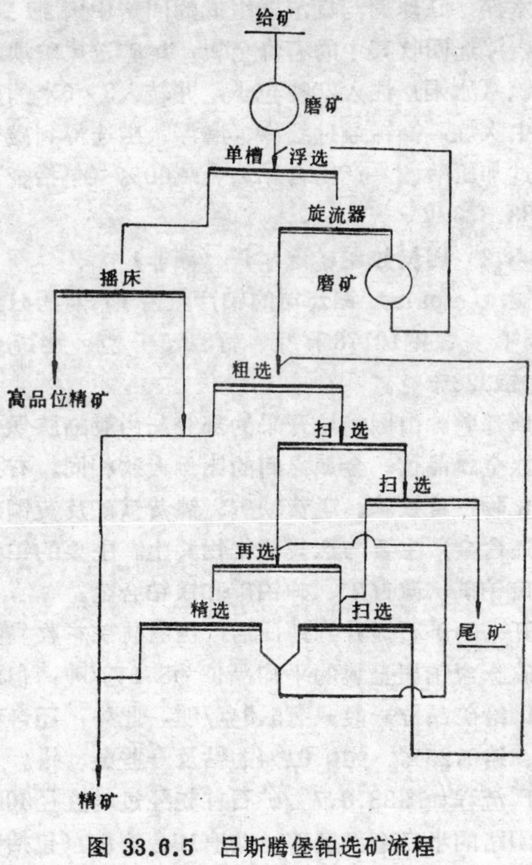

图 33.6.5 吕斯腾堡铂选矿流程

纤维素、淀粉、糊精及古耳胶类。浮选精矿产率4～5%，铂族金属品位约66克/吨，回收率82～85%，精矿含Cr_2O_3不超过0.3%（冶炼要求）。浮选得到的铜镍混合精矿在巴特纳（Büttner）加热干燥炉中干燥，使水分从21%减少到7%。把干燥精矿磨成粉，在不添加粘结剂的情况下，置于直径3米的制粒盘上生产出直径15毫米、含水分10%的矿粒，在旋转干燥器中干燥至水分小于2%。

矿粒的熔炼在18.5兆瓦的电炉中进行。炉料由76%的矿粒、22%的石灰石及2%的回炉料组成。该电炉每月处理精矿12500吨。炉渣连续水淬，在球磨与旋流器组成的回路中磨细到－200目粒级占60%，浮选回收其中的有价金属，尾矿送尾矿坝。

电炉锍（冰铜）注入20吨包子，并转入3×6米的皮尔斯-史密斯转炉中吹炼，高锍经过缓冷、磨浮、磁选得到磁性铜镍合金，再经过加压酸浸，产出含铂族金属60%（包括金）的精矿。流程如图33.6.6。

33.6.3.2 因帕拉铂矿选矿厂（南非）

因帕拉（Impala）铂公司的铂产量占南非的41%，1979年产铂24665千克、钯10178千克、钌3175千克、铑1786千克、铱567千克和锇326千克。

梅伦斯基矿脉由因帕拉开采的部分与由勒斯腾堡开采的部分，其铂族金属品位、金属之间的比例大致相同。有用矿物主要是原生硫化物：黄铁矿、磁黄铁矿、镍黄铁矿及黄铜矿。贵金属（矿脉中还含金）主要与这些硫化物共生。主要的铂矿物有硫镍钯铂矿、硫铂矿、硫钌矿、砷铂矿和铁铂合金。

地下开采的矿石提升到地面后，由有轨矿车收集并运到中心选矿厂。矿脉含铂族金属的平均品位为8.1克/吨，但由于采矿贫化，选矿厂给矿品位一般只有5.3克/吨。此外，还含有镍0.2%、铜0.14%、铬0.25%、约0.01%的钴及一些金、银。

选矿厂流程如图33.6.7。矿石首先经过与直径500毫米的旋流器组成闭路的半自磨机磨矿。共有19台磨机（包括新装3台），

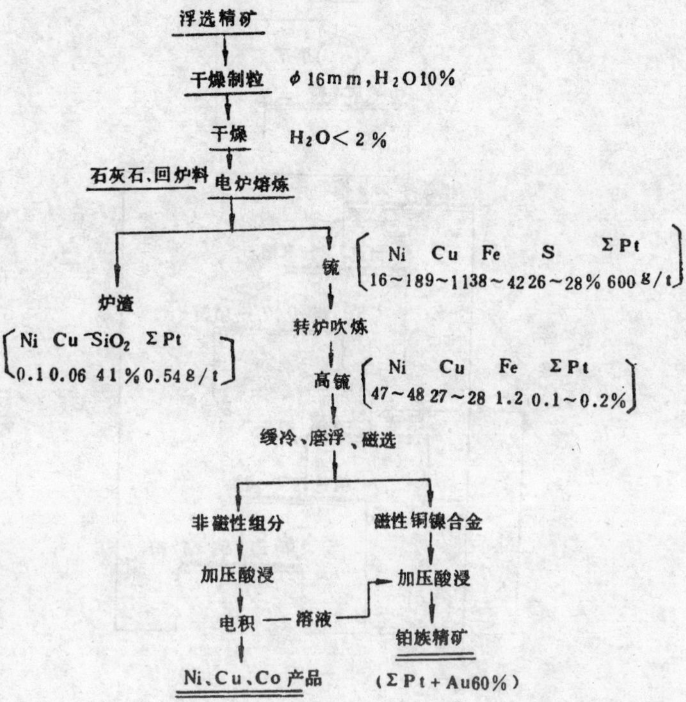

图 33.6.6 勒斯腾堡公司富集铂族金属流程

每台直径4.3米，长4.9米，各自配有单独的浮选回路，便于检查回收率低的原因。磨矿机的生产能力通过补加钢球的多少予以调节。浮选回路由10台8.5米^{3}的粗选槽及12台0.85米^{3}的精选槽组成。浮选产出的硫化物精矿含水分约70%，经过浓缩、干燥，水分为7%的干燥精矿直接作为电炉给料。

电炉熔炼时加入石灰作助熔剂，在1430℃下熔炼产出含铁约45%的冰铜，再经转炉吹炼至含铁＜1%。获得的高锍含镍约50%、铜28%、铂族金属3%。高锍经过三段加压浸出、焙烧浸出，产出品位大于45%的铂精矿。流程示于33.6.8。

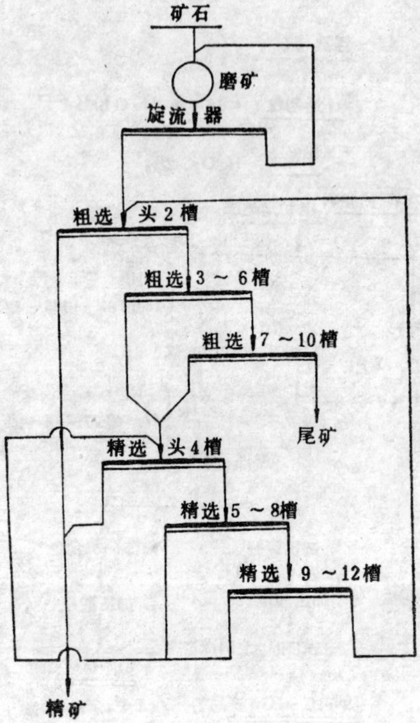

图 33.6.7　因帕拉铂矿选矿流程

南非两大公司采用加压浸出富集贵金属的流程，具有工序少、效率高的优点。但由于对耐压设备的加工和防腐要求高、镍的精炼过程比较复杂等缺点，使该法用于处理低品位的高锍时受到了限制。

33.6.3.3　西铂公司铂矿选矿厂（南非）

英国伦罗联合企业（Lonrho）于1970年建立了西铂公司（Western Plaeinum Ltd.）。1971年开始建设矿山（斜坑）及选矿厂。目前，该公司年产镍1560吨、铜900吨、铂族金属4吨，其中铂约占60%，其余为钯、铑、铱及钌。

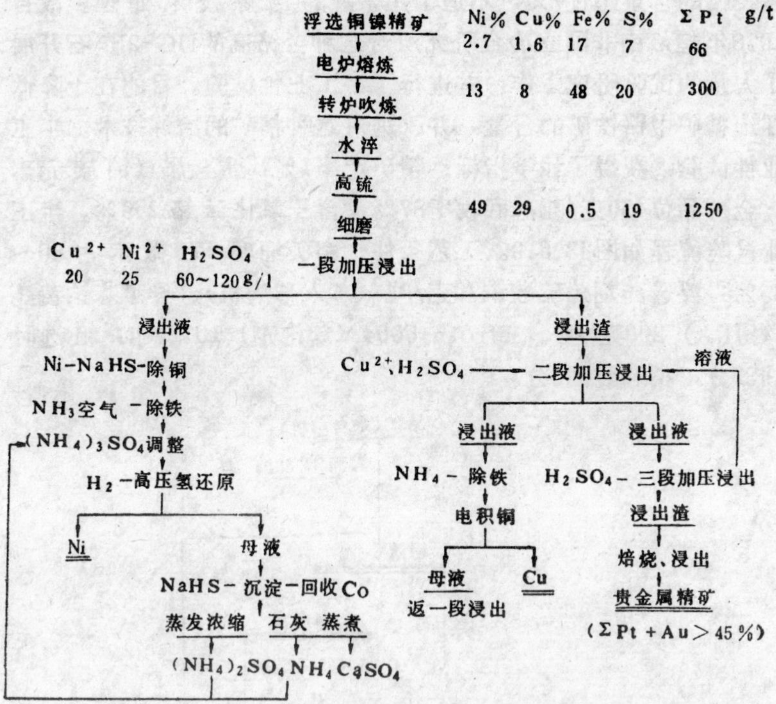

图 33.6.8 因帕拉公司富集贵金属流程

UG-2矿脉位于梅伦斯基矿脉以下15～330米，含铂族金属4.6～7.3克/吨，铜0.004～0.012%、镍0.10～0.029%、三氧化二铬27～34%。矿石中硫化物以镍黄铁矿、磁铁矿、黄铜矿、钴-镍黄铁矿及针镍矿为主，粒度大都在1～30微米之间，最大为550微米。铂族矿物常与贱金属硫化物紧密共生，粒度较小，一般1～3微米，多包含在硫化物颗粒中或粘附其上。尚可发现铂族矿物的某些单体或连生体沿铬铁矿颗粒边缘分布或存在于铬铁矿和脉石中。重要的铂族矿物有：硫铂矿、硫钌矿、硫镍钯铂矿、砷铂矿、硫钯矿等。

由于原矿中铬铁矿含量高，采用常规的浮选法得到的精矿中氧化铬的含量超过7%，不适于用常规的冶炼技术处理。故自1976年起，南非国立冶金研究所对这种含铬高的UG-2矿石开展了大量的试验研究工作，并进行了半工业性试验。目的在于降低浮选精矿中铬铁矿的含量，并改进对这种精矿的冶炼技术。半工业性试验，获得了如下指标：精矿产率1%，贵金属（铂族元素+金）品位430克/吨，回收率87%，含三氧化二铬2.9%。半工业试验流程如图33.6.9。工艺条件：磨矿细度−75微米占80～85%；浮选药剂为硫酸铜70克/吨（加入球磨机）、异丁基钠黄药（SIBX）200克/吨、Sefroth 5004（起泡剂）10克/吨；粗选时间35分，精选时间8分。

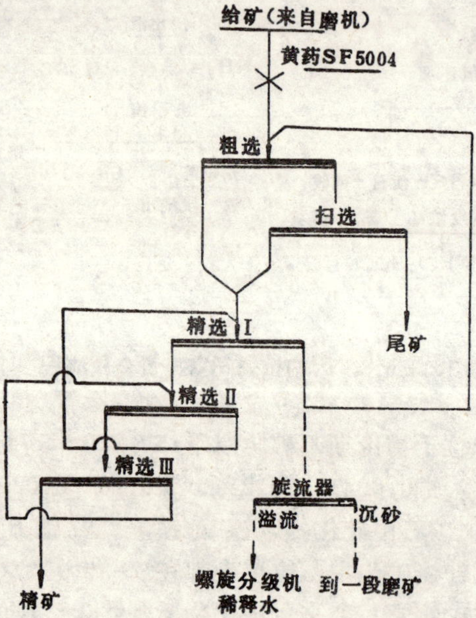

图 33.6.9　UG-2矿石半工业试验浮选流程

随后，在西部铂矿的梅伦斯基选矿厂按半工业试验流程进行改造，处理1700吨UG-2矿石，试验36小时，产出20.5吨贵金属精矿，获得如下结果：原矿含贵金属5.23克/吨，精矿产率1.21%，贵金属品位362克/吨，回收率88.75%，精矿含三氧化二铬3.61%、镍2.43%、铜1.24%，尾矿含贵金属0.86克/吨。试验结果证明，利用此工艺流程处理UG-2矿石是可行的，在此基础上建立了西铂公司UG-2选矿厂，于1983年投产，月处理矿石6万吨，流程如图33.6.10。

与处理低铬含铂矿石相比，处理含铬高的UG-2矿石的工艺流程及条件主要有以下特点：（1）含铬高的铂矿石需要磨得较细（-75微米占80%），以便解离充填于铬铁矿裂隙中的铂族金属；（2）对UG-2矿石，选矿无滑石干扰，较容易精选，精矿含铂较高；（3）为控制最终精矿含铬量，应使用产生易碎泡沫的起泡剂，以减少铬铁矿在精矿中的夹带。还应使用压气式

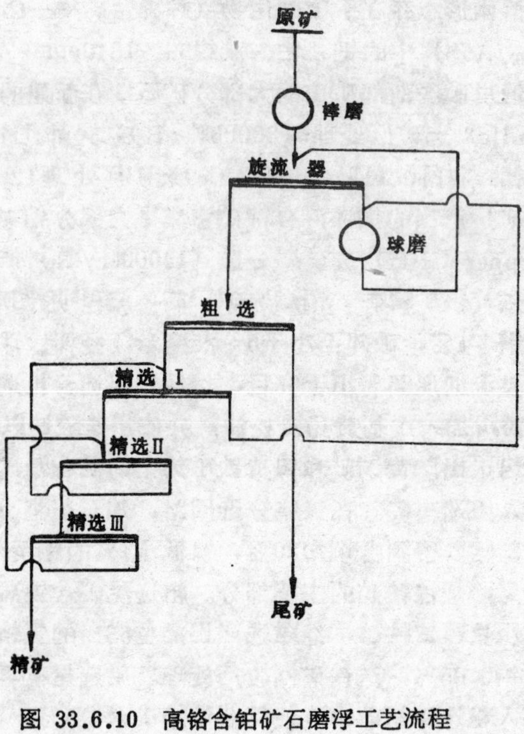

图 33.6.10 高铬含铂矿石磨浮工艺流程

浮选机，并将精选尾矿再磨再选。采取上述措施后，可产出含Cr_2O_3仅为2.9%的浮选精矿。铬铁矿可用重选从浮选尾矿中作为副产品回收，重选精矿含$Cr_2O_3$42%，回收率42%。

33.6.4 从铜镍硫化矿中回收伴生铂族金属

33.6.4.1 萨德伯里矿区铜-镍矿（加拿大）

在加拿大安大略（Ontario）省的萨德伯里（Sudbury）矿区的铜-镍矿石中仅含有0.5～0.9克/吨铂族金属。但是镍的产量巨大，从中获得的铂族金属数量可观，也是铂族金属的重要来源。

该矿床中所含铂族矿物主要有：等轴碲铋钯矿、砷铂矿、碲铂矿。其次为等轴铋铂矿、单斜铋钯矿、六方锑钯矿等。经分析确定以固溶体形态存在于硫砷化物（辉砷钴矿——CoAsS及辉砷镍矿——NiAsS）中的钯、铂、铑约56～1840ppm。

萨德伯里矿区南部矿山的大部分矿石，在新建的克拉拉伯尔（Clarabelle）选矿厂处理（30000吨/日）；另外几个矿山的矿石在费鲁德-斯托比（Frood-Stoble）选矿厂处理（20000吨/日），这两个选矿厂产出的铜镍混合精矿富集了大部分铂族金属，送铜崖（Copper Cliff）选矿厂分选（14000吨/日），产出镍精矿、铜精矿及磁黄铁矿精矿。铜崖选矿厂简要流程见图33.6.11。矿石含镍及铜各1%，破碎至小于6～25毫米，经棒、球两段磨矿，控制分级溢流细度85%小于65目，然后送浮选。粗选用石灰调整矿浆pH至9，加入戊基黄药及松油，并使用硅酸钠以分散泥状脉石颗粒，粗选出以黄铜矿和镍黄铁矿为主的混合精矿，磁黄铁矿受抑制进入粗选尾矿。在镍铜分选回路，加石灰将pH升至12，抑制镍铁矿物，得到含铜约30%，镍低于1%的铜精矿。底流含镍超过10%，是镍精矿的主要部分。粗选尾矿含镍磁黄铁矿及脉石，还有少量镍黄铁矿，经磁选产出品位58%的铁精矿，含镍约0.75%、铜0.05%，送铁矿回收厂处理。磁选尾矿再浮选，得到的产品并入粗选镍精矿中，使综合镍精矿含镍5%、铜7%。金、

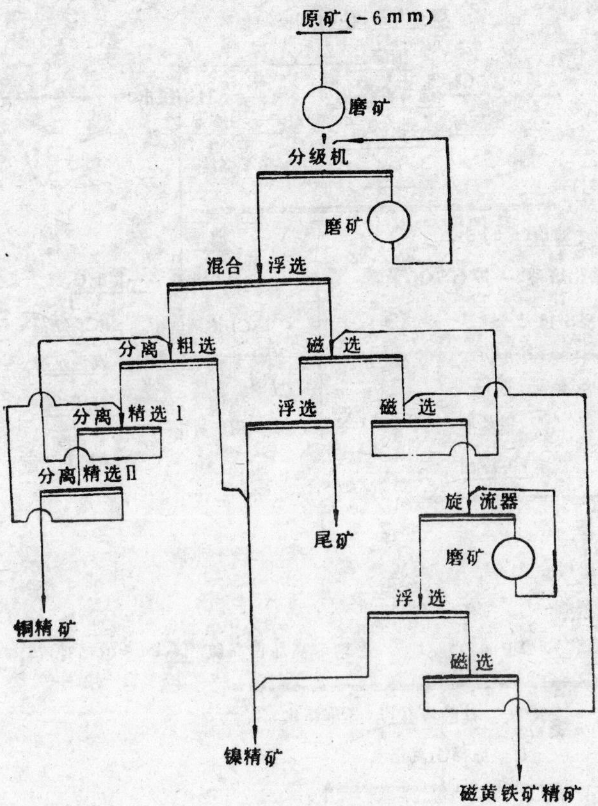

图 33.6.11 铜崖选矿厂流程

银及铂族金属大部分进入镍精矿及铜精矿，少量贵金属在磁黄铁矿精矿中。铂族金属主要从镍精矿中富集提取。由于原矿石中铂族金属含量低，镍精矿经过熔炼并吹炼成高锍，其中铂族金属仅富集到20～50克/吨。

从高锍中富集铂族金属的流程较复杂。加拿大鹰桥(Falconbridge)公司设在挪威的克里斯蒂安桑(Kristiansand)精炼厂的处理流程如图33.6.12。该公司还占有南非西铂公司股份的一

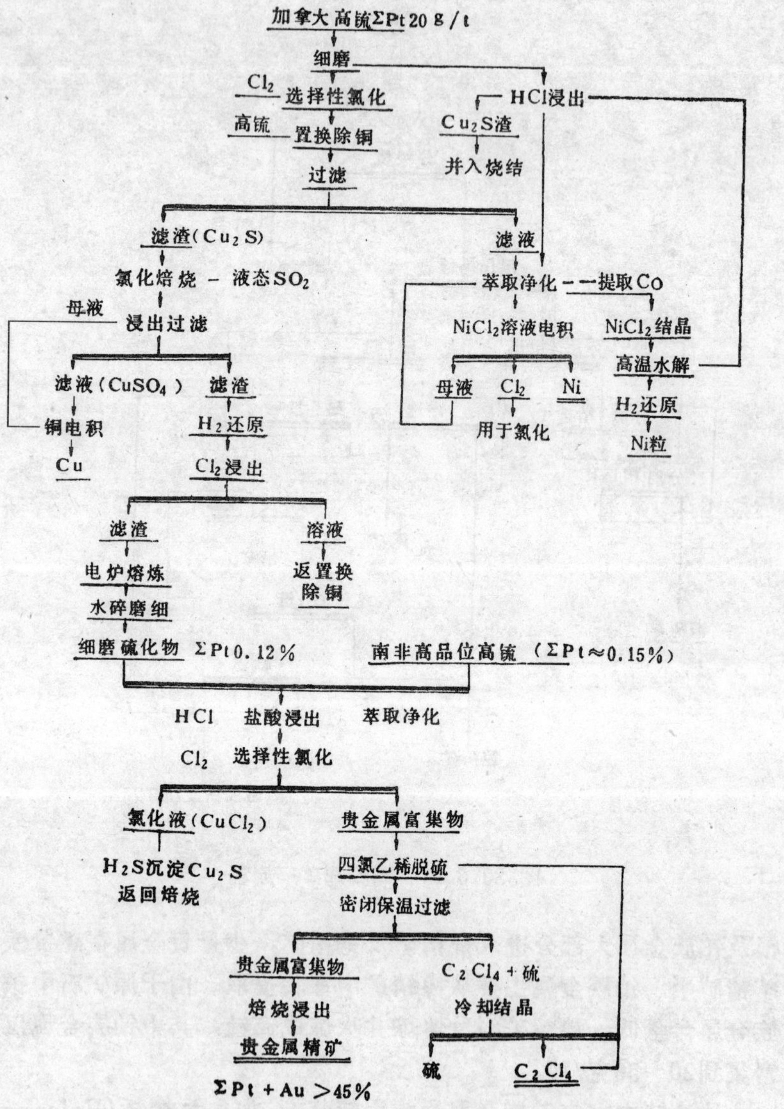

图33.6.12 鹰桥公司富集铂族金属流程

半，因此西铂公司含贵金属1250克/吨的高锍也送挪威处理。该流程特点是，用盐酸或氯气优先浸出镍，不溶铜渣氧化焙烧浸出电积铜，含铂族金属0.12%的电炉渣经过水淬磨细，与南非高品位高锍合并，再用盐酸、氯气浸出，四氯乙烯脱硫，再焙烧浸出，得到含铂族金属和金大于45%的贵金属精矿。氯化法与加压浸出工艺相比，贱金属的分离指标接近，但常压浸出设备容易加工。

33.6.4.2 中国金川

金川铜镍硫化矿床中铜、镍金属储量巨大，而且含铂族金属、钴、金、银、硒、碲等有价元素。铂族金属在矿石中的含量虽低，但可在选、冶过程中随铜镍一道富集。该矿床产于超基性岩体中，岩体被后期断层破坏形成四个独立的岩段。含矿超基性岩体主要由橄榄石，辉石及少量斜长石组成。大部分橄榄石已蚀变成蛇纹石并析出磁铁矿；辉石蚀变成绢石、绿泥石和透闪石等次生矿物。

主要金属矿物为镍黄铁矿-黄铜矿-磁黄铁矿-磁铁矿组合；浅部矿体受氧化作用则为紫硫镍铁矿-黄铜矿-黄铁矿-磁铁矿组合。富铜的矿石中尚有方黄铜矿。本矿床中发现的铂族矿物有数十种：铂矿物和含铂矿物有自然铂、铂金矿、铂金钯矿、砷铂矿等10余种；钯矿物及含钯矿物有钯金矿、单斜铋钯矿、铋碲钯矿、含钯自然铋等；银矿物主要有银金矿、碲银矿、碲铋银矿等。其中铂矿物以砷铂矿为主，其次为金属互化物，二者约占铂族矿物总量的90%以上。砷铂矿粒度一般0.042～1毫米，常见0.1～0.3毫米，晶形完整，多与黄铜矿、紫硫镍铁矿、蛇纹石、磁铁矿连生。铜镍富矿石中，以矿物形态存在的铂占92～99%；贫矿石中占83～94%。其余为硫化物及铬铁矿中的类质同象产物，以硫化物中为主。脉石矿物中不含铂。钯也以矿物形态为主，其余为硫化物中的类质同象，硅酸盐中含量甚微。铑、铱、锇、钌在磁黄铁矿、镍黄铁矿、紫硫镍铁矿、黄铜矿中的含量约为百分之几至十分之几克每吨，为原矿中含量的10余倍。整个矿体中铜镍及贵金属的平均含量为：铜0.23%、镍0.42%、铂0.06～0.53克/吨、钯0.05～0.24克/吨、金0.07～0.3克/吨、银2.2～6.1克/吨、锇铱钌铑约千分之几至百分之几克每吨。

铂族矿物虽然主要以单体形态存在，但由于含量少、粒度细、且与铜镍硫化物相互连生，不可能单独回收，而是在浮选过程中随铜镍一道富集在精矿中。

金川Ⅰ矿区的富矿和贫矿分别为井下及露天开采，送两个选矿厂单独处理。

富矿石含镍大于1%、铜大于0.5%，铂族元素总量约0.6克/吨。富矿中铂族元素的伴生回收情况见表33.6.9。矿石进入选矿厂后，经三段破碎至－12毫米，分别送两个独立的磨浮系列处理。选矿厂原设计为两段磨选，中矿单独选别的流程。初期生产指标较低，镍回收率为81.31%，品位4.34%，铂族元素的回收未作考查。多年来，进行了若干技术改造，取消了不起富集作用，镍的回收率仅有2%的中矿单独浮选回路；为适应矿物嵌布不均匀的特点，流程改为三段磨选、一段开路浮选的生产流程。近年来，为提高精矿品位又改为一段粗选直接产出部分合格精矿，二、三段粗选精矿集中精选的流程，见图36.6.13。在技术操作条件方面，通过合理装球，降低分级机主轴转速，二、三段采用ϕ500毫米旋流器分级等措施，一、二、三段的入选细度分别达55%、70%和80%小于0.074毫米，提高了矿物单体解离度。硫化物与磁铁矿及其他脉石连生体已下降到15%以下。由于绿泥石、滑石等软质脉石的泥化，改用低浓度浮选，粗、扫选浓度25%和20%，精选15%，镍的精矿品位可达5%以上。降低浮选浓度后，适当增加浮选槽的数量，以保证浮选时间在55分钟以上。还通过增加浮选机主轴转速、提高充气量等措施改善了浮选机效率。使用丁基铵黑药代替丁基黄药，可不用活化剂硫酸铜，浮选指标并不降低。目前，仅用碳酸钠、乙基黄药和丁基铵黑药，用量比原来下降。通过以上各项措施，镍的回收率可稳定在89～90%，铜的回收率82～85%。混合精矿中铂族元素的回收率也相应得到

表 33.6.9 混合精矿中铂族元素的富集情况（富矿）

年度	产品	产率，%	指标	铂族元素及金银，g/t							
				Pt	Pd	Os	Ir	Ru	Rh	Au	Ag
1977	混合精矿	25.21	品位 回收率，%	1.00 54.90	0.64 67. 2	0.082 54.90	0.056 44.28	0.066 53.13	0.4 47.47	0.74 52.81	
	尾矿	74.79	品位	0.278	0.105	0.023	0.024	0.019	0.015	0.22	
	原矿	100.00	品位	0.46	0.24	0.038	0.032	0.031	0.021	0.35	
			富集比，倍	2.17	.67	2.16	1.75	2.13	1.90	2.31	
1981	混合精矿	22.14	品位 回收率，%	1.06 87.95	0.65 32.21	0.219 67.59	0.17 69.72	0.15 85.15	0.075 70.60	0.50 67.01	4.50 71.90
	尾矿	77.86	品位	0.041	0.04	0.03	0.021	0.008	0.009	0.01	0.50
	原矿	100.00	品位	0.267	0.175	0.072	0.054	0.039	0.024	0.165	1.385
			富集比，倍	3.97	3.71	3.04	3.15	3.85	3.13	3.03	3.25

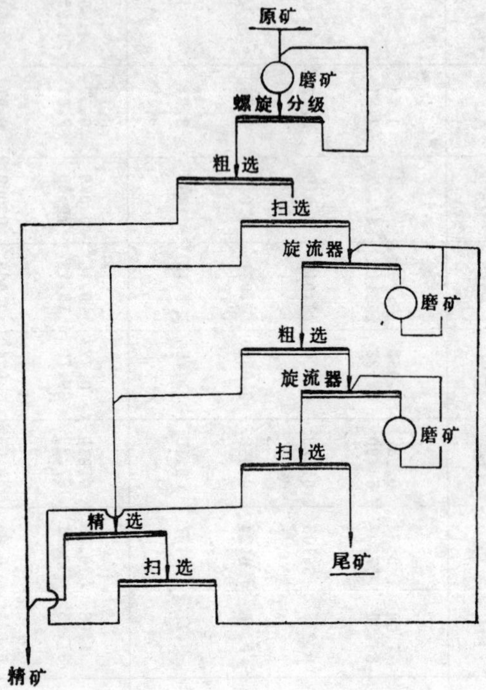

图 33.6.13　金川富矿选矿工艺流程

提高。铂、钯回收率达80%以上，富集比3～4倍；铑、铱、锇、钌可回收近70%。

贫矿中铂族元素的伴生回收情况见表33.6.10。处理露天开采贫矿石的二选厂原设计为一段磨矿，中矿逐级返回的流程。由于矿体次生蚀变严重，产出粗、中、细粒结构，蚀变强弱不同的多种类型矿石，可选性差别明显，且难选，指标低，平均回收率仅为镍55%、铜45%左右。原设计矿石一次磨到65～70%－0.074毫米，不但使45～50%的镍铜分布到－0.04毫米粒级中，而且蛇纹石、绿泥石、滑石、碳酸盐等大量矿泥污染硫化矿物表面，且消耗药剂。改为两段磨浮流程后，一、二段磨矿细度分别为55%和70%－0.074毫米，并将一段浮选浓度降为28%，二段

表 33.6.10 贫矿混合精矿中铂族元素富集情况

年度	产品	产率，%	指标	贵金属元素，g/t							
				Pt	Pd	Os	Ir	Ru	Rh	Au	Ag
1977	混合精矿	7.23	品位	1.33	0.53	0.078	0.065	0.076	0.043	0.54	
			回收率，%	33.26	34.65	26.35	24.04	24.76	23.91	30.03	
	尾矿	92.77	品位	0.215	0.008	0.017	0.016	0.018	0.011	0.098	
	原矿	100.00	品位	0.30	0.113	0.021	0.020	0.002	0.013	0.13	
			富集比，倍	4.60	4.69	3.71	3.25	3.45	3.31	4.15	
1981	混合精矿	11.28	品位	1.07	0.32	0.069		0.057		0.376	6.04
			回收率，%	71.01	39.56	45.64		48.83		52.60	45.13
	尾矿	88.72	品位	0.053	0.062	0.01		0.0094		0.043	0.92
	原矿	100.00	品位	0.17	0.019	0.017		0.015		0.08	1.50
			富集比，倍	6.29	16.84	4.06		3.80		4.70	4.03

24%，镍的回收率提高了5%左右。

贫矿石经两段近1小时的浮选，尾矿中仍有近50%的金属损失。将二段磨选的尾矿再进行处理，如图33.6.14。尾矿经旋流器脱除30～40%的细泥，矿砂调浆再浮选，铜镍的回收率可分别提高2～3%和3～5%。损失在尾矿中的硫化矿物具有中等磁性，用磁选初步富集并脱除大量矿泥，磁选的低品位精矿经脱水并再磨至65%－0.074毫米，加药剂浮选可得含镍3.2%的精矿，镍回收率平均3%，铜2%，同时可回收少量铂、钯等贵金属。由于贫

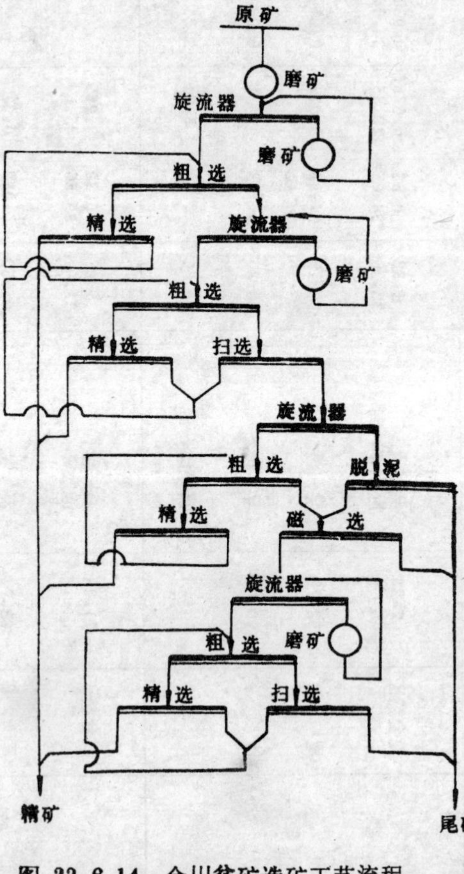

图 33.6.14　金川贫矿选矿工艺流程

矿选厂处理的难选矿石量逐年增加，经以上各项技术改进措施，仅使镍的选矿回收率保持在55%以上，铜的回收率约41%，铂族元素的回收率虽有提高，但除铂的回收率可达70%外，其余均不足一半。

选矿产出的铜镍混合精矿用火法熔炼，并转炉吹炼得到高锍，贵金属在熔炼阶段被金属相捕集。在高锍磨浮分离铜镍之前，用磁选将磁性铜镍合金分出。当高锍中铜镍比为0.3～1、合金产率10%时，合金中可回收95%以上的贵金属。合金中贵金属的含量比高锍中高10倍。这种一次合金再硫化并细磨和磁选，得到更富的二次铜镍合金，其中铂族金属＋金的含量为2500克/吨。从二次合金中提取贵金属的工艺流程如图33.6.15。二次合金经过

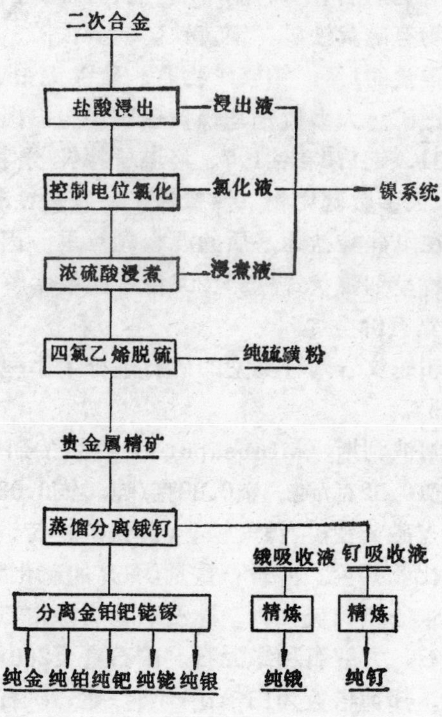

图 33.6.15 从二次合金中提取贵金属工艺流程

盐酸浸出镍，控制电位氯化浸出铜、镍，浓硫酸浸煮再除贱金属以及四氯乙烯脱硫四个工序；得到含铂钯12%左右的贵金属精矿，再进一步分离提纯。

33.6.5　斯蒂尔沃特杂岩的研究进展(美国)

蒙大拿州斯蒂尔沃特杂岩是美国主要的铂族金属资源。矿石含铂钯金17.1克/吨，铜0.06%和镍0.11%。美国矿务局(Burea of Mines) 研究了浮选富集、焙烧浸出从矿石中提取铂族金属的方法。目前已在小型试验研究的基础上完成了中间工厂的扩大试验。

斯蒂尔沃特杂岩与南非布什维尔德杂岩中的矿物组分很相似。主要矿物有钙质斜长石、斜辉石、斜方辉石、橄榄石和少量蛇纹石。硫化物有磁黄铁矿、镍黄铁矿、黄铁矿、黄铜矿和磁铁矿，约占岩石重量的1%。铂族矿物有：硫镍钯铂矿、碲铂矿、黄碲钯矿和碲钯矿。大多数钯与镍黄铁矿伴生，组成百分比：镍34、铁32、硫31、钯1.3和钴1.7。经电子探针分析，在－100＋200目粒级中，大多数硫化物（镍黄铁矿、磁黄铁矿、黄铁矿和黄铜矿）嵌布在以硅酸盐为基质的混合颗粒里。因大部分含铂族元素的硫化矿物呈细粒状,需磨至200目才能单体解离，所以，使用浮选方法富集有价金属。

对斜长岩和蛇纹岩两种类型的矿石进行了小型试验研究和中间工厂连续试验。

采自明尼阿波利斯（Minneapolis）探坑的斜长岩矿石含铂3.11克/吨、钯10.52克/吨、金0.22克/吨、铜0.03%、镍0.06%。硫化矿物主要有磁黄铁矿、镍黄铁矿、黄铁矿、黄铜矿及磁铁矿。铂族矿物与硫化物共生。占岩石重量约1%的硫化物分散于岩石中，尚可见少量的粗粒硫化物。脉石矿物有绿帘石-斜黝帘石、蛇纹石、高岭石，方解石和绿泥石。矿石磨至200目，大多数硫化物可以解离。邦德指数为15千瓦·小时/吨。矿石密度2.7克/厘米^3。

小型试验确定最适宜的捕收剂是巯基苯骈噻唑(AERO404)，由于矿石中存在方解石、蛇纹石等耗酸矿物，需要添加硫酸使浮选矿浆pH为4。矿石磨至100%小于200目（55%小于325目），矿浆固体含量36%，调浆10分，浮选10分。药剂用量：硫酸12.7千克/吨；AERO404 136克/吨；起泡剂（Dowfroth 250）4.5克/吨。小型试验结果如下：精矿产率9%，精矿含铂31.1克/吨、钯84克/吨、金1.56克/吨、铜0.1%、镍0.2%。金属回收率，%：铂91、钯80、金71、铜50、镍33。

进行了连续五天的中间工厂试验，试验流程如图33.6.16。矿石以48千克/小时的速度由皮带运输机给入一台管式磨矿机，磨机内装331千克直径19至29毫米的钢球。磨机转速75转/分，磨矿浓度54%。分级机溢流浓度21%，细度为77.9%小于200目。溢流经过浓缩将固体含量提高到58%，再在调浆桶中用酸性循环水调至36%，进入浮选。连续15个班（每班8小时）的浮选结果见表33.6.11。药剂耗量：H_2SO_4 14千克/吨；AERO404 182克/吨；道-起泡剂-250 4.5克/吨。浮选精矿的成分见表33.6.12。

中间工厂试验证实：对于斜长岩含铂钯矿石，用巯基苯骈噻唑-硫酸药剂组合进行浮选，可产出含贵金属（铂族金属+金）146克/吨的精矿，回收率88%。

采自明尼阿波利斯坑道的蛇纹岩矿石含铂3.11克/吨、钯9.95克/吨、金0.19克/吨、铜0.03%、镍0.06%。试料含不等量的蛇纹石、方解石、高岭石、绿泥石和绢云母。硫化物包括磁黄铁矿、镍黄铁矿、黄铁矿和磁铁矿，约占岩石重量的百分之一，铂钯矿物与其共生。筛析物料显微镜检测表明，磨至200目大多数硫化物可以解离，邦德指数为16千瓦·小时/吨。矿石密度2.8克/吨。

小型试验将矿石磨至200目(65%小于325目)，使用136克/吨异丁基钠黄药(AERO317)、91克/吨十二烷基硫醇(Pennfloat3)作捕收剂，6.8克/吨道—起泡剂—250作起泡剂进行浮选。矿浆自然pH8.2，固体含量36%，浮选时间10分。获得如下结果：粗

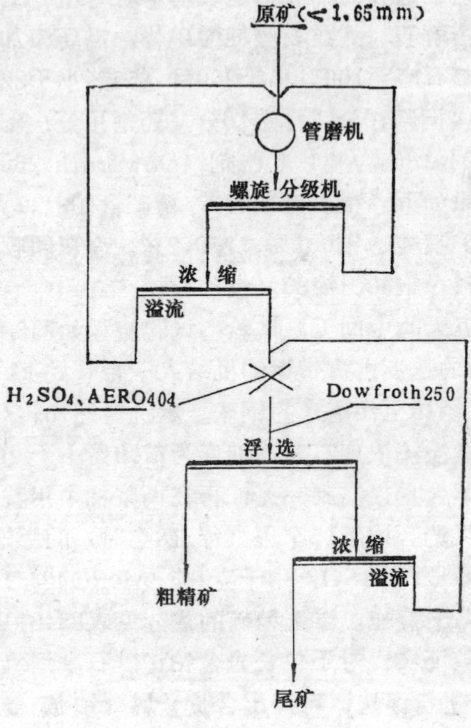

图 33.6.16　中间工厂磨浮流程

精矿含铂28克/吨、钯71.5克/吨，回收率为铂95%、钯85%。

在小型试验基础上，进行了连续32小时的中间工厂试验。流程同图33.6.16。矿石经过三段破碎至2.8毫米，以39公斤/小时的速度给入管式磨矿机。磨矿浓度58%；分级溢流浓度22%，细度90%小于200目；浮选浓度36%；矿浆自然pH8.2。浮选药剂用量：AERO317 136克/吨、Pennfloat 3 91克/吨、Dowfroth 250 6.8克/吨。试验结果见表33.6.13。

为了进一步提高粗精矿品位，精选使用水溶性聚合物TDL和Minflo I 作脉石矿物的抑制剂。用中间工厂产出的68公斤粗精矿在六槽中间工厂浮选机中进行精选，矿浆固体含量16%，精选

表 33.6.11 五天连续浮选试验结果（斜长岩矿石）

产品	产率 %	品位，			%		回收率，				%
		Pt，g/t	Pd，g/t	Au，g/t	Cu	Ni	Pt	Pd	Au	Cu	Ni
精矿	8.5	34.21	108.85	1.87	0.24	0.35	91	87	74	69	52
尾矿	91.5	0.31	1.56	0.06	0.01	0.03	9	13	26	31	48
合计	100.0	3.42	10.89	0.22	0.03	0.06	100	100	100	100	100

表 33.6.12 连续试验浮选精矿成分

元素	Pt	Pd	Au	Rh	Ir	Cu	Ni	Fe	S	SiO_2	MgO	Al_2O_3	CaO
含量 g/t，%	34.21	108.85	1.87	0.93	0.31	0.24	0.35	5.7	2.7	44.6	15.1	15.8	8.4

表 33.6.13 32小时中间工厂浮选结果（蛇纹岩矿石）

产品	产率 %	品位，			%		回收率，				%
		Pt，g/t	Pd，g/t	Au，g/t	Cu	Ni	Pt	Pd	Au	Cu	Ni
精矿	6.1	52.87	146.17	3.11	0.31	0.45	96	86	95	69	49
尾矿	93.9	0.16	1.56	<0.03	0.009	0.03	4	14	5	31	51
合计	100.0	3.42	10.26	0.31	0.03	0.06	100	100	100	100	100

前在调浆桶内加入TDL抑制剂136克/吨，调浆10分钟。精选结果列于表33.6.14。精选精矿的铂钯品位为粗精矿的两倍，精选回收率为铂96%、钯92%。

精选精矿的矿物鉴定表明：硫化物有镍黄铁矿、黄铜矿、黄铁矿、斑铜矿和方铅矿。脉石矿物有辉石、斜长石、绿帘石、绿泥石。铂族矿物有硫镍钯铂矿、碲钯矿、硫钯矿和镍硫钯矿。铂钯矿物颗粒均小于10微米，大多数在4～5微米以下。精选精矿多元素分析见表33.6.15。硫的含量为粗精矿中的1.5倍，铬、锑、砷、铋和磷的含量也有所增加，但其量不致给冶炼带来问题。

中间工厂试验证实：蛇纹岩化铂钯矿石，用丁基钠黄药一正十二烷基硫醇作捕收剂，在自然pH8.2下浮选，粗精矿中铂、钯回收率分别为96%和86%；精矿品位为铂53克/吨、钯146克/吨。使用水溶性聚合物作脉石矿物的抑制剂精选，可使精矿品位提高一倍，大约4%的铂和8%的钯留在精选尾矿中。

含贵金属浮选精矿常规处理方法是冰铜熔炼—浸出法。由于这种方法加工时间长，并且要依赖国外的冶炼厂和精炼厂生产铂族金属。美国矿务局研究了焙烧—浸出法处理浮选精矿，可以直接产出高品位的贵金属精矿供精炼厂分离提纯。

试验研究用的浮选精矿由中间工厂使用硫酸—巯基苯骈噻唑作捕收剂从斜长岩矿石中产出。主要由硅质脉石中的硫化物组成，硫化物有镍黄铁矿、黄铁矿、黄铜矿以及少量六方硫镍矿、方铅矿、闪锌矿、针镍矿。铂族金属部分呈矿物形态（铂—铁合金、铂族金属硫化物存在）；部分以固溶体形态存在于镍黄铁矿中；尚有部分钯取代了晶格中的镍。主要的铂族矿物有硫铂矿和硫镍钯铂矿。脉石矿物为铝、钙、镁、铁的硅酸盐类。精矿成分见表33.6.16。

精矿首先在1050℃下焙烧，使贱金属硫化物转化为氧化物，铂族金属硫化物转为其元素状态。焙烧过的精矿用稀硫酸预先浸出除去易溶的脉石矿物。然后用6摩 HCl调浆，在常温常压下加入强氧化剂H_2O_2浸出贵金属，贱金属则不溶，留在渣中。含贵金

表 33.6.14 加入抑制剂精选的结果

产品	产率	品位，%					回收率，%				
	%	Pt, g/t	Pd, g/t	Au, g/t	Cu	Ni	Pt	Pd	Au	Cu	Ni
精矿	44	115.07	304.78	6.84	0.66	0.86	96	92	95	93	94
尾矿	56	4.04	21.45	0.31	0.04	0.13	4	8	5	7	6
合计	100	52.87	146.17	3.11	0.31	0.45	100	100	100	100	100

表 33.6.15 精选精矿多元素分析

元素	Pt	Pd	Rh	Ir	Au	元素	Cu	Ni	Fe	S	SiO_2	MgO	Al_2O_3	CaO
含量，g/t	115.07	304.78	10.26	1.87	6.84	含量，%	0.66	0.86	7.3	2.4	46.8	20.9	6.6	5.9

表 33.6.16 焙烧浸出用精选精矿成分

元素	Pt	Pd	Au	元素	Cu	Ni	Fe	S	Al_2O_3	CaO	MgO	SiO_2
含量，g/t	273.37	504.13	13.37	含量，%	1.4	0.8	8.2	5.9	7.1	3.3	20.3	46.7

属的溶液可用硫化氢沉淀、镍粒置换或活性炭吸附的方法处理，得到的贵金属精矿送精炼。焙烧—浸出法的原则流程如图33.6.17。

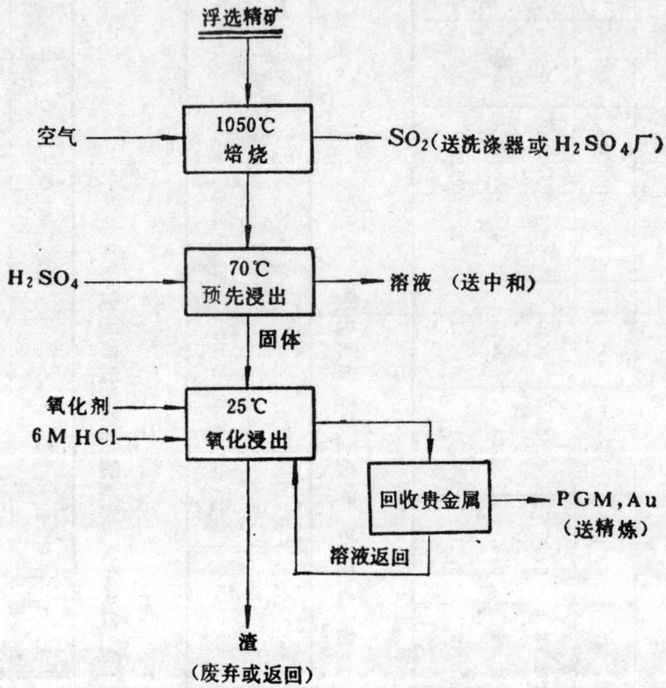

图 33.6.17　焙烧—浸出法原则流程

焙烧温度对钯的提取率影响较大，并且钯的浸出率比铂和金的低一些，主要原因是焙烧温度到800℃以上，生成一种铁酸盐（MFe_2O_4，M为Cu和Ni），并伴有磁赤铁矿（αFe_2O_3）。扫描电镜检测查明：钯被包裹在这种Ni-Fe氧化物中，使渣中尚存在小于1微米的富钯铁酸盐包裹体。此外，焙烧时可生成铂和钯的氧化物，但铂的氧化物在温度达650℃以上即分解为金属和氧，而氧化钯则可能继续存在，这种氧化物甚至不溶于王水。提高焙烧温度有利于分解氧化钯，但温度过高，则因物料熔结，提取率反而降低。

预先浸出除去易溶的脉石和部分贱金属，对于减少氧化浸出贵液中的杂质含量具有重要意义。预先浸出在1摩H_2SO_4中进行，固体含量10%，温度70℃，浸出时间4小时。浸出渣接着用0.03摩H_2O_2-6摩HCl氧化浸出，固体含量6%，浸出温度27℃，时间6小时。两段浸出的结果见表33.6.17。两段浸出贵液含贵金属68毫克/升，贱金属小于110毫克/升。如果取消硫酸预先浸出，贵液含贵金属60毫克/升，贱金属含量则高达3100毫克/升以上。

表 33.6.17 1050°C焙烧精矿两段浸出结果

浸出条件 \ 浸出率，%	Pt	Pd	Au	Cu	Ni
一段 1mol—H_2SO_4	0.2	0.3	<0.5	5.1	3.2
二段 H_2O_2-HCl	97	92	99	0.06	0.13

浸出条件 \ 浸出率，%	Fe	Al_2O_3	CaO	MgO	SiO_2
一段 1mol—H_2SO_4	3.9	49	56	4.0	4.6
二段 H_2O_2-HCl	0.62	0.17	1.6	0.20	0.01

氧化浸出除了用过氧化氢之外，还可以用次氯酸钠、氯气、过硫酸盐或硝酸，考虑到价格、污染等因素，选用H_2O_2和Cl_2较为适宜。用硫化氢沉淀和镍粒置换可使贵液中铂族金属和金的含量减少到0.04毫克/升以下，炭柱吸附可使铂钯含量降至0.1毫克/升。浸出残渣含有少量贵金属和HCl，可返回使用。

33.6.6　低品位铂矿石的综合利用

某低品位铂矿床，含矿岩石为辉石岩-辉橄岩及碳酸盐滑石岩。硫化矿物主要有黄铜矿、黄铁矿、磁黄铁矿、镍黄铁矿及紫硫镍铁矿等。铂族矿物有砷化物、硫砷化物、铋碲化物等。其中以砷铂矿为主，其次为等轴铋碲钯矿。铂族矿物主要以单矿物存在，粒度小，一般为0.005～0.09毫米，常与金属硫化物紧密共生。铂、钯含量随铜、镍含量增高而增高，但相互不成固定比例。铂钯在硅酸盐矿物中有一定含量，大约占30%以内，如角闪石含铂0.3克/吨，含钯0.5克/吨；黑云母含铂0.54克/吨，钯0.08克/吨。矿石中镍＋铜平均品位0.45%。矿石中铜、镍及铂族金属品位均低，不具备开采价值。

由于该铂矿的脉石成分与熔炼钙镁磷肥所用的蛇纹石成分相近，可以选择磷矿石与铂矿石的适当配比，使物料基本符合熔炼钙镁磷肥的要求。在生产这种肥料的同时，使金属富集在磷镍铁中，达到综合利用的目的。提出的原则工艺流程见图33.6.18。通过投料77吨的半工业试验证明，熔炼产出合格的钙镁磷肥。磷镍铁中金属的回收率为：铂97.5%、钯99.5%、镍86.54%、铜65.38%。磷镍铁经过两次吹炼，产出铜镍合金，其成分为：镍45.47%、铜28%、铂287.5克/吨、钯180克/吨。对铂矿石的金属总收率：铂92%、钯95%、镍78.1%、铜46.3%。

该工艺的主要技术条件：选择磷矿石与铂矿石的配比为55：45，使各组分之间摩尔比值为：$MgO/P_2O_5=2.51$，$MgO/SiO_2=0.64$，$CaO+MgO/SiO_2=0.94$。熔炼温度（出料）1460～1470℃，热风温度430～460℃，风压160～180毫米汞柱，焦比24%，熔炼时间36小时。磷镍铁产率占铂矿石8.6%，密度6.85～6.92。吹炼过程完全自热，温度1300～1350℃。第一次吹炼添加石英砂，一次合金品位镍30.1%、铜18.24%、磷7.28%。第二次吹炼加入镁砂及石英砂，二次合金品位镍45.47%、铜28.1%。炉渣含镍1.57%、铜1.41%、铂3.9克/吨、钯1.8克/吨，返回第一段吹炼。

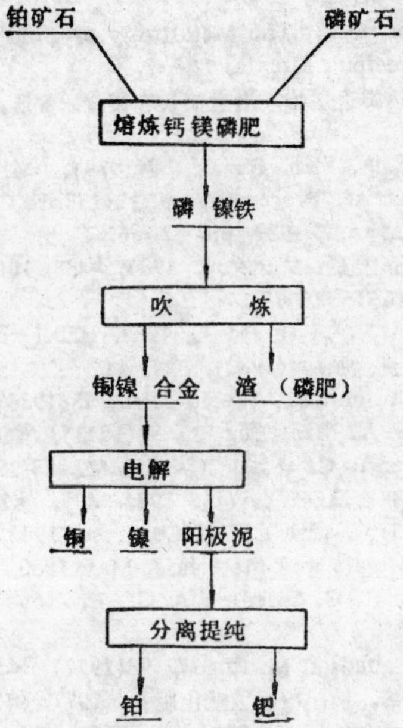

图 33.6.18 低品位铂矿综合利用原则流程

富含贵金属的二次合金可用电解方法处理，贵金属则富集在阳极泥中，再分离提纯。

参 考 文 献

[1] 限元豊，新金属データブック，（株）アグネ，1977，287.

[2] Anon，工業レアメタル，1983，№82，71.

[3] 田中清一郎，贵金属の科学，1985，322—335.

[4] A publication of American Metal Market, Metal Statistics, 1986, 129.

[5] Anon., World Min., 33(1980), №8.

[6] 刘英俊等，元素地球化学，科学出版社，1984年，第345页.

[7] 中国科学院地球化学研究所，铂族元素矿物鉴定手册，科学出版社，1981年，第84—208页.

[8] Charles J., Platinum Metals Rev., 22(1962), №2, 68—74.

[9] 中国科学院地理研究所，苏联贵金属生产布局概况，冶金部情报标准研究所，1975年7月，第19页.

[10] Woodcock J. T., The Metallurgy of Gold and Silver with Reference to other Precious Metals, 16—7.

[11] R. J. 阿达姆逊主编，冶金部长春黄金研究所，南非黄金冶金学，第126、127页.

[12] Anon., S. A. Min. Eng.J., 89(1978), №4143, 56.

[13] Ireland D. A., Proceedings of the Third Conference on Precious Metals, ed. by E. Myron, 1979, pp. 32—61.

[14] 高井裕之，工業レアメタル，1984, №83, 101.

[15] 同[10], 16-8—16-12.

[16] Corrans I. J., 14 th IM C, 1982, II10.1—II10.21.

[17] 刘时杰，贵金属，4(1983), №4, 48.

[18] Chadwick John R., World Min., 33(1980), №12, 42—46.

[19] Anon., S. A. Min. Eng. J., 88(1973), №4080, 24—29.

[20] Hochreiter R. C. et al., J. SAIMM., 85(1985), №6, 174—177.

[21] 首届国际贵金属回收会议集，1984年4月，第218—238页.

[22] Corrans I. J., 12th CMMI Congress, 1982, 629—633.

[23] Anon., Metals and Materials, May 1980, 41—47.

[24] Mcgachic R. O., Bredley A. G., Precious Metals, 1980, 23—24.

[25] Anon., Canadian Mining J., 98(1977), №5, 62.

[26] 小博尔特等，镍，冶金工业出版社，1977，第17—20页.

[27] 杨子贵，有色金属（选矿部分），1983, №1, 第2—6页.

[28] J. 贝内特等，有色金属技术新进展，科学技术文献出版社，1984年，第157—168页.

[29] Baglin E. G., et al., Rep. Invest. US Burau of Mines, 1985, №8970.

[30] Morrice E., et al., ibid, 1984, №8885.

[31] Ibid, 1983, №8763.

[32] 贵金属研究所研三室，贵金属冶金，1973, №4, 第1—7页.

33.7 铀矿选矿

33.7.1 绪　论

铀是核工业的基本原料。天然铀有三种同位素，即^{238}U、^{235}U、^{234}U，它们在自然界的分布比例分别为99.28%、0.714%、0.006%。铀为天然放射性元素，衰变时放出α、β、γ三种射线。

本世纪30年代末期铀核裂变的发现，开拓了核能利用的领域。铀主要用作核武器的装料、核电站的燃料、核船舶的动力，并用来生产其他裂变物质、放射性同位素等。

铀在地壳中分布比较广泛，其平均含量为2～4ppm。铀可以在各种不同地质条件下富集成矿床，有内生铀矿床和外生铀矿床。内生铀矿床如热液铀矿床、伟晶岩铀矿床；外生铀矿床如沉积铀矿床、变质铀矿床等。在多数的铀矿床中，铀的品位低于0.2%。

通常主要从铀矿石中提取铀，此外也从含铀磷矿、含铀铜矿、含铀金矿、含铀煤矿等矿石中提取一定数量的铀。

铀矿物有数百种之多，但较常见的只有10～20种（见表33.7.1）。

从表33.7.1可以看出，铀的矿物按其化学组成分类，主要分为氧化物、氢氧化物、硅酸盐和磷酸盐等。由于铀矿物常呈细粒浸染状态存在，有的铀还以类质同象或吸附状态赋存，故很多铀矿床的矿石不宜用物理方法富集，而直接用化学法处理。铀矿选矿作业虽然没有被广泛采用，但低品位铀矿的选矿研究工作一直没有停止，在下列的几个方面，选矿作业得到了应用。

（1）进行矿石预选，丢弃废石

放射性分选是铀矿石的一种预选方法，通过预选，废弃大量的废石，提高送往水冶厂矿石的铀品位，从而提高了水冶厂的经济效益。虽然放射性分选所得产品的富集比不高，但从表33.7.2

表 33.7.1　常见的铀矿物

类　型	矿物名称	组　成	密度 g/cm³
氧化物	晶质铀矿 (Uraninite)	$(U^{4+}_{1-x}, U^{6+}_{x})O_{2+x}$	6.5～10
	沥青铀矿 (Pitchblende)	晶质铀矿变种	6.4～9.7
氢氧化物	深黄铀矿 (Becquerelite)	$7UO_2 \cdot 11H_2O$	5.09～5.68
	脂铅铀矿 (Gummite)	晶质铀矿的蚀变产物	—
Nb-Ta-Ti 复杂氧化物	钛铀矿 (Brannerite)	$(U,Ca,Fe,Th,Y)(Ti,Fe)_2O_6$	4.3～5.4
	铀钛磁铁矿 (Davidite)	理论上为$FeTi_3O_7$	4.48
硅酸盐	水硅铀矿 (Coffinite)	$U(SiO_4)_{1-x}(OH)_{4x}$	2.2～5.1
	硅钙铀矿 (Uranophane)	$Ca(UO_2)_2(SiO_3)_2(OH)_2 \cdot 5H_2O$	3.81～3.96
	铀钍矿 (Uranothorite)	钍石$ThSiO_4$的含铀变种	3.65～4.44
磷酸盐	钙铀云母 (Autunite)	$Ca(UO_2)_2(PO_4)_2 \cdot 10 \sim 12H_2O$	3.1～3.2
	铜铀云母 (Torbernite)	$Cu(UO_2)_2(PO_4)_2 \cdot 12H_2O$	3.4～3.6
钒酸盐	钾钒铀矿 (Carnotite)	$K_2(UO_2)_2(VO_4)_2 \cdot 1 \sim 3H_2O$	2.0～2.5
	钒钙铀矿 (Tyuyamunite)	$Ca(UO_2)_2(VO_4)_2 \cdot 5 \sim 8H_2O$	3.41～3.67
碳氢化合物	碳铀钍矿 (Thucholite)	晶质铀矿与碳氢化合物的络合物	1.5～2.0
	沥青岩 (Asphaltite)	含铀有机络合物的许多变种	1.2～2.2

可以看出，铀品位稍有提高，水冶成本即可明显降低。

70年代末，国际上出现了高灵敏度、高处理量的放射性分选机(如M17型及RM型放射性分选机)后，使放射性分选作业的成本进一步降低，推动了放射性分选在铀矿加工过程中的应用。80

表 33.7.2 矿石铀品位对水冶成本的影响

矿石品位 $\%U_3O_8$	尾渣品位 $\%U_3O_8$	铀回收率，%	加工成本	
			美元/t矿石	美元/kg铀
0.075	0.0050	93.3	3.26	5.13
0.100	0.0056	94.4	3.30	3.83
0.125	0.0062	95.0	3.35	3.10
0.150	0.0069	95.4	3.40	2.62
0.200	0.0082	95.9	3.49	2.00
0.250	0.0095	96.2	3.58	1.65

年代以来，约有十个国家和地区在生产上采用了放射性分选作业。

一些与铀共生的矿床，如果其中有用元素与铀有正相关关系，可以利用铀作为示踪元素，用放射性分选法在富集铀的同时，也富集其他有用元素，并丢弃废石。南非的几个金铀矿建立了放射性分选厂，成功地利用放射性分选使铀和金同时得到了富集。

（2）去除对铀浸出有害的杂质

在酸法浸出铀之前，有时可采用选矿方法（浮选法）去除耗酸的碳酸盐，或在碱法浸出铀之前，用选矿方法（浮选法）去除耗碱的硫化物。如加拿大的比弗洛季铀厂的铀矿石中含碳酸盐4～5%、含黄铁矿1.0～2.5%、含$U_3O_8$0.19%，在以碱法浸出铀之前，通过浮选得到产率为～2%、含黄铁矿～50%、含U_3O_8～0.25%的精矿，用酸法处理；浮选尾矿的黄铁矿品位已降至0.2%以下，用碱法处理。这样分别处理的总费用比全部矿石直接进行碱法浸出的费用低。

（3）从共生矿床中综合回收铀及其他有用元素

有一些含铀有色金属矿、含铀金矿、含铀磷矿等共生矿床，常可用重选、浮选等方法进行选别。如美国犹他州怀特峡谷地区考格矿物公司所属矿山的矿石中，含有铀与铜两种有用元素，经过重选得到铜和铀的混合精矿，重选尾矿经浮选后也得到铜和铀的混合精矿。用酸浸法从重选、浮选的精矿中提取铀，从浸出渣中回收铜。

铀矿石直接用化学法处理时采用湿法浸出作业。浸出的方法有酸法和碱法两种，以酸法为主。酸法浸出通常用硫酸。而碱法浸出用碳酸钠和碳酸氢钠的混合溶液。

一般情况下，铀矿石的品位为千分之几到万分之几，浸出液中铀的浓度很低，其中U_3O_8大致为500～1000毫克/升。鉴于离子交换法的选择性高，既能处理清液，又能处理矿浆，且有适用于稀溶液的特点，故用离子交换法从溶液中提取铀，在不少国家仍有应用。在本章33.7.2.2的实例中就有采用离子交换的作业。溶剂萃取法是目前广泛应用于提取和精制铀的重要方法，它有选择性好、产品纯度高、回收率高、费用低、试剂消耗少、操作方便、易于实现连续化、自动化及生产能力大等优点，在本章33.7.2的实例中，对用萃取法提取及精制铀进行了介绍。

铀矿石经过浸出、离子交换或溶剂萃取等化学处理后得到含铀溶液，向此溶液加入沉淀剂，使铀沉淀出来，此沉淀物即为铀的水冶产品。

铀的水冶产品主要分为化学浓缩物和核纯产品两种类型。化学浓缩物主要有$(NH_4)_2U_2O_7$、$Na_2U_2O_7$等，把$(NH_4)_2U_2O_7$煅烧分解即得U_3O_8，此类产品含有一定的杂质，须送到精制厂制取核能纯的铀化合物。核纯产品主要有$(NH_4)_4[UO_2(CO_3)_3]$、UO_2等。

在本章33.7.2中，上述两种类型产品的工厂都有介绍。

在下述的铀矿选矿厂实例及铀矿选矿厂汇总表中，所举的实例都是带有选矿作业的铀矿加工厂。本章没有列入铀矿石不经选矿而直接浸出的工厂实例。

33.7.2 铀矿选矿厂实例

33.7.2.1 兰河铀矿选矿厂

A 矿床和矿石特性

兰河铀矿床产于中粒斑状黑云母花岗岩破碎带中，属中温热液充填型。矿床内岩石破碎，构造裂隙发育，热液活动频繁。几十个矿体的形态变化复杂，具有明显的分支复合现象，分支厚度多在30～70厘米之间。

矿床内矿石的物质成分比较简单，主要的铀矿物为沥青铀矿，在地表氧化带有硅钙铀矿、铀黑等次生铀矿物，其他金属矿物有黄铁矿、赤铁矿等。脉石矿物主要为石英，其他有方解石、绿泥石等。矿石属贫钙镁、高硅酸盐-单铀型。

矿床内铀的品位很高，平均为0.56%。铀的品位变化范围较大，矿化很不均匀。

对矿床中的一百多个矿石组合样进行了铀镭放射性平衡分析，地表氧化带的平均放射性平衡系数为164%，地下坑道及钻孔为97%。

矿床中矿石的硬度 $f=8\sim12$。采出矿石的粒度组成较好，$-250+50$毫米粒级矿石占原矿约46%，适合于放射性分选。

B 放射性分选厂

根据该矿床矿体薄、铀矿化不均匀、采出矿石的粒度组成较好及深部矿石的放射性基本平衡的特点，对矿石放射性分选的可选性进行了研究。为此，从粒度为$-250+50$毫米矿石中，取出约600块代表性矿石样品，逐块进行品位测定，将矿块按品位分组后，求得各组的平均铀品位及各组的产率，然后计算出放射性分选可选性结果表（见表33.7.3）。从表中可以看出，品位低于0.02%的矿块产率占入选矿石的68.13%，铀的回收率只占1.77%；而品位大于0.10%的矿块产率虽然只占入选矿石的16.53%，但却集中了96.15%的铀，这说明矿石的铀矿化很不均匀，属放射性分选的易选矿石。因此，决定就近建立了放射性分选厂，并于1975年投入了生产。

采出的矿石首先由矿车运至放射性检查站测定整车矿石的平均铀品位。高于边界品位的矿石直接送至放射性分选厂的原矿仓。矿石由原矿仓经槽式给矿机、皮带运输机送至固定格条筛进

表 33.7.3 －250＋50毫米粒级矿石铀品位测定结果

每组铀品位范围	每组平均铀品位	每组产率	每组回收率	精矿（从下累积）			尾矿（从上累积）			λ
				产率	铀品位	回收率	产率	铀品位	回收率	
%	%	%	%	%	%	%	%	%	%	%
1	2	3	4	5	6	7	8	9	10	11
⩽0.005	0.0043	20.32	0.27	100.00	0.319	100.00	20.32	0.0043	0.27	10.16
0.006～0.010	0.0072	29.55	0.67	79.68	0.400	99.73	49.87	0.0060	0.93	35.10
0.011～0.020	0.0145	18.26	0.83	50.13	0.632	99.06	68.13	0.0083	1.76	59.00
0.021～0.030	0.0247	5.40	0.42	31.87	0.985	98.23	73.53	0.0095	2.18	70.83
0.031～0.040	0.0341	3.42	0.37	26.47	1.180	97.81	76.95	0.0106	2.55	75.29
0.041～0.050	0.0467	1.83	0.26	23.05	1.350	97.44	78.78	0.0114	2.82	77.87
0.051～0.060	0.0558	1.04	0.18	21.22	1.461	97.18	79.82	0.0120	3.00	79.30
0.061～0.070	0.0646	1.67	0.34	20.18	1.535	97.00	81.49	0.0131	3.34	80.66
0.071～0.080	0.0753	0.91	0.21	18.51	1.670	96.66	82.40	0.0137	3.55	81.85
0.081～0.090	0.0850	0.63	0.17	17.60	1.750	96.45	83.03	0.0143	3.72	82.72
0.091～0.100	0.0956	0.44	0.13	16.91	1.810	96.28	83.47	0.0148	3.85	83.25
0.101～0.200	0.1370	3.73	1.60	16.53	1.855	96.15	87.20	0.0200	5.45	85.34
0.201～0.300	0.2480	1.75	1.36	12.80	2.360	94.55	88.95	0.0244	6.81	88.08
0.301～0.400	0.3410	0.83	0.89	11.05	2.690	93.19	89.78	0.0273	7.70	89.37
0.401～0.500	0.4560	0.63	0.90	10.22	2.881	92.30	90.41	0.0303	8.60	90.10
0.501～1.000	0.7400	2.42	5.57	9.59	3.041	91.40	92.83	0.0486	14.31	91.26
＞1.000	3.8200	7.17	85.83	7.17	3.820	85.83	100.00	0.3190	100.00	100.00

行筛分。筛上产品（+250毫米矿石）进入颚式破碎机进行破碎，破碎后与筛下产品合并到单层自定中心振动筛进行筛分，筛上产品（−250+50毫米矿石）送分选厂进行分选。分选厂流程见图33.7.1。

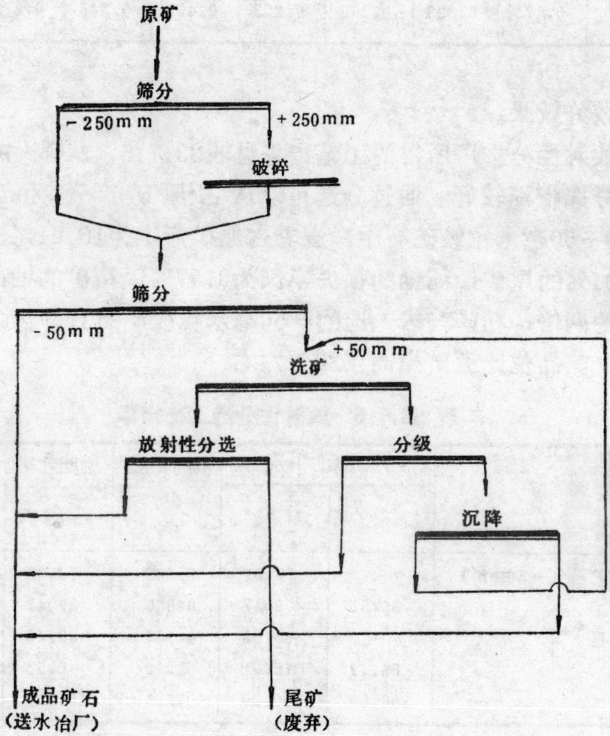

图 33.7.1 兰河铀矿放射性分选厂流程

对送进分选厂并经过颚式破碎机破碎后的矿石粒度组成进行了研究，结果见表33.7.4。从表中可以看出：+50毫米粒级矿石的产率只有25.18%，这是由于矿石从采场到分选厂的运输过程中，经受了多次较强烈的二次破碎所造成的。对一般铀矿石而言，入选矿石产率如此低，放射性分选的经济效益往往不明显，但该矿石中混有大量的废石，属于易选矿石，故采用放射性分选

表 33.7.4　矿石粒度组成表

粒级 mm	−250 +200	−200 +150	−150 +100	−100 +75	−75+50	−50+30	−30+0	合计
产率 %	3.16	4.24	6.03	5.20	6.55	11.10	63.72	100.00
铀品位 %	0.175	0.323	0.300	0.293	0.403	0.348	0.272	0.291

仍有较好效果。

放射性分选厂所得的工艺指标见表33.7.5，从表中可以看出，分选指标较好。通过分选可以从占原矿产率为25.18%的−250+50毫米粒级矿石中，废弃占原矿产率为16.01%、品位为0.0104%的尾矿，而铀的损失率仅为0.57%。精矿的铀品位比原矿高约两倍，精矿与未入选的−50毫米粒级矿石合并作为成品矿石后，其品位比原矿提高了20%左右。

表 33.7.5　放射性分选工艺指标

产品名称	产率，%		铀品位	铀回收率	尾矿分选效率 η
	对入选矿石	对原矿	%	%	%
未入选矿石（−50mm）	—	74.82	0.283	73.02	
精矿	36.51	9.17	0.835	26.41	
成品矿石	—	83.99	0.344	99.43	~75
尾矿	63.49	16.01	0.0104	0.57	
原矿	100.00	100.00	0.291	100.00	

根据分选所得尾矿指标，计算出尾矿的分选效率 η。

$$\eta=\frac{\text{实际分选所得尾矿产率}}{\text{与实际分选的尾矿品位相同时尾矿的理论产率}}\times 100\%$$

该放射性分选厂几年生产中，尾矿分选效率平均约75%，表明该厂分选矿石的质量比较理想。

C　铀水冶厂

经放射性分选的成品铀矿石用汽车运到水冶厂的破磨车间。

矿石先送到PEF400×600毫米颚式破碎机粗碎至100毫米，然后送到PYB-900圆锥破碎机细碎至40毫米。

磨矿部分有一台MQG1500×3000毫米湿式格子型球磨机与ϕ1200×6500毫米螺旋分级机构成闭路。分级机溢流液固比约为0.8～1.0，矿浆中+60目粒级含量小于10%。

浸出过程是在两条作业线进行的，每条作业线有三个ϕ3500×3750毫米的钢制衬耐酸砖搅拌浸出槽。在各浸出槽分别加入硫酸，使游离酸度在末槽保持在6～9克/升，同时加入二氧化锰，使槽内的氧化还原电位保持420毫伏，使四价铀能较充分地转化为六价铀。浸出时温度控制在50～60℃，浸出液固比为1.2，浸出时间为5小时。浸出渣的铀品位<0.008%，浸出率>96%，酸耗约4.5%。

浸出后矿浆用八台ϕ7500×3000毫米浓缩机分八段进行逆流倾析。洗涤模数约2.5，底流矿浆的液固比为1.0左右。经八段逆流倾析后，末段底流矿浆液相含铀<5毫克/升。首段浓缩机上清液含固量为100～200ppm，该上清液送清液萃取。

萃取液一般铀浓度为0.8～1.2克/升，pH=1.0～1.5，温度为40℃。所用的有机相为0.08～0.12摩〔尔〕三脂肪胺及0.05～0.07摩〔尔〕混合醇的磺化煤油溶液。萃取是在五段混合澄清器中进行的，混合室体积为726×726×826毫米，萃余水相中铀浓度为1～5毫克/升。萃取后负载有机相铀浓度为3.8～4.6克/升，在两段混合澄清器内用水进行洗涤，其流比为8∶1，所得洗水返回萃取循环。

洗涤后的有机相在五段混合澄清器内用250克/升$(NH_4)_2SO_4$进行反萃取，加入NH_4OH使pH值保持在3.8～4.0之间。反萃取后有机相中的铀浓度<1克/升，所得反萃取液中的铀约为100～120克/升。

将含$(NH_4)_2CO_3$约300克/升的浓溶液，加入到预先用氨水调pH值至6～8、且加温到53℃的反萃取液中，即有三碳酸铀酰铵晶体大量析出，结晶母液中的铀浓度约为4克/升。

含三碳酸铀酰铵晶体的浆体送往过滤盘上进行过滤。晶体滤干后再用含100～150克/升$(NH_4)_2CO_3$的溶液洗三次，然后真空吸干。所得到的含水分≤8%、含铀≥42%的晶体作为最终产品装桶外发。

该铀水冶厂工艺流程见图33.7.2。

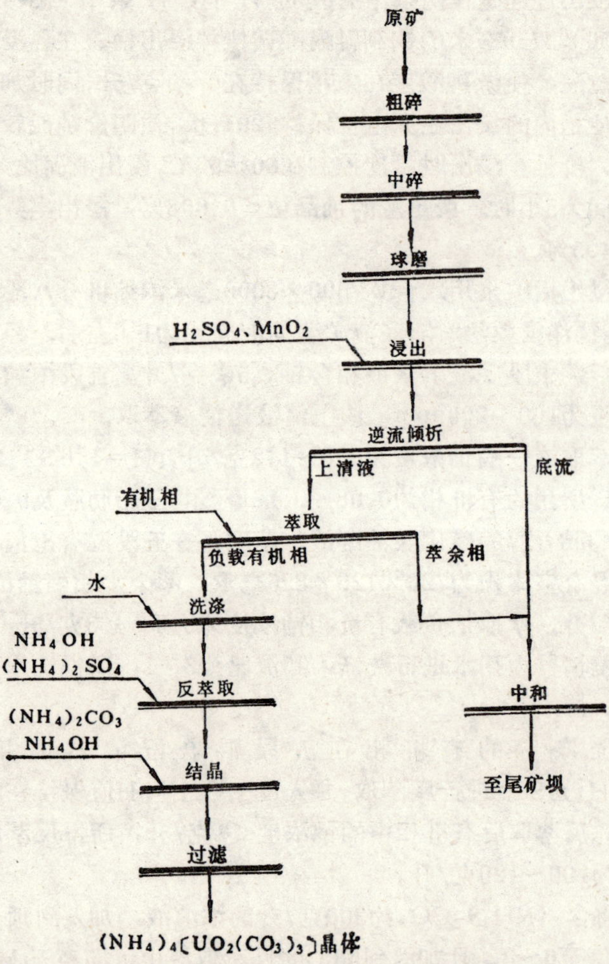

图 33.7.2　兰河铀矿水冶厂工艺流程

33.7.2.2 抚州铀矿选矿厂

A 矿床和矿石特性

抚州铀矿属火山岩类型的中低温热液铀矿床。矿体形态复杂，主要为脉状、透镜状。在几百个矿体中，大部分为薄矿体，矿化不均匀，品位变化系数较大。主要含矿岩性为凝灰岩及花岗斑岩，矿石具中等硬度（f=11～12)。矿石中主要原生金属矿物为非晶质铀矿、赤铁矿、黄铁矿，脉石矿物为萤石、绢云母、绿泥石、方解石等；次生矿物有钙铀云母、钡铀云母、硅钙铀矿、铀黑、褐铁矿、次生石膏等。原矿铀品位为0.08～0.12%。

B 放射性分选厂

为了了解矿石放射性分选的可选性，从粒度为－250＋50毫米的矿石中取出近千块有代表性的矿石样品，逐块称重并测定铀的品位，然后整理并计算出放射性分选可选性结果表（见表33.7.6)。从表中可以看出矿石的铀矿化不均匀，属较易选的矿石，因此于1966年建立了放射性分选厂。

采出矿石首先送放射性检查站，分出的富矿石直接送水冶厂，尾矿废弃，中间品位矿石送放射性分选厂，经破碎、洗矿、筛分后,进入放射性分选作业。放射性分选厂的流程见图33.7.3。

对进入分选作业的矿石进行了粒度组成研究，结果见表33.7.7。

抚州铀矿选矿厂在60年代建厂时，采用的放射性分选机是皮带式、按金属量分选的，其探测器为盖革计数管，选机的灵敏度很低，所以筛分分级窄，且各级别矿石都需两次分选作业，使选厂流程复杂，在70年代用NaI（Tl）晶体探测器取代了盖革计数管，但仍未能摆脱两次分选作业。1986年对－75＋50毫米粒级采用了皮带式、按品位分选的5421型放射性分选机，该机由微型电子计算机控制，自动化程度高，灵敏度高，因此一次作业就能得到质量较高的精、尾矿产品。

各粒级矿石所得的分选工艺指标见表33.7.8。

表33.7.8中，成品矿包括入选的四个粒级的精矿及未入选的

表 33.7.6　－250＋50毫米粒级矿石铀品位测定结果

每组铀品位范围 %	每组平均铀品位 %	每组产率 %	每组回收率 %	精矿（从下累积）			尾矿（从上累积）			λ %
				产率 %	铀品位 %	回收率 %	产率 %	铀品位 %	回收率 %	
1	2	3	4	5	6	7	8	9	10	11
⩽0.005	0.0030	31.22	0.97	100.00	0.0967	100.00	31.22	0.0030	0.97	15.61
0.006～0.010	0.0071	8.60	0.63	68.78	0.1392	99.03	39.82	0.0039	1.60	35.52
0.011～0.020	0.0154	10.27	1.64	60.18	0.1581	98.40	50.09	0.0062	3.24	44.95
0.021～0.030	0.0236	7.91	1.93	49.91	0.1875	96.76	58.00	0.0086	5.17	54.04
0.031～0.040	0.0346	3.56	1.27	42.00	0.2183	94.83	61.56	0.0101	6.44	59.78
0.041～0.050	0.0468	2.80	1.35	38.44	0.2354	93.56	64.36	0.0117	7.79	62.96
0.051～0.060	0.0540	3.47	1.94	35.64	0.2502	92.21	67.83	0.0139	9.73	66.09
0.061～0.070	0.0642	2.89	1.92	32.17	0.2713	90.27	70.72	0.0159	11.65	69.27
0.071～0.080	0.0760	3.98	3.13	29.28	0.2918	88.35	74.70	0.0191	14.78	72.71
0.081～0.090	0.0867	1.15	1.03	25.30	0.3257	85.22	75.85	0.0202	15.81	75.27
0.091～0.100	0.0936	2.08	2.01	24.15	0.3371	84.19	77.93	0.0221	17.82	76.89
0.101～0.200	0.1349	8.78	12.25	22.07	0.3600	82.18	86.71	0.0335	30.07	82.32
0.201～0.300	0.2579	2.37	6.32	13.29	0.5088	69.93	89.08	0.0395	36.39	87.90
0.301～0.400	0.3252	3.52	11.84	10.92	0.5632	63.61	92.60	0.0504	48.23	90.84
0.401～0.500	0.4401	1.55	7.05	7.40	0.6765	51.77	94.15	0.0568	55.28	93.37
＞0.500	0.7391	5.85	44.72	5.85	0.7391	44.72	100.00	0.0967	100.00	100.00

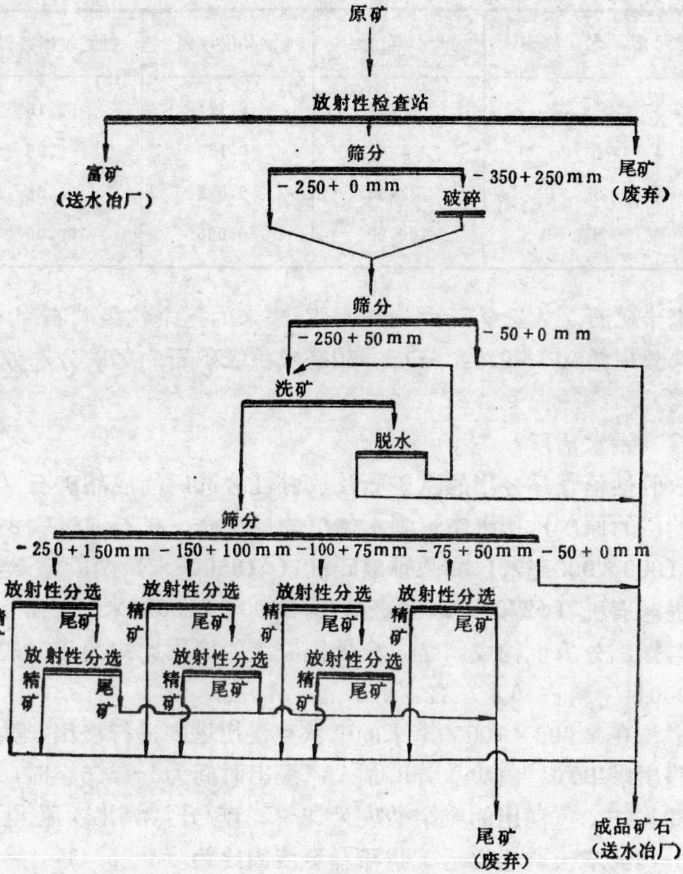

图 33.7.3 抚州铀矿放射性分选厂流程

表 33.7.7 矿石粒度组成

粒级，mm	−250+150	−150+100	−100+75	−75+50	−50+0	合 计
产率，%	14.95	17.47	6.03	7.93	53.62	100.00
铀品位，%	0.074	0.068	0.075	0.094	0.092	0.084

表 33.7.8　放射性分选工艺指标

产　品　名　称	产　率，%	铀品位，%	铀回收率，%
成品矿石（精矿及－50mm矿石）	70.20	0.127	93.16
矿　　泥	1.87	0.168	3.29
尾　　矿	27.93	0.012	3.55
原　　矿	100.00	0.096	100.00

－50毫米矿石。入选矿石中－250＋75毫米的三个粒级矿石的尾矿分选效率为50～70％，－75＋50毫米粒级矿石的尾矿分选效率约80％。

C　铀水冶厂

放射性检查站分出的富矿石及放射性分选厂的成品矿石（合称水冶厂的原矿）用汽车运到水冶厂的原矿仓。矿石通过颚式破碎机（600×900毫米）和圆锥破碎机（ϕ1650毫米）两段破碎，然后进球磨机（ϕ2700×2100毫米及ϕ3000×2100毫米）磨矿。球磨机与螺旋分级机构成闭路。分级机溢流的液固比约为1.0，矿浆中－200目物料占40％左右。

溢流在ϕ2900×10000毫米的巴秋克浸出塔内进行浸出，共有六台浸出塔串联。硫酸从首塔加入，浸出时间为4～4.5小时，温度为60～65℃，浸出的剩余酸度为18～23克/升，氧化还原电位为400～500毫伏。浸出后矿浆稀释至液固比为（4～5):1，然后送至1700×1700毫米衬胶箱内进行沉降分级，所得底流（粗砂）进入ϕ1800×9000毫米流态化塔中进行分级和洗涤，溢流用石灰乳调整pH值后，用ϕ125毫米的水力旋流器进行分级和洗涤。流态化塔和水力旋流器洗涤后的粗、细砂中的溶液含铀小于5毫克/升，进行中和后送尾矿坝废弃。旋流器溢流的稀矿浆液固比为(9～10):1，－200目物料大于75％，将其pH值调整到1.8～2.0后送入八段连续逆流离子交换塔（ϕ3200×6000毫米）进行吸附。吸附剂为国产201×7阴离子交换树脂。饱和树脂洗涤脱泥后，用硫酸溶液逆流淋洗。淋洗清液进入七段混合澄清器，用膦类萃取剂进行萃取。饱和有机相送结晶反萃取作业，反萃取剂为$(NH_4)_2CO_3$和NH_4OH溶液。结晶反萃取在ϕ1500×1800毫米的不锈钢搅拌槽中进行，反萃取后直接得到三碳酸铀酰铵晶体。所得到的水相、有机相和固相（晶体）同时存在的流体，送ϕ1800×2750毫米的三相分离槽进行分离。晶体经过过滤，得到核纯的三碳酸铀酰铵产品即可装桶外运。产品含铀约44%，水分小于6%。水冶厂铀的浸出率92%以上，总回收率约89%。

水冶厂的工艺流程见图33.7.4。

33.7.2.3 玛丽·凯思林铀矿选矿厂（澳大利亚）

玛丽·凯思林(Mary Kathleen)铀矿位于澳大利亚昆士兰省芒特艾萨以东55公里处，离最近的港口敦斯维尔800公里。该铀矿于1956年开始建矿，1958年6月工厂投入生产，1963年10月以后因产品无销路而停产；1974年重新进行了扩建和改建，并于1976年3月再度开工生产。该铀矿是露天开采的，放射性分选厂和水冶厂距露天采场仅约2公里。

A 矿床和矿石特性

玛丽·凯思林铀矿属变质型铀矿床，产于由石榴石、角闪石、透辉石、方柱石和长石组成的石榴石岩的破碎带中。褐帘石呈细脉状不规则地分布于石榴石矿带中。此外，矿石中还含有少量的磷灰石、方解石和硫化物。硫化物主要为磁黄铁矿、黄铁矿和黄铜矿。

晶质铀矿与褐帘石、磷灰石密切相关。在褐帘石中U_3O_8的品位为0.6%。

原矿中U_3O_8的品位为0.1%，ThO_2的品位为0.025%，矿石中约含3%的稀土氧化物，并含有1～2%的P_2O_5。

矿石中由于富含石榴石，故密度较大，约为3.6克/厘米^3。

B 放射性检查站

玛丽·凯思林铀矿的矿脉厚度从几毫米到几米，铀的矿化很不均匀，在开采过程中易混入大量废石。为了减少原矿中混入的

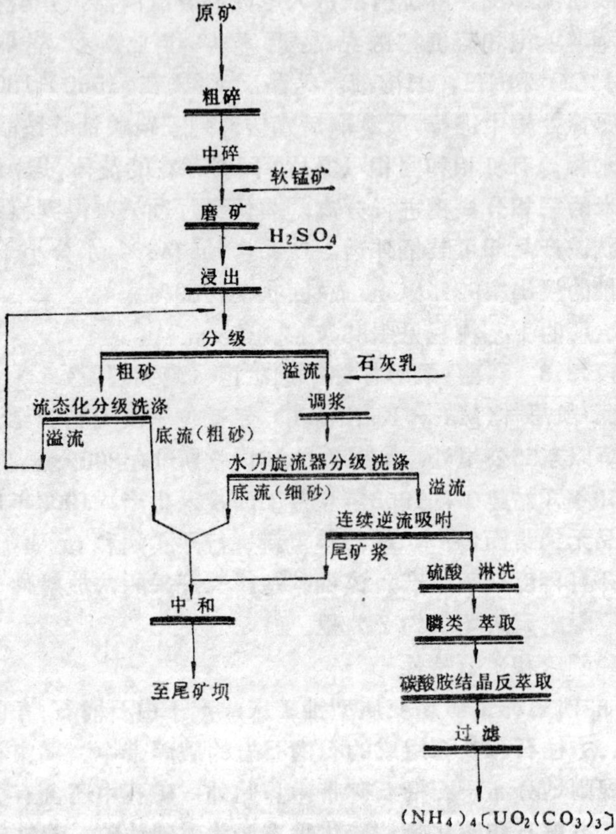

图 33.7.4　抚州铀矿水冶厂工艺流程

废石量，采用了两种措施：一是分采，即对每个钻孔进行γ-射线测定后，对铀矿石和废石分别爆破；二是设放射性检查站，把不合格的废石预先分出。

该矿设立放射性检查站的目的，除了分出废石外，还将矿石按品位分成不同的品级，并分别堆放，以便于配矿。

矿石采出后，用铲斗车将其装入35吨的载重卡车，每辆卡车都需经过放射性检查站测定矿石的铀品位。在卡车停车位置上方，悬挂着两排测量矿石铀品位的γ探测装置，每排各由三个直径为50毫米、长800毫米的NaI(Tl)晶体探测器组成。经过放射性检查，将矿石分为六种品级：*A*级，$U_3O_8>0.12\%$；*B*级，$U_3O_8=0.10\sim0.12\%$；*C*级，$U_3O_8=0.08\sim0.10\%$；*D*级，$U_3O_8=0.05\sim0.08\%$；*E*级，$U_3O_8=0.035\sim0.05\%$；*F*级，$U_3O_8<0.035\%$。

矿石铀品位的波动对水冶浸出结果影响较大，故该矿对采出矿石进行严格的配矿，以保证进入选厂破碎工段的矿石U_3O_8品位为0.10%±0.01%，P_2O_5品位为1.2～1.5%。

C 放射性分选厂

为了解玛丽·凯思林铀矿石对放射性分选的适应性，对采出的＋75毫米粒级矿样进行了放射性分选可选性研究，测定了矿块的铀品位，并按品级将矿石分为八组，所得结果列于表33.7.9。从表中可以看出，矿石中铀的分布很不均匀，很适合于进行放射性分选。

玛丽·凯思林铀矿的放射性分选厂于1960年5月投产。当时采用五台K-H型（后改称M6型）放射性分选机，处理的矿石粒度为－200＋75毫米。由于分选机的灵敏度所限，其分选的尾矿品位

表 33.7.9 ＋75mm粒级矿石铀品位测定结果

品位范围，$\%U_3O_8$	产 率，%	平均品位，$\%U_3O_8$	铀分布率，%
<0.04	65.4	0.008	4.01
0.04～0.06	3.1	0.047	1.12
0.06～0.08	1.7	0.071	0.93
0.08～0.10	2.2	0.086	1.45
0.10～0.20	4.7	0.137	4.94
0.20～0.40	10.8	0.262	21.71
0.40～0.75	8.3	0.556	35.40
>0.75	3.8	1.044	30.44
合 计	100.0	0.130	100.00

很高，约0.03%U_3O_8。1979年安装了两台二槽道的M17型放射性分选机后，K-H型分选机改为只处理＋150毫米矿石，由M17型分选机处理－150＋40(25)毫米矿石。

放射性分选厂的工艺流程见图33.7.5。原矿经振动给矿机给到1200×1500毫米颚式破碎机进行粗碎（破碎机排矿口为100毫米），粗碎后的矿石堆放于容量为5000吨的露天矿仓中。矿石从露天矿仓经振动给矿机、皮带运输机给到双层振动筛。＋40(25)毫米的筛上产品送往圆形筛孔、橡胶贴面的平板洗矿筛进行洗矿。洗矿的筛下产品送至筛孔为4目（4.69毫米）的滚筒脱水筛

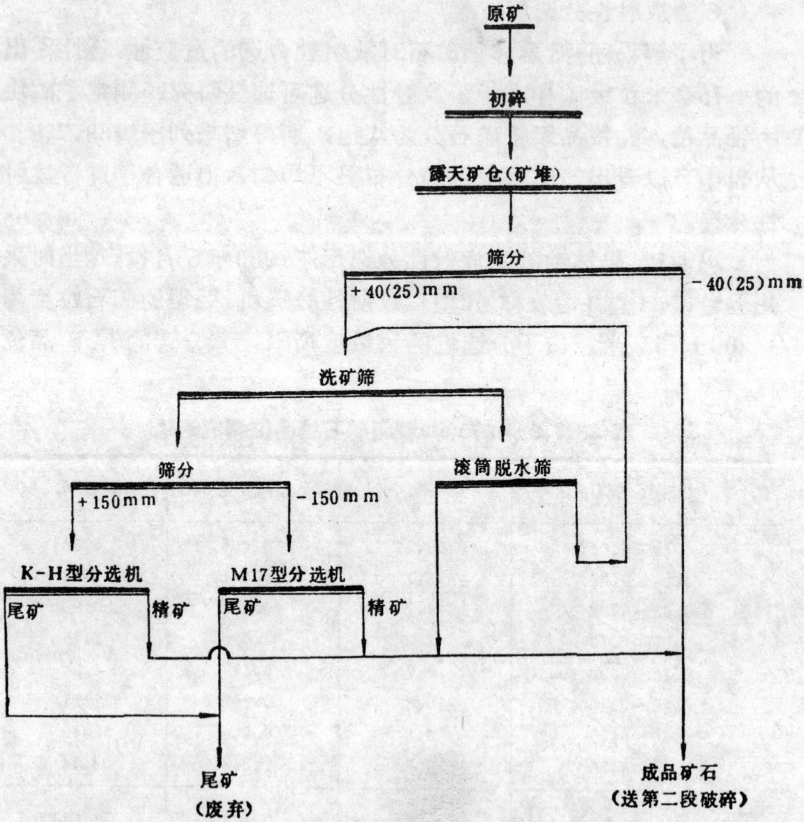

图 33.7.5　玛丽·凯思林放射性分选厂工艺流程

脱水。由于矿石密度大，洗矿水中的物料很容易沉降，不需要浓缩过滤，洗矿水澄清后返回再利用。洗过的大块矿石送至筛面结构为钢骨架的厚橡胶重型筛上，其筛孔为150×150毫米。矿石经重型筛筛分得到的+150毫米及-150毫米物料，分别送到K-H型及M17型放射性分选机进行分选。分选厂安装M17型分选机后，原有的五台K-H型分选机只需开动一至二台即可满足需要，每台处理量为20吨/时；两台M17型分选机处理-150+40(25)毫米矿石，每台处理量为70吨/时。经分选后得到精矿和尾矿两个产品。尾矿直接废弃，总精矿与未入选的-40(25)毫米矿石合并后进行二次破碎，然后送化学处理。

放射性分选厂有三个操纵控制台。一是分选厂总控制台，有电视荧光显示屏，按动电钮即可显示矿仓、筛分、破碎及分选等各工序的工作情况，生产过程指示板上显示各工序的设备是否正常运转，并有相关的按钮可以分别启动或停止设备的运转；另外两个控制台分别控制两台M17型分选机。

M17型分选机的控制台分三部分：

（1）故障报警显示板

报警内容有：1）电子系统故障；2）本底增高；3）主皮带速度故障；4）给料皮带速度故障；5）空气压力故障；6）光学系统故障；7）给料过量；8）主皮带跑偏；9）给料皮带跑偏；10）阀断开；11）电气故障；12）直流电源故障；13）矿块过大；14）溜槽堵塞；15）水压故障等。

报警系统的指示灯分一般性报警（黄灯）和紧急性报警（红灯）。一般性报警时，黄灯亮，设备仍继续运转；紧急性报警时，红灯亮，经2～4秒后，如故障未排除，则自动停止给料或停止主皮带运转，甚至发出声响警报。

（2）生产过程指示板

显示内容为：1）供矿品位；2）精矿品位；3）尾矿品位；4）主皮带上矿石充满率；5）被喷射的矿石率（精矿或尾矿）。指示板上还有小灯，指示机组的各部分是否在运转。

（3）操纵开关板

操作台上的各种按钮可以分别启动和停止机组。

该分选厂在未采用M17型分选机以前，分选的成品矿石（精矿及未入选的矿石）对原矿的富集比为1.15，当同时使用K-H型及M17型分选机后，富集比提高到1.30～1.35。如单独使用M17型分选机，富集比可达到2.0～2.5。

由于入选矿石的配矿方案不同，放射性分选厂的工艺指标有较大的波动。一般粗粒级矿石（+40毫米矿石）的产率占粗碎后原矿的50～70%。当控制的尾矿品位为0.02%时，尾矿产率为入选矿石的35～65%。现按入选矿石产率占原矿55%及尾矿产率占入选矿石55%计算，得到的分选平均指标列于表33.7.10。从表可以看出，采出矿石经放射性分选后，废弃了占原矿约1/3的废石。

表 33.7.10　放射性分选厂分选平均指标

产品名称	产率，%	品位，$\%U_3O_8$	铀回收率，%
成品矿石	69.75	0.13	93.8
尾　　矿	30.25	0.02	6.2
原　　矿	100.00	0.10	100.0

D　铀水冶厂

玛丽·凯思林铀水冶厂处理的原料是放射性分选厂分选的成品矿石。矿石进厂后首先送去细碎，细碎设备为一台ϕ1650毫米的标准圆锥破碎机及两台ϕ1650毫米的短头圆锥破碎机。前者为开路操作，后者与两台双层振动筛闭路操作。矿石破碎至－12毫米，生产能力约每小时250吨。

磨矿部分有$\phi2130\times3660$毫米及$\phi2440\times3660$毫米的棒磨机各一台，另有$\phi2440\times2440$毫米的球磨机三台。每台棒磨机开路操作并与球磨机相联，而球磨机则与ϕ685毫米的低压水力旋流器构成闭路。旋流器溢流进入第三台球磨机，该球磨机也与水力旋流器形成闭路。磨矿部分的生产能力为每小时115吨，磨矿粒度为55%－75微米。与第三台球磨机形成闭路的水力旋流器的溢流送去浸出，溢流矿浆含固量为60%。

浸出部分有两条作业线，每条作业线有五台衬胶搅拌槽(规格为ϕ3600×4600毫米)。将浓度为98.5%的硫酸加入到每个浸出槽，使其pH值相应地保持在2.2、2.0、1.8、1.8及1.8。酸耗为矿石重量的7%。软锰矿加至磨矿机，使电位保持在450毫伏。氧化剂耗量为矿石重量的1%。浸出温度为55～60℃,浸出时间为每槽停留4小时。铀的浸出率为91%，浸出渣含$U_3O_8$0.01%,稀土浸出率为12%。

浸出后的矿浆先经水力旋流器分级。产率占原矿60%的粗砂用六段水力旋流器（ϕ610毫米）进行逆流洗涤。产率占原矿40%的细泥则用六段浓缩机（ϕ23米，高3米）进行逆流洗涤。在6号水力旋流器前加入pH＝2的酸化水，洗水用量约为1.25米^3/吨矿石，旋流器底流排至尾矿坝。为加速细泥沉降，往浓缩机内加入0.2%Aerofloc-620絮凝剂溶液，用量为70克/吨矿石。浓缩机底流含固量为40～45%，用隔膜泵输送。末段浓缩机底流液相pH值为2.6，铀浓度为0.020～0.025克U_3O_8/升。洗涤段铀的损失为0.4%。末段浓缩机底流也排至尾矿坝。

第一段浓缩机溢流为固液分离工序的成品液，含固量一般为40～50ppm。控制过滤是在五个ϕ2440毫米的砂滤器中进行的(第六个砂滤器作为备用)，砂滤层的总厚度为2米，砂滤后溶液中含固量降至5～10ppm。萃原液中铀浓度为1.2～1.5克U_3O_8/升,稀土浓度为1.5～2.0克/升，pH值为2.2～2.3。

萃取在四段圆形混合澄清器中进行。混合室的直径为1.2米，搅拌转速为130～150转/分，澄清室直径为9米，澄清面积为63.6米^2。萃取剂为6%叔胺(Adogen 344)、2%异癸醇及煤油。萃取时控制有机相为连续相，相比O/A＝1.3～1.5，接触时间为2分，水相流量为2400升/分，有机相流量为500升/分，流比A/

O＝4.8，在澄清室停留时间为1.5小时。萃取后的萃余相含U_3O_8<1毫克/升，直接排至尾矿坝。负载有机相含$U_3O_8$5.5～6.0克/升，经一段洗涤后将有机相送去反萃取。

用180克/升硫酸铵溶液进行四段反萃取。第二、三段用氨调整pH值，控制第二段pH值为3.75，第三段为4.0。反萃取剂流量为125升/分，反萃取液含$U_3O_8$20～22克/升。

反萃取液在搅拌槽中加氨得重铀酸铵沉淀，沉淀最终pH值为7.5。浆体送去浓缩机进行两段逆流倾析。第二段浓缩机底流（含30％固体）送到沉降离心机，第一段浓缩机溢流则返回作为反萃取剂。

离心过滤后所得含60～70％固体的滤饼，经过螺旋输送机进入多膛焙烧炉。焙烧炉各层温度自上而下分别为350℃、550℃、800℃、900℃、900℃。焙烧后产品含水0.01％，含$U_3O_8$99.5％，痕量SiO_2及0.02％的SO_4^{2-}。物料由炉中卸出，经破碎冷却后装桶。焙烧时逸出的氨和粉尘，用水吸收后返回第二段浓缩机作洗水用。

玛丽·凯思林铀水冶厂工艺流程见图33.7.6。

33.7.2.4　帕拉博拉铀矿选矿厂（南非）

帕拉博拉（Palabora）位于南非东北部。1938年开发帕拉博拉矿床的磷酸盐和蛭石。1952年在该矿床发现了铀矿物，但因其品位太低，作为铀矿开采经济效益不高。后来为了开采铜矿石，成立了帕拉博拉矿业公司。1967年通过研究表明，可从选铜的尾矿中回收铀。1971年生产铀的系统投入了正常运转。

A　矿床和矿石特性

帕拉博拉矿床属火成岩型矿床，岩石组成为辉岩、正长岩、长霓岩、碳酸盐岩，其中多数侵入到花岗岩、片麻岩中。辉岩分布很广，在辉岩体中心附近有碳酸盐岩脉，其四周为橄榄石、磁铁矿-磷灰石。矿床中可综合回收的有用金属为铜、铀和锆。主要的铜矿物为黄铜矿、斑铜矿及辉铜矿，这些铜硫化物的基岩为碳酸盐岩。主要含铀矿物为方铀钍石。矿床中还含有一定量的斜锆石。

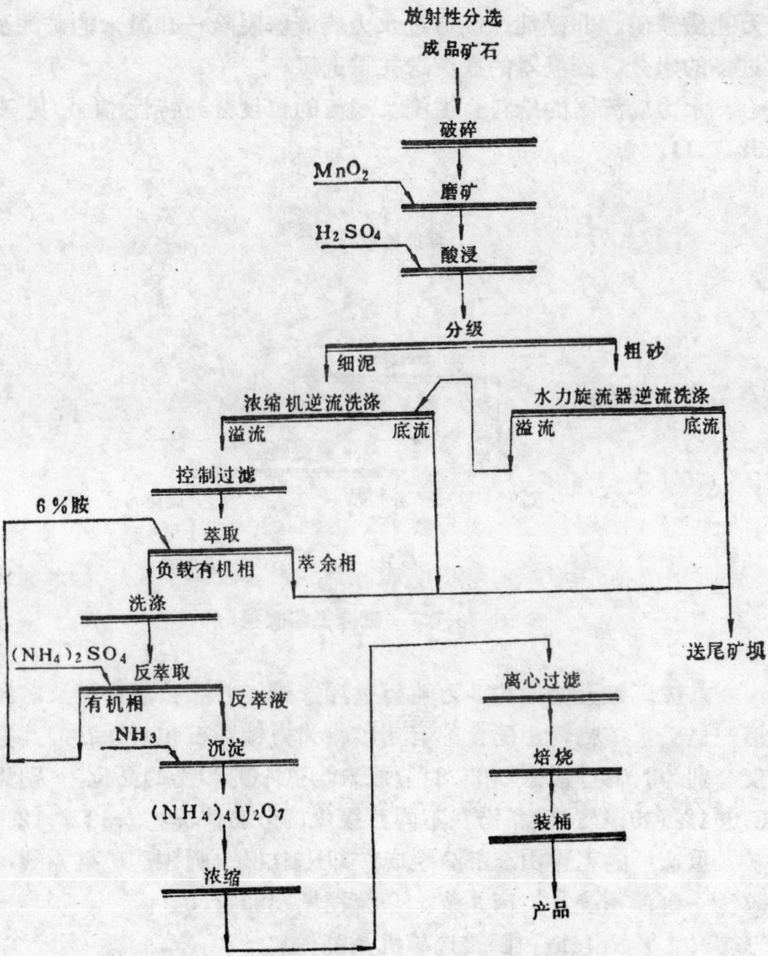

图 33.7.6 玛丽·凯思林铀水冶厂工艺流程

B 铀矿选矿厂

提取铀的工作是从浮选铜的尾矿中进行的。有高磷和低磷两种尾矿，分别在两个平行系统中进行磁选、分级及重选的粗选和扫选。粗、扫选的精矿合并到一个系统处理。每天约有5万吨浮选铜后的尾矿送至磁选作业，通过磁选（见图33.7.7）除去约2万吨磁铁矿。非磁性产品通过水力旋流器脱除－45微米的矿泥及过多的水分，旋流器的底流送往重选厂。

水力旋流器的给料、溢流及底流的粒度分布特性情况见表33.7.11。

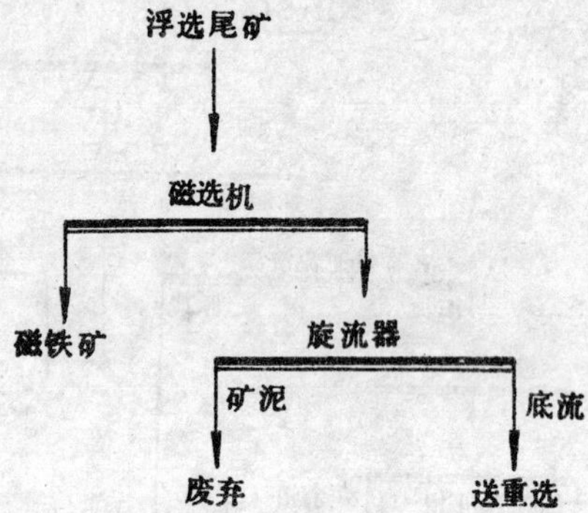

图 33.7.7　磁选工艺流程

重选厂每天处理约3万吨经过浮选铜、并除去磁铁矿及矿泥后的尾矿。该物料中所含的有用矿物为方铀钍石和斜锆石，其密度分别为9.0克/厘米^{3}和5.8克/厘米^3。U_3O_8和锆的品位分别为0.004%和0.4%。铀和锆在不同粒级中的分布情况见表33.7.12。

重选厂的工作由三部分组成，即Reichert圆锥选矿机系统，跳汰—台浮系统及摇床系统。全流程见图33.7.8。

（1）Reichert圆锥选矿机系统

磁选尾矿经水力旋流器脱泥后，底流给到圆锥选矿机进行选矿。重选厂共有68台圆锥选矿机，其中包括8台备用。大部分圆锥选矿机为3DS型（三组双锥-单锥结构），20台为2DSS DS型（二组双锥-单锥-单锥，一组双锥-单锥），5台为4DS型（四组双锥-单锥）。物料在圆锥选矿机上分四次作业进行富集，一次粗选、三次精选。在第一次精选作业和第二次精选作业之间加进一

表 33.7.11　重选厂给料的粒度组成

粒度 μm	旋流器给料				旋流器底流				旋流器溢流	
	低磷酸盐磁选尾矿		高磷酸盐磁选尾矿		低磷酸盐粗选圆锥给料		高磷酸盐粗选圆锥给料		高磷酸盐及低磷酸盐	
	重量 %	累积 %	重量 %	累积 %	重量 %	累积 %	重量 %	累积 %	重量 %	累积 %
+500	6.3	6.3	15.5	15.5	9.6	9.6	12.1	12.1	1.0	1.0
+300	12.7	19.0	20.2	35.7	15.7	25.3	20.2	32.2	2.5	3.5
+212	8.2	27.2	11.7	47.4	10.9	36.2	16.5	48.8	2.7	6.2
+150	14.3	41.5	16.1	63.5	17.8	54.0	16.9	65.7	5.5	11.7
+106	18.8	60.3	11.5	75.0	11.7	65.7	13.9	79.6	6.5	18.2
+75	6.9	67.2	7.8	82.8	15.2	80.9	10.5	90.1	9.1	27.3
+45	11.1	78.3	6.1	88.9	9.0	89.9	6.1	96.2	16.0	43.3
-45	21.7	100.0	11.1	100.0	10.1	100.0	3.8	100.0	56.7	100.0

表 33.7.12　在重选厂进料及铀钍矿的不同粒级中铀、锆的分布情况

粒级范围，μm		-425	-425 +300	-300 +212	-212 +150	-150 +106	-106 +75	-75 +45	-45 +0	合计
重选厂(粗选圆锥)的进料	U_3O_8，%	3.3	4.0	5.6	9.8	18.3	12.9	17.8	28.3	100.0
	ZrO_2，%	2.0	4.2	8.2	17.6	25.0	14.2	15.4	13.4	100.0
方铀钍石精矿 U_3O_8，%		—	2.1	3.6	13.4	21.5	16.4	26.1	16.9	100.0

次磁选作业，以除去剩余的磁铁矿。此外，粗选中矿及第一次精选的尾矿都有一次扫选作业。

（2）跳汰—枱浮系统

在帕拉博拉的部分地区，主要的铜矿物为方黄铜矿。该方黄铜矿与铀矿物紧密共生，所以在选铀的同时，也将铜的品位富集到10%，以致在浸出铀时，硝酸耗量增加一倍。由于这些方黄铜矿的粒度太粗，在以浮选法选铜时不能浮上来，故后来在重选厂

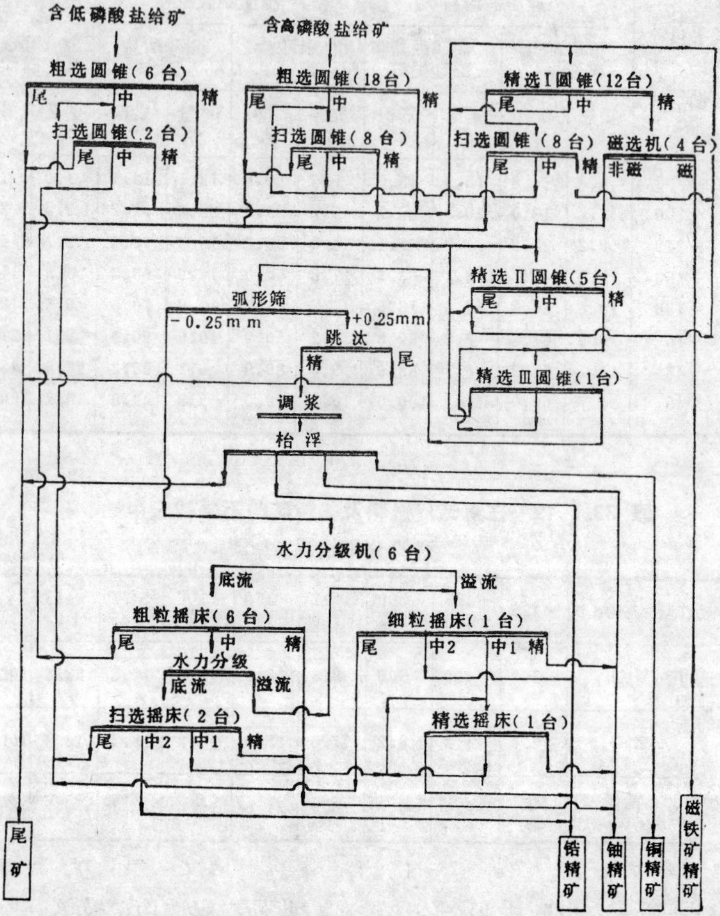

图 33.7.8　帕拉博拉重选厂工艺流程

的选矿流程中，增加了跳汰—枱浮系统。在此系统中，圆锥选矿机的最终精矿经过0.5米×1.2米、60°、筛孔为0.5毫米的弧形筛筛分后，得到+0.25及−0.25毫米两个产品。筛上产品中的铜矿物是在浮选铜时未能回收的粗粒方黄铜矿，此筛上产品经600×

600毫米跳汰机除去部分尾矿后，跳汰精矿送进螺旋运输机，在此加入硫酸（浓度为50%，用量为2.5升/吨矿石）、燃料油（用量为2.5升/吨矿石）及黄药（浓度为50%、用量为1.2升/吨矿石）调浆后进行台浮，结果得到铜、铀、锆精矿及尾矿四个产品。弧形筛下产品送到摇床系统处理。

（3）摇床系统

摇床选矿是重选厂得到最终产品的选矿作业。帕拉博拉重选厂采用的都是由玻璃钢制造的三层摇床，床面浇铸聚氨基甲酸（乙）酯。

圆锥选矿机的精矿经弧形筛分级后，筛下产品（-0.25毫米）首先经水力分级机得粗细两种产品。分级机的底流送进粗选摇床，溢流与粗选摇床中矿分级后的溢流合并，经脱水后送进细粒摇床。粗选摇床的中矿进行扫选，细粒摇床的中矿1与扫选摇床的中矿1一起送进精选摇床。经过几次摇床作业后，得到方铀钍石精矿及斜锆石精矿，摇床尾矿不能直接废弃，需返回圆锥选矿机进行再选。

浮选铜的尾矿中的铀经过重选厂的圆锥选矿机、跳汰机、摇床等多次富集后，品位有很大提高，不同产品中的铀（及锆）的品位及最终选矿结果列于表33.7.13、表33.7.14。从表中可以看出，铀的富集比约为1000:1。为了得到这样的结果，在选矿过程中需要严格控制其处理量和矿浆浓度。由于方铀钍石、斜锆石及脉石矿物的颜色基本上都是黑色的，所以在摇床上要将其严格分离有一定难度，而帕拉伯拉重选厂成功地应用γ-探测器解决了这个问题。该厂在摇床上安装γ-闪烁探测器后，可控制方铀钍石的品位，并使铀的损失尽量降低。从重选厂得到的方铀钍石精矿产品送水冶厂提取铀。

C 铀水冶厂

帕拉博拉铀水冶厂的生产能力，按铀金属量计为每年100吨。

进入铀水冶厂的原料是经过选矿后得到的方铀钍石精矿，含U_3O_8 3～5%、ThO_2～14%、ZrO_2～70%。用70℃的热硝酸将

表 33.7.13　在不同产品中铀及锆的品位

产品名称	粗选圆锥给料	精选圆锥尾矿	粗选圆锥精矿	扫选圆锥尾矿	精选圆锥给料	精选圆锥尾矿	二次精选圆锥给料	二次精选圆锥精矿	三次精选圆锥精矿	方铀钍石精矿	氧化锆精矿
U_3O_8,%	0.0035	0.0010	0.0070	0.0013	0.0060	0.0022	0.0170	0.037	0.082	3.0	0.17
ZrO_2,%	0.40	0.12	1.6	0.13	1.0	0.15	4.2	8.7	17.5	77.4	40.0

表 33.7.14　最终选矿结果

产品名称		给料			尾矿			精矿			
		高磷矿石	低磷矿石	小计	高磷矿石	低磷矿石	小计	方铀钍石	锆石矿	磁铁矿	小计
产率	吨	662994	250207	913201	647844	244469	892313	709	2603	17576	20888
	%	72.601	27.399	100.000	70.942	26.770	97.712	0.078	0.285	1.925	2.288
品位	U_3O_8 %	0.003766	0.004864	0.004067	0.001602	0.001464	0.001564	3.133	0.139	0.009	0.131
	ZrO_2,%	0.309	0.207	0.281	0.095	0.017	0.089	72.46	46.86	0.00	8.30

精矿分解。硝酸耗量为每吨精矿430千克。分解时产生的氮氧化物用氨水吸收。浸出后矿浆进行过滤和洗涤。浸出渣含$ZrO_2$90～95%，滤液含$U_3O_8$25克/升，$ThO_2$120～140克/升，$HNO_3$80～120克/升。溶液经砂滤后，用10%的磷酸三丁酯（TBP）在混合澄清器中进行萃取，萃取段数为六段，澄清室面积为0.73米²。钍基本上留在萃余相中，加入浓硫酸后便结晶出硫酸钍，反应得到的硝酸返回用于原料浸出。负载铀的有机相用一部分反萃取液（12%）来洗涤脱钍，洗涤段数为四段，洗涤有机相后的洗液可

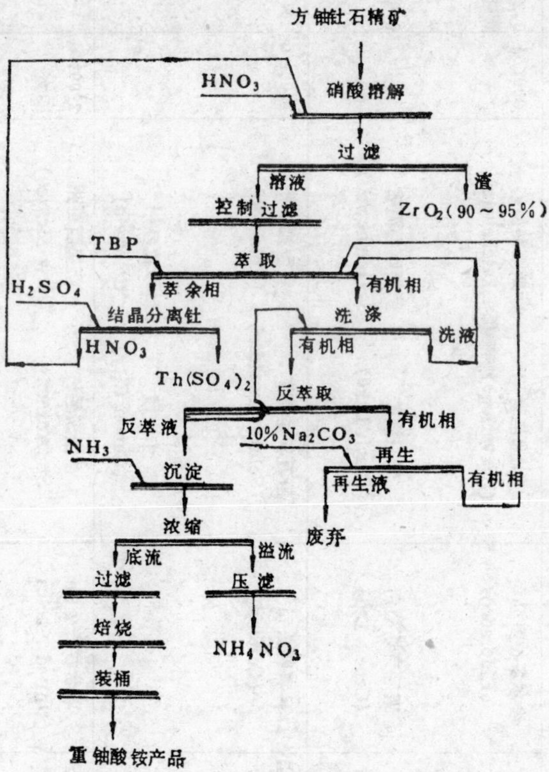

图 33.7.9 帕拉博拉铀水冶厂工艺流程

表 33.7.15 各国主要铀矿选矿厂汇总①

序号	国家地区	公司	矿（厂）	地址	生产能力	原矿品位 %，U	选矿方法	铀水冶方法	备注
1	加拿大	埃尔多拉多公司 (Eldorado)	比弗洛奇 (Beaverloge)	萨斯喀彻温省 (Saskatchewan)	900t/d	0.2～0.25	放射性分选，K-H型放射性分选机四台，浮选黄铁矿	碱浸—过滤—沉淀 黄铁矿精矿—酸浸—过滤—铀酸镁沉淀—去碱浸	碱浸用碳酸钠，酸浸一般都用硫酸
		塞尼克斯公司 (Cenex Ltd)	辛奇湖矿 (Cinch Lake)	萨斯喀彻温省 (Saskatchewan)		0.04～0.1	放射性分选，M17型放射性分选机一台		选矿产品送比弗洛奇水冶厂处理
2	美国	科特公司 (Cotter)	舒瓦茨华德矿 (Schwartzwalder)	科罗拉多州 (Colorado)	1000t/d	～0.35	放射性分选，MKVIA型放射性分选机两台		选矿产品送坎农城水冶厂处理
			卡农城 (Canon City)	科罗拉多州 (Colorado)				酸浸—逆流倾析—萃取	
3	美国	联合核子公司 (United Nuclear)	圣安东尼矿 (St. Anthony)	新墨西哥州 (New Mexico)	2700t/d	～0.2	放射性分选，M17型、M18型放射性分选机各一台		选矿产品送丘奇洛克水冶厂处理
			丘奇洛克 (Charch Rock)	新墨西哥州 (New Mexico)				酸浸—逆流倾析—萃取	

续表 33.7.15

序号	国家地区	公　司	矿（厂）地址	生产能力	原矿品位 %，U	选矿方法	铀水冶方法	备注
4	美国	阿特拉斯公司（Atlas）	莫阿布 Moab　犹他州（Utah）	酸法：700t/d 碱法：550t/d	0.28～0.4	浮选硫化铜矿	酸浸—逆流倾析—萃取 碱浸—过滤—沉淀	
5	南非	通用公司（Gencor）	伯费尔斯方丹（Buffelsfontein）　德兰士瓦省（Transvaal）	23.6万t/月	0.005～0.02	放射性分选，RM型放射性分选机四台 尾渣浮选黄铁矿	酸浸—过滤—萃取	
6	南非	英美公司联合冶金系统（Anglo-American Joint Metallurgical Scheme）	赛普拉斯（Saaiplaas）　奥兰自由邦（Orange Free State） 韦尔科姆（Welkom）　奥兰自由邦（Orange Free State） 赫德尔德（Geduld）　奥兰自由邦（Orange Free State） 斯坦总统（President Steyn）　奥兰自由邦（Orange Free State） 布兰德总统（President Brand）　奥兰自由邦（Orange Free State）	原矿15万t/月 原矿15万t/月 原矿20万t/月 尾渣150万t/月（斯坦总统、布兰德总统）	～0.01	放射性分选，M17型放射性分选机一台 M17型放射性分选机一台 尾渣浮选黄铁矿 尾渣浮选黄铁矿 尾渣浮选黄铁矿	酸浸—逆流倾析—萃取（布兰德总统）	五个选矿厂产品均送至布兰德总统水冶厂处理

续表 33.7.15

序号	国家地区	公司	矿（厂）	地址	生产能力	原矿品位 %，U	选矿方法	铀水冶方法	备注
7	南非	兰德矿业 (Rand Mines)	哈莫尼 (Harmony)	奥兰自由邦 (Orange Free State)	65万t/月	～0.01	尾渣浮选黄铁矿	酸浸—过滤—萃取	
			弗吉尼亚 Virginia	奥兰自由邦 (Orange Free State)			尾渣浮选黄铁矿	酸浸—过滤—离子交换	
			梅里斯普鲁伊特 Merriespruit	奥兰自由邦 (Orange Free State)				酸浸—过滤—离子交换	
8	南非	盎格鲁-德兰士瓦公司 (Anglo-Transvaal)	哈特比斯方丹 (Hartebesfontein)	德兰士瓦省 (Transvaal)	15万t/月	～0.01	放射性分选，M17型放射性分选机一台 浮选黄铁矿	酸浸—过滤—离子交换	
9	南非	英美公司 (Anglo-American)	法尔里夫斯 (Vaal Reefs)	德兰士瓦省 (Transvaal)	35万t/月	～0.015	放射性分选，M17型放射性分选机一台 尾渣浮选黄铁矿	酸浸—过滤—萃取	
10	南非	约翰内斯堡联合投资公司 (Johannesburg Consolidated Investment)	威斯腾埃里亚 (Vestersn Area)	德兰士瓦省 (Transvaal)	35万t/月	～0.01	尾渣浮选黄铁矿	酸浸—过滤—萃取	

续表 33.7.15

序号	国家地区	公司	矿（厂）地址	生产能力	原矿品位%,U	选矿方法	铀水冶方法	备注
11	南非	英美公司 (Anglo-American)	西部迪普莱维尔斯 (Western Deep Levels) 德兰士瓦省 (Transvaal)	25 万t/月	0.008～0.01	放射性分选，M17型放射性分选机五台	酸浸—过滤—萃取	
12	南非	戈尔德菲尔滋 (Gold Fields)	西兰德 (West Rand) 德兰士瓦省 (Transvaal)	15 万t/月	>0.02	放射性分选，M17型放射性分选机两台	酸浸—过滤—萃取	
13	南非	英美公司 (ERGO厂Anglo-American)	东兰德 (East Rand) 德兰士瓦省 (Transvaal)	渣 150 万t/月	～0.01	尾渣浮选黄铁矿	酸浸—过滤—萃取	
14	南非	兰德矿业 (Rand Mines)	布利武雷齐 (Blyvooruitzicht) 德兰士瓦省 (Transvaal)	渣 15 万t/月	～0.01	尾渣浮选黄铁矿	酸浸—逆流倾析—离子交换—萃取	
15	南非	通用公司 (Gencor)	契姆维兹 (Chemwes) 德兰士瓦省 (Transvaal)	渣 25 万t/月	～0.01	尾渣浮选黄铁矿	酸浸—过滤—离子交换	
16	南非	帕拉博拉矿业公司 (Palabora)	帕拉博拉 (Palabora) 德兰士瓦省 (Transvaal)	尾矿 5万t/d	铜尾矿中0.004，选矿精矿中3.0	浮选铜尾矿、磁选、重选、枱浮	酸浸—过滤—萃取	精矿铀品位很高，浸出用硝酸

续表 33.7.15

序号	国家地区	公司	矿（厂）	地址	生产能力	原矿品位 %,U	选矿方法	铀水冶方法	备注
17	纳米比亚	里奥廷托锌公司 (Rio-Tinto-Zink)	勒辛 (Rossing)	斯沃克庞德 (Swakopound)	4万t/d	0.04～0.05	放射性分选，M17型放射性分选机一台	酸浸—逆流倾析—离子交换—淋萃	
18	法国	核材料总公司 (COGEMA)	洛德夫 (Lodeve)	埃劳 (Herault)	40万t/a	0.25	放射性分选，M17型放射性分选机两台	碱浸—过滤—石灰沉淀—酸化—沉淀	
19	澳大利亚	科锌-里奥廷托 (CRA)	玛丽·凯思林 (Mary Kathleen)	昆士兰州 (Queensland)	100万t/a	～0.10	放射性分选，K-H型放射性分选机五台，M17型两台	酸浸—逆流倾析—萃取	
20	中国		兰河铀矿			～0.3	放射性分选，201型放射性分选机一台	酸浸—逆流倾析—萃取	
21	中国		抚州铀矿			0.08～0.12	放射性分选，皮带型放射性分选机六台，5421型一台	酸浸—矿浆离子交换—萃取	

①不包括苏联和东欧国家。

返回到萃取。洗涤后的有机相用热水进行反萃取，反萃取段数为六段。反萃取后的贫有机相用10%Na_2CO_3溶液再生，再生段数为二段，将再生液废弃，有机相返回萃取。反萃取液含$U_3O_8$30～50克/升，用NH_3沉淀后得到重铀酸铵。沉淀是在两个串联的沉淀槽中进行的，每千克U_3O_8的耗氨量为0.2千克。将重铀酸铵浆体进行浓缩，其溢流经过压滤即为硝酸铵溶液，与硝酸分解时逸出的氮氧化物用NH_4OH吸收所得的硝酸铵合并后回收利用；浓缩机底流再经过滤即得重铀酸铵（黄饼）。卸下的黄饼再加水制浆送到六层焙烧炉进行焙烧，温度为650℃，焙烧时逸出的细尘用水洗收尘后，又返回到浓缩机。焙烧后产品含$U_3O_8$98.5～99%，Th<0.6%，SiO_2<300ppm，Fe<60ppm，产品装桶后入库。

帕拉博拉铀水冶厂的工艺流程见图33.7.9。

33.7.3 各国主要铀矿选矿厂汇总

各国主要铀矿选矿厂汇总见表33.7.15。

参 考 文 献

[1] Merritt, R. C., The Extractive Metallurgy of Uranium, Prepared under contract with the United States Atomic Energy Commission, 1971.

[2] Cusitar, W. S., Can. Min. J., Vol. 101, №8, 1980, 61—64.

[3] Зефиров, А. П. и др., Заводы по переработке урановых руд в капиталистических странах, Госатомиздат, Москва, 1962.

[4] 汪淑慧，铀矿冶，Vol. 1, №2, 1982, 69—72.

[5] 夏润身，铀矿冶，Vol.2, №1, 1983, 63—68.

[6] Uranium Extraction Technology, Current Practice and new development in Ore processing, OECD Nuclear Energy Agency (1983).

[7] Significance of mineralogy in the development of flowsheet for processing uranium ores, Technical reports sences №196, International Atomic Energy Agency, Vienna, 1980.

[8] Van Der Spuy R. C. M., SAIMM, Vol. 82, №2, 1982, 17—29.

[9] P. R. Janisch, SAIMM, Vol. 86, №8, 1986, 273—316.